Web 开发人才培养系列丛书　全栈开发工程师团队精心打磨新品力作

JavaScript+Vue.js Web开发案例教程

在线实训版

前沿科技 温谦 编著

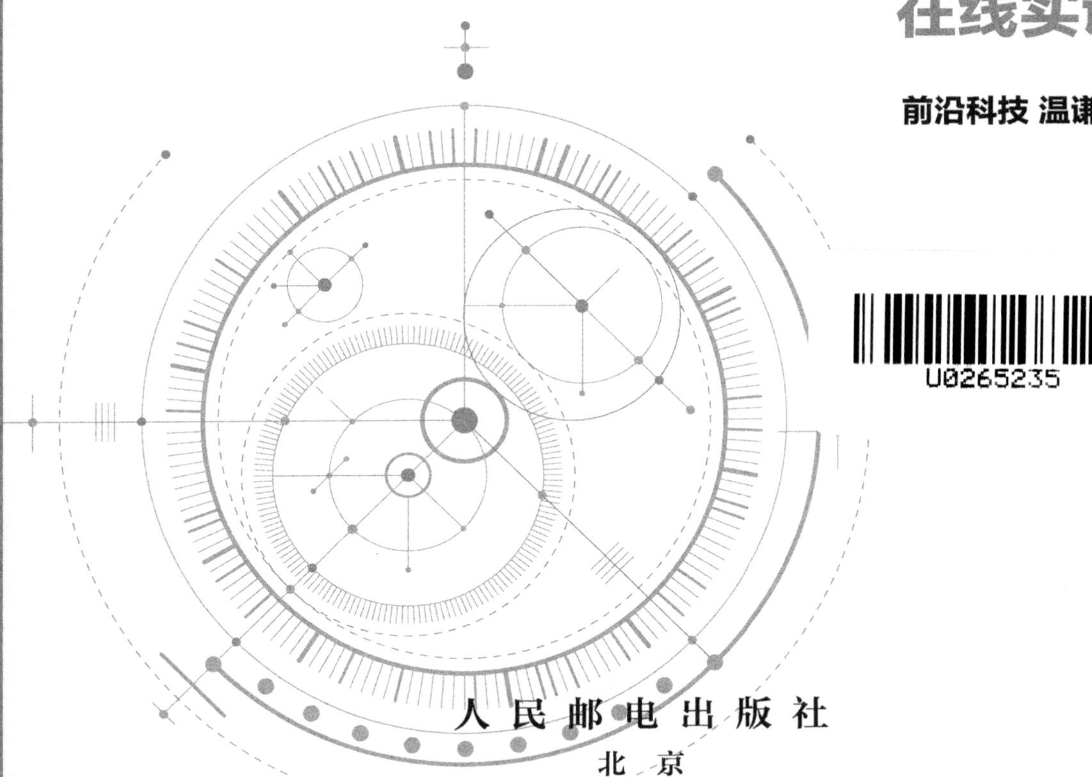

人民邮电出版社
北京

图书在版编目（CIP）数据

JavaScript+Vue.js Web开发案例教程 ： 在线实训版／温谦编著. -- 北京 ： 人民邮电出版社，2022.6
（Web开发人才培养系列丛书）
ISBN 978-7-115-57817-4

Ⅰ．①J… Ⅱ．①温… Ⅲ．①JAVA语言－网页制作工具－教材 Ⅳ．①TP312②TP393.092

中国版本图书馆CIP数据核字(2021)第225701号

内容提要

随着互联网技术的不断发展，JavaScript 语言及其相关技术越来越受人们的关注，各种 JavaScript 框架层出不穷。Vue.js 作为新一代 JavaScript 框架中的优秀代表，为广大开发者提供了诸多便利，在 Web 开发技术中占据着重要地位。

本书通过丰富的实例详细讲解 JavaScript 语言和 Vue.js 框架的相关技术。在 JavaScript 程序开发篇，讲解 JavaScript 语言的基础知识，以及程序控制流、函数、对象、集合、原型、DOM 等核心内容。在 Vue.js 程序开发篇，讲解侦听器、样式控制、事件处理、表单绑定、结构渲染、组件等核心基础知识，并在此基础上，讲解 axios 库（处理 AJAX）、Vue Router 路由管理、Vuex 状态管理等高级内容。最后在综合实战篇，通过一个综合案例完整演示使用 Vue.js 开发综合项目的过程。

本书内容翔实，结构框架清晰，讲解循序渐进，并注重各个章节及实例之间的呼应与对照。本书既可作为高等院校相关专业的网页设计与制作、前端开发等课程的教材，也可作为 JavaScript 和 Vue.js 初学者的入门用书。

◆ 编　　著　前沿科技　温　谦
　责任编辑　王　宣
　责任印制　王　郁　陈　犇
◆ 人民邮电出版社出版发行　　北京市丰台区成寿寺路 11 号
　邮编　100164　　电子邮件　315@ptpress.com.cn
　网址　https://www.ptpress.com.cn
　固安县铭成印刷有限公司印刷
◆ 开本：787×1092　1/16　　插页：1
　印张：22.5　　2022 年 6 月第 1 版
　字数：606 千字　　2025 年 1 月河北第 5 次印刷

定价：79.80 元

读者服务热线：(010)81055256　印装质量热线：(010)81055316
反盗版热线：(010)81055315
广告经营许可证：京东市监广登字 20170147 号

丛书序

技术背景

党的二十大报告中提到："推动战略性新兴产业融合集群发展，构建新一代信息技术、人工智能、生物技术、新能源、新材料、高端装备、绿色环保等一批新的增长引擎。"

Web 前端开发技术人才需求分析

随着互联网技术的快速发展，Web 前端开发作为一种新兴的职业，仍在高速发展之中。与此同时，Web 前端开发逐渐成为各种软件开发的基础，除了原来的网站开发，后来的移动应用开发、混合开发以及小程序开发等，都可以通过 Web 前端开发再配合相关技术加以实现。因此可以说，社会上相关企业的进一步发展，离不开大量 Web 前端开发技术人才的加盟。那么，究竟应该如何培养 Web 前端开发技术人才呢？

丛书设计

党的二十大报告中提到："培养造就大批德才兼备的高素质人才，是国家和民族长远发展大计。功以才成，业由才广。"

为了培养满足社会企业需求的 Web 前端开发技术人才，本丛书的编者以实际案例和实战项目为依托，从 3 种语言（HTML5、CSS3、JavaScript）和 3 个框架（jQuery、Vue.js、Bootstrap）入手进行整体布局，编写完成本丛书。在知识体系层面，本丛书可使读者同时掌握 Web 前端开发相关语言和框架的理论知识；在能力培养层面，本丛书可使读者在掌握相关理论的前提下，通过实践训练获得 Web 前端开发实战技能。本丛书的信息如下。

丛书信息表

序号	书名	书号
1	HTML5+CSS3 Web 开发案例教程（在线实训版）	978-7-115-57784-9
2	HTML5+CSS3+JavaScript Web 开发案例教程（在线实训版）	978-7-115-57754-2
3	JavaScript+jQuery Web 开发案例教程（在线实训版）	978-7-115-57753-5
4	jQuery Web 开发案例教程（在线实训版）	978-7-115-57785-6
5	jQuery+Bootstrap Web 开发案例教程（在线实训版）	978-7-115-57786-3
6	JavaScript+Vue.js Web 开发案例教程（在线实训版）	978-7-115-57817-4
7	Vue.js Web 开发案例教程（在线实训版）	978-7-115-57755-9
8	Vue.js+Bootstrap Web 开发案例教程（在线实训版）	978-7-115-57752-8

从技术角度来说，HTML5、CSS3 和 JavaScript 这 3 种语言分别用于编写 Web 页面的"结构""样式"和"行为"。这 3 种语言"三位一体"，是所有 Web 前端开发者必备的核心基础知识。jQuery 和 Vue.js 作为两个主流框架，用于对 Web 前端开发逻辑的实现提供支撑。在实际开发中，开发者通常会在 jQuery 和 Vue.js 中选一个，而不会同时使用它们。Bootstrap 则是一个用于实现 Web 前端高效开发的展示层框架。

本丛书涉及的都是当前业界主流的语言和框架，它们在实践中已被广泛使用。读者掌握了这些技术后，在工作中将会拥有较宽的选择面和较强的适应性。此外，为了满足不同基础和兴趣的读者的学习需求，我们给出以下两条学习路线。

第一条学习路线：首先学习“HTML5+CSS3”，掌握静态网页的制作技术；然后学习交互式网页的制作技术及相关框架，即学习涉及 jQuery 或 Vue.js 框架的 JavaScript 图书。

第二条学习路线：首先学习“HTML5+CSS3+JavaScript”，然后选择 jQuery 或 Vue.js 图书进行学习；如果读者对 Bootstrap 感兴趣，也可以选择包含 Bootstrap 的 jQuery 或 Vue.js 图书。

本丛书涵盖的各种技术所涉及的核心知识点，详见本书彩插中所示的 6 个知识导图。

丛书特点

1．知识体系完整，内容架构合理，语言通俗易懂

本丛书基本覆盖了 Web 前端开发所涉及的核心技术，同时，各本书又独立形成了各自的内容架构，并从基础内容到核心原理，再到工程实践，深入浅出地讲解了相关语言和框架的概念、原理以及案例；此外，在各本书中还对相关领域近年发展起来的新技术、新内容进行了拓展讲解，以满足读者能力进阶的需求。丛书内容架构合理，语言通俗易懂，可以帮助读者快速进入 Web 前端开发领域。

2．以案例讲解贯穿全文，凭项目实战提升技能

本丛书所包含的各本书中（配合相关技术原理讲解）均在一定程度上循序渐进地融入了足量案例，以帮助读者更好地理解相关技术原理，掌握相关理论知识；此外，在适当的章节中，编者精心编排了综合实战项目，以帮助读者从宏观分析的角度入手，面向比较综合的实际任务，提升 Web 前端开发实战技能。

3．提供在线实训平台，支撑开展实战演练

为了使本丛书所含各本书中的案例的作用最大化，以最大程度地提高读者的实战技能，我们开发了针对本丛书的“在线实训平台”。读者可以登录该平台，选择您当下所学的某本书并进入对应的案例实操页面，然后在该页面中（通过下拉列表）选择并查看各章案例的源代码及其运行效果；同时，您也可以对源代码进行复制、修改、还原等操作，并且可以实时查看源代码被修改后的运行效果，以实现实战演练，进而帮助自己快速提升实战技能。

4．配套立体化教学资源，支持混合式教学模式

党的二十大报告中提到：“坚持以人民为中心发展教育，加快建设高质量教育体系，发展素质教育，促进教育公平。”为了使读者能够基于本丛书更高效地学习 Web 前端开发相关技术，我们打造了与本丛书相配套的立体化教学资源，包括文本类、视频类、案例类和平台类等，读者可以通过人邮教育社区（www.ryjiaoyu.com）进行下载。此外，利用书中的微课视频，通过丛书配套的“在线实训平台”，院校教师（基于网课软件）可以开展线上线下混合式教学。

- 文本类：PPT、教案、教学大纲、课后习题及答案等。
- 视频类：拓展视频、微课视频等。
- 案例类：案例库、源代码、实战项目、相关软件安装包等。
- 平台类：在线实训平台、前沿技术社区、教师服务与交流群等。

读者服务

本丛书的编者连同出版社为读者提供了以下服务方式/平台，以更好地帮助读者进行理论学习、技能训练以及问题交流。

1．人邮教育社区（http://www.ryjiaoyu.com）

通过该社区搜索具体图书，读者可以获取本书相关的最新出版信息，下载本书配套的立体化教学资源，包括一些专门为任课教师准备的拓展教辅资源。

2．在线实训平台（http://code.artech.cn）

通过该平台，读者可以在不安装任何开发软件的情况下，查看书中所有案例的源代码及其运行效果，同时也可以对源代码进行复制、修改、还原等操作，并实时查看源代码被修改后的运行效果。

在线实训平台
使用说明

3．前沿技术社区（http://www.artech.cn）

该社区是由本丛书编者主持的、面向所有读者且聚焦Web开发相关技术的社区。编者会通过该社区与所有读者进行交流，回答读者的提问。读者也可以通过该社区分享学习心得、共同提升技能。

4．教师服务与交流群（QQ群号：368845661）

该群是人民邮电出版社和本丛书编者一起建立的、专门为一线教师提供教学服务的群（仅限教师加入），同时，该群也可供相关领域的一线教师互相交流、探讨教学问题，扎实提高教学水平。

扫码加入教师
服务与交流群

丛书评审

为了使本丛书能够满足院校的实际教学需求，帮助院校培养Web前端开发技术人才，我们邀请了多位院校一线教师，如刘伯成、石雷、刘德山、范玉玲、石彬、龙军、胡洪波、生力军、袁伟、袁乖宁、解欢庆等，对本丛书所含各本书的整体技术框架和具体知识内容进行了全方位的评审把关，以期通过“校企社”三方合力打造精品力作的模式，为高校提供内容优质的精品教材。在此，衷心感谢院校的各位评审专家为本丛书所提出的宝贵修改意见与建议。

致　　谢

本丛书由前沿科技的温谦编著，编写工作的核心参与者还包括姚威和谷云婷这两位年轻的开发者，他们都为本丛书的编写贡献了重要力量，付出了巨大努力，在此向他们表示衷心感谢。同时，我要再次由衷地感谢各位评审专家为本丛书所提出的宝贵修改意见与建议，没有你们的专业评审，就没有本丛书的高质量出版。最后，我要向人民邮电出版社的各位编辑表示衷心的感谢。作为一名热爱技术的写作者，我与人民邮电出版社的合作已经持续了二十多年，先后与多位编辑进行过合作，并与他们建立了深厚的友谊。他们始终保持着专业高效的工作水准和真诚敬业的工作态度，没有他们的付出，就不会有本丛书的出版！

联系我们

作为本丛书的编者，我特别希望了解一线教师对本丛书的内容是否满意。如果您在教学或学习的过程中遇到了问题或者困难，请您通过“前沿技术社区”或“教师服务与交流群”联系我们，我们会尽快给您答复。另外，如果您有什么奇思妙想，也不妨分享给大家，让大家共同探讨、一起进步。

最后，祝愿选用本丛书的一线教师能够顺利开展相关课程的教学工作，为祖国培养更多人才；同时，也祝愿读者朋友通过学习本丛书，能够早日成为Web前端开发领域的技术型人才。

温　谦
资深全栈开发工程师
前沿科技 CTO

随着JavaScript语言越来越受人们的关注，Vue.js逐步成为当今全球非常流行的三大前端框架之一，在短短几年的时间里，其在GitHub上便获得了20万颗星的好评；尤其是在近一两年内，其在中国成为非常流行的前端框架之一。Vue.js之所以能够受到如此广泛的欢迎，是因为在移动互联网的大背景下，它顺应了前后端分离开发模式的演进趋势，为开发者提供了高效且友好的开发环境，这极大地解放了程序员的生产力。

本书通过大量实际案例深入讲解使用JavaScript语言和Vue.js框架进行前端开发的概念、原理和方法。读者如果掌握了JavaScript语言和Vue.js框架，那么在以后的工作中需要学习使用其他前端框架，也能更加得心应手。

编写思路

本书第一篇从JavaScript的基础知识讲起，逐步引入数据类型、程序控制流、对象、集合等重要内容，并对JavaScript的原型链机制以及ES6中新增的类的概念做了介绍，此外还介绍了DOM的概念，这可为后面介绍Vue.js做铺垫。第二篇首先从Vue.js的基础知识讲起，在不引入脚手架等工具的情况下，介绍MVVM的核心原理，并对Vue.js的插值、指令、侦听器等内容进行讲解；然后引入组件的概念，介绍组件化开发的思想，并以专题的形式对AJAX、路由、状态管理等内容进行了深入讲解。第三篇通过一个非常典型且具有一定挑战性的综合案例，帮助读者熟悉并掌握使用Vue.js进行Web前端开发的方法。本书十分重视“知识体系”和“案例体系”的构建，并且通过不同案例对相关知识点进行说明，以期培养读者在Web前端开发领域的实战技能。读者可以扫码预览本书各章案例。

各章案例预览

特别说明

（1）学习本书所需的前置知识是HTML5和CSS3这两种基础语言。读者可以参考本书提供的思维导图，检验自己对相关知识的掌握程度。

（2）学习JavaScript部分时，需要重视由于JavaScript语言的演变而带来的问题，例如开发方式和代码风格等都会随着JavaScript语言的演变而变化。本书基本按照ES6规范来编写代码，在文中对于一些特别需要注意的地方也进行了说明。

（3）学习本书时，读者需要特别重视前3章（尤其是第3章）的内容，其对Vue.js中最具特色的“响应式”原理进行了深入讲解。“响应式”原理是Vue.js框架的核心基础原理，如果读者能够从原理层面理解“响应式”，那后面章节的学习就会比较轻松。

（4）在版本方面，虽然Vue.js 3已被发布，但考虑到目前在业界大多数企业使用的仍是Vue.js 2，另外Vue.js 2的技术资料也比较多，对于教学更加有益，因此，本书基于Vue.js 2进行相关内容的讲解。需要说明的是，编者也为本书的所有案例编写了对应的Vue.js 3版本的源代码，读者可以通过下载本书配套资源文件来获取相关源代码。

最后，祝愿读者学习愉快，早日成为一名优秀的Web前端开发者。

温　谦
2021年冬天于北京

目录

第一篇 JavaScript程序开发

第1章 JavaScript简介

第2章 JavaScript基础

第3章 程序控制流与函数

第 4 章

JavaScript中的对象

第 5 章

在JavaScript中使用集合

第 6 章

类与原型链

第 7 章

DOM

第二篇 Vue.js 程序开发

第 8 章 Vue.js开发基础

第 9 章 计算属性与侦听器

第 10 章 控制页面的CSS样式

第 11 章 事件处理

第 12 章 表单绑定

第 13 章 结构渲染

第 14 章 组件基础

第 15 章 单文件组件

第 16 章 AJAX与axios

第 17 章 过渡和动画

第 18 章 Vue.js插件

第三篇 综合实战

第 19 章 综合案例：“豪华版”待办事项

第一篇

JavaScript 程序开发

第1章 JavaScript简介

所有Web开发人员及希望成为Web开发人员的人，对HTML一定不会感到陌生，因为它是所有网页制作的基础。但是如果希望网页能够方便网络用户使用，友好而大方，甚至像桌面应用程序一样，那么仅依靠HTML是不够的，JavaScript在其中也扮演着重要的角色。本章从JavaScript的起源及一些背景知识出发，介绍其基础知识，为读者进一步学习后续内容打下基础。本章的思维导图如下。

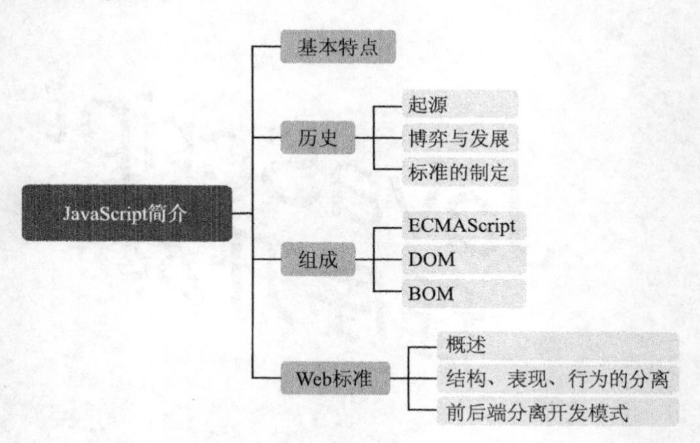

本章导读

1.1 其他程序设计语言与JavaScript

在正式开始学习JavaScript语言之前，我们先来了解一些关于其他程序设计语言和JavaScript的背景知识和特点。虽然初学者未必能够完全、迅速、深刻地理解这些概念，但是如果先对它们有一个感性的认识，等到学完以后再经过一些时间的实践和练习，就会逐步真正理解它们了。

自从20世纪中期电子计算机被发明以来，程序设计语言就在不断地发展、演进。从数量上来说，真正实际被使用的程序设计语言可能有数十种，甚至上百种，各种程序设计语言也在不断发展、变化，读者如果有兴趣，可以查看专门对各种程序设计语言流行度进行研究和追踪的网站——TIOBE。根据TIOBE给出的数据，2021年2月流行度最广的10种程序设计语言如图1.1所示。

排名	编程语言	流行度	对比上月	年度明星语言
1	C	16.34%	∨1.04%	2008, 2017, 2019
2	Java	11.29%	∨0.67%	2005, 2015
3	Python	10.86%	∨0.86%	2007, 2010, 2018, 2020
4	C++	6.88%	∨0.68%	2003
5	C#	4.44%	∧0.49%	
6	Visual Basic	4.33%	∧0.49%	
7	JavaScript	2.27%	∧0.07%	2014
8	PHP	1.75%	∨0.24%	2004
9	SQL	1.72%	∧0.11%	
10	Assembly Language	1.65%	∧0.01%	

图1.1 2021年2月的TIOBE指数排名

如果仔细观察这10种程序设计语言，可以看出它们大致分为以下几种不同的情况。

- 排名第1的C语言是传统的结构化程序设计语言，它可以被看作很多程序设计语言的“老祖宗”，但目前C语言主要用于对性能要求比较高的系统开发或底层开发，例如操作系统或设备驱动程序的开发，而应用层的程序开发则使用得并不多。排名第10的Assembly Language被用于底层的设备驱动程序的开发等场景，通常不会被用来开发通用的面向业务层面的程序和系统。
- 排名第9的SQL虽然是使用极为广泛的语言，几乎所有网站或者App的背后都有SQL的存在，但它不是通用程序设计语言，而是用于对数据库进行操作和查询的专用语言。
- 剩下的7种语言中，除JavaScript语言之外，其余的6种语言也都属于面向对象的程序设计语言，它们都是主流的用于开发业务系统的语言。实际上，它们都有着非常类似的语法结构和特性，被称为基于“类”的面向对象语言。也可以看出，面向对象是一种极其主流的程序开发范式，否则不会几乎所有的主流程序开发语言都使用这种范式。
- 本书的主角——JavaScript经过20多年的发展，已经从一个内嵌于浏览器的非常简单的脚本语言，发展成一种广泛应用于各个领域的通用程序开发语言。需要了解的是，JavaScript也是一种面向对象的程序设计语言，但是它使用了与其他主流面向对象语言都不一样的另一种范式，该范式被称为基于“原型”的面向对象范式。对于大多数开发者来说，学习这种开发范式时多多少少会遇到一些困难。

JavaScript语言有如下一些特点。

1．JavaScript是解释型语言，而非编译型语言

传统的C、C++、C#、Java等语言都是“编译型语言”，程序员写好的程序首先被编译为机器码或者字节码，然后才能在机器上运行，因此这些语言都有“编译期”和“运行时”的概念。当程序存在一些问题的时候，有的问题可以在编译的时候就被发现，有的问题则要到运行的时候才会被发现。

而JavaScript是“解释型语言”，不需要编译即可直接在具体环境（如浏览器）中运行，因此程序如果存在问题，在运行时才会暴露。

2．JavaScript是动态类型语言，而非静态类型语言

所有高级程序设计语言都有“数据类型”的概念。只有机器语言和汇编语言是面向寄存器和

内存地址进行编程，基本上没有数据类型概念的。而对高级程序设计语言来说，类型系统是一门语言里最重要的特征和组成部分，不同的语言会有各自不同的类型系统。如果深入探究，会发现类型系统是非常复杂的，需要更深入的相关背景知识才能学懂，因此这里仅做一些浅显的讲解。

诸如C、C++、C#、Java这些语言都属于静态类型语言，也就是说一个变量一旦被声明为某种类型，就不能再改变。JavaScript语言则不然，一个变量可以随时改变其类型，即它是动态类型语言。

3．JavaScript是弱类型语言，而非强类型语言

高级程序设计语言的类型系统除了可以分为动态类型和静态类型之外，还可以分为强类型和弱类型。但是类型强弱的区分比动态、静态的区分更为复杂，如果要对此进行严格的定义，需要一些复杂的程序设计语言方面的知识，这里不做严格的定义。粗浅地说，强类型语言对类型的要求更为严格，偏向于更严格地限制变量自动的类型转换（或称隐式转换），弱类型语言则偏向于对自动的类型转换更为宽容。

我们会在后面详细地介绍相关知识，而这部分内容的学习也是让人颇为头疼的。

总体来说，根据上面的第2、第3个特点，可以把各种程序设计语言分类到4个象限，如图1.2所示。

- 静态强类型语言，典型的是Java、C#语言。
- 静态弱类型语言，典型的是C语言。
- 动态强类型语言，典型的是Python语言。
- 动态弱类型语言，典型的是JavaScript语言。

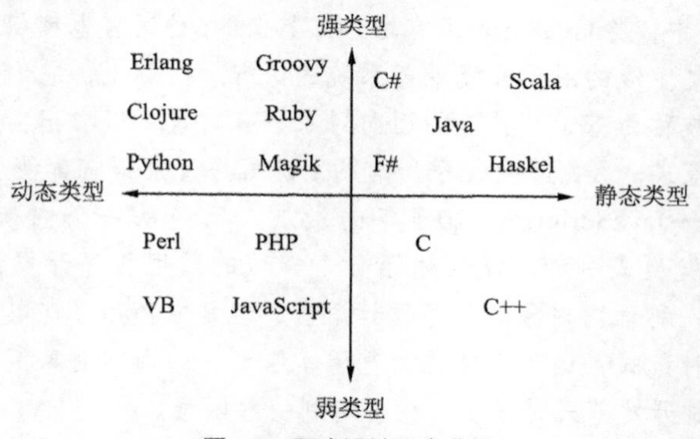

图 1.2　程序设计语言分类

从图1.2中可以看出，一门语言是动态的还是静态的，是强类型的还是弱类型的，并不是绝对的，而是一种“尺度”，代表偏向某一边多一些而已。

此外，JavaScript是一种特别灵活的语言，能很大程度上给予程序员自由掌控程序的权利。这是一把“双刃剑”，自由的同时意味着责任：一方面这与最初设计它的理想主义理念有关；另一方面也与当初的不够完善有关。JavaScript的创始人布兰登·艾奇（Brendan Eich）最初设计并实现JavaScript语言只用了两周的时间，因此不可避免地在各个方面使用“做减法”的策略。因为当时的目的仅仅是在网页上能够实现一些简单的交互而已。在当时，谁也无法预料JavaScript会成为今天这样重要的程序设计语言和事实上的互联网标准。

4．JavaScript是基于原型的面向对象语言，而非基于类的面向对象语言

这一点是JavaScript让初学者最为头疼的一点。从程序设计的宏观范式角度来看，程序设计语言的演进大致经过了3个阶段。

在电子计算机出现后不久的初始阶段，使用机器语言进行程序设计与开发是一件极其低效而烦琐的工作，因此产生了高级语言，尽可能使用接近人类语言的方式编写程序。当然在最早期阶段，其功能相当不完善，主要通过“翻译”机器指令的方式实现，因此主要通过条件判断以及跳转（Goto语句）实现程序逻辑的表达。

在知名的荷兰计算机科学家迪杰斯特拉（Dijkstra）发表了论文指出“Goto语句是有害的”之后，程序设计语言领域逐步发展出“结构化程序设计”这种范式。最早实现这种范式的是Pascal语言，其核心思想是消除Goto语句，自顶向下、逐步求精，通过顺序、分支、循环这3种基本结构以及子程序（函数）表达程序逻辑，对指令进行封装，实现代码的复用。

此后，人们逐渐发现，在结构化程序设计过程中虽然消除了Goto语句，但是往往需要依赖大量的分支结构，例如嵌套的if-else结构或者switch-case结构，而这往往是程序复杂性的来源。因此，“面向对象”（object oriented）思想逐步产生并发展成熟，在结构化程序设计的基础上增加了“类”等基本结构，对程序的抽象能力进一步加强，通过封装、继承和多态等特性，实现低耦合、高内聚的目标，降低程序的复杂性，提高程序的可读性、可维护性。

目前面向对象的基本结构是主流程序设计语言的基本配置，上面的所有被广泛使用的通用程序设计语言都是面向对象的。

但非常有趣，同时也令人头疼的是，JavaScript使用了一种与大多数主流语言很不一样的面向对象的实现方式，主要涉及以下4点。

- 例如Java、C#这类常见语言都使用“类-实例”方式来对程序要表达的逻辑进行抽象。而JavaScript使用一套非常不同的称为“原型”的方式来对逻辑进行抽象。理解“原型”的工作原理对初学者是一件颇具挑战的事情。
- JavaScript的类型系统为“结构性类型”，而不是Java、C#这类语言使用的“名义性类型”，这一点会带来很多开发中不同的思维方式。要逐步熟悉这些思维方式，且需要学习者静下心来认真思考并通过实践逐步掌握。
- JavaScript吸纳了函数式语言的一些特征，“函数”在JavaScript中的地位特别重要，远远超出了函数在普通语言中的含义。
- 由于历史原因，JavaScript的发展经过了很漫长的争论，不同的版本有各自不同的要求，还要兼顾对历史版本的兼容。要实现同一个功能，可能有很多不同的方法，不同的方法有不同的优缺点，所以要想真正掌握，不得不条分缕析地研究。例如要实现对象的创建和继承，这在其他语言里是件很简单和确定的事情，而在JavaScript中有将近10种实现方法，这样对于初学者是比较有挑战性的。

总体来说，根据上面的讲解，读者可以了解到JavaScript是一门“颇具个性”的语言，无论是对一名编程新手还是对已经熟练掌握了其他语言的资深开发人员，都需要认真付出一些努力才能真正掌握JavaScript。从Java到JavaScript的“距离”，远远大于从Java到C#，或者Java到Python的“距离”。

当然，读者对此也无须害怕。一方面，随着ES6的推出，新的JavaScript用起来已经非常“正常”了；另一方面，JavaScript的使用者大体上可以分为两类，即“框架开发者”和“应用开发者”，他们对这门语言的理解和掌握程度的要求有很大的不同。

- 如果你是一名框架开发者，需要对这门语言有着非常深刻的理解和能熟练掌握操作方法。常见的JavaScript框架，例如非常流行的jQuery、Vue.js和React等，都是很多技术水准非常高的开发者开发出来的，而开发这些框架的目的就是降低开发实际应用程序（例如某个网站）的技术门槛。

- 如果你是一名应用开发者，大致上每天面对的工作是使用一些常用的框架开发一些网站的页面。这对技术的要求会简单很多，通常只要能掌握JavaScript的基本特性就可以了，基本不需要编写涉及对象继承等复杂的代码。当然本书还是会对一些比较深入的特性进行讲解，使读者在需要时能够读懂一些比较复杂的代码，比如某些框架的源代码。这对程序员技术实力的提升意义巨大。

1.2 JavaScript的起源、发展与标准化

任何技术都不是单纯地在实验室里被凭空构想出来的。JavaScript语言起于实践，逐步成为如今互联网时代的“核心支柱”之一。

1.2.1 起源

早在1992年，一家名为Nombas的公司开发出一种叫作“C减减”（C-minus-minus）的嵌入式脚本语言，并将其捆绑在一个被称作CEnvi的共享软件中。当时意识到互联网会成为技术焦点的Netscape（网景）公司，开发出自己的浏览器软件Navigator并使其率先进入市场。与此同时，Nombas公司开发出了第一个可以嵌入网页中的CEnvi，这便是最早万维网上的客户端脚本。

当“网上冲浪”逐步走入千家万户的时候，开发客户端脚本显得越来越重要。此时大多数网民还是通过28.8kbit/s的调制解调器来连接网络，网页却越来越丰富多彩。用户认证等现在看起来极其简单的操作，当时实现起来都非常麻烦。这时网景公司为了扩展其浏览器的功能开发了一种名为LiveScript的脚本语言，并于1995年11月末与Sun（太阳计算机系统）公司联合宣布把其改名为JavaScript。改成这个名字并非因为它与Java有什么关系，而仅仅想蹭一下Java的热度。二者之间的差异不小于“雷锋”和“雷峰塔”。

此后很短时间，Microsoft（微软）公司也意识到了互联网的重要性，决定进军浏览器市场，在其发布的IE 3.0中搭载了一个JavaScript的克隆版本，为了避免版权纠纷，将其命名为Jscript。随后微软公司将浏览器加入操作系统中进行捆绑销售，使JavaScript得到了很快的发展，但这样也产生了3种不同的JavaScript：网景公司的JavaScript、微软公司的Jscript，以及Nombas公司的ScriptEase。

1997年，JavaScript 1.1作为一个草案被提交给ECMA（European computer manufacturers association，欧洲计算机制造商协会），由来自网景、太阳计算机系统、微软、Borland（宝蓝）等一些对脚本语言感兴趣公司的程序员组成第39技术委员会（TC39），最终锤炼出ECMA-262标准，其中定义了ECMAScript这种全新的脚本语言。这是一个伟大的标准，至今我们能够在不同的设备上用JavaScript都要得益于ECMA-262标准，并且ECMA-262标准一直在不断升级演进。

进入21世纪后，网上的各种对话框、广告、滚动提示条越来越多，JavaScript被很多网页制作者乱用，一度背上了恶劣的名声。直到2005年年初，Google（谷歌）公司的网上产品Google讨论组、Google地图、Google搜索建议、Gmail等使得AJAX一时兴起并受到广泛好评，这时作为AJAX最重要元素之一的JavaScript才重新找到了自己的定位。

背景知识

大家可以记住“TC39”这个名字，它是后来主导JavaScript的关键组织。TC39的成员都是一些互联网“巨头”、相关组织以及大学，例如微软、谷歌、Apple（苹果）、Mozilla（谋智）、Intel（英特尔）、Oracle（甲骨文）、jQuery基金会等。

TC39委员会有一整套完备的流程，成员可以提交提案，提案经过审议和讨论，按照一定的步骤，经过若干阶段，最终成为正式标准。

1.2.2 博弈与发展

所有日后看起来天经地义的技术，其实都是经过了惊心动魄的博弈和竞争之后的产物。JavaScript就是在一系列激烈的博弈中逐步发展起来的。

20世纪90年代，互联网开始普及，而此时浏览器成为“风口”，浏览器市场几乎被网景公司的产品垄断，这时如日中天的微软公司意识到自己在这个领域已经落后的现实情况，又一次通过“捆绑”这个法宝，在Windows操作系统中免费内置了IE。1997年6月，网景公司的Navigator 4.0发布，同年的10月，微软公司发布了它的IE 4.0。这两种浏览器较其以前的版本有了明显的改进，DOM（document object model，文档对象模型）得到了很大的扩展，从而可以运用JavaScript来实现一系列加强的功能。

在各自的浏览器中，双方大体上遵循着一致的标准，但是有各自的特性，导致不完全一致。双方对CSS（cascading style sheets，串联样式表）和JavaScript的支持都不尽相同。例如网景公司的DOM使用其专有的层（layer）元素，每个层都有唯一的ID标识，JavaScript通过如下代码对其进行访问。

```
document.layers['mydiv']
```

而在微软的IE中，JavaScript必须这样使用：

```
document.all['mydiv']
```

这两种浏览器在细节方面的差异很大，可以说几乎所有的JavaScript细节都是或多或少有区别的，这就使得互联网网站开发受到严重的影响。在商业市场上，竞争与合作永远是共存的。当时各自为战带来很多问题以后，各大厂商开始寻找解决之道。

1.2.3 标准的制定

就在浏览器厂商为了商业利益而展开激烈的竞争时，万维网联盟（world wide web consortium，W3C）也在协调各大厂商制定需要大家共同遵守的标准，实现技术的标准化。但是这个过程也是非常艰难的，各个厂商有各自的诉求，要达成一致的目的非常不容易。

1998年6月，ECMAScript 2.0发布。不久，在1999年12月，ECMAScript 3.0发布。这个标准取得了巨大的成功，成为JavaScript的通用标准，得到了广泛支持。接着就开始了下一个版本标准的制定工作，但是这个工作非常困难，争议巨大。经过8年的时间才于2007年10月发布了ECMAScript 4.0的草案，本来预计次年8月发布正式版本，但是草案发布后，由于4.0版本的目标过于激进，各方对于是否通过这个标准产生了严重分歧。以Yahoo（雅虎）、微软、谷歌为首的大公司反对JavaScript的大幅升级，主张小幅改动；以JavaScript创造者布伦丹·艾奇为首的谋智公司，则坚持原标准草案。为此，ECMA开会决定中止ECMAScript 4.0的开发，将其中涉及现有功能改善的一小部分发布为ECMAScript 3.1，不久之后，改名为ECMAScript 5，这是一个妥协的产物。因此，目前JavaScript的早期版本常见的就是ES3和ES5，它们之间差别不大，并且不存在ES4。

又过了7年，2015年6月17日，ECMAScript 6正式发布，其正式的名称改为ECMAScript 2015，但是开发者早已习惯称之为ES6了，因此，大多数场合它都被称为ES6。ECMAScript 2015是一个非常重要的版本，在多方的共同努力下，它使得JavaScript从一个“先天不足”的脚本语言，成为一个正常而稳定的通用程序开发语言。而此后，ECMAScript仍然在不断演进，但是ES6奠定的大结构已经稳定下来，因此ES6可以说是JavaScript标准化过程中最重要的一个版本，也是经过了近20年的多方努力而得到的结果。

从ECMAScript 2015开始，正式的版本名称用发布年份标识，这导致了每个版本都有两个名称。2016年6月，小幅修订的ECMAScript 2016（简称ES2016或ES7）发布，它与ES6的差异非常小。

需要注意的是，上面介绍的都是ECMAScript，那么它和JavaScript是什么关系呢？二者是标准与实现的关系，即ECMAScript是大家协商确定的一套标准，JavaScript是各个浏览器或其他运行环境具体的实现。

1.3 JavaScript的实现

尽管ECMAScript是一个重要的标准，但它并不是JavaScript的唯一组成部分，也不是唯一被标准化的部分，上面提到的DOM也是重要的组成部分之一，另外BOM（browser object model，浏览器对象模型）也是，如图1.3所示。

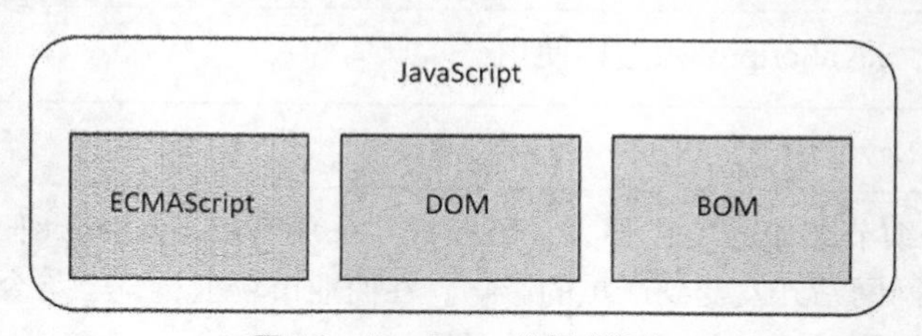

图 1.3　JavaScript 的组成部分

1.3.1 ECMAScript

正如前面所说，ECMAScript是一种由欧洲计算机制造商协会标准化的脚本程序设计语言。它并不与任何浏览器绑定，也没有用到任何用户输入/输出的方法。事实上，Web浏览器仅仅是一种ECMAScript的宿主环境。除了常见的网页浏览器之外，Adobe公司的Flash脚本ActionScript等都可以容纳ECMAScript的实现，只是Flash已经走下“历史舞台”。简单来说，ECMAScript描述的仅仅是语法、类型、语句、关键字、保留字、运算符、对象等。

每个浏览器都有其自身ECMAScript接口的实现，这些接口又被不同程度地扩展，包含了后面会提到的DOM、BOM等。

1.3.2 DOM

根据W3C的DOM规范可知，DOM是一种与浏览器、平台、语言无关的接口，使用户可以访问页面其他的标准组件。简单来说，DOM最初解决了网景和微软之间的冲突，给了Web开发者一个标准的方法，让其方便地访问站点中的数据、脚本和表现层对象。

DOM把整个页面规划成由节点层级构成的文档，考虑下面这段简单的HTML代码。

```
1    <html>
2    <head>
3        <title>DOM Page</title>
4    </head>
5
6    <body>
7        <h2><a href="#myUl">标题1</a></h2>
8        <p>段落1</p>
9        <ul id="myUl">
10           <li>JavaScript</li>
11           <li>DOM</li>
12           <li>CSS</li>
13       </ul>
14   </body>
15   </html>
```

这段HTML代码十分简单，这里不再一一说明各个标记的含义。利用DOM结构将其绘制成节点层次图，如图1.4所示。

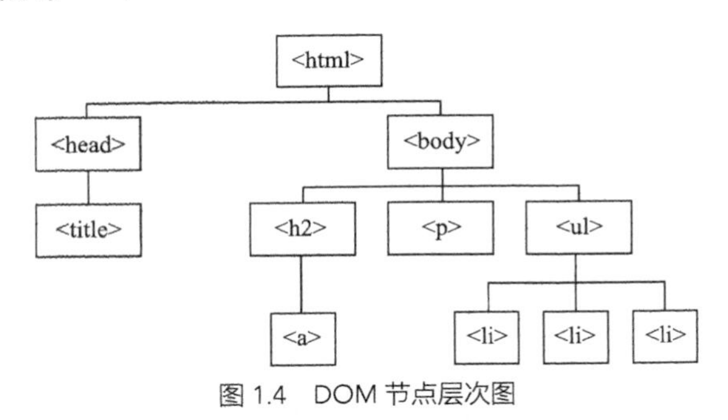

图 1.4　DOM 节点层次图

对于该节点层次图的各个部分，我们以后会详细讲解。这里需要明确的是，DOM将页面清晰、合理地进行了层次结构化，从而使开发者对整个文档有了空前的控制力。

1.3.3 BOM

从IE 3.0和Netscape Navigator 3.0开始，浏览器都提供一种被称为BOM的特性，它可以对浏览器窗口进行访问和操作。利用BOM的相关技术，Web开发者可以移动窗口、改变状态栏，以及执行一些与页面中内容毫不相关的操作。尽管没有统一的标准，但BOM的出现依然给“网络世界”增添了不少色彩，主要功能包括以下几个。

- 弹出新的浏览窗口。
- 移动、关闭浏览窗口以及调整窗口大小。

- 提供Web浏览器相关信息的导航对象。
- 页面详细信息的定位对象。
- 提供屏幕分辨率详细参数的屏幕对象。
- cookie的支持。
- 各种浏览器自身的一些新特性，例如IE的ActiveX类等。

本书的后面也将对BOM进行详细的介绍。

1.3.4 新的开始

20世纪90年代，网景与微软之间的竞争最终以后者的全面获胜而告终，这并不是因为IE对标准的支持强于Netscape Navigator或是别的技术因素，而是IE在Windows上进行捆绑销售。迫于各方面的压力，微软公司从IE 5.0开始就内置了对W3C标准化DOM的支持，但仍然继续支持它独有的Microsoft DOM。

这里再回顾一下浏览器的发展历程，各种浏览器近年来的市场占有率的变化情况如图1.5所示，这对我们了解JavaScript语言也有所帮助。

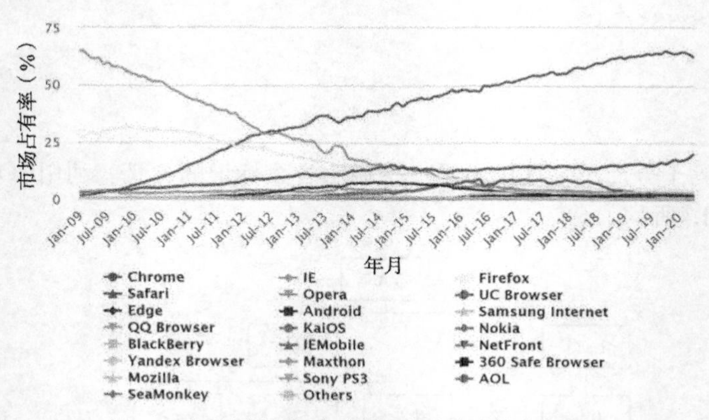

图 1.5　各种浏览器近年来的市场占有率的变化情况

由于早期的浏览器对标准支持不好，它们有各自独有的一些特性和接口，导致早期的前端开发者为了能够让网页在不同的浏览器中有统一的显示效果，需要付出巨大的努力和时间成本。

从2010年左右开始，Web标准化开始了新的历程。谷歌开发的Chrome浏览器逐渐成为主流，与此同时，它对标准的支持也越来越好。各大厂商逐步意识到标准化才是正确的选择。

特别是进入移动互联网时代以后，由于浏览器进入移动设备相对较晚，反而它从一开始就比较好地支持了新的标准，让前端开发者拥有了比较舒服的开发体验。

1.4 Web标准

2004年初，网页设计在经历了一系列的变革之后，一本名为*Designing with Web Standards*（中文译本《网站重构——应用Web标准进行设计》）的书掀起了整个Web行业的“大革命”。网页设计与制作人员纷纷开始重新审视自己的页面，并发现那些充满嵌套表格的HTML代码臃肿而难以被修改，于是一场清理HTML代码的行动开始了。

1.4.1 Web标准概述

Web标准不是某一个标准，而是一系列标准的集合。网页主要由3个部分组成：结构（structure）、表现（presentation）和行为（behavior）。对应的标准也分为3个方面：结构标准语言主要包括XML（extensible markup language，可扩展标记语言）和XHTML（extensible hypertext markup language，可扩展超文本标记语言），表现标准语言主要包括CSS，行为标准主要包括DOM、ECMAScript等。

1．结构标准语言

XML和HTML一样，来源于SGML（standard general markup language，标准通用标记语言），但XML是一种能定义其他语言的语言。XML最初设计的目的是弥补HTML的不足，以强大的扩展性满足网络信息发布的需要，后来逐渐用于网络数据的转换和描述。

XML虽然数据转换能力强大，完全可以替代HTML，但面对成千上万已有的站点，直接采用XML还为时过早。因此，开发者在HTML4的基础上，用XML的规则对其进行扩展，得到了XHTML。简单来说，建立XHTML的目的就是实现HTML向XML的过渡。

2．表现标准语言

W3C最初创建CSS标准的目的是取代HTML表格式布局、帧和其他表现的语言。纯CSS布局与结构式XHTML相结合能帮助设计师分离外观与结构，使站点的访问及维护更加容易。

3．行为标准

前面已经介绍过，DOM是一种与浏览器、平台、语言无关的接口，它使得用户可以访问页面其他的标准组件。简单来说，DOM解决了网景的JavaScript和微软的Jscript之间的冲突，给了Web设计师和开发者标准的方法来访问站点中的数据、脚本和表现层对象。

另外，前面介绍的ECMAScript同样也是重要的行为标准，目前推荐遵循的是ECMA-262标准。

注意

对于各个标准的技术规范和详细文档，有兴趣的读者可以参考W3C的官方网站。

使用Web标准，对于网站浏览者来说有以下优势。

- 文件下载与页面显示速度更快。
- 内容能被更多的用户（包括失明、视弱、色盲等人士）所访问。
- 内容能被更广泛的设备（包括屏幕阅读机、手持设备、搜索机器人、打印机、电冰箱等）所访问。
- 用户能够通过样式选择定制自己的界面风格。
- 所有页面都能提供适用于打印的版本。

而对网站的设计者来说有以下优势。

- 更少的代码和组件，容易维护。

- 带宽要求降低（代码更简洁），成本降低。
- 更容易被搜寻引擎搜索到。
- 改版方便，不需要变动页面内容。
- 提供打印版本而不需要复制内容。
- 提高网站易用性。在美国，有严格的法律条款来约束政府网站必须达到一定的易用性，其他国家也有类似的要求。

1.4.2 结构、表现、行为的分离

对于网页开发者而言，Web标准的最好运用就是结构、表现、行为的分离，将页面看成这几个部分的有机结合体，分别对待，这样也使得不同的部分需运用不同的专用技术。下面来看网页各个部分的含义。

页面是用于展现其内容（content）的，例如动物网站的内容主要是动物的介绍等。内容形式可以包括清单、文档、图片等，是纯粹的网站数据。

页面上只有内容显然是不够的，内容合理地组织在一起便是结构，例如一级标题、二级标题、正文、列表、图像等，类似Word文档的结构。有了合理的结构才能使内容更加具有逻辑性和易用性。通常页面的结构是由HTML来搭建的，例如下面这段简单的HTML代码便构建了一个页面的结构。

```
1   <div id="container">
2       <div id="globallink"></div>
3       <div id="parameter"></div>
4       <div id="main"></div>
5       <div id="footer"></div>
6   </div>
```

对应的页面结构如图1.6所示。

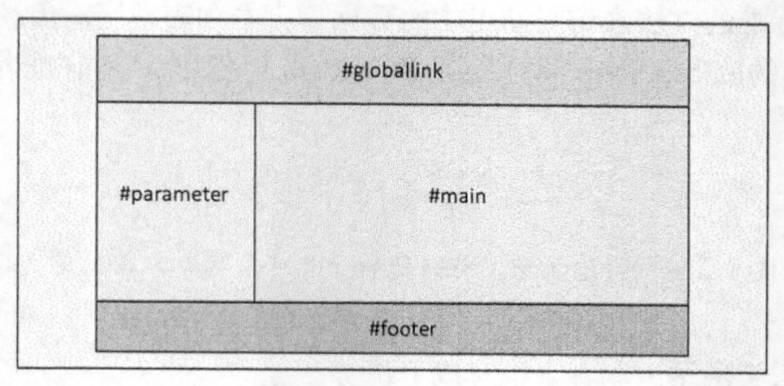

图 1.6　页面结构

HTML虽然定义了页面的结构，但整个页面的外观还是没有改变，例如标题的颜色还不够突出、页面的背景还不够漂亮等，这些用来改变页面外观的东西称为表现。通常处理页面表现的是CSS技术，后面将会进一步介绍。

网站通常不仅通过表现来展示其内容，很多时候还需要与用户交互，例如用户单击按钮、提交表单、拖曳地图等，这些统称为行为。而让用户能够具有这些行为的，通常就是以JavaScript为代表的脚本语言。

通过HTML搭建结构框架来存放内容，CSS制作美工完成页面的表现，JavaScript编写脚本实

现各种行为，这样便实现了Web网页结构、表现、行为三者的分离。这是目前标准化制作页面的方法，也是本书的基础，在后面都会逐一分析。

1.4.3 前后端分离成为Web开发的主流模式

另外一个大趋势是从2012年开始，前后端分离出现，2014年到2015年是JavaScript技术“大爆发”的两年，此后全面进入前后端分离阶段。

由于移动互联网的普及，多终端设备的适配逐步成为前端开发必须面对的问题。因此后端业务逻辑逐步演变成API方式，脱离与UI（user interface，用户界面）层的耦合，前端和后端开发逐步分离。由此，前后端分离模式的Web开发模式逐渐被接受和发展起来。

互联网的应用越来越丰富，逐步从提供内容向提供服务转变，对技术上的要求有如下4点。

- 客户端需求复杂化，用户体验的期望提高。
- 页面的渲染从服务器端转移到客户端。
- 客户端程序具备完整的生命周期、分层架构和技术栈。
- 从“单一网站”到“多端应用”。

因此，传统的jQuery逐步被新的客户端框架取代，例如当下主流的3个框架Vue.js、Angular、React。使用这些新的客户端框架对JavaScript的理解和掌握提出了新的要求。

本章小结

在这一章里，我们介绍了JavaScript语言的一些历史发展情况、JavaScript的基本组成部分，以及Web标准的相关知识。JavaScript的作用，简而言之就是对页面中的各种对象通过“可编程”的方式进行控制。这正是我们正在经历的这个时代的大趋势——各种各样的事物都在逐步软件化和智能化，例如“软件定义网络”“软件定义存储”，甚至近期出现的“软件定义汽车”；而要实现软件化和智能化，本质就是让各种事物“可编程”。

习题 1

一、关键词解释

JavaScript　ECMAScript　DOM　BOM　Web标准　前后端分离模式

二、描述题

1. 请简单描述一下JavaScript语言有什么特点。
2. 请简单描述一下JavaScript是由哪几个部分组成的。
3. 请简单描述一下Web标准主要包含哪些内容。

第2章 JavaScript基础

第1章对JavaScript进行了概括性的介绍，从本章开始将对JavaScript进行深入的讨论。这一章将分析JavaScript的核心ECMAScript，让读者从底层了解JavaScript，如JavaScript的基本语法、变量、关键字、保留字、语句、函数等。

经过20多年的发展，JavaScript已经成为一款非常完备的语言，它的内容的丰富性和复杂性也是不言而喻的。市面上用上千页介绍JavaScript的书籍也有不少，而本书中，我们将围绕最基本且实用的部分展开讲解，使读者能够容易地理解一些重要且核心的概念，并通过一些案例掌握JavaScript语言的使用方法。本章的思维导图如下。

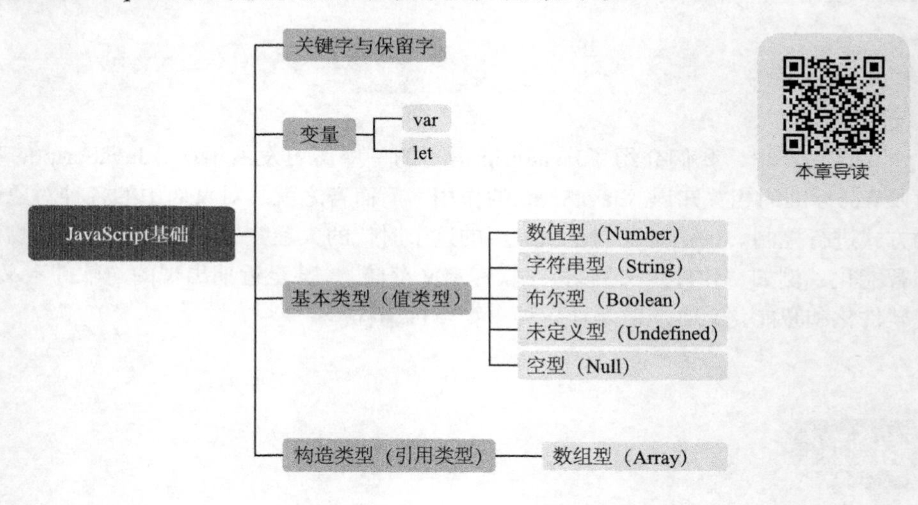

2.1 JavaScript的基本语法

在基本语法层面来讲，JavaScript是“类C”的，即它使用了与C语言相近的一些语法，当然也有大量的改变和扩展。下面就选择一部分重要的内容进行讲解。

注意

在第1章中介绍了JavaScript是对ECMAScript标准的实现。而市面上的浏览器众多，各自的JavaScript引擎（或者称为JavaScript解释器）对ECMAScript标准的实现程度也不完全一致，因此我们通常将一个特别版本ECMAScript作为讲解时的默认版本，在必要时会介绍一些其他版本。本书使用当前主流的版本——ECMAScript 6（ES6），即ECMAScript 2015来进行讲解。

为了兼容旧版本，有很多语法仍然保留在ECMAScript 6中，但已经不推荐使用了。我们一般都按照新的主流方式来讲解，必要时会做一些补充说明。

ECMAScript可以归纳为以下几点。

（1）区分大小写。与C语言一样，JavaScript中的变量、函数、运算符等都是区分大小写的，例如变量myTag与MytAg表示两个不相同的变量。

（2）弱类型变量。弱类型变量指的是JavaScript中的变量无特定类型，不像C语言那样每个变量都需要声明为一个特定的类型。定义变量时只需使用“let”关键字为变量赋值，便可以将变量初始化为任意的值。虽然采用这样的方式可以随意改变所存储变量的数据类型，但用户应该尽可能地避免这类操作。弱类型变量示例如下：

```
1   let age = 25;
2   let name = "Tom";
3   let male = true;
```

说明

“let”是ES6中新引入的关键字，用来代替以前的“var”关键字。后面讲到“变量作用域”相关知识点的时候会对其进行详细说明。

（3）每行结尾的分号可有可无。C语言要求每行代码以分号“;”结束，而JavaScript允许开发者自己决定是否以分号来结束该行语句。如果没有分号，JavaScript就默认把这行代码的结尾看作该语句的结尾。因此，下面两行代码都是正确的。

```
1   let myChineseName = "Zhang San"
2   let myEnglishName = "Mike";
```

注意

大多数JavaScript编程指南建议开发者养成良好的编程习惯，为每一行代码都加上分号作为结尾。但这不是强制性的，如果能够用好不加分号书写形式，也可以编写出阅读性非常好的代码。要注意的是，最好不要“混用”，要么都按传统习惯加上分号，要么都不加。“一致”是很重要的。

（4）花括号用于代码块。代码块表示一系列按顺序执行的代码，这些代码在JavaScript中都被封装在花括号“{}”里，例如：

```
1   if(myName == "Mike"){
2       let age = 25;
3       console.log(age);
4   }
```

（5）注释的方式与C语言类似。JavaScript也有两种注释方式，分别用于单行注释和多行注释，如下所示。

```
1    //这是单行注释（this is a single-line comment）
2    /* 这是多行注释
3    *（this is a multi-line comment）
4    */
```

对于HTML页面来说，JavaScript代码都包含在<script>与</script>标记中，它可以是直接嵌入的代码，也可以是通过<script>标记的src属性调用的外部JS文件。下面是一个完整的包含JavaScript代码的HTML页面示例（参考本书配套资源文件：第2章\2-1.html）。

```
1    <html>
2    <head>
3        <title>JavaScript页面</title>
4        <script>
5            let myName = "Mike";
6            document.write(myName);
7        </script>
8    </head>
9
10   <body>
11       <p>正文内容</p>
12   </body>
13   </html>
```

2.2 使用VS Code编写JavaScript代码

案例讲解

在正式开始学习JavaScript之前，先把工具准备一下。学习JavaScript开发所需的工具：一个编写程序的编辑器加上一个查看结果的浏览器。不要小看开发工具，专业的开发人员对开发工具是非常挑剔的，这一点在读者成为一名专业的开发人员以后会慢慢有自己的体会。

当前流行的前端开发工具之一Visual Studio Code（简称VS Code）是由微软公司开发的，其深受广大开发者的欢迎。它是开源软件，拥有丰富的生态。VS Code可以跨平台，在Windows、macOS等各种操作系统上使用，但有相同的开发体验。

请读者先到官方网站下载并安装VS Code。本节将简单介绍使用VS Code编写JavaScript代码的方法。

2.2.1 创建基础的HTML文件

在网页中使用JavaScript的方式有嵌入式和链接式两种。

- 嵌入式是指直接在<script>标记内部编写JavaScript代码。
- 链接式是指使用<script>标记的src属性，链接一个JS文件。

对于特别简单的代码，我们可以直接用嵌入式方式将代码编写在一个HTML文件中。而面对比较复杂的项目时，应该认真组织程序的结构，一般把JavaScript代码保存为独立文件，然后以链接式引入HTML文件。下面对嵌入式讲解，先创建基础的HTML文件，然后编写代码。

VS Code是一个轻量级但功能强大的源代码编辑器，它适合用来编辑任何类型的文本文件。如果要用VS Code新建HTML文件，可以先选择“文件”菜单中的“新建文件”命令（或者按组合键“Ctrl+N”），这时会直接创建一个名为“Untitled-1”的文件，但该文件还不是HTML类型的文件。接下来，选择“文件”菜单中的“保存”命令（或者按组合键“Ctrl+S”），此时会弹出“另存为”对话框，我们选择一个文件夹来保存，并将文件命名为“1.html”，如图2.1所示。VS Code会根据文件扩展名，将该文件识别为HTML类型的文件，并且“Untitled-1”会变成“1.html”。

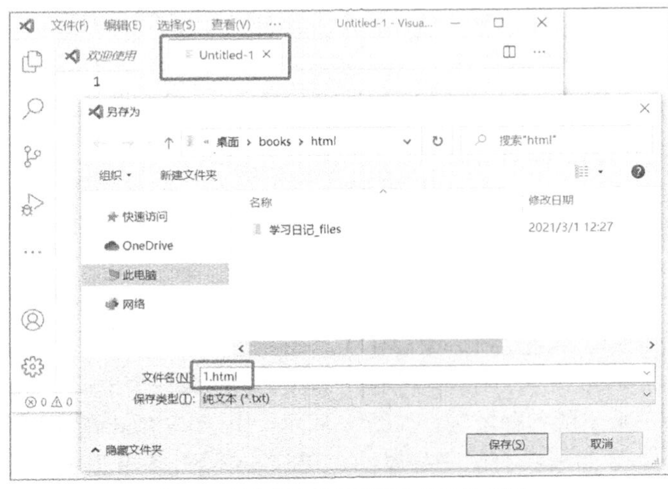

图 2.1　创建新文件并保存为 HTML 类型

创建了空白文件后，我们可以快速生成HTML代码，先输入html这4个字母，VS Code会立即给出智能提示，这里选择“html:5”，如图2.2所示。

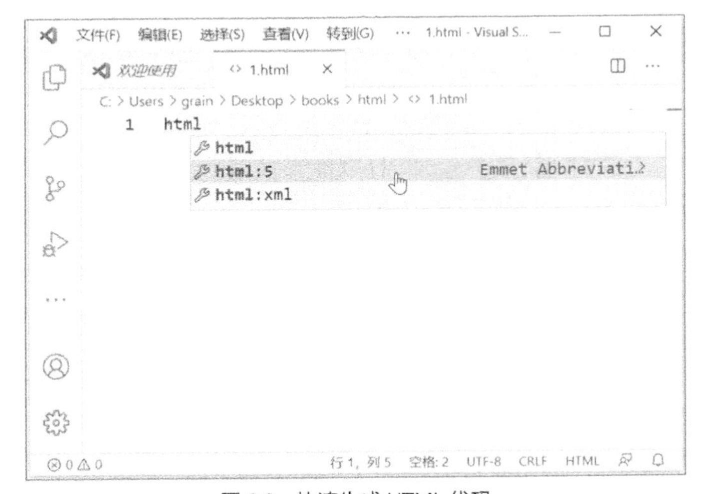

图 2.2　快速生成 HTML 代码

此时选择“html:5”，表示用HTML5来生成整个文件结构，代码如下。

```
1    <!DOCTYPE html>
2    <html lang="en">
```

```
3   <head>
4       <meta charset="UTF-8">
5       <meta http-equiv="X-UA-Compatible" content="IE=edge">
6       <meta name="viewport" content="width=device-width, initial-scale=1.0">
7       <title>Document</title>
8   </head>
9   <body>
10
11  </body>
12  </html>
```

可以看到基础的HTML文件结构已经有了，而且它们具有不同的颜色（彩印时可查看到），这得益于VS Code强大的代码着色功能。

2.2.2 编写JavaScript代码

为了体验VS Code的代码提示功能，先在<head></head>标记内部插入<script></script>标记，然后输入以下代码，创建一个数组。

```
let stack = new Array();
```

VS Code具备智能提示功能，在第二行输入stack后，输入一个“.”，这时VS Code中会出现一个下拉框，提示有关数组的各种方法，如图2.3所示。由于VS Code能识别出stack是数组类型的变量，因此该变量拥有数组所具有的一些属性。VS Code给开发者提供直接的属性选择提示，可以避免开发者记错或者输入错误。VS Code有很多类似的功能，能帮助开发者提高开发效率和质量。

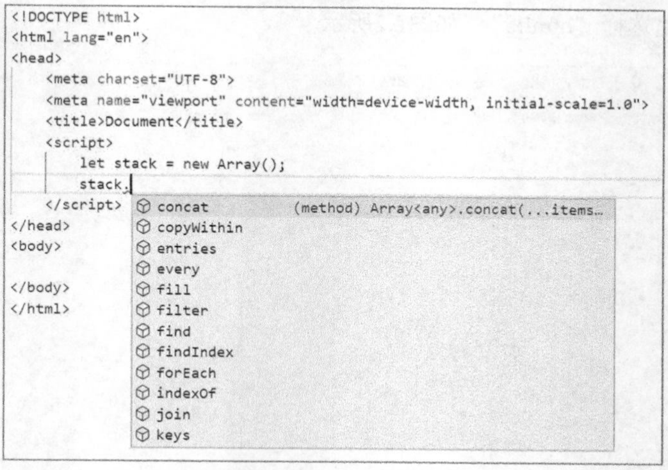

```
<!DOCTYPE html>
<html lang="en">
<head>
    <meta charset="UTF-8">
    <meta name="viewport" content="width=device-width, initial-scale=1.0">
    <title>Document</title>
    <script>
        let stack = new Array();
        stack.
    </script>  concat        (method) Array<any>.concat(...items…
</head>            copyWithin
<body>             entries
                   every
</body>            fill
</html>            filter
                   find
                   findIndex
                   forEach
                   indexOf
                   join
                   keys
```

图 2.3　VS Code 的智能提示

编写代码后要记得按“Ctrl+S”组合键保存。

2.2.3 在浏览器中查看与调试

通常进行Web前端开发时，开发者会先使用谷歌的Chrome浏览器来调试结果是否正确，因为Chrome浏览器有丰富的开发者工具，调试起来非常方便。当调试出一个页面在Chrome浏览器中显示结果正确以后，再使用其他浏览器做兼容性测试。

我们下面制作一个简单的页面。这个页面的<body></body>标记中没有任何元素，在<head></head>标记部分加入一对<script></script>标记，以及两行JavaScript代码，代码如下。

```
1   <!DOCTYPE html>
2   <html>
3   <head>
4       <script>
5           console.log("通过输出一些内容的方式，可以看到运行结果")
6           console.log(new Date())
7       </script>
8   </head>
9   <body>
10  </body>
11  </html>
```

注意

上面代码中<script>标记没有带任何属性，但我们在看一些网页的源代码时，常常看到这个标记被写为：<script type = "text/javascript">，即给<script>标记加了一个type属性，说明这个脚本是用JavaScript语言写的。其实这是画蛇添足，因为<script>标记的type属性默认值就是“text/javascript”，省略不写还可以使代码保持简洁。

页面制作好并保存之后，开发者就可以在文件管理器里双击这个文件，用浏览器直接打开它。例如打开上面制作的这个页面，可以看到浏览器调试页面是空白的，没有任何内容，如图2.4所示。注意如下两点。

- 地址栏中内容以file://开头，而不是以http://开头，说明这是本地文件，而不是Web服务器上的网址。
- 单击右上角竖排的3个圆点图标，可以展开菜单，找到图2.4中所示的“开发者工具”选项，打开开发者工具。按组合键“Ctrl+Shift+I”也可打开开发者工具，由于特别常用，建议读者记住这个组合键。

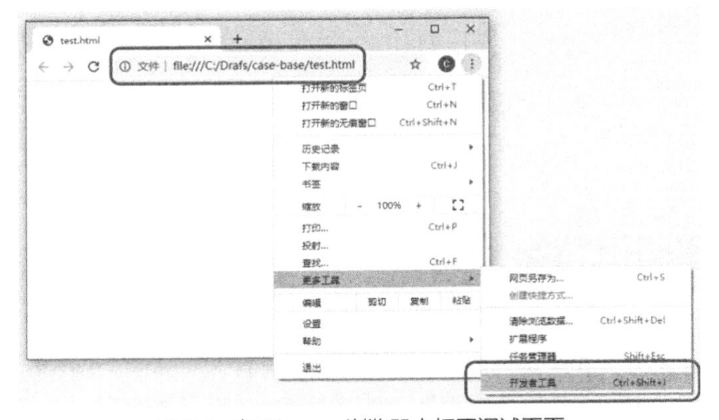

图 2.4　在 Chrome 浏览器中打开调试页面

打开开发者工具以后，可以看到在浏览器下方出现了一些工具，单击“Console”，就可打开

“控制台”面板，在其中可以看到有两行内容，如图2.5所示。它们正是上面在<script></script>标记中写入的两行JavaScript代码的输出结果，并且右端还给出了相应语句所在文件和行数。用这种方式，可以非常方便地查看程序运行过程中的一些结果。

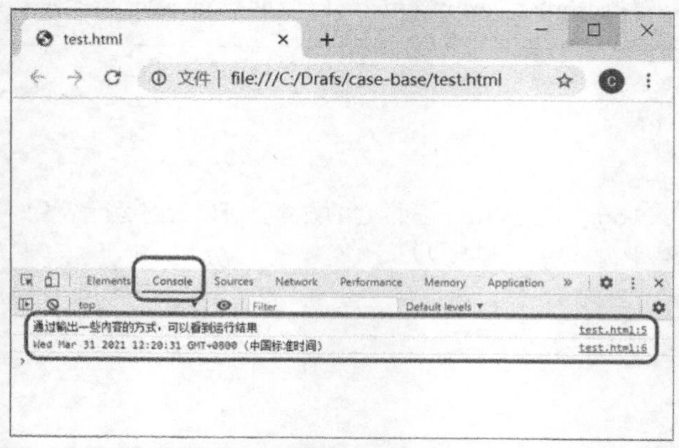

图 2.5　打开“控制台”面板查看输出结果

说明

Chrome浏览器的“开发者工具”包含了一整套非常强大的工具，可以用于监控、调试页面（包括HTML元素、CSS样式和JavaScript逻辑）。读者在实践过程中，应该尽快掌握开发者工具的使用方法，这样在学习JavaScript的时候可以事半功倍。

在早期，还没有Chrome浏览器及其开发者工具之前，人们常常使用alert输出一些内容，以用于查看和调试。例如把上面代码中的console.log(new Date( )) 改为 alert (new Date( ))，那么页面中就会弹出一个提示框来显示需要展示的内容，如图2.6所示，但这种方式已经很少用了。

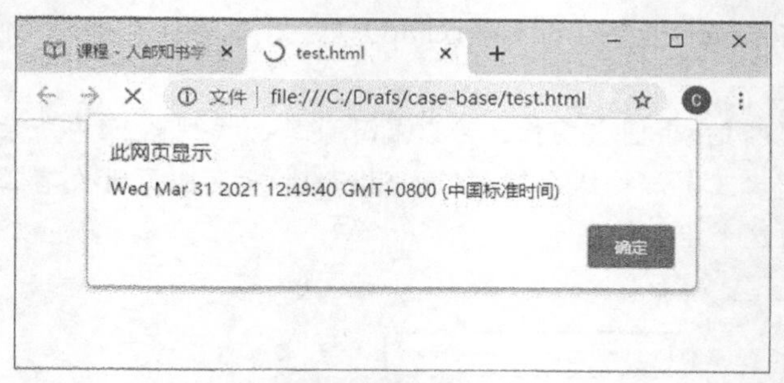

图 2.6　用提示框展示内容

2.3 关键字与保留字

在2.1节中，我们介绍了如何编写JavaScript代码和查看一个带有JavaScript代码的页面。下面我们正式开始学习JavaScript语言的“旅程”，希望读者能够坚持到底。

为了使不同浏览器或环境中的JavaScript保持统一，它们都使用一个统一的标准，也就是ECMA-262标准。该标准定义的语言称为ECMAScript，JavaScript就是对ECMAScript的实现。

ECMAScript定义了它所支持的一套关键字（keyword），这些关键字是系统预留的、具有特殊意义的单词，不能作为变量名或者函数名使用，否则解释程序会报错。ES6中关键字的完整列表如下。

```
1   break      case      catch      class       continue
2   debugger   default   delete     do          else
3   export     extends   finally    for         function
4   if         import    in         instanceof  new
5   return     super     switch     this        throw
6   try        typeof    var        void        while
7   with       yield
```

ECMAScript还定义了一套保留字，同样，保留字也不能用作变量或者函数的名称。ES6中保留字的完整列表如下。

```
1   await      enum       implements   interface   let
2   package    protected  private      public      static
```

2.4 变量

在日常生活中有很多东西是固定不变的，而有些东西会发生变化，例如人们的生日通常是固定不变的，年龄和心情却会改变。在讨论程序设计时，那些会发生变化的数值等部分被定义为变量。

JavaScript中变量是通过let关键字来声明的，例如：

```
1   let girl;
2   let boy = "zhang";
```

需要注意声明和初始化的区别。

上面的第一条语句中先声明了一个变量girl，但并没有对它进行初始化，因此它的值，甚至它的类型都尚未确定。此时它的值是“undefined”，undefined也是一个JavaScript的关键字。第二条语句中的变量boy不仅被声明了，并且它的初始值被设置为字符串“zhang”。由于JavaScript是弱类型语言，浏览器等解释程序会自动为其变量创建一个字符串值，因此开发者无须明确地进行变量类型声明。

另外，还可以用let同时声明多个变量，例如：

```
let girl = "Jane", age=19, male=false;
```

上面的代码首先声明了girl为“Jane”，接着声明了age为19，最后声明了male为false。即使这3个变量属于不同的数据类型，但在JavaScript中都是合法的。

此外，与C语言等不同的是，JavaScript还可以在同一个变量中存储不同类型的数据，即更换变量存储内容的类型，如下所示。

```
1   let test = "Hello, world!";
2   console.log(test);
```

```
3    // 一些别的代码
4    test = 19820624;
5    console.log(test);
```

以上代码输出字符串“Hello, world!”和数值19820624，说明变量test的类型从字符串变成了数值。

注意

开发者应养成良好的编程习惯，即使JavaScript能够为一个变量赋多种类型的值，但这种方法在绝大多数情况下并不值得推荐。使用变量时，同一个变量应该只存储一种类型的数据。

另外，JavaScript还可以直接使用未声明的变量，如下所示。

```
1    let test1 = "Hello";
2    console.log(test1);
3    test2 = test1 + "world!";
4    console.log(test2);
```

以上代码并没有使用let来声明变量test2，而是直接进行了使用，仍然可以正常输出结果。浏览器“控制台”面板的输出结果如下。

```
1    Hello
2    Hello world!
```

但这是非常值得注意的，在实际编程过程中，千万不要这样做。JavaScript的解释程序在遇到未声明过的变量时，会自动用该变量创建一个全局变量，并将其初始化为指定的值。同样，为了养成良好的编程习惯，变量在使用前都应当声明。另外，变量的名称须遵循如下3条规则。

- 首字符必须是字母（大小写均可）、下画线（_）或者美元符号（$）。
- 余下的字符可以是下画线、美元符号、任意字母或者数字字符。
- 变量名不能是关键字或者保留字。

下面是一些合法的变量名。

```
1    let test;
2    let $fresh;
3    let _Zhang01;
```

下面则是一些非法的变量名。

```
1    let 4abcd;              // 以数字开头，为非法变量名
2    let blog'sName;         // 对于变量名，单引号“'”是非法字符
3    let false;              // 不能使用关键字作为变量名
```

为了使代码清晰易懂，通常变量采用一些知名的命名方法来命名，如Camel标记法、Pascal标记法。

Camel标记法要求变量名首字母小写，接下来单词都以大写字母开头，例如：

```
let myStudentNumber = 2001011026, myEnglishName = "Mike";
```

Pascal标记法要求变量名首字母大写，接下来单词都以大写字母开头，例如：

```
let MyStudentNumber = 2001011026, MyEnglishName = "Mike";
```

但在实际开发中，通常会有一些约定俗成的习惯。例如比较流行的面向对象语言中都有“类-实例”结构，类一般采用Pascal标记法命名，而实例一般采用Camel标记法命名。例如，一个“重型汽车”类叫作HeavyCar，由这个类产生的实例叫作heavyCar。我们到后面还会详细介绍。

除了上面介绍的两种变量命名方法之外，在Web开发中还常常遇到另一种命名方法，例如页面中对象的CSS类名称或者id属性名称通常使用Kebab方法命名，即各个单词之间用“-”连接，代码如下。

```
1   <body>
2       <p id="most-import-content">正文内容</p>
3   </body>
```

这里的“most-import-content”就使用了Kebab命名方法，每个单词之间用“-”连接。

2.5 数据类型

JavaScript一共有7种数据类型，它们被分为两类，即简单数据类型和复杂数据类型。

简单数据类型如下。

- 数值型（Number）。
- 字符串型（String）。
- 布尔型（Boolean）。
- 未定义型（Undefined）。
- 空型（Null）。
- 符号型（Symbol）。

复杂数据类型如下。

- 数组型（Array）。

说明

“未定义”类型在前面我们已经遇到了；“符号”类型是ES6引入的新类型，本书中不会涉及；其余类型本书都会进行讲解。本节主要讲解最常用的一些数据类型。

2.5.1 数值型

在JavaScript中希望某个变量包含的数值使用统一的数值类型，而不需要像在其他语言中那样分为整数和浮点数。下面例子中都是正确的数值表示方法（参考本书配套资源文件：第2章\2-2.html）。

```
1   <title>数值计算</title>
2   <script>
3       let myNum1 = 23.345;
4       let myNum2 = 45;
```

```
5       let myNum3 = -34;
6       let myNum4 = 9e5;          // 科学计数法
7       console.log(myNum1 + ", " + myNum2 + ", " + myNum3 + ", " + myNum4);
8   </script>
```

以上代码的输出结果如下。从其中可以清楚地看到各个数值的输出结果，这里不再一一讲解。

```
23.345, 45, -34, 900000
```

> **说明**
>
> 本书中很多例子都会使用console.log( )来输出结果，这样在浏览器中能够非常方便地查看结果。例如上述HTML文件，开发者在Chrome浏览器中将其打开后，按组合键“Ctrl+Shift+I”打开浏览器的开发者工具，切换到“控制台”面板查看输出结果，如图2.7所示。

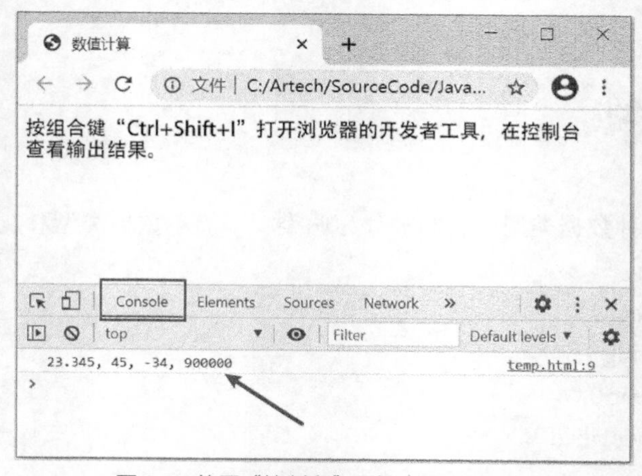

图 2.7　使用“控制台”面板查看输出结果

对于数值，如果希望将其转换为科学计数法则可以采用toExponential()方法，该方法接收一个参数，表示要输出的小数位数。toExponential()方法的使用方式如下（参考本书配套资源文件：第2章\2-3.html）。

```
1   <script>
2       let fNumber = 895.4;
3       console.log(fNumber.toExponential(1));
4       console.log(fNumber.toExponential(2));
5   </script>
```

以上代码的输出结果如下，读者可以自行实验其他数值。

```
1   9.0e+2
2   8.95e+2
```

2.5.2 字符串型

1. 基本用法

字符串由零个或者多个字符构成，字符包括字母、数字、标点符号和空格。字符串必须放在单引号或者双引号里，例如下面这两条语句有着相同的输出结果。

```
1    let language = "JavaScript";
2    let language = 'JavaScript';
```

单引号和双引号通常可以根据开发者的个人喜好任意选用，但在一些特殊情况下需要根据所包含的字符串来正确地选择。例如字符串里包含双引号时应该把整个字符串放在单引号中，反之亦然，如下所示。

```
1    let sentence = "let's go";
2    let case = 'the number "2001011026"';
```

也可以使用转义字符“\”（escaping）来实现更复杂的字符串效果，如下所示。

```
1    let score = "run time 3\'15\"";
2    console.log(score);
```

以上代码的输出结果如下。

```
run time 3'15"
```

注意

无论使用双引号或者单引号，为了养成良好的编程习惯，最好能在脚本中保持一致。如果在同一脚本中一会儿使用单引号，一会儿又使用双引号，代码很快就会变得难以阅读。

2．模板字符串

在实际开发中，我们经常遇到最终需要的字符串是由若干部分拼接组合而成的情况。传统的解决方法就是使用“+”运算符把各个部分组合在一起，例如下面的代码。

```
1    let age = 10;
2    let name = "Mike";
3    let greeting = "I am " + name + ". I am " + age + "years old."
```

以上代码的输出结果是“I am Mike. I am 10 years old.”，这实际上是把这一句话拆分成了5份，用“+”运算符连接起来，使用起来很不方便。

ES6中引入了一个新的解决方法：将字符串两端的双引号或单引号换成一个特殊的符号“`”，这个字符串就变成了“模板字符串”，然后在字符串中如果需要插入特定的内容，可以用“${}”，例如将上述代码的第三行改为：

```
let greeting2 = 'I am ${ name }. I am ${ age } years old.'
```

这样得到的结果与前面完全相同，但无论是输入代码还是阅读、检查代码，都清晰很多。

3．字符串长度

字符串具有length属性，通过它能返回字符串中字符的个数，例如：

```
1    let sMyString = "hello world";
```

```
2    console.log(sMyString.length);
```

以上代码的输出结果为11，即“hello world”这个字符串的字符个数为11（字符串长度为11）。这里需要特别指出，即使字符串为双字节（与ASCII字符相对，ASCII字符只占用一个字节），每个字符也只按一个字符计数，读者可以自己用中文字符进行试验。

反过来，如果希望获取指定位置的字符，可以使用charAt()方法。第一个字符的位置为0，第二个字符的位置为1，依此类推。例如：

```
1    let sMyString = "Hello, world!";
2    console.log(sMyString.charAt(4));
```

以上代码的输出结果是“o”，即位置4对应的字母是“o”。

注意

从全世界范围来看，有大量文字，每种文字有各自的字符，特别是中文、日文、韩文等文字数量巨大，因此如何在计算机中存储更多的字符也是一个非常复杂的问题。经过前人大量的努力，形成了各种标准，并逐步用于实际生活中。由此可见，简单地使用charAt()方法获取字符串的长度是不可靠的，例如字符串中有中文字符，就无法得到正确的结果。

4．子字符串

如果需要从某个字符串中取出一段子字符串，可以采用slice()、substring()或substr()方法。其中slice()和substring()都接收两个参数，两参数分别表示子字符串的起始位置和终止位置，以返回这两个位置之间的子字符串，不包括终止位置的那个字符。如果第二个参数不设置，则默认其为字符串的长度，即返回从起始位置到字符串末尾的子字符串。slice()与substring()的用法如下（请参考本书配套资源文件：第2章\2-4.html）。

```
1    <script>
2        let myString = "hello world";
3        console.log(myString.slice(1,3));
4        console.log(myString.substring(1,3));
5        console.log(myString.slice(4));
6        console.log(myString);         // 不改变原字符串
7    </script>
```

以上代码的输出结果如下。从中也可以看出slice()和substring()方法都不会改变原始的字符串，只是返回子字符串而已。

```
1    el
2    el
3    o world
4    hello world
```

这两个方法的区别主要体现在对负数参数的处理上。slice()从负数的末尾往前计数，而substring()则直接将负数忽略，作为0来处理，并将两个参数中较小数作为起始位，将较大数作为终止位，即substring(2,-3)等同于substring(2,0)。例如下面代码（参考本书配套资源文件：第2章\2-5.html）。

```
1    let myString = "hello world";
```

```
2    console.log(myString.slice(2,-3));
3    console.log(myString.substring(2,-3));
4    console.log(myString.substring(2,0));
5    console.log(myString);
```

以上代码的输出结果如下。从中能够清晰地看出slice()方法与substring()方法的区别。

```
1    llo wo
2    he
3    he
4    hello world
```

对于substr()方法，其两个参数分别表示起始字符串的位置和子字符串的长度，例如：

```
1    let myString = "hello world";
2    console.log(myString.substr(2,3));
```

以上代码的输出结果如下。

```
llo
```

该方法使用起来同样十分方便，开发者可以根据自己的需要选用不同的方法。

5．搜索

搜索操作对于字符串来说十分平常，JavaScript提供了indexOf()和lastIndexOf()两种方法来实现该操作。它们的不同之处在于，前者从前往后搜索，后者则相反。它们的返回值都是子字符串开始的位置（这个位置都是从前往后由0开始计数的）。如果搜索不到则返回值为-1。indexOf()和lastIndexOf()的用法如下（参考本书配套资源文件：第2章\2-6.html）。

```
1    let myString = "hello world";
2    console.log(myString.indexOf("l"));          // 从前往后
3    console.log(myString.indexOf("l",3));
                                   // 第二个参数为可选参数，从位置几开始往后搜索
4    console.log(myString.lastIndexOf("l"));      // 从后往前
5    console.log(myString.lastIndexOf("l",3));
                                   // 第二个参数为可选参数，从位置几开始往前搜索
6    console.log(myString.lastIndexOf("V"));      // 大写V搜索不到，返回-1
```

以上代码的输出结果如下。这两种方法使用起来都十分便利。

```
1    2
2    3
3    9
4    3
5    -1
```

2.5.3 布尔型

JavaScript中同样有布尔型，它只有两种布尔值：true或者false。从某种意义上说，为计算机设计程序就是在跟布尔值打交道，计算机世界就是0和1的世界。

与字符串不同，布尔值不能用引号引起来，例如下面的代码（参考本书配套资源文件：第2章\2-7.html）。

```
1   let married = true;
2   console.log("1. " + typeof(married));
3   married = "true";
4   console.log("2. " + typeof(married));
```

布尔值false和字符串“false”代表两个完全不同的值。以上代码中第一条语句把变量married设置为布尔值true，接着第三条语句又把字符串“true”赋予变量married。

另外，可以看出，typeof()方法可用于获取变量的类型，也可以看出在JavaScript语言中不用指定变量的类型，但不代表变量没有类型。变量是有类型的，只是它的类型在赋值时确定。

以上代码的输出结果如下。从中可以看到上面第一句输出语句输出的数据类型为boolean，而第二句输出的数据类型为string。

```
1   1. boolean
2   2. string
```

2.5.4 类型转换

所有语言的重要特性之一就是具有进行类型转换的能力，JavaScript也不例外，它为开发者提供了大量简单的类型转换方法。通过一些全局函数，JavaScript还可以实现更为复杂的转换。

将数值型转换为字符串型可以直接利用加号“+”为数值加上一个长度为零的空字符串，或者通过toString()方法实现，例如下面的代码（参考本书配套资源文件：第2章\2-8.html）。

```
1   let a = 3;
2   let b = a + "";
3   let c = a.toString();
4   let d = "student" + a;
5   console.log('a: ' + typeof(a));
6   console.log('b: ' + typeof(b));
7   console.log('c: ' + typeof(c));
8   console.log('d: ' + typeof(d));
```

以上代码的输出结果如下。从中可以清楚地看到a、b、c、d这4个变量的数据类型。

```
1   a: number
2   b: string
3   c: string
4   d: string
```

以上是很简单地将数值型转换为字符串型的方法，下面几行有趣的代码或许会让读者对这种转换方法有更深入的认识。

```
1   let a=b=c=4;
2   console.log(a+b+c.toString());
```

以上代码的输出结果是84。

对于将数值型转换为字符串型，如果使用toString()方法，还可以加入参数直接进行进制的转换，例如下面的代码（参考本书配套资源文件：第2章\2-9.html）。

```
1   let a=11;
2   console.log(a.toString(2));
3   console.log(a.toString(3));
4   console.log(a.toString(8));
5   console.log(a.toString(16));
```

进制转换的结果如下。

```
1   1011
2   102
3   13
4   b
```

对于将字符串型转换为数值型，JavaScript提供了两种非常方便的方法，分别是parseInt()和parseFloat()。正如方法名称的字面含义一样，前者将字符串转换为整数，后者将字符串转换为浮点数。只有字符串才能调用这两种方法，否则会直接返回NaN。

在判断字符串是否是数值字符之前，parseInt()与parseFloat()都会仔细分析该字符串。parseInt()方法首先检查位置0处的字符，判断其是否是有效数字，如果不是则直接返回NaN，不再进行任何操作。如果该字符为有效字符，则检查位置1处的字符，进行与前面一样的测试，直到发现非有效字符或者到字符串结束位置为止。通过下面的示例（参考本书配套资源文件：第2章\2-10.html），相信读者会对parseInt()有很好的理解。

```
1   console.log(parseInt("4567red"));
2   console.log(parseInt("53.5"));
3   console.log(parseInt("0xC"));          // 直接进行进制转换
4   console.log(parseInt("Mike"));
```

以上代码的输出结果如下。对于每一句的具体转换方式，这里不再一一讲解，读者从本例中能清晰地看到parseInt()的转换方法。

```
1   4567
2   53
3   12
4   NaN
```

利用parseInt()方法的参数，同样可以轻松地实现进制的转换，例如下面的代码（参考本书配套资源文件：第2章\2-11.html）。

```
1   console.log(parseInt("AF",16));
2   console.log(parseInt("11",2));
3   console.log(parseInt("011"));          // 以0开头的默认为十进制数
4   console.log(parseInt("011",8));
5   console.log(parseInt("011",10));       // 指定为十进制
```

以上代码的输出结果如下。从本例中可以很清楚地看到parseInt()方法在进制转换方面的强大功能。

```
1   175
2   3
```

```
3    11
4    9
5    11
```

parseFloat()方法与parseInt()方法的使用方式类似，这里不再重复讲解，直接通过下面的代码进行展示，读者可以自行试验该方法（参考本书配套资源文件：第2章\2-12.html）。

```
1    console.log(parseFloat("34535orange"));
2    console.log(parseFloat("0xA"));      // 不再有默认进制，直接输出第一个字符"0"
3    console.log(parseFloat("435.34"));
4    console.log(parseFloat("435.34.564"));
5    console.log(parseFloat("Mike"));
```

以上代码的输出结果如下。

```
1    34535
2    0
3    435.34
4    435.34
5    NaN
```

注意

这一小节中介绍了常用的一些在JavaScript中进行类型转换的方法。在上面的例子中已经可以看到，JavaScript会“自作主张”地进行很多隐式的类型转换。若对这些转换的规则不是特别熟悉，可能会带来一些意想不到的结果。在介绍完2.5.5小节之后，我们再对此做一些补充说明，以便引起读者的重视。

说明

学习到这里，我们已经接触到了JavaScript的6种简单数据类型中的4种：未定义型、数值型、字符串型、布尔型。

2.5.5 数组

知识点讲解

字符串、数值和布尔值都属于离散值（scalar），如果某个变量是离散的，那么在任意时刻就只能有一个值。如果想用一个变量来存储一组值，就需要使用数组（array）。需要注意的是，字符串型、数值型和布尔型都属于JavaScript的简单数据类型，而数组属于复杂数据类型中的一种，常用来构造比简单数据类型更复杂的数据结构。

说明

ES6中已经引入了一些新的“集合”类型数据结构，但数组仍然是最常用的。在后面，我们也会讲解涉及ES6中引入的“集合”类型。

数组可以被理解为由多个值构成的一个集合，集合中的每个值都是这个数组的元素（element），例如可以使用变量team来存储一个团队里所有成员的名字。

1．数组的声明和初始化

声明和初始化数组通常有以下两种方法（实际上还有其他方法，但它们超出了本书的讲解范畴，故不做详述；有兴趣的读者可以进行进一步的学习）。

（1）使用字面量方式声明数组

在JavaScript中声明数组最简单的方式是使用字面量，如下所示。

```
1    let team = ["Tom","Mike","Jane"];
2    let numbers = [1,3,7,9,12]
```

在JavaScript中，数组都是变长数组，不需要预先指定长度。

（2）使用Array类型的构造函数声明数组

前面提到在JavaScript中数组本质上是一种对象，因此我们可以像创建一个对象那样创建一个数组。我们还没有详细讲对象的知识，这里仅提前大概说明一下。对象的本质是它有一个构造函数，使用new运算符调用一个构造函数就可以创建出一个该类型的对象。简单的代码如下所示。

```
     let team = new Array();
```

可以看到Array类型的构造函数就是 Array()，其前面加了一个“new”关键字。本质上new关键字是一个“运算符”，就像加号一样，这一点初学者可能不太理解。

上面这个语句就是将变量team初始化为一个数组，这个数组中没有任何元素，它等价于：

```
     let team = [];
```

此外，还可以在构造函数中指定数组中的元素，代码如下。

```
     let team = new Array("Tom","Mike","Jane");
```

这样就等价于：

```
     let team =["Tom","Mike","Jane"];
```

数组定义好之后，访问其中元素的方法与C语言等大多数语言相同，用方括号指定元素索引（或者称为下标），例如上面定义的team数组，team[0] 的值就是"Tom"，team[2]的值就是"Jane"。

注意

与C语言一样，JavaScript语言中数组的索引也从0开始排列。

从上面的例子中可以看出，JavaScript的数组是“动态”数组（或者叫作“变长”数组），不需要事先指定长度，并且可以随时改变数组中的元素本身及元素个数，从而使数组的长度也随之改变。不过，如果有需要，也可以指定数组的元素个数，也就是数组的长度。因此，JavaScript还提供了另一种方式初始化一个数组，参考如下代码。

```
1    let team = new Array(3);        // 创建一个有3个元素（人）的数组team（团队）
2    team[0] = "Tom";
3    team[1] = "Mike";
4    team[2] = "Jane";
```

以上代码先创建了空数组team，然后定义了3个数组项，每增加一个数组项，数组的个数就动态地增长1。

2．数组的一些常用操作

与字符串的length属性一样，数组也可通过length属性来获取长度，而且数组元素的位置同样也是从0开始的（参考本书配套资源文件：第2章\2-13.html），例如：

```
1   let aMap = new Array("China","USA","Britain");
2   console.log(aMap.length + " " + aMap[2]);
```

以上代码的输出结果如下。从中可以看到数组长度为3，而aMap[2]获得的是数组的最后一项，即“Britain”。

```
3 Britain
```

另外，通过下面的示例代码，相信读者会对数组的长度有更深入的理解（参考本书配套资源文件：第2章\2-14.html和第2章\2-15.html）。

```
1   let aMap = new Array("China","USA","Britain");
2   aMap[20] = "Korea";
3   console.log(aMap.length + " " + aMap[10] + " " + aMap[20]);
```

以上代码的输出结果如下。这里不再一一讲解，读者可以自己试验。

```
21 undefined Korea
```

对于数组而言，通常需要先将其转换为字符串再进行使用，toString()方法可以很方便地实现这个功能，例如下面的代码（参考本书配套资源文件：第2章\2-16.html）。

```
1   let aMap = ["China","USA","Britain"];
2   console.log(aMap.toString());
3   console.log(typeof(aMap.toString()));
```

以上代码的输出结果如下。可以看到，转换后会直接将各个数组项用逗号进行连接。

```
1   China,USA,Britain
2   string
```

如果不希望用逗号进行转换后的连接，而希望用指定的符号连接，则可以使用join()方法。该方法接收一个参数以用来连接数组项的字符串，示例代码如下（参考本书配套资源文件：第2章\2-17.html）。

```
1   let aMap = ["China","USA","Britain"];
2   console.log(aMap.join());               //无参数，等同于toString()
3   console.log(aMap.join(""));             //不用连接符
4   console.log(aMap.join("]["));           //用“][”来连接
5   console.log(aMap.join("-cc-"));
```

以上代码的输出结果如下。从结果中也可以看出join()方法的强大功能。

```
1   China,USA,Britain
2   ChinaUSABritain
3   China][USA][Britain
4   China-cc-USA-cc-Britain
```

数组可以很轻松地转换为字符串。对于字符串，JavaScript同样提供了split()方法来将其转换成数组。split()方法接收一个参数作为分割字符串的标识，示例代码如下（参考本书配套资源文件：第2章\2-18.html）。

```
1    let sFruit = "apple,pear,peach,orange";
2    let aFruit = sFruit.split(",");
3    console.log(aFruit.join("--"));
```

以上代码的输出结果如下。

```
apple--pear--peach--orange
```

数组里面的元素顺序很多时候是开发者所关心的，JavaScript提供了一些简单的方法用于调整数组元素的顺序。reverse()方法可以用来使数组元素反序排列，示例代码如下（参考本书配套资源文件：第2章\2-19.html）。

```
1    let aFruit = ["apple","pear","peach","orange"];
2    console.log(aFruit.reverse().toString());
```

以上代码的输出结果如下。可以看到，数组的元素进行了反序排列。

```
orange,peach,pear,apple
```

对于字符串而言，没有类似reverse()的方法，但仍然可以利用split()将其转换为数组，再利用数组的reverse()方法进行字符串的反序排列，最后用join()将该数组转换为字符串，例如下面的代码（参考本书配套资源文件：第2章\2-20.html）。

```
1    let myString = "abcdefg";
2    console.log(myString.split("").reverse().join(""));
3    /*   split("")将每一个字符转换为一个数组元素
4     *   reverse()反序排列数组的每个元素
5     *   join("")将无连接符的数组转换为字符串
6    */
```

以上代码的输出结果如下。可以看到，字符串成功地反序了。

```
gfedcba
```

对于数组元素的排序，JavaScript还提供了一个更为强大的sort()方法，简单运用如下（参考本书配套资源文件：第2章\2-21.html）：

```
1    let aFruit = ["pear","apple","peach","orange"];
2    aFruit.sort();
3    console.log(aFruit.toString());
```

以上代码的输出结果如下。可以看到，数组被按照字母顺序重新进行了排列。

```
apple,orange,peach,pear
```

本小节的最后一个小案例用来演示数组还可以作为“栈”来进行方便的操作。JavaScript的数组提供了push()和pop()方法，可以非常方便地实现“栈”的功能。因为不需要知道数组的长度，所以在根据条件将结果一一保存到数组时，这两个方法特别有效，在后面的例题中会反复被使用。这里仅说明这两个方法如何使用，代码如下（参考本书配套资源文件：第2章\2-22.html）。其中，数组被看成一个“栈”，通过push()、pop()进行入栈和出栈的处理。

说明

“栈”是一种简单的数据结构，它就是一个具有“后进先出”特征的线性表（一维数据结构），可以理解为具有“入栈”（push）和“出栈”（pop）这两个操作的数组，最先入栈的元素最后出栈，最后入栈的元素最先出栈。

```
1   let stack = new Array();
2   stack.push("red");
3   stack.push("green");
4   stack.push("blue");
5   console.log(stack.toString());
6   let vItem = stack.pop();
7   console.log(vItem);
8   console.log(stack.toString());
```

以上代码的输出结果如下。

```
1   red,green,blue
2   blue
3   red,green
```

本章小结

在这一章中，我们介绍了JavaScript语言的一些基础知识，需要重点理解的是构成程序的“原子”——变量，或者称为“数据的表示”。无论我们编写多么复杂的程序或者系统，首先必须要能把数据和信息用计算机能理解的方式表示出来，不同的语言有各自的表示方式和体系。学习一门语言，首先就要理解这门语言是如何构造它的数据类型体系的。

习题 2

一、关键词解释

VS Code　调试　关键字　保留字　数据类型　类型转换　数组　字面量　构造函数

二、描述题

1. 请简单列出常用的关键字和保留字。
2. 请简单描述一下JavaScript中有几种数据类型，它们分别是什么。
3. 请简单描述一下本章中声明数组的方式有哪几种。
4. 请简单描述一下本章中数组常用的方法有哪几个，它们的含义分别是什么。

三、实操题

统计某个字符串在另一个字符串中出现的次数，例如统计下面这段话中JavaScript出现的次数。

第1章对JavaScript进行了概述性的介绍，从本章开始将对JavaScript进行深入讨论，并分析JavaScript的核心ECMAScript，让读者从底层了解JavaScript，如JavaScript的基本语法、变量、关键字、保留字、语句、函数等。

第3章 程序控制流与函数

第2章重点讲解了JavaScript的数据类型体系，至此，我们已经能够将复杂的信息通过一定的方式表示为JavaScript引擎能理解的数据了。接下来，需要了解一下程序到底是如何运行起来的，以及输入的数据要经过哪些过程才能使我们最终得到需要的结果。本章的思维导图如下。

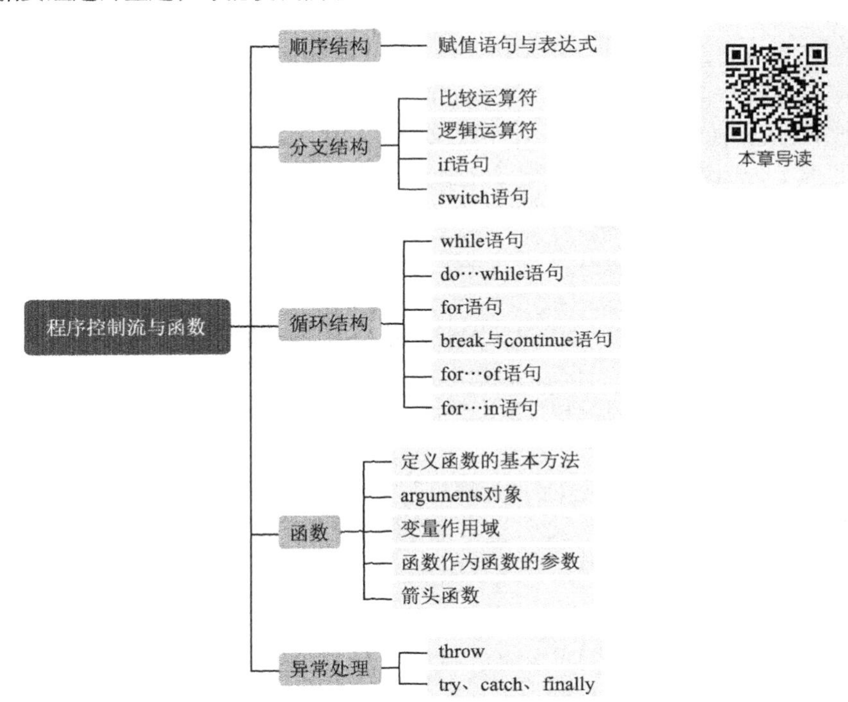

3.1 顺序结构：赋值语句与表达式

目前所有计算机（无论运算速度多快、功能多强大）本质上都仍属于“冯·诺依曼”体系的机器。计算机自发明以来已有70多年，但是从最根本的结构来说，计算机并没有改变，其核心的原理依然可以描述为“程序存储，集中控制”。程序的运行可以被称为“指令流”的运行，也就是程序的指令就好像水一样可以流动。

我们编写程序的本质就是设计和控制程序流动的方式。迪杰斯特拉提出的结构化程序设计指出，本质上说，程序流有且仅有以下3种结构。

- 顺序结构。
- 分支结构。
- 循环结构。

我们在这一节中先来介绍最简单的“顺序结构”。顾名思义，顺序结构就是指一条条语句按顺序编写好，在指定的时候按照先后次序依次执行的程序结构。编写语句时最常用的就是赋值语句，例如 a = 3; 就是一条赋值语句——将3这个值赋给变量a。与赋值语句相关的一个重要的概念是表达式。另外，每个程序设计语言都会设计好若干种数据类型以及相应的一整套运算符。各种类型的字面量、常量以及变量通过运算符组织在一起，最终可以计算出某个特定的结果。

例如下面的代码。

```
1   let a;
2   a = (4+5)*4;
3   const b = 3*3;
```

首先声明了一个变量a，此时还没有给它赋值，因此它的值是undefined。然后通过一个表达式给它赋值后，它的值就变成了36。接下来又通过“const”关键字声明了一个常量b。const与let很相似，区别是const声明的是“常量”，也就是不能再修改值的量。因此声明常量的同时必须要赋值，否则以后就没有机会给它赋值了。

知识点

建议开发者在写代码时优先使用const声明，只有要声明的量将来会改变时才使用let声明。

在上面代码中除了变量a和常量b之外，4、5这些量被称为字面量，即不包含变量或常量，而可以直接得到结果的量。

与表达式相关的重要概念是“运算符”与“优先级”。每一门语言都会提供若干种运算符，并规定运算符之间的优先级关系。这些优先级关系通常与我们日常理解的一致，比如“先乘除、后加减”“有括号的时候先算括号内的部分，有多层括号的从最里面的开始算起”等。

注意

通常高级程序设计语言的运算符种类有很多，如JavaScript有20多种运算符。有的时候，我们会遇到比较复杂的运算符，不一定能凭直觉判断其优先级，这时可以查一下手册，或者增加一些冗余的括号来确保优先级正确。但是注意千万不要想当然，因为这种时候一旦出错，后面就会很难发现。

3.2 分支结构：条件语句

与其他程序设计语言一样，JavaScript也具有各种条件语句来进行流程上的判断。本节将对其进行简单的介绍，主要内容包括各种运算符以及逻辑语句等。

知识点讲解

3.2.1 比较运算符

JavaScript中的比较运算符主要包括等于（==）、严格等于（===）、不等于（!=）、严格不等于（!==）、大于（>）、大于或等于（>=）、小于（<）、小于或等于（<=）等。

大多数比较运算符的含义从名称上就很容易理解，简单的示例代码如下（参考本书配套资源文件：第3章\3-1.html）。

```
1    <script>
2        console.log("Pear" == "Pear");
3        console.log("Apple" < "Orange");
4        console.log("apple" < "Orange");
5    </script>
```

以上代码的输出结果如下。

```
1    true
2    true
3    false
```

从输出结果可以看出，比较运算符是区分大小写的，因此在比较字符串时，为了排序的正确性，往往会将字符串中的字母统一转换成大写形式或者小写形式。JavaScript提供了toUpperCase()和toLowerCase()这两种比较方法，toUpperCase()的示例代码如下。

```
console.log("apple".toUpperCase() < "Orange".toUpperCase());
```

以上代码的输出结果为true。

值得说明的是，在JavaScript中要区分“==”和“===”，“==”被称为等于，“===”被称为严格等于。

- 使用“==”的时候，如果两个比较对象的类型不相同，会先进行类型转换，然后进行比较。如果转换后二者相等，则返回true。
- 使用“===”的时候，如果两个比较对象的类型不相同，不会进行类型转换，直接返回false。只有类型相同时才会进行比较，并根据比较结果返回true或false。

注意

当前很多软件开发团队约定，在实际开发中一律使用“===”，而禁止使用“==”。

3.2.2 逻辑运算符

JavaScript跟其他程序设计语言一样，逻辑运算符主要包括与运算符（&&）、或运算符（||）和非运算符（!）。与运算符表示两个条件都为true时，整个表达式才为true，否则为false。或运算符表示两个条件只要有一个为true，整个表达式便为true，否则为false。非运算符就是简单地将true变为false，或者将false变为true。简单的示例代码如下（参考本书配套资源文件：第3章\3-2.html）。

```
1    <script>
2        console.log(3>2 && 4>3);
```

```
3       console.log(3>2 && 4<3);
4       console.log(4<3 || 3>2);
5       console.log(!(3>2));
6   </script>
```

以上代码的输出结果如下。读者可以自行再试验更多的情况，这里不再一一讲解。

```
1   true
2   false
3   true
4   false
```

3.2.3 if语句

if语句是JavaScript中常用的语句之一，其语法如下：

```
if(condition) statement1 [else statement2]
```

其中condition可以是任何表达式，计算的结果甚至不必是真正的布尔值，因为ECMAScript会自动将其转换为布尔值。如果条件计算结果为true，则执行statement1；如果条件计算结果为false，则执行statement2（要求statement2存在，因为else部分不是必需的）。if语句可以是单行代码，也可以是代码块，简单的示例代码如下（参考本书配套资源文件：第3章\3-3.html）。

```
1   <html>
2   <head>
3       <title>if语句</title>
4   </head>
5   <body>
6       <script>
7       // 首先获取用户的输入，并用Number()将其强制转换为数值
8       let iNumber = Number(prompt("输入一个5到100之间的数字", ""));
9       if(isNaN(iNumber))                              // 判断输入的是否是数字
10          alert("请确认你的输入是否正确");
11      else if(iNumber > 100 || iNumber < 5)           // 判断输入数字的范围
12          alert("你输入的数字不在5到100之间");
13      else
14          alert("你输入的数字是:" + iNumber);
15      </script>
16  </body>
17  </html>
```

以上代码首先用prompt()方法让用户输入一个5到100之间的数字，如图3.1所示，然后用Number()将其强行转换为数值。接着对用户的输入进行判断，并采用if语句针对判断出的不同结果执行不同的语句。如果输入的不是数值，则显示非法输入；如果输入的数字不在5到100之间，则显示数字范围不对；如果输入正确，则显示用户的输入，如图3.2所示。这也是典型的if语句使用方法。

其中方法Number()用于将参数转换为数值（不论是整数还是浮点数），如果转换成功则返回转换后的结果，如果转换失败则返回NaN。而函数isNaN()用来判断参数是否是NaN，如果是NaN则为true，反之则为false。

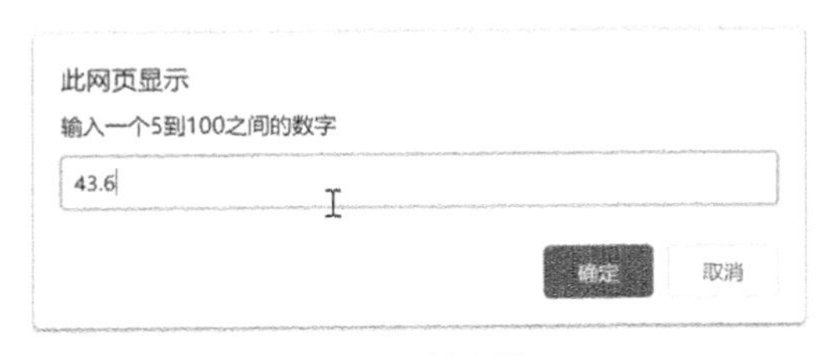

图 3.1　输入框

图 3.2　显示用户的输入

在多重条件语句中，需要注意else与if的匹配问题，考虑一个场景：根据分数给出评级，大于100分评为“good”，小于60分评为“fail”，其他评为“pass”。

```
1    let s=200, result;
2    if(s > 100)
3        result = "good";
4    else if(s >= 60)
5        result = "pass";
6    else
7        result = "fail";
```

先将条件按顺序排好，从一端开始，然后联级依次写else和if，书写清晰。另外，JavaScript像C语言一样，当发生嵌套时，else总是与离它最近的一个尚未被else匹配过的if 匹配，例如上面最后一个else 会与第一个if匹配。

3.2.4 switch语句

当需要判断的情况比较多的时候，通常采用switch语句来进行判断，其语法如下：

```
1    switch(expression){
2        case value1: statement1
3            break;
4        case value2: statement2
5            break;
6        …
7        case valuen: statementn
8            break;
9        default: statement
10   }
```

每个情况都表示如果expression的值等于某个value，就执行相应的statement。关键字break会使代码跳出switch语句。如果没有关键字break，代码就会继续执行下一条语句。关键字default表示expression的值不等于其中任何一个value。简单的示例代码如下（参考本书配套资源文件：第3章\3-4.html）。

```
1    <html>
2    <head>
3        <title>switch语句</title>
4    </head>
5
6    <body>
7        <script>
```

```
8        let iWeek = parseInt(prompt("输入1到7之间的整数",""));
9        switch(iWeek){
10           case 1:
11               alert("Monday");
12               break;
13           case 2:
14               alert("Tuesday");
15               break;
16           case 3:
17               alert("Wednesday");
18               break;
19           case 4:
20               alert("Thursday");
21               break;
22           case 5:
23               alert("Friday");
24               break;
25           case 6:
26               alert("Saturday");
27               break;
28           case 7:
29               alert("Sunday");
30               break;
31           default:
32               alert("Error");
33           }
34       </script>
35   </body>
36   </html>
```

以上代码同样先利用prompt()方法让用户输入1到7之间的整数，如图3.3所示；然后根据用户的输入来输出相应星期的英文，如图3.4所示。

图 3.3　用户输入

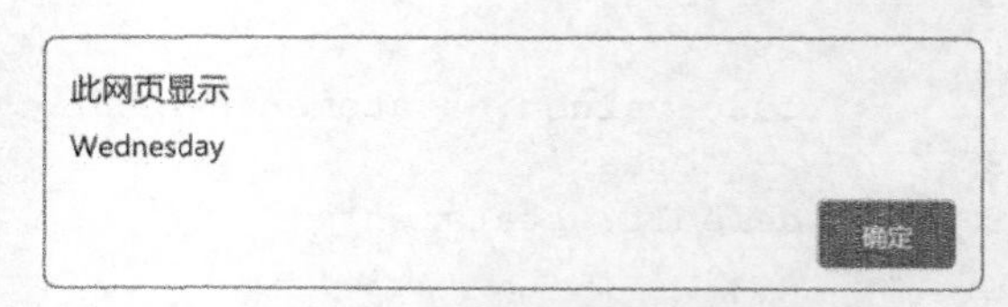

图 3.4　输出相应星期的英文

3.3 循环结构

循环结构的作用是反复地运行同一段代码。尽管其分为几种不同的类型，但基本的原理几乎是一样的：只要给定的条件仍能得到满足，包含在循环体里面的代码就会重复地执行下去；一旦条件不再满足，则终止。本节将简要介绍JavaScript中常用的几种循环结构。

3.3.1 while语句

while语句是前测试循环语句，这意味着终止循环的条件判断在执行内部代码之前，因此循环的主体可能根本不会被执行。其语法如下：

```
1    while(expression) {
2        statement
3    }
```

当expression的值为true时，程序会不断地执行statement语句，直到expression的值变为false。例如使用while语句求和，代码如下（参考本书配套资源文件：第3章\3-5.html）。

```
1    let i=iSum=0;
2    while(i<=100){
3        iSum += i;
4        i++;
5    }
6    console.log(iSum); // 5050
```

以上代码用于求1到100自然数的累加和，这里不再详细讲解每行代码，其输出结果是5050。

3.3.2 do…while语句

do…while语句是while语句的另外一种表达方法，其语法如下：

```
1    do{
2        statement
3    }while(expression)
```

与while语句不同的是，它将条件判断放在了循环体之后，这就保证了循环体statement至少能被运行一次，在很多时候这是非常实用的。简单的示例代码如下（参考本书配套资源文件：第3章\3-6.html）。

```
1    <html>
2    <head>
3        <title>do…while语句</title>
4    </head>
5
6    <body>
7        <script>
8            let aNumbers = new Array();
9            let sMessage = "你输入了:\n";
10           let iTotal = 0;
11           let vUserInput;
12           let iArrayIndex = 0;
13           do{
14               vUserInput = prompt("输入一个数字，或者“0”退出","0");
15               aNumbers[iArrayIndex] = vUserInput;
16               iArrayIndex++;
17               iTotal += Number(vUserInput);
```

```
18              sMessage += vUserInput + "\n";
19          }while(vUserInput != 0)            // 当输入为0（默认值）时退出循环体
20          sMessage += "总数:" + iTotal;
21          alert(sMessage);
22      </script>
23  </body>
24  </html>
```

以上代码利用循环不断地让用户输入数字，如图3.5所示。在循环体中将用户的输入存入数组aNumbers，然后不断地求和，并将结果赋予变量iTotal，相应的sMessage也会不断更新。

当用户的输入为0时退出循环体，并且输出计算的求和结果，如图3.6所示。利用do…while语句就保证了循环体在最开始判断条件之前至少被执行了一次。

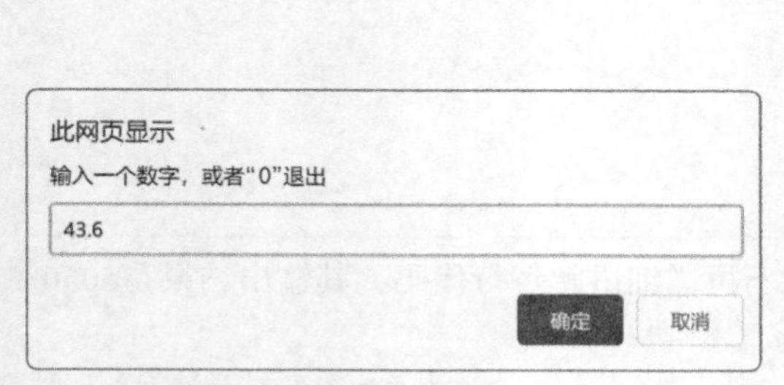

图 3.5　提示用户输入数字

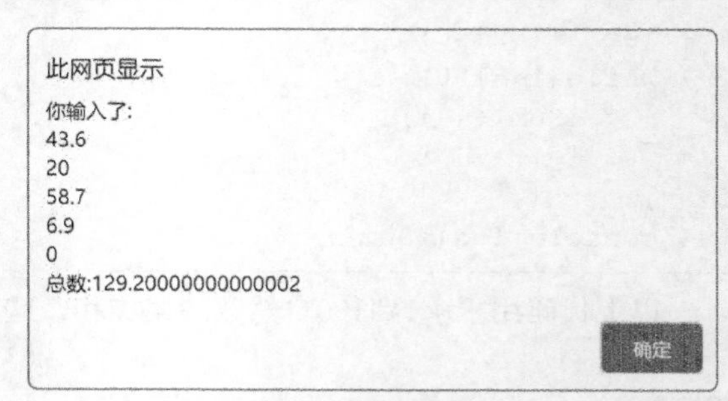

图 3.6　求和结果

注意

图3.6输出的求和结果中小数点后的位数很多，这是浮点数的精度问题，可以使用toFixed(2)语句保留两位小数，这在后面会介绍。

3.3.3　for语句

for语句也是前测试循环语句，而且在进入循环体之前能够初始化变量，并定义循环后要执行的代码。其语法如下：

```
1   for(initialization; expression; post-loop-expression) {
2       statement
3   }
```

执行过程如下。

（1）执行初始化（initialization）语句。

（2）判断expression的值是否为true，如果是则继续，否则终止整个循环体。

（3）执行循环体statement代码。

（4）执行post-loop-expression代码。

（5）返回第（2）步继续操作。

for语句最常用的形式是for(let i=0;i<n;i++){statement}，它表示循环一共执行n次，非常适用于已知循环次数的运算。上一个例子中，求和计算通常用for语句来实现，修改代码如下（参考本书配套资源文件：第3章\3-7.html）。

```
1   <html>
2   <head>
3       <title>for语句</title>
4   </head>
5
6   <body>
7       <script>
8           let aNumbers = new Array();
9           let sMessage = "你输入了:\n";
10          let iTotal = 0;
11          let vUserInput;
12          let iArrayIndex = 0;
13          do{
14              vUserInput = prompt("输入一个数字，或者“0”退出","0");
15              aNumbers[iArrayIndex] = vUserInput;
16              iArrayIndex++;
17          }while(vUserInput != 0)          // 当输入为0（默认值）时退出循环体
18          // for语句遍历数组的常用方法
19          for(let i=0;i<aNumbers.length;i++){
20              iTotal += Number(aNumbers[i]);
21              sMessage += aNumbers[i] + "\n";
22          }
23          sMessage += "总数:" + iTotal;
24          alert(sMessage);
25      </script>
26  </body>
27  </html>
```

以上代码的输出结果如图3.7所示。整个思路与前面的代码完全相同，但具体实现时求和以及输出结果的运算都采用for语句来实现，而do…while语句则只负责用户的输入，这使代码结构更加清晰、合理。

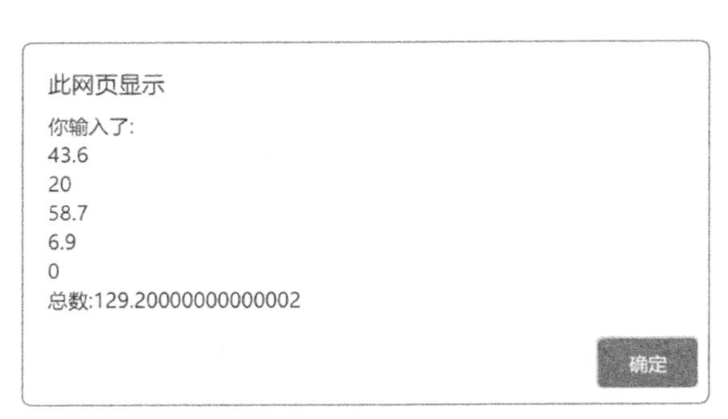

图 3.7　输出结果

3.3.4 break和continue语句

break和continue语句对循环中的代码执行提供了更为严格的流程控制。break语句可以立即退出循环，阻止再次执行循环体中的任何代码。continue语句只是退出当前这一次循环，根据控制表达式还可能允许进行下一次循环。

上一个例子中并没有对用户的输入做容错判断，下面用break和continue语句分别对其进行优化，以适应不同的需求。首先运用break语句实现在用户输入非法字符时退出循环体，代码如下（参考本书配套资源文件：第3章\3-8.html）。

```
1   <html>
2   <head>
3       <title>break语句</title>
4   </head>
5
6   <body>
7       <script>
8           let aNumbers = new Array();
9           let sMessage = "你输入了：\n";
10          let iTotal = 0;
11          let vUserInput;
12          let iArrayIndex = 0;
13          do{
14              vUserInput = Number(prompt("输入一个数字，或者“0”退出","0"));
15              if(isNaN(vUserInput)){
16                  sMessage += "输入错误，请输入数字，“0”退出 \n";
17                  break;              // 输入错误时直接退出整个do循环体
18              }
19              aNumbers[iArrayIndex] = vUserInput;
20              iArrayIndex++;
21          }while(vUserInput != 0)     // 当输入为0（默认值）时退出循环体
22          // for语句遍历数组的常用方法
23          for(let i=0;i<aNumbers.length;i++){
24              iTotal += Number(aNumbers[i]);
25              sMessage += aNumbers[i] + "\n";
26          }
27          sMessage += "总数:" + iTotal;
28          alert(sMessage);
29      </script>
30  </body>
31  </html>
```

以上代码对用户输入进行了判断，如果用户输入的为非数字（见图3.8），则用break语句强行退出整个循环体，并提示用户输入错误，如图3.9所示。

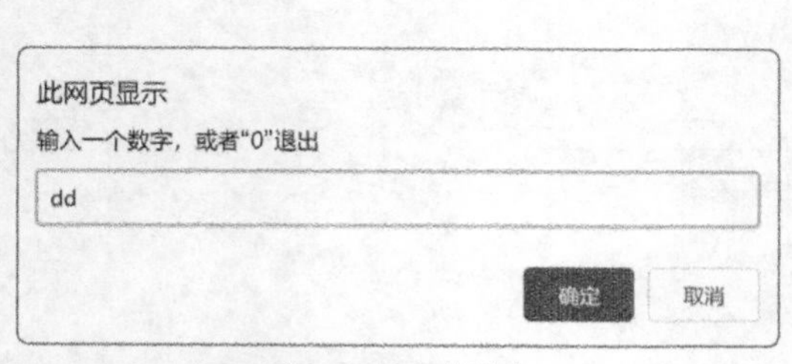

图 3.8　输入非数字

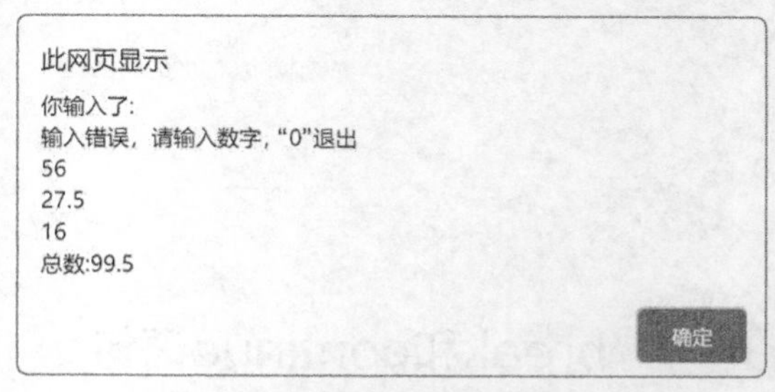

图 3.9　提示用户输入错误

有时候用户可能只是因为不小心按错了某个键，导致输入错误，但是用户并不想退出，而是希望继续输入。这个时候可以用continue语句来退出当次循环，以继续后面的操作。改为使用continue语句的代码如下（参考本书配套资源文件：第3章\3-9.html）。

```
1    <html>
2    <head>
3        <title>continue语句</title>
4    </head>
5    <body>
6        <script>
7            let aNumbers = new Array();
8            let sMessage = "你输入了: \n";
9            let iTotal = 0;
10           let vUserInput;
11           let iArrayIndex = 0;
12           do{
13               vUserInput = Number(prompt("输入一个数字，或者“0”退出","0"));
14               if(isNaN(vUserInput)){
15                   alert("输入错误，请输入数字，“0”退出");
16                   continue;           // 输入错误则退出当次循环，继续下一次循环
17               }
18               aNumbers[iArrayIndex] = vUserInput;
19               iArrayIndex++;
20           }while(vUserInput != 0)      // 当输入为0（默认值）时退出循环体
21           // for语句遍历数组的常用方法
22           for(let i=0;i<aNumbers.length;i++){
23               iTotal += Number(aNumbers[i]);
24               sMessage += aNumbers[i] + "\n";
25           }
26           sMessage += "总数:" + iTotal;
27           alert(sMessage);
28       </script>
29   </body>
30   </html>
```

将循环体中的容错判断代码改为continue语句后，当用户输入非数字时将打开对话框提示用户输入错误，如图3.10所示，并不是跳出整个循环体，而是跳出当次循环。用户可以继续输入，直到输入“0”为止。

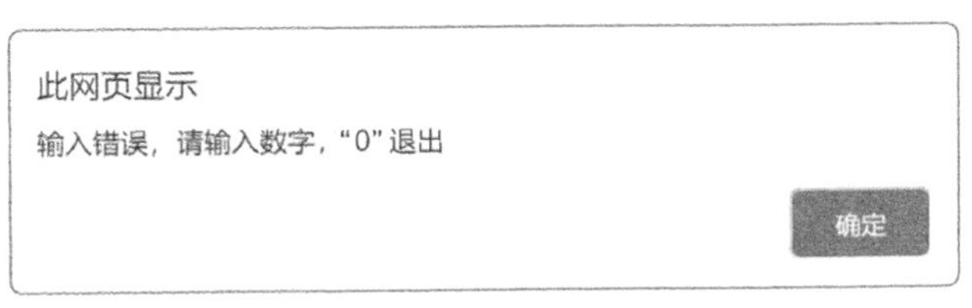

图 3.10 提示用户输入错误

在实际运用中，break和continue都是十分重要的流程控制语句，读者应该根据不同的需要合理地运用它们。

3.3.5 实例：九九乘法表

九九乘法表是要求每一位小学生都背诵的，如果要将其呈现到网页上，则可以利用循环进行计算，再配合表格进行显示，最终的实现效果如图3.11所示。

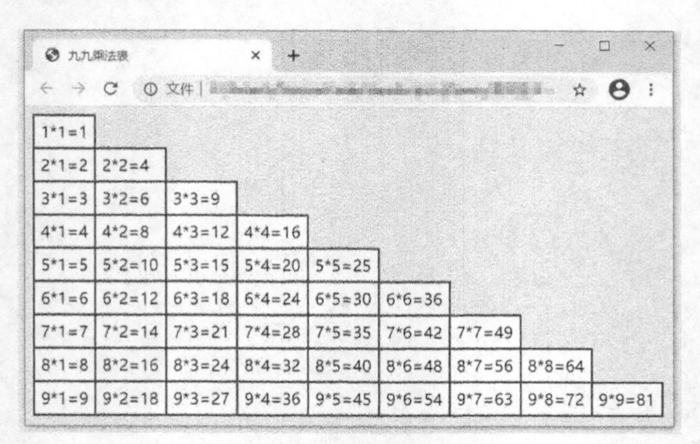

图 3.11　九九乘法表

首先分析乘法表的结构。乘法表一共9行，每一行的单元格个数随着行数的增加而增加。在Web中没有梯形的表格，都是矩形的。但依然可以通过“障眼法”来实现梯形，即为有内容的单元格加上边框：

```
<td style='border:2px solid #004B8A; background:#FFFFFF;'>具体内容</td>
```

为没内容的单元格隐藏边框：

```
<td style='border:none;'></td>
```

这样只需要两个for循环语句嵌套，外层循环的是每行的内容，内层循环的是一行内的各个单元格，并且在内层循环中用if语句做判断即可，完整代码如下（参考本书配套资源文件：第3章\3-10.html）。

```
1    <!DOCTYPE html>
2    <html>
3    <head>
4        <title>九九乘法表</title>
5    </head>
6
7    <body bgcolor="#e0f1ff">
8    <table cellpadding="6" cellspacing="0" style="border-collapse:collapse; border:none;">
9        <script>
10           for(var i=1;i<10;i++){                  // 乘法表一共9行
11               document.write("<tr>");             // 每行是table的一行
12                   for(j=1;j<10;j++)               // 每行都有9个单元格
13                   if(j<=i)                        // 有内容的单元格
14                       document.write("<td style='border:2px solid #004B8A;
                         background:#FFFFFF;'>"+i+"*"+j+"="+(i*j)+"</td>");
15                   else                            // 没内容的单元格
16                       document.write("<td style='border:none;'></td>");
17                   document.write("</tr>");
18           }
19       </script>
20   </table>
21   </body>
22   </html>
```

以上代码将<script></script>放在<table>与</table>之间，这样便可通过循环来产生表格的行以及单元格。大部分行代码的含义在注释中都有说明，这里不再重复讲解。

3.3.6 for…of语句

在ES6中引入了一个新的概念，其被称为“迭代器”。数组和其他集合类型的对象内部都实现了“迭代器”，从而可以更方便地遍历其中的元素。在实际开发中，在大多数需要对数组元素进行循环处理的场景中，用for…of语句比用传统的for语句更方便。

举个简单的例子，假设在一个数组中记录了所有团队成员的名字：

```
let team = ["Tom", "Mike", "Jane"];
```

现在需要将所有成员两两配对，组成二人小组（一个组长及一个组员），那么如何求出所有可能的二人小组呢？请先看使用传统的for语句如何实现。

```
1    let pairs = [];  // 用于保存最终结果
2
3    for(let i=0; i< team.length; i++)
4      for(let j=0; j< team.length; j++){
5        if(team[i] !== team[j])
6            pairs.push([team[i],team[j]]);
7    }
```

可以看到，以上代码采用了二重循环，两个循环分别将0到“长度-1”作为索引；在每次循环中比较两个元素，如果不同就把这两个元素组成一个数组，再加入最终的结果数组中。这是常规的做法，但是用新的for…of语句又该如何实现呢？

```
1    let pairs = [];  // 用于保存最终结果
2    for(let a of team)
3      for(let b of team){
4        if(a !== b)
5            pairs.push([a,b]);
6    }
```

可以看到，代码的逻辑没有变化，但是编写的代码变少了，而且更加清晰易读了。其中关键的语句是“for(let a of team)”，其作用是每次循环前，把team中当前的那个元素赋予变量a。这种方式受到了广大程序员的欢迎，因此近年来各种主流的程序设计语言都增加了“迭代器”机制。

3.3.7 for…in语句

除for…of语句之外，还有一个看起来与其很相似，但是差别很大的循环语句：for…in。它通常用来枚举对象的属性，但是到目前为止，我们还没有真正讲解对象和属性的支持，这里只能做一下简单的介绍。前面提到过JavaScript是面向对象的语言，因此开发者会遇到大量的对象，例如在浏览器中会遇到document、window等对象。for…in语句的作用是遍历对象的所有属性，其语法形式如下。

```
1    for(property in expression){
2        statement
3    }
```

它将遍历expression对象的所有属性，并且每一个属性都执行一次statement循环体，如下为遍历window对象所有属性（浏览器窗口）的方法。

```
1    for(let i in window){
2        document.write(i+"="+window[i]+"<br>");
3    }
```

尽管并不知道window对象到底有多少属性，以及每个属性所对应的名称，但通过for…in语句可以很轻松地获得其属性参数，输出结果如图3.12所示。

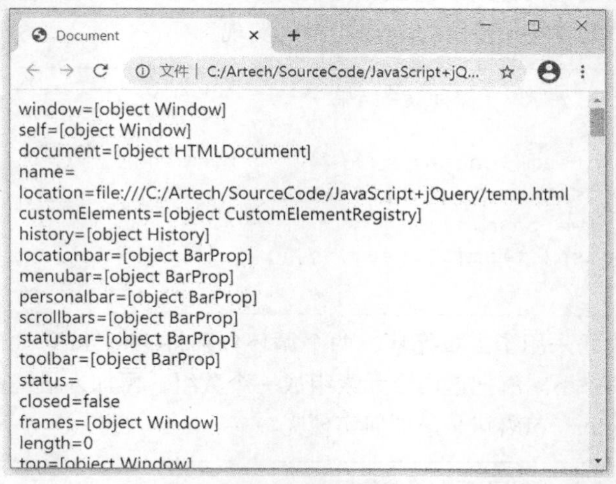

图 3.12　window 对象的属性参数

3.4 函数

函数是一组可以随时随地运行的语句。简单来说，函数是用于实现某个功能的一组语句，或者说是一组语句的封装。它可以接收0个或者多个参数，然后执行函数体来实现某些功能，最后根据需要返回处理结果或者不返回。本节主要讲解JavaScript中函数的运用，为后续内容的学习打下基础。同时函数也是控制程序执行流的一种方式，因此我们将“函数”放在本节进行讲解。

3.4.1 定义函数的基本方法

JavaScript中定义函数的基本方法有以下两种。

方法1：

```
1    function functionName([arg0, arg1, …, argN]){
2        statements
```

```
3       [return [expression]]
4   }
```

方法2：

```
1   functionName = function([arg0, arg1, …, argN]){
2       statements
3       [return [expression]]
4   }
```

其中function为定义函数的关键字，functionName为函数的名称，arg0,arg1,…,arg*N*为传递给函数的参数列表（各个参数之间用逗号隔开），列表可以为空。statements为函数体本身，其可以是各种合法的代码块。expression为函数的返回值，是可选项。可以看到，我们既可以把函数的名称写在function关键字与它后面的括号之间，也可以把function关键字和它后面的括号放在一起构成一个"函数表达式"，然后将其赋予函数名。

第一种方法就是定义了一个函数，第二种方法先定义了一个函数表达式，然后将这个表达式赋予函数名。

简单示例代码如下所示，两种方法定义的这个greeting函数功能一样，即接收参数name，没有设定返回值，而是直接用提示框显示相关的文字。

```
1   function greeting(name){
2       console.log('Hello ${name}.');
3   }
4
5   let greeting = function(name){
6       console.log('Hello ${name}.');
7   }
```

用上面的两种方法定义这个greeting函数，调用它的代码是一样的，如下所示。

```
greeting("Tom");
```

以上代码的输出结果如下。控制台显示"Hello"和输入的参数值"Tom"以及"."。

```
Hello Tom.
```

greeting()函数没有声明返回值，即使有返回值JavaScript也不需要单独声明，而只需要用return关键字即可，如下所示。

```
1   function sum(num1, num2){
2       return num1 + num2;
3   }
```

以下代码将sum()函数返回的值赋予变量result，并输出该变量的值。

```
1   let result = sum(34, 23);
2   console.log(result);
```

另外，与其他程序设计语言一样，函数在执行过程中只要执行过return语句便会停止执行函数体中的任何代码，因此return语句后的代码都不会被执行。例如下面函数中的console.

log(num1+num2)语句永远不会被执行。

```
1   function sum(num1, num2){
2       return num1 + num2;
3       console.log(num1 + num2);          // 永远不会被执行
4   }
```

一个函数中有时候可以包含多个return语句，如下所示。

```
1   function abs(num1, num2){
2       if(num1 >= num2)
3           return num1 - num2;
4   else
5           return num2 - num1;
6   }
```

由于需要返回两个数字差的绝对值，因此必须先判断哪个数字大，然后用较大的数字减去较小的数字。利用if语句便可以实现在不同情况调用不同的return语句。

如果函数本身没有返回值，但又希望在某些时候退出函数体，则可以调用没有参数的return语句来随时退出函数体。例如：

```
1   function sayName(sName){
2       if(sName == "bye")
3           return;
4       console.log("Hello "+sName);
5   }
```

以上代码表示如果函数的参数为“bye”则直接退出函数体，不再执行后面的语句。

3.4.2 arguments对象

JavaScript的函数代码中有个特殊的对象arguments，它主要用来访问函数的参数。通过arguments对象，开发者无须明确指出参数的名称就能直接访问它们。例如用arguments[0]便可以访问第一个参数，前面的sayName()函数可以重写如下：

```
1   function sayName(){
2       if(arguments[0] == "bye")
3           return;
4       console.log("Hello "+arguments[0]);
5   }
```

执行效果与前面的示例完全相同，读者可以自己试验。另外还可以通过arguments.length来检测传递给函数的参数个数，例如以下代码（参考本书配套资源文件：第3章\3-11.html）。

```
1   <script>
2   function ArgsNum(){
3       return arguments.length;
4   }
5   console.log(ArgsNum("Mike",25));
6   console.log(ArgsNum());
```

```
7    console.log(ArgsNum(3));
8    </script>
```

以上代码中ArgsNum()函数用来判断调用函数时传给它的参数个数，然后输出，显示结果如下。

```
1    2
2    0
3    1
```

注意

与其他程序设计语言不同，JavaScript不会验证传递给函数的参数个数是否等于函数定义的参数个数，任何自定义的函数都可以接收任意个数的参数，而不会引发错误。任何被遗漏的参数都会以undefined的形式传递给函数，而多余的参数则会被自动忽略。

在很多强类型的语言（如Java）中，关于函数有“重载”的概念，即对于一个函数名，根据参数的个数和类型的区别，可以定义出不同版本的函数。而JavaScript则通过arguments对象，根据参数个数的不同分别执行不同的命令，这样就可以实现函数重载的功能。下面使用arguments对象模拟函数重载（参考本书配套资源文件：第3章\3-12.html）。

```
1    <html>
2    <head>
3        <title>arguments</title>
4        <script>
5            function fnAdd(){
6                if(arguments.length == 0)
7                    return;
8                else if(arguments.length == 1)
9                    return arguments[0] + 5;
10               else{
11                   let iSum = 0;
12                   for(let i=0;i<arguments.length;i++)
13                       iSum += arguments[i];
14                   return iSum;
15               }
16           }
17           console.log(fnAdd(45));
18           console.log(fnAdd(45,50));
19           console.log(fnAdd(45,50,55,60));
20       </script>
21   </head>
22
23   <body>
24   </body>
25   </html>
```

以上代码中fnAdd()函数根据传递参数个数的不同分别进行判断，如果参数个数为0则直接返回，如果参数个数为1则返回“参数值加5”，如果参数个数大于1则将参数值的和返回。其运行结果如下。

```
1    50
2    95
3    210
```

3.4.3 实例：杨辉三角形

提到知名的“杨辉三角形”，相信读者对其一定不会陌生。它是一个由数字排列而成的三角形数表，其一般形式如图3.13所示。

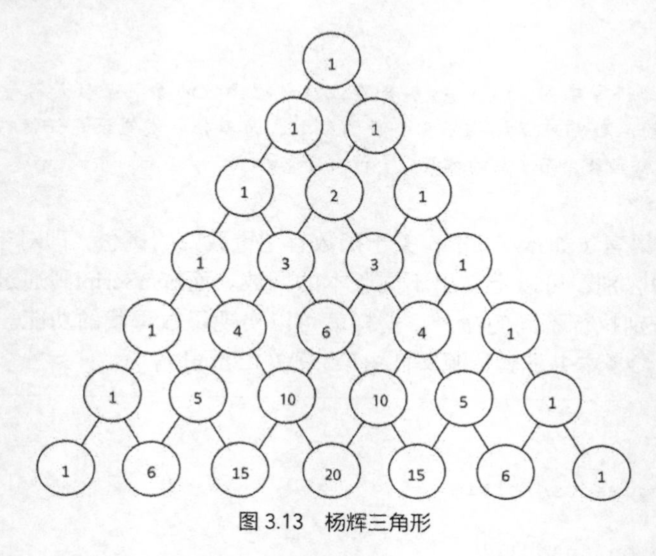

图 3.13　杨辉三角形

杨辉三角形的第n行是二项式$(x+y)^{n-1}$展开所对应的系数，例如第4行为$(x+y)^{4-1}$展开所对应的系数，即$x^3+3x^2y+3xy^2+1$的系数1、3、3、1，第6行为$(x+y)^{6-1}$展开所对应的系数，即$x^5+5x^4y+10x^3y^2+10x^2y^3+5xy^4+1$的系数1、5、10、10、5、1，依此类推。

杨辉三角形另外一个重要的特性就是每一行首尾两个数字都是1，中间的数字等于上一行相邻两个数字的和，从图3.13中也能清楚地看出这一点，即排列组合中通常所运用的下式：

$$C(m,n)=C(m-1,n-1)+C(m-1,n)$$

根据以上性质，可以利用函数很轻松地将杨辉三角形运算出来。函数接收一个参数，即希望得到的杨辉三角形的行数，例如：

```
1    function Pascal(n){              // 杨辉三角形，n为行数
2        …                            // 省略
3    }
```

在这个函数中同样用两个for循环语句嵌套，外层循环的是行数，内层循环的是每行内的每一项，如下所示。

```
1    for(let i=0;i<n;i++){         // 一共n行
2        for(let j=0;j<=i;j++){// 每行数字的个数为行号，例如第一行1个数，第二行2个数
3
4        }
5        document.write("<br>");
6    }
```

而在每行中每一个数字均为组合数C(m,n)，其中m为行号（从0算起），n为数字在该行中的序号（同样从0算起）。例如：

```
document.write(Combination(m,n)+"  ");
```

其中Combination(m,n)为计算组合数的函数，为这个函数单独写一个function，这样便可以反复调用。这个函数采用组合数的特性C(m,n)=C(m−1,n−1)+C(m−1,n)。实现这样的特性，最有效的办法就是递归，代码如下。

```
1   function Combination(m,n){
2       if(n==0) return 1;            // 每行第一个数为1
3       else if(m==n) return 1;       // 每行最后一个数为1
4       // 其余的数都由上一行相邻元素相加而得
5       else return Combination(m-1,n-1)+Combination(m-1,n);
6   }
```

注意

在函数中又调用函数本身，称为函数的递归。这样在解决某些具有递归关系的问题时十分有效。特别要指出的是，递归是程序设计中的重要概念和组成部分，但由于篇幅有限，本书不针对递归展开讲解，仅用它做一个演示，有兴趣的读者可以进一步拓展学习。弄懂递归是非常重要的。

实现杨辉三角形的完整代码如下（参考本书配套资源文件：第3章\3-13.html）。

```
1   <!DOCTYPE html>
2   <html>
3   <head>
4       <title>杨辉三角形</title>
5       <script>
6           function Combination(m,n){
7               if(n==0) return 1;            // 每行第一个数为1
8               else if(m==n) return 1;       // 每行最后一个数为1
9               // 其余的数都由上一行相邻元素相加而得
10              else return Combination(m-1,n-1)+Combination(m-1,n);
11          }
12          function Pascal(n){               // 杨辉三角形，n为行数
13              for(let i=0;i<n;i++){         // 一共n行
14                  for(let j=0;j<=i;j++)  // 每行数字的个数为行号，例如第一行1个数，第二行2个数
15                      document.write(Combination(i,j)+"  ");
16                  document.write("<br>");
17              }
18          }
19          Pascal(10);                       // 直接传入希望得到的杨辉三角形的行数
20      </script>
21  </head>
22
23  <body>
24  </body>
25  </html>
```

直接调用Pascal()函数即可得到指定行数的杨辉三角形，以10为例，输出结果如图3.14所示，便不再需要一行行单独计算了。

杨辉三角形

文件 | C:/Artech/SourceCode/Java...

```
1
1 1
1 2 1
1 3 3 1
1 4 6 4 1
1 5 10 10 5 1
1 6 15 20 15 6 1
1 7 21 35 35 21 7 1
1 8 28 56 70 56 28 8 1
1 9 36 84 126 126 84 36 9 1
```

图 3.14　行数为 10 的杨辉三角形

3.4.4　变量作用域

在理解了函数的基本用法之后，这里要介绍一个非常重要的概念——作用域。

我们可以看到在编写程序的时候，需要不断地使用变量，变量可以是数值、字符串、数组，也可以是函数等。因此我们必须考虑一个问题，即如果变量重名了怎么办？特别是要开发一个大型的软件项目，里面的各种业务概念和逻辑都非常复杂，如果有的变量不允许重名，那会产生严重的问题。就像我们每个人的名字，如果国家要求每个新生儿登记户口的时候，都不能和十几亿人重名，那可能会是一场“灾难”。

思考一下如何解决这个问题。

首先，实际上每个人有两个关键的信息：一个是身份证号，另一个是姓名。身份证号是唯一的，而姓名是可以重复的。

其次，当人们做一些要求严格的事情，绝对不能存在混淆的时候，比如参加高考、买机票的时候，我们必须要使用身份证号来作为唯一标识。而在日常生活中，通常使用姓名来作为标识。

那么日常生活中为什么我们使用可能重复的姓名，却没有引起太多的问题呢？这里的关键就是作用域了，也可以理解为“上下文”。如果你认识两个叫“张伟”的人，但是你并不会把他们弄混，因为一个可能是你的同事，另一个可能是你的亲戚，他们出现的领域可能不同，所以不会产生混淆。即使你有两个同事都叫“张伟”，他们也可能一个在销售部，另一个在技术部，可以看到这里实际上就使用了作用域的概念。相同的名字在不同作用域会代表不同的变量，而不会引起混乱。

作用域是所有高级语言都必不可少的概念，不同的语言也有不同的处理方法。早期的JavaScript针对作用域的处理方法比较简陋，导致了很多问题。ES6引入了let关键字和块级作用域解决了这些问题。

在ES6中，之所以允许不经let声明就可以使用变量，完全是为了兼容旧的程序。从ES6的角度来说，所有的变量都应该由let关键字声明。

此外，ES6引入了块级作用域这个概念，即每个变量的作用域包含声明它的let语句最内层一对花括号的区域。

例如下面这段代码定义了一个用于交换两个变量值的函数。

```
1   let a=10;
2   let b=20;
3   function swap(){
4       let temp = a;
5       a = b;
6       b = temp;
7   }
```

可以看到，声明a和b两个变量的let语句外面没有花括号了，因此它们都是全局变量，而在函数内部，这两个变量都被用到了，即全局变量在所有地方都可以使用。再看函数内部声明的temp变量，它外面有一对花括号，因此它的作用域就在这对花括号之间，也就是在这个函数范围内，而在函数外无法使用这个变量。

再看一个例子。

```
1   let result;
2   function max(a, b){
3       let result;
4       if(a >= b){
5           result = a;
6       } else {
7           result = b;
8       }
9
10      return result;
11  }
12
13  result = max(a, b)
```

可以看到，在函数的外部声明了一个result变量，进入函数以后又声明了result变量。在这种情况下，在函数内部的result变量会隐藏外面的同名变量，即在函数内部用到的result变量都是内部声明的那个，而根本无法访问到外部声明的那个同名变量。

最后看一个例子。

```
1   let pairs = [];  // 用于保存最终结果
2   for(let a of team){
3       for(let b of team){
4           if(a !== b)
5               pairs.push(a,b);
6       }
7   }
```

最外层声明的pairs变量在循环里是有效的，而对于循环变量来说，虽然并不在对应的花括号范围内，但是其作用域就是循环的范围。

接下来考虑在3.4.1小节中我们定义函数的两种方法：一种是直接定义一个函数；另一种是使用函数表达式定义函数。从3.4.1小节来看，二者的结果似乎是完全相同的；现在有了作用域的概念，就可以看出二者的区别了。

在第2章中，我们提到在JavaScript中声明一个变量要用let关键字，如果不声明而直接使用这个变量，它会被自动地声明为一个全局的变量（相当于在程序的最开头声明了这个变量，这被称为“变量提升”）。

函数的声明也有类似的情况。我们反复提到JavaScript是一个面向对象的语言，因此JavaScript中的函数也是一个对象。每定义一个函数，实际上都是创建一个对象，因此这个对象就应该用let声明。如果没有用let声明，它就会自动地成为一个全局变量。

再来复习下面的代码。

```
1    function greeting(name){
2        console.log('Hello ${name}.');
3    }
```

上面这段代码直接定义了一个函数，这个函数实际上也是一个对象，而这个对象就被自动地设置为了全局变量。而下面的代码则不同：

```
1    let greeting = function(name){
2        console.log('Hello ${name}.');
3    }
```

这里等号后面定义的是一个函数表达式，然后将其赋予greeting变量，这个变量是经由let关键字声明过的，它就是一个局部变量。当然，如果仅仅是把这样的两个函数写在程序里，则没有区别，但是如果某个函数被定义在一个局部的作用域之内，它们就会有区别了。

3.4.5 函数作为函数的参数

JavaScript是一种非常灵活且功能强大的语言，其中很重要的一点体现在函数的重要地位上。在JavaScript中，函数可以作为函数的参数传递，这非常有用。

例如，考虑编写一个“扑克牌”的程序，往往需要对若干张牌进行排序，要排序就必须先能够比较两张牌的大小。而不同游戏的排序方式不一样，比如有些扑克游戏中先比较花色，如果花色相同再比较大小，而有些扑克游戏中则先比较大小，大小相同的情况下再比较花色，甚至还有其他的比较方式。因此，我们希望有一个通用的排序方法，使各种扑克游戏都可以调用它。

理想的方案就是将排序的函数与比较大小的函数分离开，因为排序算法是固定的，写一次就行，每次调用排序函数的时候把比较函数作为参数传入，这样无论怎么比较两张牌的大小，都可以统一地调用同一个排序函数。这个例子很好地说明了为什么“函数能够作为函数的参数”是一个很有意义的特性。

下面举一个实际的例子演示一下（JavaScript为数组提供了排序方法）。

```
1    let numbers = [4, 2, 5, 1, 3];
2    numbers.sort();
3    console.log(numbers);
```

说明

从现在开始，我们不再加入console.log()来显示结果，因为使用浏览器就可以非常方便地显示结果。

执行上面的代码，得到的输出结果如下。

```
Array [1, 2, 3, 4, 5]
```

可以看到，通过使用sort()方法，可以将一个乱序的数组变成从小到大排列的数组。那么，如果希望从大到小排列呢？固然我们可以采用先得到从小到大排列的数组，再调用逆序（反序）函数的方法，但是JavaScript还为我们提供了一个更直接的方法——在调用sort()函数时，可以设置一个“函数参数”，将上面的代码做如下修改。

```
1    function compare(a, b){
2       return a-b;
3    }
4    let numbers = [4, 2, 5, 1, 3];
5    numbers.sort(compare);
6    console.log(numbers);
```

可以看到定义了一个compare()函数，它的作用是返回两个数的差，然后将其作为参数传入sort()函数中，返回的结果不变。现在将return a-b改为 return b-a，修改后的代码如下。

```
1    function compare(a, b){
2       return b-a;
3    }
4    let numbers = [4, 2, 5, 1, 3];
5    numbers.sort(compare);
6    console.log(numbers);
```

这时数组就变成从大到小排列了。由以上代码可见函数作为参数的作用。在sort()函数中，每当要比较两个元素大小的时候，就可以调用传入的函数。如果得到的结果是正数，则认为前面的数大；如果等于0，则认为两个数一样大；如果是负数，则认为第二个数大。因此实际上sort()函数并不真的关心两个数哪个大，而是会将这个比较大小的任务交给传递进来的函数，由它说了算。回到本小节开头扑克牌的例子，排序时不用关心两张牌的大小是如何计算的，只要将这一工作交给传递进来的负责比较大小的函数就可以了。

具体把函数作为函数参数的时候，也可以直接使用函数表达式，例如再次改写上面的代码，我们可以不用占用一个变量，而是直接定义函数的表达式并将其作为参数传入，这样写代码就方便了。当然如果这个函数还会在很多其他地方被使用，也不妨把它保存到一个变量中。

```
1    let numbers = [4, 2, 5, 1, 3];
2    numbers.sort(function(a, b){
3       return b-a ;
4    });
5    console.log(numbers); // [5, 4, 3, 2, 1]
```

3.4.6 箭头函数

上面介绍了定义函数的两种方式：直接定义和采用函数表达式定义。在ES6中，又新增加了一种函数形式，称为“箭头函数”。

箭头函数基本的语法就是将函数表达式中的function改为箭头符号“=>”，并将它移动到参数表的括号后面。符号“=>”读作“得到”（goes to）。例如上面刚刚用的compare()函数，稍作改写就变成了箭头函数。

```
let compare = (a, b) => { return a-b; }
```

上面这行代码读作："输入a和b，得到a-b的值"。这是一个表达式，因此也可以将其赋予变量compare，于是compare也是一个函数了。

使用箭头函数时，开发者需要注意以下几点。

（1）如果在函数体中只有一条语句，其又是返回一个值的语句，则可以省略花括号，例如：

```
let compare = (a, b) => a-b;
```

（2）如果某个箭头函数只有一个参数，那么可以省略参数前后的圆括号，例如：

```
let abs = a => a > 0 ? a : -a;
```

（3）如果一个箭头函数没有参数，那么不能省略参数的圆括号，例如：

```
1  let randomString = () => Math.random().toString().substr(2, 8);
2  let a = randomString();
3  console.log(a);
```

上面代码中利用Math的随机数生成函数生成了一个随机的小数，然后将其变成字符串后取小数点后的8位。

（4）把一个箭头函数直接作为参数传递给其他函数，例如：

```
1  let numbers = [4, 2, 5, 1, 3];
2  numbers.sort((a, b)=>a-b);
3  console.log(numbers);
```

可以看到用这种方式时代码非常简洁、易读。

要特别注意"把一个函数"作为参数传入另一个函数与"把一个函数的计算结果"作为参数传入另一个函数的区别。

当把一个函数作为参数传入另一个函数时，传入的要么是函数表达式，要么是函数的名称，它们都不会真正调用这个函数，也就是被作为参数的函数后面不会有()以及实际参数，例如：

```
aFunction(fooFunction);
```

而当我们把一个函数的结果作为参数传入另一个函数的时候，它会真正调用这个函数，例如：

```
bFunction(barFunction(/*实际参数*/));
```

到目前，我们已经学了在JavaScript中定义函数的3种方式。现在它们除了形式的区别，还没有实质的区别；后面我们还会继续深入探究它们之间的不同。

3.5 异常处理

前面介绍了3种基本的流程结构，它们都是正常运行条件下的流程结构。但是在实际运行程序时，还会遇到一种特殊的流程结构，称为"异常处理"，也就是在遇到一些错误的时候，需要用一定的语法结构处理它们。

知识点讲解

参考如下代码定义一个函数changeNumberBase()，它可以接收两个参数，如changeNumberBase(256,16)，作用是把256转换成用十六进制数表示的结果，也就是100。

```
1  <script>
2      function changeNumberBase(num, base){
3          let result = num.toString(base);
4          return result;
5      }
6      console.log(changeNumberBase(256, 16));
7      console.log(changeNumberBase(16, 37));
8      console.log(changeNumberBase(16, 2));
9  </script>
```

执行上面的代码，在“控制台”面板中得到的结果如图3.15所示。

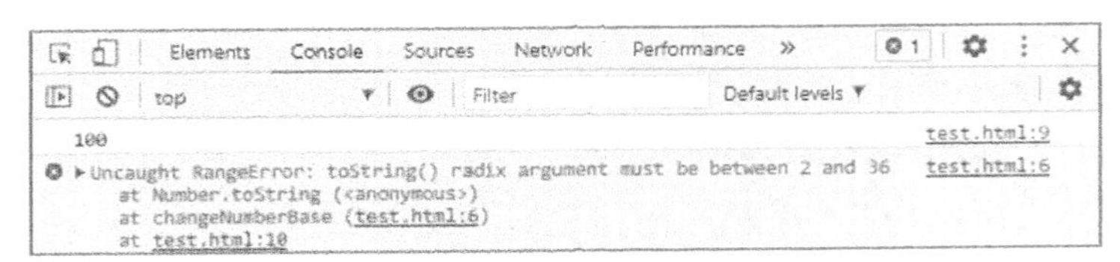

图 3.15　转换结果

可以看到，程序中3次调用changeNumberBase()函数，第1次调用得到100这个正确的结果。而第2次调用时没有得到正确的结果，而是得到了红色的报错信息。它的意思是，调用的toString()函数的参数必须大于或等于2并且小于或等于36，而我们调用时的参数是37，所以就报错了。而且一旦报错，后面的语句就不再执行了，因此第3次调用根本就没有执行。

我们可以使用JavaScript语言中的try…catch结构来改变原有的流程，代码如下。

```
1  <script>
2      function changeNumberBase(num, base){
3          try{
4              let result = num.toString(base)
5              return result;
6          }
7          catch(err){
8              console.log(err);
9              return -1;
10         }
11     }
12     console.log(changeNumberBase(256, 16));
13     console.log(changeNumberBase(16, 37));
14     console.log(changeNumberBase(16, 2));
15 </script>
```

这时再次运行，可以看到结果如图3.16所示。在第2次调用中，代码放在了由try定义的一个代码块中，然后增加了catch代码块。这就意味着在try代码块中，如果发生了任何错误，就会跳到catch代码块继续执行，输出错误信息到“控制台”面板，然后返回-1。这样做就不会中断程序的运行，而会继续进行第3次调用，因此在图中可以看到最后一行的10 000，也就是16的二进制形式。

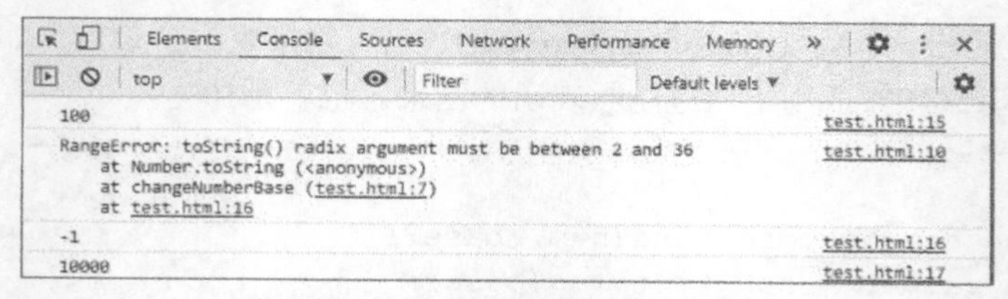

图 3.16 使用 try…catch 结构处理异常

完整的异常处理结构是 try…catch…finally，即在catch后面还可以添加一个finally代码块，其中可以放置无论try代码块中是否发生异常都需要执行的代码。

- 如果try代码块中没有发生异常，则不会执行catch代码块，而会直接执行finally代码块中的语句。
- 如果try代码块中执行到某个语句时发生了异常，则会立即跳入catch代码块执行，然后执行finally代码块中的语句。
- finally代码块可以省略。

JavaScript中还可以使用throw语句抛出异常，从而改变正常的流程。结合throw语句和finally代码块，我们举一个例子，代码如下。

```
1  <script>
2      function changeNumberBase(num, base){
3          try{
4              if(num <0)
5                  throw new Error("num不能小于0");
6              let result = num.toString(base)
7              return result;
8          }
9          catch(err){
10             console.log(err);
11             return -1;
12         }
13         finally{
14             console.log("如果结果是 -1表示出错");
15         }
16     }
17     console.log(changeNumberBase(256, 16));
18     console.log('--------------------');
19     console.log(changeNumberBase(-16, 37));
20     console.log('--------------------');
21     console.log(changeNumberBase(16, 2));
22 </script>
```

在try代码块中，我们先对num参数进行检查，如果小于0则抛出一个异常，然后在catch代码块的后面增加一个finally代码块，里面的代码无论是否抛出异常都会被执行。本例的输出结果如下。请读者自己来分析一下输出的各行信息及顺序，这是考核读者是否理解本章知识的一个小测验。

```
1  如果结果是 -1表示出错
2  100
3  --------------------
```

```
4   Error: num不能小于0
5       at changeNumberBase (test.html:8)
6       at test.html:21
7   如果结果是 -1表示出错
8   -1
9   --------------------
10  如果结果是 -1表示出错
11  10000
```

本章小结

在本章中，我们讲解了程序流控制的3种基本结构（顺序结构、分支结构和循环结构），以及相应的一些语法特点，这3种结构与其他高级程序设计语言的比较接近。另外，还讲解了函数的相关知识（在JavaScript中函数是一种特别重要的语法元素），在后面我们还会不断细化对函数的讲解。变量的作用域和箭头函数是两个需要特别理解的重点知识。最后简单介绍了一种控制流程的结构try…catch来进行异常处理。

习题3

一、关键词解释

顺序结构　分支结构　循环结构　函数　arguments对象　块级作用域　异常处理

二、描述题

1. 请简单描述一下从本质上来说，程序流有几种结构，它们分别是什么。
2. 请简单描述一下逻辑运算符主要包括哪几个，它们的含义是什么。
3. 请简单描述一下运算符===和==的区别。
4. 请简单描述一下循环语句中while和do…while的联系与区别。
5. 请简单描述一下循环语句中break和continue的区别。
6. 请简单描述一下for…of和for…in的区别。
7. 请简单描述一下定义函数的方式有几种，它们分别是什么。

三、实操题

1. 给定一个正整数n，输出斐波那契数列的第n项。斐波那契数列指的是这样一个数列：0、1、1、2、3、5、8、13、21、34……在数学上，斐波那契数列以如下的递推方法而被定义：$F(0)=0$，$F(1)=1$, $F(n)=F(n-1)+F(n-2)$（$n \geqslant 2$，$n \in \mathbf{N}^*$）。

2. 删除数组中的重复项，例如数组['apple', 'orange', 'apple', 'banana', 'pear', 'banana']，去重后应为['apple', 'orange', 'banana', 'pear']。

第4章 JavaScript中的对象

在前面两章中，我们介绍了JavaScript的一些基本概念，实际上还看不出JavaScript特有的一些语法结构和现象。从这一章开始，我们将要慢慢深入JavaScript的内部，真正去理解它了。

对象是JavaScript的特性之一。严格来说，前面介绍的一切（包括函数）都是对象。本章将围绕对象进行讲解，看看它与其他语言有哪些类似和不同之处。本章的思维导图如下。

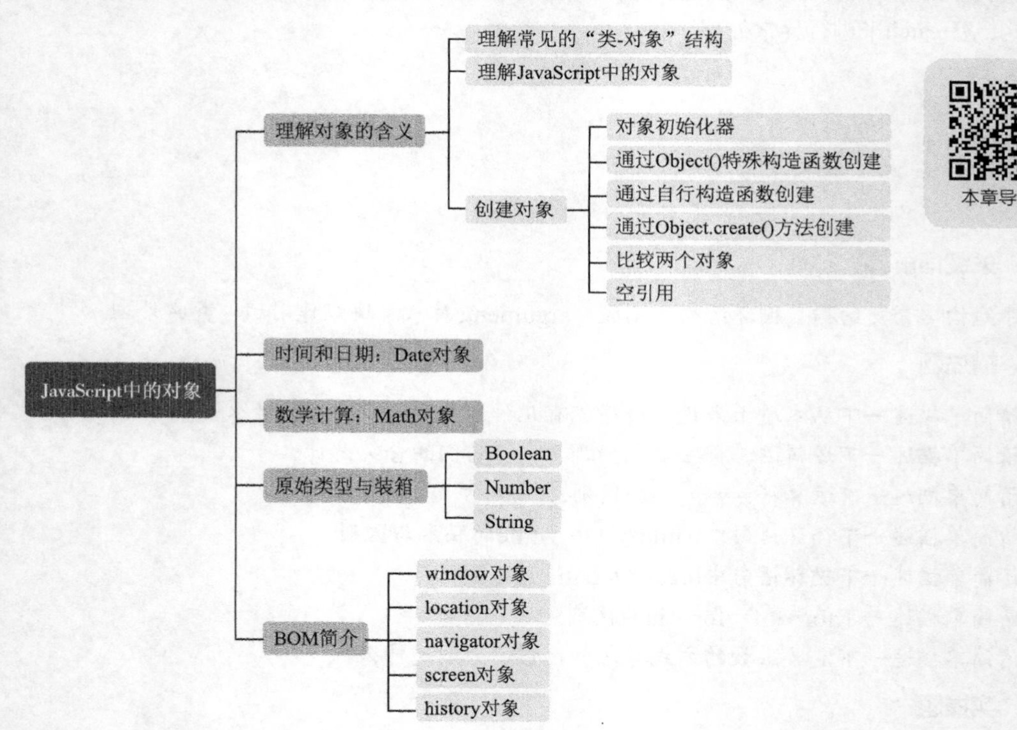

4.1 理解对象的含义

JavaScript中与对象相关的概念比较复杂和特殊，这与大多数面向对象的语言有所不同。我们不妨先看一下其他面向对象的语言是如何构造和实现对象这个概念的，再看JavaScript与它们有什么不同。

4.1.1 理解常见的“类-对象”结构

类和对象是大多数面向对象语言中最基本的概念，在Java、C++、C#、Python中都是如此。图4.1所示是一个用于制作月饼的模具。可以看到其上雕刻了3个有花纹的凹槽，我们把材料填入凹槽，压实，然后扣出来，就可以快速地制作出月饼。这个模具上有3个不同形状的凹槽，因此可以制作3种不同形状的月饼。

如果从面向对象程序设计的角度看，不同形状的凹槽和月饼之间就是一种典型的类和对象的关系。这个月饼模具相当于我们的一个程序，一共定义了3个不同的“月饼类”，用这个模具每扣一次，就可以产生出1个、2个或者3个“月饼对象”。最重要的特点是，从一个“月饼类”产生出来的“月饼对象”都是一样的。

从这个例子可以看出，类的本质就是模板，利用这个模板可以产生出无限量的对象实体。对象也可以称为实例，这两个术语是可以通用的。从类产生出对象的过程通常称为“创建”。

当然，在我们实际的编程过程中，从同一个类中创建出来的对象并不一定完全一模一样。这就好像图章，某个图章一般来说是固定的，但是也有一种专门用来盖日期的图章，如图4.2所示。图4.2（a）是“月份章”，图4.2（b）是“日期章”，箭头可以旋转，以指向不同的数字，这样指定一个月份并设定一个日期后，就可以盖出具体的日期。

图 4.1 月饼模具

（a）

（b）

图 4.2 盖月份和日期的图章

基于上面直观的例子，我们可以给出如下稍微严谨的说法。

- 类就是具有相同属性和功能的对象的抽象。
- 对象就是一个由类创建的实体。

当然，上述说法不能算是很严谨，因为有“循环定义”的嫌疑。不过，这里并不需要追求严谨，只要读者能够从上面的实例中充分理解类和对象的关系就可以了。因为如果没有充分实践经验，真正严谨的定义是难以理解的。

大多数面向对象语言编写的程序，本质上就是一组类的声明。就好像我们必须先制作好一套月饼模具，然后才能用它来制作月饼。制作月饼模具的过程就称为声明类，也称为定义类。

我们仍然使用月饼模具作为例子，用Java语言的语法来实际声明一个类，代码如下。

```
1    class MoonCake{
2        int radius=10;
3        int height=3;
4    }
```

class 是在Java中声明（定义）类的关键字，MoonCake类中还包含了两个“成员”，分别代表了月饼的半径和高度。声明了这个MoonCake类之后，当然就可以实际生产（创建）月饼了，代码如下。

```
1    MoonCake mc1 = new MoonCake();
2    MoonCake mc2 = new MoonCake();
```

从上面的代码可以看到，我们自己定义的MoonCake类被当作一个普通的类型来使用。上面声明了两个MoonCake类的变量mc1和mc2。但自定义类型的变量不能直接使用，而必须要经过实例化（实例化也称为创建，它需要使用new运算符）。

4.1.2 理解JavaScript中的对象

在4.1.1小节中我们了解到，在Java等语言中对象是通过类产生的，如果没有类，就不可能产生对象。而JavaScript则非常有趣且特殊，它有对象和实例这两个概念，但是没有类这个概念。对于熟悉了Java等语言的开发者，甚至很难想象这是如何做到的。

注意

在ES6中引入了class这个关键字，看似可以用同大多数语言类似的方法进行定义，但本质上仅仅是一种“语法糖”，即只是让程序的编写变得简单，本质上并没有改变JavaScript原来的体系结构。有关这个部分的内容，我们会在后面做详细讲解。

在JavaScript中，对象是一种非常重要的数据类型，我们可以把它简单理解为一个集合。包含在对象里的成员可以通过对象的属性（property）和方法（method）来访问。属性是隶属于某个特定对象的变量，方法则是某个特定对象才能调用的函数。

对象是由一些彼此相关的属性和方法集合在一起而构成的数据实体。在JavaScript中，属性和方法都需要使用如下所示的“点”语法来访问。

```
1    object.property
2    object.method()
```

假设汽车这个对象为car，它拥有品牌（brand）、颜色（color）等属性，那么必须通过如下的语法来访问这些属性。

```
1    car.brand
2    car.color
```

再假设car关联着一些诸如move()、stop()、addOil()等函数，那么这些函数就是car这个对象的方法，我们可以使用如下的语法来调用它们。

```
1    car.move()
2    car.stop()
3    car.addOil()
```

把这些属性和方法全部集合在一起，就得到了car对象。换句话说，可以把car对象看作所有这些属性和方法的统称。

为了使car对象能够描述一辆特定的汽车，需要创建一个car对象的实例（instance）。实例是对象的具体表现。对象是统称，而实例是个体。例如宝马、奔驰都是汽车，都可以用car来描述。但一辆宝马和一辆奔驰则是不同的个体，有着不同的属性，因此它们虽然都是car对象，却是不同的实例。

在JavaScript中创建对象有很多种方法，下面我们对此进行介绍。

4.1.3 在JavaScript中创建对象

1. 通过对象初始化器创建对象

通过对象初始化器创建对象是一种较为简单的创建对象的方法，以下是其示例代码（参考本书配套资源文件：第4章\4-1.html）。

```
1   let car = {
2      brand: 'BMW',
3      color: 'white',
4      move: function(){
5         console.log('the car is moving. ')
6      }
7   }
```

上面的示例代码定义了一个汽车对象，并对它进行了初始化，然后将其赋予了变量car。在初始化这个对象的时候，一共定义了两个数据成员（属性），分别是brand（品牌）和color（颜色），以及一个函数成员（方法）move（移动）。属性值可以是任何类型（包括其他对象）的。

成员的命名在JavaScript中非常灵活，通常使用字符串作为名称，但也可以有很多其他的形式，后面再进行介绍。像所有JavaScript变量一样，对象（可以是普通变量）的名称和成员名称都区分大小写。

在声明并初始化了一个对象以后，就可以访问这个对象了，代码如下。

```
1   // 访问已经声明的对象
2   console.log(car.brand)
3   console.log(car.color)
4   car.move()
```

成功运行上述代码后，将显示以下输出结果。

```
1   BMW
2   white
3   the car is moving.
```

在ES6中，针对某些情况，还有简写形式，如下所示（参考本书配套资源文件：第4章\4-2.html）。

```
1   let brand = 'BMW'
2   let color = 'white'
3   let car = {
4      brand,  // 等价于brand: brand
5      color: color
6   }
```

上面的代码中首先定义了两个变量brand和color，并对它们分别进行了赋值，那么接下来用这两个变量初始化car的成员时，可以使用简写形式。

在上面的代码中，color属性没有使用简写形式，冒号前面的color是属性的名称，冒号后面的color是之前定义好的变量。而brand属性则使用了简写形式，变量brand的值隐式分配给了对象的属性brand。使用这种简写形式，JavaScript引擎会查找具有相同名称的变量。如果找到了，则将该变量的值分配给属性；如果找不到，则会引发错误。

2．通过Object()特殊构造函数创建对象

JavaScript提供了一个名为Object()的特殊构造函数来创建对象，new运算符用于创建对象的实例。以下是其创建对象的示例代码（参考本书配套资源文件：第4章\4-3.html）。

```
1   let car = new Object()
2   car.brand = 'BMW'
3   car.color = 'white'
4   car.move = function(){
5       console.log('the car is moving. ')
6   }
7
8   // 访问已经创建的对象
9   console.log(car.brand)
10  console.log(car.color)
11  car.move()
```

成功运行上述代码后，将显示以下输出结果。

```
1   BMW
2   white
3   the car is moving.
```

可以看到，使用Object()构造函数首先创建一个对象，然后向其中加入多个成员，可以实现与前面使用对象初始化器创建对象几乎完全相同的效果。

说明

从这里可以看出JavaScript的灵活性，我们可以随时极其方便地向一个对象中添加新的成员，这在Java这样的静态语言中是无法做到的。

需要注意的是，对象的未分配属性是未定义的，例如下面的代码（参考本书配套资源文件：第4章\4-4.html）。

```
1   let car = new Object()
2   car.brand = 'BMW'
3   console.log(car.color)
```

运行上述代码后，将显示以下输出结果。

```
Undefined
```

结合上面两种方法，也可以先用对象初始化器构造一个对象，再向对象中添加属性，例如下面的代码（参考本书配套资源文件：第4章\4-5.html）。

```
1  let car = {}
2  car.brand = 'BMW'
3  car.color = 'white'
4
5  // 访问已经创建的对象
6  console.log(car.brand)
7  console.log(car.color)
```

成功运行上述代码后，将显示以下输出结果。

```
1  BMW
2  white
```

3．使用自行构造函数创建对象

除了上述两种方法，在JavaScript中还可以通过自行构造函数创建对象，示例代码如下（参考本书配套资源文件：第4章\4-6.html）。

```
1  let Car = function(){
2     this.brand = 'BMW'
3     this.color = 'white'
4     this.move = function(){
5        console.log('the car is moving. ')
6     }
7  }
```

上面的代码定义了一个函数，这个函数本身并没有什么特殊之处，但是当使用new运算符调用这个函数的时候，它就不再是一个普通的函数了，而是一个构造函数。它会创建出一个对象，并且this这个关键字就代表这个新创建的对象，因此这个对象包含了3个成员。这个构造函数的名称通常用大写字母开头，以表示这是一个“类型”，而不是一个普通的变量。当然这仅仅是一个书写习惯，并不是语法强制要求的。接下来就可以通过这个构造函数来创建对象了。

```
1  // 创建对象并赋予car变量
2  let car = new Car()
3  // 访问已经创建的对象
4  console.log(car.brand)
5  console.log(car.color)
6  car.move()
```

成功运行上述代码后，将显示以下输出结果。

```
1  BMW
2  white
3  the car is moving.
```

可以看到，从输出结果来说，这种方法与前两种方法没有什么不同。但值得注意的是，从这里我们是不是可以看到大多数面向对象语言中的“类-实例”结构的影子？JavaScript正是使用构造函数实现的面向对象的。后面我们还会深入研究相关的问题，这里只做简单且直观的演示。

4．使用Object.create()方法创建对象

JavaScript还提供了一种使用Object.create()创建对象的方法，通过它可以在不定义构造函数的情况下，基于一个对象创建另一个对象，示例代码如下（参考本书配套资源文件：第4章\4-7.html）。

```
1   // 创建一个对象
2   let bmw = new Object()
3   bmw.brand = 'BMW'
4   bmw.color = 'white'
5   bmw.move = function(){
6     console.log('the car is moving. ')
7   }
8
9   // 基于上面的对象，创建另一个对象
10  let tesla = Object.create(bmw)
11  tesla.brand = 'TESLA'
12  // 访问已经创建的对象
13  console.log(tesla.brand)
14  console.log(tesla.color)
15  car.move()
```

成功运行上述代码后，将显示以下输出结果。

```
1   TESLA
2   white
3   the car is moving.
```

可以看到，这种方法本质上是根据一个已经存在的对象复制出一个新的对象，然后可以重新设置对象的属性值。

5．比较两个对象

在JavaScript中，所有类型分为两种：基本类型和对象类型。基本类型，例如一个数字是“数值类型”，而对象是“引用类型”。

如果某个变量的类型是值类型，那么这个值就直接在内存的“栈”中分配空间；而如果某个变量的类型是对象，那么这个变量本身同样在栈中，但是它存储的仅仅是一个地址。这个地址指向一块在“堆”中的内存空间，真正的对象就存储在这个空间里。我们也可以把这个对象的地址称为它的“引用”，从而把对象类型称为引用类型。

对象初始化器和new操作符的作用是，当声明一个变量的时候，仅在栈上分配了一个空间，只有当初始化操作完成，或者使用new操作符调用了一个构造函数而真正创建了对象以后，这个变量才真正可以被访问。因此，即使两个对象具有完全相同的属性和属性值，这两个对象也永远不会相同。这是因为它们指向不同的内存地址。而如果两个变量指向同一个内存地址，那么这两个变量就是相同的。例如下面的代码（参考本书配套资源文件：第4章\4-8.html）。

```
1   let obj1 = {name: "Tom"};
2   let obj2 = {name: "Tom"};
3   let obj3 = obj1
```

```
4   console.log(obj1 == obj2)    // return false
5   console.log(obj1 === obj2)   // return false
6   console.log(obj1 == obj3)    // return true
7   console.log(obj1 === obj3)   // return true
```

在上面的代码中，obj1和obj2是两个不同的对象，它们指向两个不同的内存地址。因此，在进行相等性比较时，尽管看起来它们的内容相同，但是运算符返回的仍是false。而obj3这个变量被赋值为obj1，它与obj3指向的内存地址相同，因此在相等性比较时，认为它们是相同的。

注意

在JavaScript中，==与===这两个运算符存在区别。===表示严格相等，即要求两个操作数类型相同，并且值也相同。而对于==，如果两个被比较的操作数类型不同，但经过隐式（自动）类型转换之后相同，则也认为它们相同。例如 123=="123"将返回true，因为二者类型不同但经过类型转换以后，二者的值相同；而123==="123"则返回false，因为二者类型不同。

在程序设计中，大多数实现原则都规定不能使用==运算符，而只能使用===运算符，以避免程序发生引入错误。

6．空引用

我们在第2章提到过，JavaScript中的简单数据类型共有6种，其中有两种比较特殊，分别是Undefined和Null。Undefined类型的值只有一个，就是 undefined，表示一个变量声明了，但是从未初始化，因而无法知道它是什么类型的。

接下来就需要了解Null这种类型了。Null的值也只有一个，就是null。它表示的是一个引用类型变量，没有指向任何空间地址。在大多数语言（如C语言）中都有null的存在，表示“空指针”或“空引用”，它们都是一个意思。例如下面的代码（参考本书配套资源文件：第4章\4-9.html）。

```
1   let mike = {
2       id: 'A23',
3       name: 'Mike'
4   }
5
6   let car = {
7       color: 'white',
8       maker: null,
9       status: 'planning'
10  }
```

上面的代码中先定义了一个对象，用于描述一个人，然后定义了一个对象，用于描述一辆汽车，此时这辆汽车的状态是planning（计划中），因此它的生产者还没有被确定。如果某个时刻它的状态变为producing（生产中），并确定了生产它的人，代码就可以改为：

```
1   let mike = {
2       id: 'A23',
3       name: 'Mike'
4   }
5
```

```
6   let car = {
7       color: 'white',
8       maker: mike,
9       status: 'producing'
10  }
```

可以看到，null就表示一个变量没有“指向”任何实际对象。

要注意一个变量是null和一个变量是“空的”对象之间的区别。

```
1   let a = null;
2   let b = { };
3   let c = new Object();
```

以上3行代码中，a为null，它不指向任何对象；b和c都分别指向了一个实实在在存在的对象，而该对象没有任何属性和方法，是一个内容为空的对象。

4.2 时间和日期：Date对象

案例讲解

时间、日期与日常生活息息相关。在JavaScript中有专门的Date对象来处理时间、日期。ECMAScript把日期存储为UTC与1970年1月1日0点相差的毫秒数。

说明

UTC（universal time coordinated，世界协调时间）是所有时区的基准时间。最早采用的GMT（greenwich mean time，格林威治时间）是指位于英国伦敦郊区的格林威治皇家天文台的标准时间，因为本初子午线被定义为通过那里的经线。现在的UTC由原子钟提供。

用以下代码可以创建一个新的Date对象。

```
let myDate = new Date();
```

以上这行代码创建出的Date对象是运行这行代码时瞬间的系统时间，通常我们可以利用这一点来计算程序的运行速度，示例代码如下（参考本书配套资源文件：第4章\4-10.html）。

```
1   <html>
2   <head>
3       <title>Date对象</title>
4       <script>
5           let myDate1 = new Date();     // 运行代码前的时间
6           let sum = 0;
7           for(let i=0;i<3000000;i++) { sum += i; }
8           let myDate2 = new Date();     // 运行代码后的时间
9           console.log(myDate2-myDate1);
10      </script>
11  </head>
12
13  <body>
14  </body>
```

```
15  </html>
```

以上代码在执行前建立了一个Date对象，执行完后又建立了一个Date对象，二者相减便得到了代码运行所用的毫秒数，输出结果是47。注意：不同计算机的计算速度有差异，输出结果会不同。

另外可以利用参数来初始化一个Date对象，常用的方式有以下几种。

```
1   new Date("month dd,yyyy hh:mm:ss");
2   new Date("month dd,yyyy");
3   new Date(yyyy,mth,dd,hh,mm,ss);
4   new Date(yyyy,mth,dd);
5   new Date(ms);
```

前面4种方式都是直接输入年、月、日等参数，最后一种方式的参数表示创建时间与1970年1月1日0点之间相差的毫秒数。各个参数的含义如下。

- yyyy：4位数表示的年份。
- month：用英文表示的月份名称，取值为January到December。
- mth：用整数表示的月份，取值为0（1月）到11（12月）。
- dd：表示一个月中的第几天，取值为1到31。
- hh：小时数，为0到23的整数（24小时制）。
- mm：分钟数，为0到59的整数。
- ss：秒数，为0到59的整数。
- ms：毫秒数，为大于或等于0（小于1000）的整数。

下面是使用上述参数创建Date对象的一些示例。

```
1   new Date("August 7,2008 20:08:00");
2   new Date("August 7,2008");
3   new Date(2008,8,7,20,08,00);
4   new Date(2008,8,7);
5   new Date(1218197280000);
```

以上各种形式都创建了一个Date对象，都表示2008年8月7日这一天，其中第1、第3、第5行这3种形式还指定了当天的20点08分00秒，其余的都表示00点00分00秒。

JavaScript还提供了很多获取时间的相关方法，如表4.1所示。

表4.1　获取时间的相关方法

方法	描述
oDate.getFullYear()	返回4位数的年份（如2008、2010等）
oDate.getYear()	根据浏览器的不同，返回2位数或者4位数的年份，因此不推荐使用
oDate.getMonth()	返回用整数表示的月份，取值为0（1月）～11（12月）
oDate.getDate()	返回日期，取值为1～31
oDate.getDay()	返回星期几，取值为0（星期日）～6（星期六）
oDate.getHours()	返回小时数，取值为0～23（24小时制）
oDate.getMinutes()	返回分钟数，取值为0～59
oDate.getSeconds()	返回秒数，取值为0～59
oDate.getMilliseconds()	返回毫秒数，取值为0～999
oDate.getTime()	返回从1970年1月1日00点00分00秒起经过的毫秒数

通过Date对象的这些方法，可以很轻松地获得一个时间的详细信息，并且可以任意地组合使用这些方法，示例代码如下（参考本书配套资源文件：第4章\4-11.html）。

```
1  let oMyDate = new Date();
2  let iYear = oMyDate.getFullYear();
3  let iMonth = oMyDate.getMonth() + 1;     // 月份是从0开始的
4  let iDate = oMyDate.getDate();
5  let iDay = oMyDate.getDay();
6  switch(iDay){
7      case 0:
8          iDay = "星期日";
9          break;
10     case 1:
11         iDay = "星期一";
12         break;
13     case 2:
14         iDay = "星期二";
15         break;
16     case 3:
17         iDay = "星期三";
18         break;
19     case 4:
20         iDay = "星期四";
21         break;
22     case 5:
23         iDay = "星期五";
24         break;
25     case 6:
26         iDay = "星期六";
27         break;
28     default:
29         iDay = "error";
30 }
31 console.log("今天是" + iYear + "年" + iMonth +"月" + iDate +"日," + iDay);
```

以上代码的输出结果如下。

```
今天是2021年3月23日,星期二
```

除了获取时间，很多时候还需要对时间进行设置。Date对象同样提供了很多实用的设置时间的方法，这些方法基本上能与获取时间的方法一一对应，如表4.2所示。

表4.2　Date对象设置时间的相关方法

方法	描述
oDate.setFullYear(yyyy)	设置日期为某一年
oDate.setYear(yy)	设置日期为某一年，可以接收4位或者2位参数。如果为2位，则表示1900～1999年的年份，不推荐使用
oDate.setMonth(mth)	设置月份，参数取值为0（1月）～11（12月）
oDate.setDate(dd)	设置日期，参数取值为1～31
oDate.setHours(hh)	设置小时数，参数取值为0～23（24小时制）

续表

方法	描述
oDate.setMinutes(mm)	设置分钟数，参数取值为0～59
oDate.setSeconds(ss)	设置秒数，参数取值为0～59
oDate.setMilliseconds(ms)	设置毫秒数，参数取值为0～999
oDate.setTime(ms)	设置日期为从1970年1月1日00点00分00秒起经过毫秒数后的时间，可以为负数

通过这些方法可以很方便地设置某个Date对象的细节，读者可以自己试验，这里不再一一演示。获得距某个特殊时间为指定天数的日期，代码如下（参考本书配套资源文件：第4章\4-12.html）。

```
1   function disDate(oDate, iDate){
2       let ms = oDate.getTime();                   // 转换成毫秒数
3       ms -= iDate*24*60*60*1000;                  // 计算相差的毫秒数
4       return new Date(ms);                        // 返回新的Date对象
5   }
6   let oBeijing = new Date(2021,0,1);
7   let iNum = 100;                                 // 前100天
8   let oMyDate = disDate(oBeijing, iNum);
9   console.log(oMyDate.getFullYear()+"年"
10      +(oMyDate.getMonth()+1)+"月"
11      +oMyDate.getDate()+"日"
12      +"距"+oBeijing.getFullYear()+"年"
13      +(oBeijing.getMonth()+1)+"月"
14      +oBeijing.getDate()+"日为"
15      +iNum+"天");
```

以上代码输出结果如下。通过将时间转换为毫秒数并赋予新的Date对象，便获得了想要的时间。

```
2020年9月23日距2021年1月1日为100天
```

4.3 数学计算：Math对象

除了简单的加、减、乘、除，开发者在某些场合还可能需要进行更为复杂的数学运算。JavaScript的Math对象提供了一系列属性和方法，能够满足大多数场合的需求。

Math对象是JavaScript的一个全局对象，不需要由函数进行创建，而且只有一个。表4.3所示为Math对象的一些常用属性，它们主要是数学上的专用值。

表4.3 Math对象的常用属性

属性	说明	属性	说明
Math.E	值e，自然对数的底	Math.LOG10E	以10为底，e的对数
Math.LN10	10的自然对数	Math.PI	圆周率π
Math.LN2	2的自然对数	Math.SQRT1_2	1/2的平方根
Math.LOG2E	以2为底，e的对数	Math.SQRT2	2的平方根

Math对象还包括许多专门用于执行数学计算的方法，例如min()和max()。这两种方法用来返回一组数中的最小值和最大值，均可接收任意多个参数，示例代码如下（参考本书配套资源文件：第4章\4-13.html）。

```
1   let iMax = Math.max(18,78,65,14,54);
2   console.log(iMax); // 78
3   let iMin = Math.min(18,78,65,14,54);
4   console.log(iMin); // 14
```

将小数转换为整数是数学中很常见的运算，Math对象提供了3种方法来进行相关的处理，分别是ceil()、floor()、round()。其中ceil()方法表示向上舍入，它把数字向上舍入最接近的整数；floor()方法则正好相反，为向下舍入；round()方法则是通常所说的四舍五入，简单示例代码如下（参考本书配套资源文件：第4章\4-14.html）。

```
1   // 向上舍入
2   console.log("ceil: " + Math.ceil(-25.6) + " " + Math.ceil(25.6));
3   // 向下舍入
4   console.log("floor: " + Math.floor(-25.6) + " " + Math.floor(25.6));
5   // 四舍五入
6   console.log("round: " + Math.round(-25.6) + " " + Math.round(25.6));
```

以上代码对这3种方法分别用一个正数25.6和一个负数-25.6进行了测试，输出结果如下。从中能够很明显地看出各种方法的处理结果，读者可根据实际情况选用方法。

```
1   ceil: -25 26
2   floor: -26 25
3   round: -26 26
```

Math对象另外一个非常实用的方法便是生成随机数的random()方法，该方法可返回一个0到1之间的随机数，不包括0和1。它是在页面上随机显示新闻等内容的常用方法，我们可用下面的形式调用random()方法来获得某个范围内的随机数。

```
Math.floor(Math.random()*total_number_of_choices + first_possible_value)
```

这里使用的是前面介绍的方法floor()，因为random()返回的都是小数。如果想选择一个1到100之间的整数（包括1和100），代码如下。

```
let iNum = Math.floor(Math.random()*100 + 1);
```

如果希望2到99之间只有98个数字，第一个数字为2，那么应该使用如下代码。

```
let iNum = Math.floor(Math.random()*98 + 2);
```

通常将与随机选择相关的代码打包成一个函数，这样便于用户随时调用。例如随机选择数组中的某一项也用同样的方法，代码如下（参考本书配套资源文件：第4章\4-15.html）。

```
1   function selectFrom(iFirstValue, iLastValue){
2       let iChoices = iLastValue - iFirstValue + 1;     // 计算项数
3       return Math.floor(Math.random()*iChoices+iFirstValue);
4   }
```

```
5   let iNum = selectFrom(2,99);        // 随机选择数字
6   let aFruits = ["apple","pear","peach","orange","watermelon","banana"];
7   // 随机选择数组元素
8   let sFruit = aFruits[selectFrom(0,aFruits.length-1)];
9   console.log(iNum + " " + sFruit);
```

以上代码将随机选择一个2～99的整数封装在函数selectFrom()中。随机选择数字、随机选择数组元素都调用同一个函数，十分方便。输出结果如下，注意每次输出的结果可能不同。

```
21 watermelon
```

除了上面介绍的方法外，Math对象还有很多方法，这里不再一一介绍。Math对象常用的方法如表4.4所示，读者可以逐一试验。

表4.4　Math对象常用的方法

方法	说明
Math.abs(x)	返回x的绝对值
Math.acos(x)	返回x的反余弦值，其中x∈[-1,1]，返回值区间为[0,π]
Math.asin(x)	返回x的反正弦值，其中x∈[-1,1]，返回值区间为[-π/2,π/2]
Math.atan(x)	返回x的反正切值，返回值区间为(-π/2,π/2)
Math.atan2(y,x)	返回原点和坐标(x,y)的连线与x正半轴的夹角，其范围为(-π,π]
Math.cos(x)	x的余弦值
Math.exp(x)	返回e的x次幂
Math.log(x)	返回x的自然对数
Math.pow(x,y)	返回x的y次方
Math.sin(x)	x的正弦值
Math.sqrt(x)	x的平方根，x必须大于或等于0
Math.tan(x)	返回x的正切值

4.4 原始类型与装箱

为了方便操作原始值，JavaScript提供了3种特殊的引用类型：Boolean、Number和String。这几个类型具有与引用类型一样的性质，但也具有与各自原始类型对应的特殊行为。

原始类型，例如数值型、布尔型等，使用都特别频繁，因此对性能要求很高，而且通常占用的内存结构比较简单。如果都像对象那样在堆中分配空间，然后对其进行引用，则会极大地降低性能。因此，原始类型都是直接分配在栈上的，不需要使用堆空间。但是这样也会产生一个问题，即当需要对原始类型的值调用一些操作的时候，该如何处理呢？

观察下面的例子。

```
1   let num = 10;
2   let s = num.toExponential(1)
3   console.log(num);   // "1.0e+1"
```

在这里，num是一个数值型的原始值，这时它就“待”在栈空间里。然后在num上调用了toExponential()方法，并把结果保存到变量s中。原始值本身不是对象，也就没有方法，那么这个toExponential()方法是如何实现操作的呢？

这是因为JavaScript引擎进行了处理，这个操作被称为“装箱”（boxing），也就是创建了一个Number类型的对象，这样使得原始值具有了对象的行为。经过装箱操作后，原始值就临时地成为了一个对象。但是访问结束后，又会立即销毁这个对象。

引用类型与原始值包装类型的主要区别在于对象的生命周期不同。在通过new实例化引用类型后，得到的实例会在离开作用域时被销毁，而自动创建的原始值包装对象则只存在于访问它的那行代码执行期间。这意味着不能在运行时给原始值经装箱后的对象添加属性和方法。必要时，也可以显式地使用Boolean()、Number()和String()构造函数创建原始值包装对象，不过应该在确实有必要时再这么做。

另外，Object()构造函数作为一个工厂方法，能够根据传入值的类型返回相应原始类型的实例。例如下面的代码。

```
1   let obj = new Object("some text");
2   console.log(obj instanceof String);          // true
```

如果传给Object()构造函数的是字符串，则会创建一个String的实例；如果是数值，则会创建一个Number的实例；如果是布尔值，则会创建一个Boolean的实例。

注意，使用new调用原始值包装类型的构造函数与调用同名的强制类型转换函数并不一样。例如下面的代码。

```
1   let value = "25";
2   let number = Number(value);                  // 转换函数
3   console.log(typeof number);                  // "number"
4   let obj = new Number(value);                 // 构造函数
5   console.log(typeof obj);                     // "object"
```

可以看到，在Number()前面是否有new运算符，结果会产生本质的差别。变量number中得到的是一个值为25的原始数值，它是由字符串“25”转换而来的。而变量obj中得到的是一个Number类型的对象。注意这二者是有区别的。

4.4.1 Boolean

Boolean是对应布尔值的装箱引用类型。要想创建一个Boolean对象，就要使用Boolean()构造函数并传入 true或false，如下所示。

```
let booleanObject = new Boolean(true);
```

Boolean对象在平常实际开发中用得很少。不仅如此，它们还容易引起误会，尤其是在布尔表达式中使用Boolean对象时。例如下面的代码。

```
1   let falseValue = false
2   result = falseValue && true
3   console.log(result);                         // false
4
```

```
5   let falseObject = new Boolean(false)
6   let result = falseObject && true
7   console.log(result);                    // true
```

在这段代码中，前半部分是常规的代码，false与true进行“与”操作，结果是false，这是正确且符合直觉的。而后面创建了一个值为false的Boolean对象，这时，在一个表达式中将这个对象与一个原始值true进行“与”操作，得到的结果是true，这个结果初看起来是违背直觉的。其原因在于一个不等于null的对象在进行逻辑运算的时候，都会被自动转换为true，因此falseObject在这个表达式里实际上表示true。那么，true && true当然是true。

因此，可以看出，JavaScript这样的弱类型语言虽然提供了很多自动转换的便利，但是也容易在不经意的时候引入一些错误，故需要开发者时刻保持注意。

4.4.2 Number

与上面介绍的Boolean类型类似，Number是数值装箱后的引用类型。要创建一个Number对象，就要使用Number()构造函数并传入一个数值，如下所示。

```
let numberObject = new Number(10);
```

Number类型还提供了几个用于将数值转换为字符串的方法。

toFixed()方法可返回包含指定小数点位数的数值字符串，例如：

```
1   let num = 10;
2   console.log(num.toFixed(2));          // "10.00"
```

这里的 toFixed()方法接收了参数 2，表示返回的数值字符串要包含两位小数。结果返回值为“10.00”，小数位填充为0。如果数值本身的小数位数超过了参数指定的位数，则四舍五入到最接近的小数位，例如：

```
1   let num = 10.005;
2   console.log(num.toFixed(2));          // "10.01"
```

toFixed()方法自动舍入的特点可以用于处理货币。不过要注意的是，多个浮点数值的数学计算不一定能得到精确的结果，比如，0.1 + 0.2 = 0.30000000000000004。注意toFixed()方法可以表示有 0～20 个小数位数的数值，某些浏览器可以支持更大的小数位数范围，但这是通常支持的范围。

另一个方法是toExponential()，它用于返回以科学计数法（也称指数计数法）表示的数值字符串。与toFixed()方法一样，toExponential()方法也接收一个参数，表示结果中小数的位数。来看下面的例子。

```
1   let num = 10;
2   console.log(num.toExponential(1));  // "1.0e+1"
```

以上这段代码的输出为"1.0e+1"。一般来说，这么小的数不用表示为科学计数法形式。如果想得到数值最适当的形式，那么可以使用toPrecision()方法来实现。toPrecision()方法会根据情况返回最合理的输出结果，可能是固定长度，也可能是科学计数法形式。这个方法接收一个参数，表示结果中数字的总位数（不包含指数）。来看下面的例子。

```
1   let num = 99;
2   console.log(num.toPrecision(1));     // "1e+2"
3   console.log(num.toPrecision(2));     // "99"
4   console.log(num.toPrecision(3));     // "99.0"
```

在这个例子中，首先要用 1 位数字表示数值99，得到"1e+2"，也就是100。因为99不能只用 1 位数字来精确表示，所以这个方法就将它舍入为100，这样就可以只用 1 位数字（及其科学计数法形式）来表示了。用 2 位数字表示 99 得到"99"，用 3 位数字则是"99.0"。本质上，toPrecision()方法会根据数值和精度来决定调用toFixed()方法还是toExponential()方法。为了以正确的小数位精确表示数值，这 3 个方法都会向上或向下舍入。

注意toPrecision()方法可以表示带 1～21 个小数位数的数值，某些浏览器可以支持更大的小数位数范围。

与Boolean对象类似，Number对象也为数值提供了重要能力。但是，考虑到两者存在同样的潜在问题，因此并不建议直接实例化Number对象。ES6 新增了Number.isInteger()方法，该方法用于辨别一个数值是否保存为整数。有时候，小数位的 0 可能会让人误以为数值是一个浮点数，例如：

```
1   console.log(Number.isInteger(1));     // true
2   console.log(Number.isInteger(1.00));// true
3   console.log(Number.isInteger(1.01));// false
```

4.4.3 String

与Boolean和Number类型一样，在JavaScript中，字符串本身也是原始类型，并不是引用类型。为了给字符串添加各种辅助方法以及属性，产生了对应的引用类型——String类型。

例如定义的length属性可用来返回字符串的长度，但是要注意对于中文这样的双字节语言，这个返回值可能是不可靠的。

此外String类型定义了若干方法，如下所示。这些方法具体使用起来非常简单，如果需要详细说明，可以在网络上搜索获取。因此，这里只给出简单说明，使读者能够了解它们可实现哪些功能，以便直接使用。

- charAt()：返回指定索引处的字符。
- charCodeAt()：返回一个数字，指示给定索引处字符的Unicode值。
- concat()：合并两个字符串并返回一个新字符串。
- indexOf()：返回调用String对象中指定值第一次出现时的索引，如果没有找到，则返回-1。
- lastIndexOf()：返回调用String对象中指定值最后一次出现时的索引，如果没有找到，则返回-1。
- localeCompare()：返回一个数字，该数字指示引用字符串是位于给定字符串之前还是之后，还是与给定字符串的排列顺序相同。
- match()：用于将正则表达式与字符串匹配。
- replace()：用于查找正则表达式和字符串之间的匹配，并用新的子字符串替换匹配的子字符串。
- search()：执行正则表达式与指定字符串之间匹配的搜索。

- slice()：提取字符串的一部分并返回一个新字符串。
- split()：通过将字符串分割为子字符串将String对象拆分为字符串数组。
- substr()：通过指定的字符数返回从指定位置开始的字符串中的字符。
- substring()：将字符串中两个索引之间的字符返回到字符串中。
- toLocaleLowerCase()：字符串中的字符在考虑当前区域设置的同时转换为小写。
- toLocaleupperCase()：字符串中的字符在考虑当前区域设置的同时转换为大写。
- toLowerCase()：返回转换为小写的调用字符串值。
- toString()：返回表示指定对象的字符串。
- toUpperCase()：返回转换为大写的调用字符串值。
- valueOf()：返回指定对象的原始值。
- startsWith()：返回以某字符串开头的字符串。
- endsWith()：返回以某字符串结尾的字符串。
- includes：返回包含某字符串的字符串。
- repeat()：返回将字符串重复指定次数以后的字符串。

4.5 BOM简介

JavaScript是运行在浏览器中的，它同样也提供了一系列对象用于与浏览器窗口进行交互。这些对象主要包括window、location、navigator、screen、history等，它们通常会被统称为BOM（brower object model，浏览器对象模型）。本节仅简单介绍BOM，读者在实际开发时（如果需要）可以查找与BOM相关的详细资料加以学习。

4.5.1 window对象

window对象表示整个浏览器窗口，其对操作浏览器窗口非常有用。对于浏览器窗口本身而言，有以下4个方法较为常用。

- moveBy(dx,dy)。该方法把浏览器窗口相对于当前位置水平向右移动dx个像素，垂直向下移动dy个像素。当dx和dy为负数时则向相反的方向移动。
- moveTo(x,y)。该方法把浏览器窗口移动到用户屏幕的(x,y)处，同样x、y可以使用负数，只不过这样会把窗口移出屏幕。
- resizeBy(dw,dh)。该方法相对于浏览器窗口的当前大小，把宽度增加dw个像素，把高度增加dh个像素。两个参数同样都可以使用负数来缩小窗口。
- resizeTo(w,h)。该方法把浏览器窗口的宽度调整为w个像素，高度调整为h个像素，w、h不能使用负数。

对于这几个方法，屏幕的坐标原点都在左上角，*x*轴的正方向为从左到右，*y*轴的正方向为从上到下，如图4.3所示。

以上方法的简单示例代码如下，读者可以自行检验。

(0,0) x y

图 4.3　屏幕坐标

```
1    window.moveBy(20,15);
2    window.resizeTo(240,360);
3    window.resizeBy(-50,0);
4    window.moveTo(100,100);
```

window对象另外一个常用的方法就是open()，它主要用来打开新的窗口。该方法接收4个参数，分别为新窗口的URL、新窗口的名称、特性字符串说明以及新窗口是否替换当前载入页面的布尔值。通常只使用前两个或前三个参数，简单的示例代码如下。

```
window.open("http://www.artech.cn","_blank");
```

运行这行代码就像用户单击了一个超链接，地址为http://www.artech.cn，而打开的位置为一个新的窗口。当然也可以设置打开的位置为_self、_parent、_top或者框架的名称，这些都与HTML中<a>标记的target属性相同。

以上代码只用了两个参数，如果使用第三个参数，则可以设置被打开窗口的一些特性。window对象中第三个参数的相关设置如表4.5所示。

表4.5　window对象中第三个参数的相关设置

设置	值	说明
left	数值	新窗口的左坐标
top	数值	新窗口的上坐标
height	数值	新窗口的高度
width	数值	新窗口的宽度
resizable	yes/no	是否能通过拖动鼠标指针来调整新窗口的大小，默认为no
scrollable	yes/no	新窗口是否允许使用滚动条，默认为no
toolbar	yes/no	新窗口是否显示工具栏，默认为no
status	yes/no	新窗口是否显示状态栏，默认为no
location	yes/no	新窗口是否显示Web地址栏，默认为no

这些特性字符串是用逗号分隔的，在逗号或者等号前后不能有空格，例如下面语句中的字符串是无效的。

```
window.open("http://www.artech.cn","_blank","height=300, width= 400,top =30,
left=40, resizable= yes");
```

由于逗号以及等号前后有空格，因此该字符串无效。只有删除空格才能正常运行，正确代码如下。

```
window.open("http://www.artech.cn","_blank","height=300,width=400,top=30,
left=40,resizable=yes");
```

window.open()方法可返回新建窗口的window对象，利用这个对象能够轻松地操作新打开的窗口，代码如下。

```
1    let oWin = window.open("http://www.artech.cn","_blank","height=300,width=400,
         top=30,left=40,resizable=yes");
2    oWin.resizeTo(400,300);
```

```
3    oWin.moveTo(100,100);
```

另外还可以调用close()方法关闭新建的窗口，代码如下。

```
oWin.close();
```

如果新建的窗口中有代码段，则可以在代码中加入如下语句来关闭其自身。

```
window.close();
```

新窗口对打开它的窗口同样可以进行操作，利用window对象的opener属性可以访问打开它的原窗口，代码如下。

```
oWin.opener
```

注意

在有些情况下打开新窗口对网页有利，但通常应当尽量避免弹出窗口。因为有些网页会通过弹出窗口来显示小广告，很多用户对此十分反感，甚至会直接在浏览器中设置阻止弹出窗口。

除了弹出窗口外，还可以通过其他方式向用户弹出信息，即利用window对象的alert()、confirm()和prompt()方法。

alert()方法前面已经反复使用过，它只接收一个参数，即弹出对话框要显示的内容。调用如下alert()语句后，浏览器创建一个单按钮的对话框，如图4.4所示（参考本书配套资源文件：第4章\4-16.html）。

图 4.4　alert() 方法弹出的对话框

```
alert("Hello World");
```

通常在用户表单输入无效数据时采用alert()方法进行提示，因为它是单向的，不会与用户产生交互。

另外一个常用的方式是通过confirm()方法弹出对话框，它弹出的对话框除了“确定”按钮外还有“取消”按钮，并且该方法会返回一个布尔值，当用户单击“确定”按钮时其为true，单击“取消”按钮时其为false，代码如下（参考本书配套资源文件：第4章\4-17.html）。

```
1    if(confirm("确实要删掉整个表格吗？"))
2        alert("表格删除中……");
3    else
4        alert("没有删除");
```

以上代码运行时，首先弹出图4.5所示的对话框，如果单击“确定”按钮，则显示“表格删除中……”；如果单击“取消”按钮，则显示“没有删除”。

prompt()方法在前面的示例中也已经出现过，它能够让用户输入参数，从而实现进一步的交互。该方法接收两个参数，第一个参数为显示给用户的文本，第二个参数为文本框中的默认值（可以

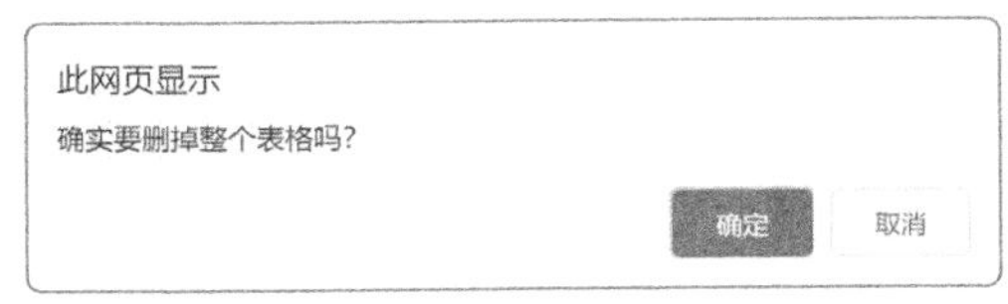

图 4.5　confirm() 方法弹出的对话框

为空）。这个方法返回的值是字符串（为用户的输入），示例代码如下（参考本书配套资源文件：第4章\4-18.html）。

```
1    let sInput = prompt("输入您的姓名","张三");
2    if(sInput != null)
3        alert("Hello " + sInput);
```

运行以上代码会弹出图4.6所示的对话框，对话框中已经有默认值显示，提示用户输入，用户输入后会将用户的输入返回给sInput变量。

图 4.6　prompt() 方法弹出的对话框

window对象还有一个非常实用的属性history。尽管没有办法获取历史页面的URL，但通过history属性可以访问历史页面。如果希望浏览器后退一页，则可以使用如下代码。

```
window.history.go(-1);
```

如果希望前进一页，只需要使用正数1即可，代码如下。

```
window.history.go(1);
```

分别可以用back()和forward()来实现与以上两行代码同样的效果，代码如下。

```
1    window.history.back();
2    window.history.forward();
```

4.5.2 location对象

location对象的主要作用是分析和设置页面的URL，它是window对象和document对象的属性（历史遗留下的一些易混淆内容）。location对象表示载入窗口的URL，它的相关属性如表4.6所示。

表4.6　location对象的相关属性

属性	说明	示例
hash	如果URL包含书签#，则返回其后的内容	#section1
host	服务器的名称	learning.artech.cn
href	当前载入的完整URL	https://learning.artech.cn/post.html?id=628
pathname	URL中主机名后的部分	/post.html
port	URL中请求的端口号	80
protocol	URL使用的协议	https:
search	执行GET请求的URL中问号（?）后的部分	?id=628

其中location.href是较为常用的属性，用于获得或设置窗口的URL，类似于document对象的URL属性。改变该属性的值就可以导航到新的页面，代码如下。

```
location.href = "http://www.artech.cn";
```

测试发现location.href 对各个浏览器的兼容性很好，但依然会执行该语句之后的其他代码。采用这种方式导航，新地址会被加入浏览器的历史栈中，放在前一个页面之后，这意味着可以通过浏览器的“后退”按钮访问之前的页面。

如果不希望用户通过“后退”按钮来返回原来的页面，例如安全级别较高的银行系统等，则可以利用replace()方法，代码如下。

```
location.replace("http://www.artech.cn");
```

location对象还有一个十分有用的方法reload()，它用来重载页面。reload()方法接收一个布尔值，如果是false则从浏览器的缓存中重载页面，如果为true则从服务器上重载页面，默认值为false，因此要从服务器重载页面可以使用如下代码。

```
location.reload(true);
```

4.5.3 navigator对象

在客户端浏览器检测中非常重要的对象就是navigator对象。navigator对象是最早实现的DOM对象之一，始于Netscape Navigator 2.0和IE 4.0。该对象包含了一系列浏览器信息的属性，如名称、版本号、平台等。

navigator对象的属性和方法十分多，但4种常用的浏览器IE、Firefox、Opera和Safari都支持的并不多。navigator对象的属性和方法如表4.7所示。

表4.7 navigator对象的属性和方法

属性/方法	说明
appCodeName	浏览器代码名的字符串表示（例如“Mozilla”）
appName	官方浏览器名的字符串表示
appVersion	浏览器版本信息的字符串表示
javaEnabled()	是否启用Java
platform	运行浏览器的计算机平台的字符串表示
plugins	安装在浏览器中的插件的组数
taintEnabled()	是否启用数据感染
userAgent	用户代理头字符串的字符串表示

其中较为常用的便是userAgent属性，通常浏览器检测都是通过该属性来完成的。基本的使用方法就是首先将它的值赋予一个变量，代码如下（参考本书配套资源文件：第4章\4-19.html）。

```
1    let sUserAgent = navigator.userAgent;
2    document.write(sUserAgent);
```

以上代码在Windows 10操作系统计算机的IE 11.0和Chrome 89中的运行结果分别如图4.7和图4.8所示，从运行结果就能看出userAgent属性的强大功能。

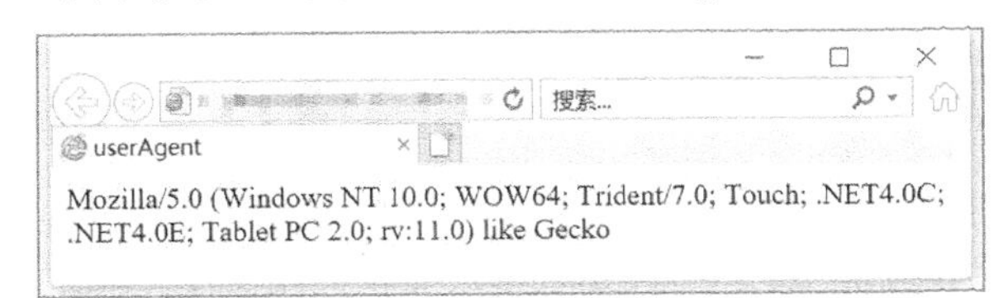

图 4.7 IE 11.0 上的 userAgent 属性

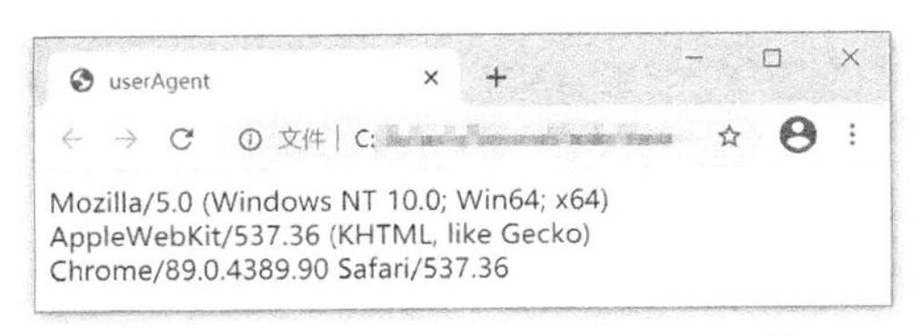

图 4.8 Chrome 89 上的 userAgent 属性

因此只要总结主流浏览器的主流版本所显示的userAgent，就能够对浏览器各方面的信息做很好的检测。这里不再一一分析各种浏览器的细节，直接给出示例代码如下（参考本书配套资源文件：第4章\4-20.html），有兴趣的读者可以安装多个操作系统、多个浏览器逐一测试。

```
1   <html>
2   <head>
3       <title>检测浏览器和操作系统</title>
4       <script>
5           let ua = navigator.userAgent;
6           console.log(ua);
7           // 检测浏览器
8           let isChrome = ua.indexOf("Chrome") > -1;
9           let isIE = ua.indexOf("MSIE") > -1 || ua.indexOf("rv:") > -1;
10          let isFirefox = ua.indexOf("Firefox") > -1;
11          let isSafari = ua.indexOf("Safari") > -1 && !isChrome;
12          let isOpera = ua.indexOf("OP") > -1 && !isChrome;
13
14          // 检测操作系统
15          let isWin = (navigator.platform == "Win32")||(navigator.platform ==
            "Windows");
16          let isMac = (navigator.platform == "Mac");
17          let isUnix = (navigator.platform == "X11")&&!isWin && !isMac;
18
19          if(isChrome) document.write("Chrome ");
20          if(isSafari) document.write("Safari ");
21          if(isIE) document.write("IE ");
22          if(isFirefox) document.write("Mozilla ");
23          if(isOpera) document.write("Opera ");
24
25          if(isWin) document.write("Windows");
26          if(isMac) document.write("macOS");
27          if(isUnix) document.write("UNIX");
28      </script>
29  </head>
30
31  <body>
32  </body>
33  </html>
```

以上代码在Windows 10操作系统计算机的IE和Chrome浏览器中的运行结果如图4.9所示。

图 4.9　检测浏览器和操作系统

4.5.4 screen对象

screen对象也是window对象的属性之一，主要用来获取用户的屏幕信息，因为有时需要根据用户屏幕的分辨率来调节新打开窗口的大小。screen对象的相关属性如表4.8所示。

表4.8　screen对象的相关属性

属性	说明
availHeight	窗口可以使用的屏幕高度，其中包括操作系统元素（如Windows工具栏）所需要的空间，单位是像素
availWidth	窗口可以使用的屏幕宽度
colorDepth	用户表示颜色的位数
height	屏幕的高度
width	屏幕的宽度

在确定窗口大小时，availHeight和availWidth属性非常有用，例如可以使用如下代码来填充用户的屏幕。

```
1    window.moveTo(0,0);
2    window.resizeTo(screen.availWidth, screen.availHeight);
```

4.5.5 history对象

history对象表示当前窗口首次使用以来用户的导航历史记录。因为history对象是window对象的属性，所以每个window对象都有自己的history对象。出于安全考虑，这个对象不会暴露用户访问过的 URL，但可以通过它在不知道实际 URL 的情况下前进和后退。

1．导航

go()方法可以在用户历史记录中沿任何方向导航，例如可以前进，也可以后退。这个方法只接收一个参数，这个参数可以是一个整数，表示前进或后退多少步。负数表示在历史记录中后退（类似单击浏览器的“后退”按钮），而正数表示在历史记录中前进（类似单击浏览器的“前进”按钮）。下面来看几个例子。

```
1    // 后退一页
2    history.go(-1);
3
4    // 前进一页
5    history.go(1);
6
7    // 前进两页
8    history.go(2);
```

go()方法的参数也可以是一个字符串，这种情况下浏览器会导航到历史记录中包含该字符串的第一个位置，代码如下。最接近的位置可能涉及后退，也可能涉及前进。如果历史记录中没有匹配的项，则这个方法什么也不做。

```
1    // 导航到最近的wrox.com页面
2    history.go("wrox.com");
3
4    // 导航到最近的nczonline.net页面
```

```
5   history.go("nczonline.net");
```

go()有两个简写方法：back()和forward()。顾名思义，这两个方法模拟了浏览器的“后退”按钮和“前进”按钮的操作，代码如下。

```
1   // 后退一页
2   history.back();
3
4   // 前进一页
5   history.forward();
```

history对象还有一个length属性，这个属性反映了历史记录的数量（包括可以前进和后退的页面）。对于窗口或标签页中加载的第一个页面，history.length等于1。

通过以下方法测试这个值，可以确定用户浏览器的起点是不是第一个页面。

```
1   if (history.length == 1){
2   …   // 这是用户浏览器的第一个页面
3   }
```

总之，history对象通常被用于创建“后退”按钮和“前进”按钮，以及确定页面是不是用户浏览器的第一个页面。

注意

如果页面URL发生变化，则会在历史记录中生成一个新条目。对于2009年以来发布的主流浏览器，新条目中会包含改变URL的散列值（因此，把location.hash设置为一个新值会在这些浏览器的历史记录中增加一条记录）。这个行为常被单页应用框架用来模拟前进和后退，这样做是为了防止因导航而触发页面刷新。

2．历史状态管理

现代Web应用程序开发过程中最难的环节之一就是历史状态管理。用户每次单击都会触发页面刷新的时代早已过去，“后退”按钮和“前进”按钮对用户来说代表“帮我切换一个状态”的历史也就随之结束了。在这一变化实现的过程中，首先被触发的是 hashchange 事件。HTML5 也为 history对象增加了方便的状态管理特性。

hashchange事件会在页面URL中“#”后的内容变化时被触发，开发者可以在此时执行某些操作。状态管理特性则可以让开发者改变浏览器URL而不会加载新页面。为此，可以使用pushState()方法。这个方法接收 3 个参数：一个state对象、一个新状态的标题和一个（可选的）相对 URL。例如：

```
1   let stateObject = {foo:"bar"};
2   history.pushState(stateObject, "My title", "baz.html");
```

执行pushState()方法后，状态信息就会被推到历史记录中，浏览器地址栏中的内容也会改变以反映新的相对URL。除了这些变化之外，即使location.href 返回的是地址栏中的内容，浏览器也不会向服务器发送请求。第一个参数应该包含正确初始化页面状态所必需的信息。为防止滥用，对这个状态的对象（stateObject）大小进行了限制，其大小通常为500KB～1MB。第二个参数并未被当前浏览器所使用，因此既可以传入一个空字符串也可以传入一个短标题。

因为pushState()会创建新的历史记录，所以也会相应地启用“后退”按钮。此时单击“后退”按钮，就会触发window对象上的popstate事件。popstate事件的事件对象有一个state属性，其中包含通过pushState()传入的state对象，代码如下。

```
1    window.addEventListener("popstate", (event) => {
2        let state = event.state;
3        if (state){ // 第一个页面加载时状态是null
4        processState(state);
5      }
6    });
```

基于这个状态，应该把页面重置为状态对象所表示的状态（因为浏览器不会自动做这些）。记住，页面初次加载时没有状态。因此单击“后退”按钮返回到最初页面时，event.state会变为null。

我们既可以通过history.state获取当前的状态对象，也可以使用replaceState()并传入与pushState()同样的前两个参数来更新状态，代码如下。更新状态不会创建新历史记录，而只会覆盖当前状态。

```
history.replaceState({newFoo: "newBar"}, "New title");
```

传给pushState()和replaceState()的state对象应该只包含可以被序列化的信息，因此DOM元素等的内容并不适合放到状态对象里保存。

注意

使用HTML5状态管理时，要确保通过pushState()创建的每个“假”URL背后都对应着服务器上的一个真实的物理URL，否则，单击“刷新”按钮会导致404错误。所有单页应用框架都必须通过服务器或客户端的某些配置解决这个问题。

本章小结

本章首先讲解了JavaScript中对象的概念，并讲解了多种创建JavaScript对象的方法；然后介绍了内置的Date对象和Math对象，以及这两个对象常用的方法；接着简要说明了JavaScript提供的3种特殊引用类型，即Boolean、Number和String，它们用于对原始类型进行装箱；最后介绍了JavaScript在浏览器中常用的对象，这些对象在网页开发中经常会被使用到（后面还会继续介绍其他常用的对象）。

习题4

一、关键词解释

类　对象　构造函数　Date对象　Math对象　装箱　Boolean　Number　String　BOM

二、描述题

1. 请简单描述一下如何通过Object()构造函数创建对象。

2. 请简单列出String类型常用的方法和属性，并简单描述它们的含义。

3. 请简单描述一下location对象的作用是什么及其常用的属性有哪些。

4. 请简单描述一下使用哪个对象可以检测当前使用的浏览器是什么，以及当前使用的操作系统的属性是什么。

5. 请简单描述一下screen对象的作用是什么及其常用的属性有哪些。

6. 请简单描述一下history对象的作用是什么，常用的方法及含义是什么。

三、实操题

编写一个简易的自动售货系统，售货柜中有若干种商品，每种商品有名称（name）、价格（price）、库存（stock）3个属性，并使该系统实现以下功能。

- 售货柜可以列出当前的所有商品，每种商品显示各自的名称、库存和价格。
- 给售货柜补货，即给指定名称的商品添加一定数量的库存。
- 销售商品，给定商品的名称和数量以及顾客预支配金额，判断金额是否足够，若不够则进行提醒，若足够则减库存并找零。

提示

创建两个类，一个是售货柜类（SellingMachine），另一个是商品类（Product）。

第5章 在JavaScript中使用集合

在前面的章节中，我们都是使用变量来存储信息的，这样就会存在一些限制，即变量声明一次只能包含一个原始类型的值或者对象。这意味着要在程序中存储*n*个值，将需要*n*个变量声明。因此，当需要存储包含很多个值的集合时，使用变量就变得非常烦琐，甚至是不可行。此外，即使我们按照需要的数量定义了很多个变量，但是依然很难按照一定的规律对其中某个或某些变量进行检索和操作。

因此，JavaScript与很多高级程序设计语言一样，引入了数组等概念来解决这个问题。早期的程序设计语言（如早期版本的JavaScript）都仅有数组这一个单一的集合类型，后来逐渐发现在编写程序的时候，开发者在面对更复杂的数据结构需要各种不同性质的集合类型时，数组就显得不够用了。因此各种程序设计语言一方面扩充了各种新的集合类型，另一方面提供了更为灵活的模式，例如迭代器等抽象程度更高的基础结构以便开发者不会受限于语言本身提供的集合类型，而能根据自己的需要扩展出适合的新集合类型。本章的思维导图如下。

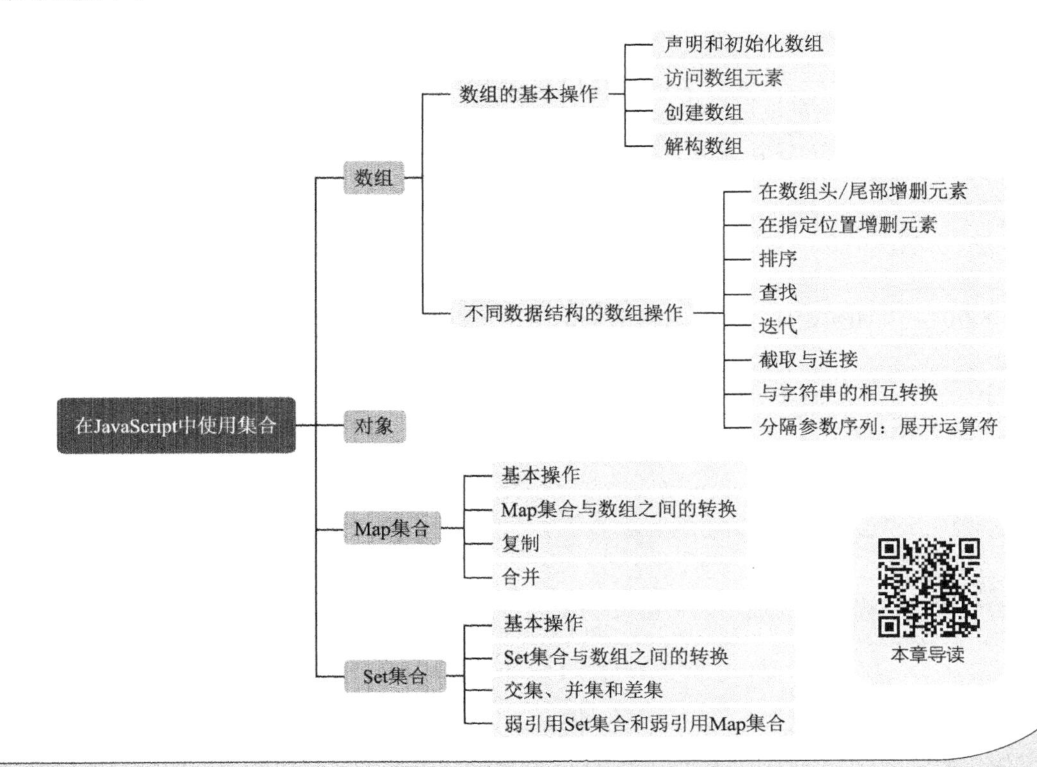

本章导读

5.1 数组

数组是基本的集合类型，由于JavaScript是弱类型语言，因此JavaScript的数组与大多数语言的数组有所区别。大多数语言中，在声明一个数组的时候，会指定其类型，例如需要一个字符串类型的数组，那么这个数组中的所有元素都必须是字符串类型的。而在JavaScript中则没有这个限制，一个数组的各个元素可以是任意类型的数据。此外，JavaScript中的数组也没有长度限制，或者说长度是可以动态改变的，加入新元素，数组的长度就会增加。

5.1.1 数组的基本操作

JavaScript的数组中可以存在各种类型的数据，因此使用起来非常灵活。这里先介绍一些数组的基本操作。

1．声明和初始化数组

在JavaScript中声明和初始化数组，最简单的方法之一是直接使用字面量。例如，像let numList = [2,4,6,8]这样的声明将创建一个数组类型的变量。

2．访问数组元素

在数组名称的后面加上方括号，里面指定要访问的元素索引，即可访问指定的数组元素，示例代码如下：

```
1    let alphas;
2    alphas = ["1","2","3","4"]
3    console.log(alphas[0]);
4    console.log(alphas[1]);
```

成功运行以上代码后，将显示以下输出结果。

```
1    1
2    2
```

单个语句的声明和初始化，以及数组元素访问，代码如下（参考本书配套资源文件：第5章\5-1.html）。

```
1    let nums = [1,2,3,3]
2    console.log(nums[0]);
3    console.log(nums[1]);
4    console.log(nums[2]);
5    console.log(nums[3]);
```

成功运行以上代码后，将显示以下输出结果。

```
1    1
2    2
3    3
4    3
```

3．创建数组

除了直接使用字面量，也可以使用Array对象创建数组。Array()构造函数可以传递以下两种数据。

- 表示数组或数组大小的数值。
- 逗号分隔的值列表。

以下示例即使用Array()构造函数创建数组（参考本书配套资源文件：第5章\5-2.html）。

```
1    let arrNames = new Array(4)
2    for(let i = 0;i< arrNames.length;i++){
3       arrNames[i] = i * 2
4       console.log(arrNames[i])
5    }
```

成功运行以上代码后，将显示以下输出结果。

```
1    0
2    2
3    4
4    6
```

Array()构造函数也可以接收以逗号分隔的值，代码如下（参考本书配套资源文件：第5章\5-3.html）。

```
1    let names = new Array("Mary","Tom","Jack","Jill")
2    for(let i = 0;i<names.length;i++){
3       console.log(names[i])
4    }
```

成功运行以上代码后，将显示以下输出结果。

```
1    Mary
2    Tom
3    Jack
4    Jill
```

4．解构数组

在ES6中引入了一个数组的“解构”操作，当我们需要从一个数组中挑选一些元素对另外的一些变量进行赋值的时候，使用这个操作就特别方便。示例代码如下（参考本书配套资源文件：第5章\5-4.html）。

```
1    let color = ['red','green', 'blue'];
2    let [first, second] = color;
3    console.log(first);       // red
4    console.log(second);    // green
```

解构的语法是let（或者const）后面跟上用一对方括号包裹的变量列表，然后用一个数组对它进行赋值操作，这时前面变量的值为对应位置上数组元素的值。

如果不想要数组中的某个元素，给相应位置上的元素留空，用逗号间隔即可。如下代码（参考本书配套资源文件：第5章\5-5.html）表示跳过两个元素，把第3个元素赋予变量third。

```
1   let color = ['red', 'green', 'blue'];
2   let [, , third] = color;
3   console.log(third);      // ['blue']
```

如果在解构时希望从某个元素开始，把剩下的所有元素作为一个新的数组赋予一个变量，可以使用如下方式（参考本书配套资源文件：第5章\5-6.html）。

```
1   let color = ['red', 'green', 'blue'];
2   let [first, …rest] = color;
3   console.log(rest);      // ['green', 'blue']
```

用以下这种方式也可以方便地实现数组的复制功能（参考本书配套资源文件：第5章\5-7.html）。

```
1   let color = ['red', 'green', 'blue'];
2   let […rest] = color;
3   console.log(rest);      // ['red', 'green', 'blue']
```

5.1.2 不同数据结构的数组操作

在实际开发中，经常需要用到一些线性数据结构，比如先进先出的队列、先进后出的栈等。在JavaScript中，为数组提供了相应的一些方法来实现对这些数据结构的支持。

1. 从数组尾部增删元素

array.push()方法用于将一个或多个元素添加到数组的末尾，并返回新数组的长度。例如下面的代码（参考本书配套资源文件：第5章\5-8.html）。

```
1   const array = [1, 2, 3];
2   const length = array.push(4, 5);
3   console.log(array);     // array: [1, 2, 3, 4, 5]
4   console.log(length);    // length: 5
```

array.pop()方法用于删除数组的最后一个元素，并返回删除的元素；数组为空时返回undefined。例如下面的代码（参考本书配套资源文件：第5章\5-9.html）。

```
1   const array = [1, 2, 3];
2   const popped = array.pop();
3   console.log(array);     // array: [1, 2]
4   console.log(popped);    // popped: 3
```

2. 从数组头部增删元素

array.unshift()方法用于将一个或多个元素添加到数组的开头，并返回新数组的长度。例如下面的代码（参考本书配套资源文件：第5章\5-10.html）。

```
1   const array = [1, 2, 3];
2   const length = array.unshift(4, 5);
```

```
3    console.log(array);                    // array: [ 4, 5, 1, 2, 3]
4    console.log(length);                   // length: 5
```

array.shift()方法用于删除数组的第一个元素，并返回第一个元素；数组为空时返回undefined。例如下面的代码（参考本书配套资源文件：第5章\5-11.html）。

```
1    const array = [1, 2, 3];
2    const shifted = array.shift();
3    console.log(array);                    // array: [2, 3]
4    console.log(shifted);                  //shifted: 1
```

3．在指定位置增删元素

array.splice()方法用于删除数组元素，需要带有两个参数，其语法格式为array.splice(start, deleteCount)。其返回值是由被删除元素组成的一个新数组，如果只删除了一个元素，则返回只包含一个元素的数组；如果没有删除元素，则返回空数组。以上两个参数的含义如下。

- start：指定修改的开始位置（从0计数）。如果超出了数组的长度，则表示从数组末尾开始添加内容；如果是负值，则表示从数组末位开始的第几位添加内容（从1计数）。
- deleteCount（可选）：指定从start位置开始要删除的元素个数。如果 deleteCount是0，则不删除元素。这种情况下，至少应添加一个新元素。如果deleteCount大于start之后的元素总数，则start后面的元素都将被删除（含第start位）。

利用array.splice()方法删除数组元素，例如下面的代码（参考本书配套资源文件：第5章\5-12.html）。

```
1    const deleted = [1, 2, 3, 4, 5].splice(1,3);
2    console.log(deleted);                  // [2,3,4]
```

该方法同时可以实现添加元素的功能，这时将需要添加的元素从第3个参数开始传入，例如下面的代码（参考本书配套资源文件：第5章\5-13.html）。

```
1    const array = [1, 2, 3, 4, 5]
2    array.splice(2, 0, 8, 9);              // 在索引为2的位置插入
3    console.log(array);                    // array变为[1, 2, 8, 9, 3, 4, 5]
```

4．排序

array.sort()方法用于对数组的元素进行排序，并返回原数组。如果不带参数，则表示按照字符串Unicode码的顺序进行排序。例如下面的代码（参考本书配套资源文件：第5章\5-14.html）。

```
1    const array = ['a', 'd', 'c', 'b'];
2    array.sort();
3    console.log(array);                    // ['a', 'b', 'c', 'd']
```

如果传入一个比较函数作为参数，比较函数的规则是：①传两个形参；②当返回值为正数时，交换传入的两个形参在数组中的位置。参考如下代码，注意熟悉箭头函数的语法（参考本书配套资源文件：第5章\5-15.html）。

```
1    [1, 8, 5].sort((a, b) => a-b);         // 从小到大排序
```

```
2   // [1, 5, 8]
3
4   [1, 8, 5].sort((a, b) => b-a);          // 从大到小排序
5   // [8, 5, 1]
```

5．查找

（1）array.indexOf()、array.lastIndexOf()与array.includes()方法

array.indexOf()和array.lastIndexOf()方法分别用于返回某个指定的数组元素在数组中首次出现的位置和最后出现的位置。这两个方法都接收两个参数，分别为要查找的元素和开始查找的索引。这两个方法都返回查找的元素在数组中的位置，或者在没找到的情况下返回-1。

array.includes()方法则通过布尔值返回数组是否包含参数指定的值。例如下面的代码（参考本书配套资源文件：第5章\5-16.html）。

```
1   [2, 9, 7, 8, 9].indexOf(9);             // 1
2   [2, 9, 7, 8, 9].lastIndexOf(9);         // 4
3   [2, 9, 7, 8, 9].includes(9);            // true
```

（2）array.find()与array.findIndex()方法

array.find()和array.findIndex()方法都用于找出第一个符合条件的数组元素。其参数是一个函数，所有数组元素依次执行该函数，直到找出第一个返回值为true的元素，然后返回该元素。如果没有符合条件的元素，则返回undefined。区别是find()方法返回元素本身，array.findIndex()方法返回元素的索引。例如下面的代码（参考本书配套资源文件：第5章\5-17.html）。

```
1   [1, 4, -5, 10].find((n) => n %2 === 0)
2   // 4，返回第一个偶数
```

（3）array.filter()方法

array.filter()方法使用指定的函数测试所有元素，并创建一个包含所有测试函数返回true的元素的新数组。例如下面的代码（参考本书配套资源文件：第5章\5-18.html）。

```
1   [1, 4, -5, 10].filter((n) => n %2 === 0)
2   // [4, 10]返回原数组中所有偶数组成的新数组
```

6．迭代

array.forEach()为数组的每个元素执行函数参数指定的方法。例如下面的代码（参考本书配套资源文件：第5章\5-19.html）。

```
1   let a = [];
2   [1, 2, 3, 4, 5].forEach(item =>a.push(item + 1));
3   console.log(a);                          // [2,3,4,5,6]
```

array.map()方法用于返回由原数组中的每个元素调用通过参数传入的函数后的返回值所组成的新数组。例如下面的代码（参考本书配套资源文件：第5章\5-20.html）。

```
1   let a = [1, 2, 3, 4, 5].map(item => item + 2);
2   console.log(a);                          // [3,4,5,6,7]
```

array.every()方法把数组中的所有元素当作参数，传入指定的测试函数。如果所有元素都返回true，那么array.every()方法也返回true，否则返回false。例如下面的代码（参考本书配套资源文件：第5章\5-21.html）。

```
1    [1, 4, -5, 10].every((n) => n %2 === 0)
2    // false。存在非偶数元素，因此返回false
```

array.some()方法与array.every()方法类似，也是把数组中的所有元素当作参数，传入指定的测试函数。区别是只要存在元素返回true，那么array.some()方法也返回true，否则返回false。例如下面的代码（参考本书配套资源文件：第5章\5-22.html）。

```
1    [1, 4, -5, 10].some((n) => n %2 === 0)
2    // true。存在偶数元素，因此返回true
```

此外，在实际开发过程中经常遇到的一个情况是需要根据一个数组复制出一个新的数组，这时就可以使用array.from()方法来实现该操作。

```
1    let a = [1, 4, -5, 10]
2    let b = array.from(a);
```

7．截取与连接

array.slice()方法用于实现截取原数组的一部分，然后返回包含这一部分元素的新数组。它需要指定以下的一个或两个参数。

- start（必填）：用于设定新数组的起始位置（索引从0算起）；如果是负数，则表示从数组末尾算起（-1指最后一个元素，-2指倒数第二个元素，依此类推）。
- end（可选）：用于设定新数组的结束位置；如果不填写该参数，则默认到数组结尾；如果是负数，则表示从数组末尾算起（-1指最后一个元素，-2指倒数第二个元素，依此类推）。

利用array.slice()方法获取仅包含和不包含最后一个元素的子数组，例如下面的代码（参考本书配套资源文件：第5章\5-23.html）。

```
1    // 获取仅包含最后一个元素的子数组
2    let array = [1,2,3,4,5];
3    array.slice(-1);         // [5]
4    // 获取不包含最后一个元素的子数组
5    let array2 = [1,2,3,4,5];
6    array2.slice(0, -1);   // [1,2,3,4]
```

该方法并不会修改数组，而是会返回一个子数组。如果想删除数组中的元素，应该使用介绍过的array.splice()方法。

array.concat()方法用于将多个数组连接为一个数组，并返回连接好的新数组。

```
1    const array = [1,2].concat(['a', 'b'], ['name']);
2    // [1, 2, "a", "b", "name"]
```

8．数组与字符串相互转换

array.join()方法用于将数组中的元素通过参数指定的字符连接成字符串，并返回该字符串。

如果不指定连接符，默认使用英文半角逗号“,”。例如下面的代码（参考本书配套资源文件：第5章\5-24.html）。

```
1    const array = [1, 2, 3];
2    let str = array.join(',');
3    // str: "1,2,3"
```

如果数组中的某一元素的值是null或者undefined，那么该值在array.join()、array.toLocaleString()、array.toString()和array.valueOf()方法返回的结果中以空字符串表示。

与array.join()方法功能相反的是string.split()方法，它用于把一个字符串分隔成字符串数组。例如下面的代码（参考本书配套资源文件：第5章\5-25.html）。

```
1    let str = "abc,abcd,aaa";
2    let array = str.split(",");// 在每个逗号处进行分解
3    // array: [abc,abcd,aaa]
```

9．分隔参数序列：展开运算符

展开运算符是3个点（…）。前面讲解数组解构的时候我们也见过这个符号，在那里它用于表示不定元素，而在这里的它则完全不同。它在这里表示的是展开运算符，即将一个数组转换为用逗号分隔的参数序列。

```
1    console.log(…[1, 2, 3])
2    // 1 2 3
3
4    console.log(1, …[2, 3, 4], 5)
5    // 1 2 3 4 5
```

该运算符主要用于函数调用，参考下面的例子（参考本书配套资源文件：第5章\5-26.html）。

```
1    function add(x, y, z){
2      return x + y + z;
3    }
4
5    const para = [4, 5, 6];
6    console.log(add(…[4, 5, 6]))
7    // 15
```

注意，展开运算符如果放在括号中，JavaScript引擎会认为这是函数调用，然后就会报错。

```
1    console.log((…[1,2]))
2    // Uncaught SyntaxError: Unexpected number
3
4    console.log(…[1, 2])
5    // 1,2
```

5.2 对象

知识点讲解

与常用的基于“类”的语言不同，JavaScript中的对象本身就可被看作集合。比如在Java这样

的语言中，对象必须要通过“类”来创建，而一旦定义好一个类，是不能随意修改其结构的，因此一个普通的对象不能作为集合使用。在Java这样的语言中通常会有专门预定好的各种类型的集合，如字典、链表等。

而JavaScript中的对象可以随时动态增加属性和值，它本身就是一个很好的类似于“字典”的集合数据结构。由于第4章中已经详细介绍了对象的知识，这里不做详细讲解，仅举一个例子进行说明。通常所说的字典就是指“key:value”（键值对）的集合，示例代码如下。

```
1    let dict = {
2       key1 : value1 ,
3       key2 : value2 ,
4       …
5    };
```

以上代码中的dict如果被当作一个对象，那么key1等都被称为属性，冒号后面的value1等被称为属性值。而如果把它当作一个字典，那么key1等都被称为键，冒号后面的value1等都被称为值，一组键和值合在一起就被称为一个键值对。

下面看几个基本操作。

首先创建一个空字典，代码如下。

```
let dict = {};
```

接着向字典中添加一个键值对或更新某个键对应的值，代码如下。

```
dict[new_key] = new_value;
```

或者

```
dict.new_key = new_value;
```

此外可以访问某个键值对，代码如下。

```
let value = dict[key];
```

或者

```
let value = dict.key;
```

遍历一个字典中的所有键值对，代码如下。

```
1    for(let key in dict){
2       console.log(key + " : " + dict[key]);
3    }
```

与5.1节介绍的数组类似，对象也可以进行解构，用于变量声明。例如下面的代码（参考本书配套资源文件：第5章\5-27.html）。

```
1    let node = {
2        name: 'mike',
3        age: 25
4    };
```

```
5   let {name, age} = node;
6   console.log(name);      // mike
7   console.log(age);       // 25
```

5.3 集合类型

ES6中引入了两种类型的集合，即Map集合与Set集合，本节将对它们进行介绍。

5.3.1 Map集合

5.2节中介绍了JavaScript的对象可以作为字典类型的数据结构使用，但是后来ES6中专门引入了一个Map集合用于记录字典类型的数据。下面的案例（参考本书配套资源文件：第5章\5-28.html）演示了如何使用Map集合。

1. 基本操作

下面看几个基本操作。

首先创建一个空字典，代码如下。

```
let map = new Map();
```

接着向字典中添加一个键值对或更新某个键对应的值，代码如下。

```
map.set("key1", "value1")
```

此外可以访问一个键值对，代码如下。

```
let value = map.get("key1");
```

遍历一个字典中的所有键值对，代码如下。注意要用for…of，而不是for…in。

```
1   for(let [key, value] of map){
2      console.log(key + " : " + value);
3   }
```

遍历每个键值对中的键，代码如下。

```
1   for(let key of map.keys()){
2      console.log(key);
3   }
```

遍历每个键值对中的值，代码如下。

```
1   for(let key of map.values()){
2      console.log(value);
3   }
```

我们也可以使用forEach()方法进行遍历，其参数是一个处理函数，表示对每个键值对要进行的操作，代码如下。

```
1    map.forEach(function(value, key){
2      console.log(key + " = " + value);
3    })
```

作为参数的函数也可以写成如下箭头函数的形式。

```
map.forEach((value, key)=> console.log(key + " = " + value))
```

2. Map集合与数组之间的转换

Map集合与数组可以相互转换，代码如下。

```
1    let kletray = [["key1", "value1"], ["key2", "value2"]];
2
3    // Map()构造函数可以将一个二维键值对数组转换成一个Map集合
4    let myMap = new Map(kletray);
5
6    // 使用array.from()函数可以将一个Map集合转换成一个二维键值对数组
7    let outArray = array.from(myMap);
```

3. 复制

复制Map集合，代码如下。

```
1    let myMap1 = new Map([["key1","value1"], ["key2","value2"]]);
2    let myMap2 = new Map(myMap1);
3
4    console.log(myMap1 === myMap2);
5    // 输出false。Map()构造函数可以生成实例，迭代出新的对象
```

4. 合并

合并两个Map集合，代码如下。

```
1    let first = new Map([[1, 'one'], [2, 'two'], [3, 'three'],]);
2    let second = new Map([[1, 'uno'], [2, 'dos']]);
3
4    // 合并两个Map集合时，如果有重复的键值，则后面的会覆盖前面的，对应值即'uno','dos','three'
5    let merged = new Map([…first, …second]);
```

可以看到，对于大多数场景，对象和Map集合是可以互相替换的。如果是简单的开发，比如通常所说的Web开发，用哪一个都是可以的，开发者完全可以根据个人偏好进行选择。

注意

Map集合的性能主要涉及4个方面：内存占用、插入性能、查找性能、删除性能。使用Map集合会比使用对象更好。

5.3.2 Set集合

Set集合是ES6引入的另一种集合，它更接近于普通的数组，可以存储所有类型的值，但是Set集合的元素必须是唯一的，即不能重复。

由于Set 集合中存储的元素必须是唯一的，因此需要判断两个元素是否恒等。注意，有以下几个特殊元素需要特殊对待。

- +0 与 -0 在判断唯一性的时候是恒等的，在 Set 集合中只能存一个。
- undefined 与 undefined 是恒等的，在 Set 集合中只能存一个。
- NaN 与 NaN 是不恒等的，但是在 Set 集合中只能存一个。
- {}与{}是不同的，在一个Set集合中可以有多个{}。

以下案例代码位于本书配套资源文件：第5章\5-29.html。

1．基本操作

Set集合的基本操作就是向集合中加入元素，如果加入的元素重复了，如下所示，就会忽略这次加入操作。

```
1   let set = new Set();
2
3   set.add(1);
4   set.add(5);
5   set.add(5);
6   set.add("text");
7   let o = {a: 1, b: 2};
8   set.add(o);
9   set.add({a: 1, b: 2});
10  console.log(set.size); // 5
```

经过以上操作后，Set集合中有5个元素，5虽然被插入了两次，但是第二次是无效的。最后两次插入的对象内容看起来一样，但实际上是两个对象，因此它们都会被存入Set集合中。

2．Set集合与数组之间的转换

Set集合与数组可以相互转换，代码如下。

```
1   // 数组转换为Set集合
2   let mySet = new Set(["value1", "value2", "value3"]);
3   // 用展开运算符将Set集合转换为数组
4   let myArray = [...mySet];
```

通过数组与Set集合的相互转换，可以实现数组的去重功能，代码如下。

```
1   let a = [1, 2, 3, 3, 4, 4];
2   let set = new Set(a);
3   a = [...set]; // [1, 2, 3, 4]
```

3．并集、交集和差集

求两个集合的并集、交集和差集是经常会遇到的问题，下面给出示例代码。

```
1    let a = new Set([1, 2, 3]);
2    let b = new Set([4, 3, 2]);
3    let union = new Set([…a, …b]); // {1, 2, 3, 4}
4    let intersect = new Set([…a].filter(x => b.has(x))); // {2, 3}
5    let difference = new Set([…a].filter(x => !b.has(x))); // {1}
```

4．弱引用Set集合和弱引用Map集合

ES6中还引入了“弱引用集合”的概念，这里做一下简单介绍。考虑一个问题：对于一个普通的Set集合，当某个对象加入这个集合以后，这个集合就对这个对象产生了引用。例如下面的代码。

```
1    let s = new Set();
2    let a = {n: 3};
3    s.add(a);
```

这是由于对象是引用类型，因此变量a和集合s都对它有引用。如果某一个时刻将变量a赋值为其他值，例如赋值为null，此时除了s之外，对原来a所指向的这个对象就没有其他引用了。

对于普通的Set集合和Map集合，无论元素是否仍有其他引用，都会保留，不会释放，这样做通常不会有问题。但是在某些特定的场景，我们可能会希望一旦集合中的某个元素没有其他引用了，就自动将其从集合中移除。为此，ES6引入了WeakSet和WeakMap，用来实现这种场景的需求。

例如在很多Web前端框架中，会用集合来追踪、记录网页上的DOM元素，当网页上的某个元素被删除以后，自然希望内存中的这个集合也随之将这个元素移除，以保证与实际页面的DOM结构一致，这时WeakSet或者WeakMap就有用武之地了。

本章小结

对集合的操作是任何程序设计语言都会提供的，在开发过程中随时会遇到。本章重点讲解了JavaScript中的数组，并且详细介绍了各种操作数组的方法，希望读者能够熟练运用它们。特别地，JavaScript中的对象也能被当作一种键值对集合来处理，这带来了极大的方便。最后本章简单介绍了ES6中引入的两个集合，即Map集合与Set集合，它们也是其他语言中常用的集合。

习题 5

一、关键词解释

数组　解构　展开运算符　Map集合　Set集合　并集　交集　差集

二、描述题

1. 请简单描述一下操作数组的常用方法中哪些会改变原数组。
2. 请谈一谈你对展开运算符的理解。
3. 请简单描述一下Map集合的作用。

4. 请简单描述一下Set集合的作用。

三、实操题

以下是某个班级学生的成绩，其中包含每位学生的学号及其语文、数学、英语三科成绩，请按要求编写程序。

（1）计算每位学生的总分，并按总分排名输出学号和总分。

（2）统计各单科成绩的前三名，并输出对应的学号和成绩。

```
1   const scores = [
2     { number: 'N1047', chinese: 95, math: 79, english: 98 },
3     { number: 'N1176', chinese: 84, math: 72, english: 76 },
4     { number: 'N1087', chinese: 82, math: 99, english: 97 },
5     { number: 'N1808', chinese: 77, math: 89, english: 70 },
6     { number: 'N1365', chinese: 93, math: 79, english: 71 },
7     { number: 'N1416', chinese: 90, math: 91, english: 91 },
8     { number: 'N1048', chinese: 74, math: 89, english: 85 },
9     { number: 'N1126', chinese: 74, math: 82, english: 85 },
10    { number: 'N1386', chinese: 77, math: 77, english: 85 },
11    { number: 'N1869', chinese: 90, math: 74, english: 99 }
12  ]
```

第6章 类与原型链

在前面的章节中已经提到，JavaScript是基于原型的面向对象语言，而不是基于类的面向对象语言。在ES5及以前的版本中，只有对象而没有类。而在ES6中通过增加5个关键字，即class、constructor、static、extends、super，实现了十分类似于大多数语言的“类-实例”结构的面向对象。但其本质仍然是ES5及以前版本所建立的基于原型的机制。

本章中，我们先从易于理解的“类”语法开始，介绍面向对象的语法。6.3节中将介绍在ES5语法下如何实现等效的类和继承关系，这部分是全书最难理解的部分。本章的思维导图如下。

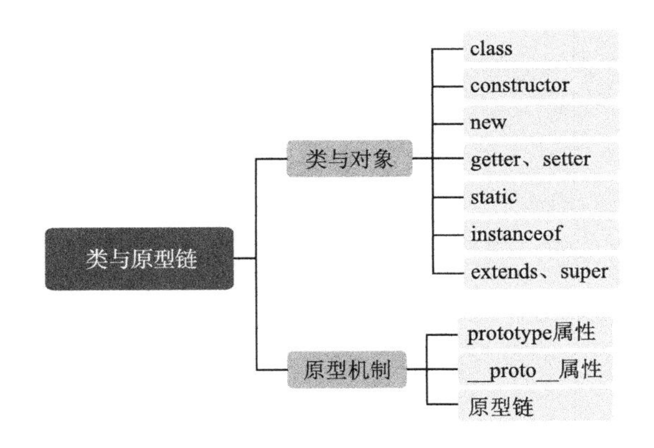

6.1 使用类语法实现封装

通常提到的面向对象思想包括3个核心要点：封装、继承和多态。由于JavaScript的弱类型机制天然具有多态性，因此本节重点讲解在ES6中如何实现数据的封装与继承。

6.1.1 类的声明与定义

类可被看作数据或信息结构的模板。当我们需要描述某个结构化的数据或信息时，通常要描述以下3个相关的方面。

- 这种信息叫什么名字？

- 这种信息包含哪些属性？
- 这种信息包含哪些行为？

假设我们要描述一个几何对象，例如“点”，我们已经给它起了一个名字“点”，还需要确定它有哪些属性，例如它的位置，通常描述为横坐标和纵坐标（分别用*x*，*y*表示）；此外可以定义它的行为，例如“移动”。那么到这里，已经可以用面向对象的方式描述“点”这个信息了。

首先使用类声明的方式：

```
1  class Point{
2      constructor(){
3          this.x = 0;
4          this.y = 0;
5      }
6  }
```

- class是一个关键字，用来声明一个类。
- class后面跟着这个类的名字，这里就是Point。
- 接下来在花括号中定义了一个看起来像是函数的结构，它的名字是constructor，称为构造函数。constructor这个名字不能改，每个类都需要一个构造函数。如果一个类没有定义构造函数，JavaScript引擎会自动创建一个默认的构造函数。
- 在构造函数内部定义了两个属性，分别是它的*x*轴坐标和*y*轴坐标。注意x和y前面都有个“this.”，这个this是一个关键字，它代表将来由这个类创建出的对象（也称作实例）。因此this.x和this.y正是一个对象的两个属性。我们暂时将它们都赋值为0，这个点就在坐标原点上。

声明一个类还可以使用类表达式的语法形式：

```
1  let Point = class{
2      constructor(){
3          this.x = 0;
4          this.y = 0;
5      }
6  }
```

6.1.2 通过类创建对象

当一个类定义好之后，可以使用new运算符创建对象，一个类可以产生任意多个对象。例如：

```
1  let p1 = new Point();
2  let p2 = new Point();
```

上面两行代码创建了p1和p2这两个对象，它们有各自的属性。虽然它们的属性值，都是0，但这两个“点”是两个独立的对象。

一个平面上有无数个点，每个点的坐标都不一样，因此需要能够创建在不同位置上的点。这时可以修改构造函数，让它带有的参数是坐标值，代码如下。

```
1    let Point = class{
2        constructor(x, y){
3            this.x = x;
4            this.y = y;
5        }
6    }
```

注意

this.x和x的区别：前者是对象的属性，后者是传入的参数，不要把二者弄混。

接下来，在创建对象的时候，就要带上坐标值参数了。现在创建两个位置不同的点，代码如下。

```
1    let p1 = new Point(0, 0);
2    let p2 = new Point(100,100);
```

这样在调用这个构造函数创建对象的时候，必须传入*x*轴和*y*轴坐标值。

如果使用默认参数语法，我们还可以定义默认值，代码如下。

```
1    let Point = class{
2        constructor(x=0, y=0){
3           this.x = x;
4           this.y = y;
5        }
6    }
```

那么在创建对象的时候，如果不带参数，创建的这个点就位于(0, 0)了。

```
1    let p1 = new Point();
2    let p2 = new Point(100,100);
```

在JavaScript中，如果调用构造函数时不带参数，可以省略括号，例如下面两行代码是等价的。

```
1    let p1 = new Point;
2    let p2 = new Point();
```

6.1.3 定义方法与调用方法

除了属性之外，一个类中最重要的就是方法，它用来指定一个对象能够做什么。例如我们可以定义一个点移动位置的方法，以及一个输出信息的方法（参考本书配套资源文件：第6章\1-class.html）。

```
1    class Point{
2        constructor(x=0, y=0){
3            this.x = x;
4            this.y = y;
5        }
```

```
6        move(deltaX, deltaY){
7            this.x = this.x + deltaX;   //也可以使用 += 运算符
8            this.y = this.y + deltaY;   //也可以使用 += 运算符
9        }
10       draw(){
11           console.log('这是一个Point，位于(${this.x},${this.y})');
12       }
13   }
```

在上面的代码中我们增加了两个函数的定义。这里需要注意两点：constructor()和其他方法都不要加function关键字；方法之间不要加分号或逗号。

```
1    let p = new Point(10, 10);
2    p.move(50,30);
3    p.draw();
```

以上代码的输出结果如下。

```
这是一个Point，位于(60,40)
```

这个输出结果是符合预期的结果，10+50=60，10+30=40。

可以看到，JavaScript中定义类与用Java、C#等语言定义类的一个区别是，在JavaScript中定义类，常常只有对方法和构造函数的声明，而没有对属性的声明。这是由于JavaScript中不需要专门声明属性，就可以使用this引用对象属性。但是如果需要，也可以像Java、C#等语言一样声明属性。例如：

```
1    class Point{
2        x = 0;
3        y = 0;
4        move(deltaX, deltaY){
5            this.x = this.x + deltaX;
6            this.y = this.y + deltaY;
7        }
8    }
```

6.1.4 存取器

ES6提供了“存取器”（也被称为“访问器”）机制，用于拦截对属性的访问，从而实现对内部状态的隔离和保护。例如，我们可能不希望从类的外部直接修改坐标的属性值，因此可以设置一个set存取器来改变点的位置；如果经常需要计算一个点到原点的距离，就可以设置一个get存取器。

ES6共有两种存取器，即get存取器（getter）和set存取器（setter）。get存取器和set存取器存取代码的方法就是在相应的名称前面加上get和set，基本用法如下：

```
1    class Sample{
2        constructor(){
3        }
4        get prop(){
5            return this._prop;
6        }
```

```
7        set prop(value){
8            this._prop = value ;
9        }
10   }
```

通过prop的get存取器和set存取器可以间接读写this._prop变量。下面在Point类中分别设置get distance( )和set position( )。

- get distance( ) 用于读取位置信息，计算到原点的距离。
- set position( ) 用于根据给定的位置参数，设定点的*x*轴和*y*轴坐标（参考本书配套资源文件：第6章\2-getter-setter.html）。

```
1    class Point{
2        constructor(x=0, y=0){
3            this.x = x;
4            this.y = y;
5        }
6        move(deltaX, deltaY){
7            this.x = this.x + deltaX;
8            this.y = this.y + deltaY;
9        }
10       get distance(){
11           return Math.sqrt(this.x * this.x + this.y * this.y);
12       }
13       set position(value){
14           this.x = value.x;
15           this.y = value.y;
16       }
17       draw(){
18           console.log('这是一个Point, 位于(${this.x},${this.y})');
19           console.log('与坐标原点相距 ${this.distance}');
20       }
21   }
```

然后使用上面定义的类：

```
1    let p = new Point();
2    p.position = {x:100,y:100};
3    p.draw();
```

可以看到，当我们用对象{x:100,y:100}对position进行赋值的时候，就调用了相应的set存取器，从而修改了x、y的值。当读取distance值的时候，就调用了get存取器。输出结果如下。

```
1    这是一个Point, 位于(100,100)
2    与坐标原点相距 141.4213562373095
```

注意

定义存取器时像是在定义函数，只是加上了get和set修饰符，而调用存取器时就像使用变量，而不是像调用函数。

定义get存取器的函数不能有参数，定义set存取器的函数只有一个参数，因此定义position存取器时要把x和y组成一个对象。

6.1.5 static关键字

使用static关键字，可以声明一个类中的静态方法；调用的时候，使用类的名称而不是对象，并且在静态方法中不能使用this，因为静态方法与实例不相关。例如下面的代码（完整代码参考本书配套资源文件：第6章\3-static.html）。

```
1   class Point{
2
3       …//前面的代码省略
4
5       static className(){console.log("Point");}
6   }
7
8   let point = new Point();
9   Point.className();
10  point.className();
```

在前面代码的基础上，我们增加了一个静态方法，用于输出类的名称，注意调用的时候要用：Point.className()。如果像最后一行那样写成point.className()就会报错，因为point是Point的实例，而静态方法只能用类的名称调用。在内部的其他方法中，如果要调用静态方法，也不能使用this.className()，而要使用Point.className()。

除了普通的方法，前面介绍的存取器也可以设为static，这里就不再详细举例。

6.1.6 instanceof运算符

当我们需要判断一个对象是不是某个类的实例时，可以使用instanceof运算符，如果是会返回true，否则会返回false。下面代码演示了它的用法（完整代码参考本书配套资源文件：第6章\4-instanceof.html）。

```
1   class Point{
2       …// 定义同前
3   }
4   var point = new Point()
5   var isPoint = point instanceof Point;
6   console.log('point is ${(isPoint?"":"not")}an instance of Point');
```

6.2 使用类语法实现继承

知识点讲解

面向对象的思想来源于现实世界，现实世界中的各种事物之间往往存在着关系。当两个概念之间存在着“is-a”（是一个）关系的时候，就可以使用继承的思想。例如，“圆”可被看作一个半径大于0的“点”，即“圆是一个点”，因此二者之间存在着“is-a”关系。

6.1节中，我们已经定义了“点”这个概念，那么可以认为“圆”和“点”之间存在着继承关系。除了圆之外，几何学中还有很多形状，比如矩形、正方形等（矩形除了位置之外，还有长和宽），因此，基于“点”这个类，我们可以写出其他新的形状类，而不必重复已经在“点”中定义过的那些信息。

首先基于Point（点）类派生出Circle（圆）类，代码如下（完整代码参考本书配套资源文件：第6章\5-inheritance.html）。

```
1   class Circle extends Point{
2      constructor(radius, x=0, y=0){
3          super(x,y);
4          this.radius = radius;
5      }
6      get area(){
7          return Math.PI*this.radius*this.radius;
8      }
9      draw(){
10        super.draw();
11        console.log('面积是${this.area}');
12     }
13  }
14
15  let p = new Point(5,10);
16  p.draw();
17  let c = new Circle(10,20,30);
18  c.draw();
```

在上面的代码中，我们新声明了一个Circle类，并用extends关键字说明了它继承自Point类。Circle类里面有如下3个成员。

- constructor()构造函数：圆的构造函数有3个参数，除了*x*轴和*y*轴坐标之外，还有圆的半径。构造函数中先使用super关键字调用了基类（也叫父类，也就是Point类）的构造函数，将x和y作为参数传入。然后把半径参数赋予this.radius，也就是半径属性。
- get area()存取器：用于根据半径求出圆的面积。
- draw()方法：在该方法中先用super关键字调用基类的draw()方法，然后执行下面的语句。

注意原来在Point类的draw()方法中，有这样一条语句：

```
console.log('这是一个Point，位于(${this.x},${this.y})');
```

现在我们把它改为：

```
1   console.log(
2      '这是一个${this.constructor.name}，位于(${this.x},${this.y})');
```

运行后输出结果如下。其前两行表示声明了一个位于(5,10)的点，并在执行draw()方法后得到输出结果；后3行表示声明了一个位于(20,30)且半径为10的圆，并在执行这个圆的draw()方法后得到输出结果。

```
1   这是一个Point，位于(5,10)
2   与坐标原点相距 11.180339887498949
3   这是一个Circle，位于(20,30)
4   与坐标原点相距 36.05551275463989
5   面积是314.1592653589793
```

值得注意的是，p.draw()输出了前2行，c.draw()输出了后3行。基类和子类中有同名的方法，这个叫作子类的方法“覆盖”（override）了基类的方法。而调用子类的draw()方法时，通过super.draw()先执行基类的draw()方法，再执行子类中添加的逻辑。

技巧

有趣的是，两个实例都正确地输出了自己的类型名称。这里使用的是通过实例构造函数的name属性（this.constructor.name）获取实例类型名称的技巧。

说明

ES6引入的extends关键字不仅能让子类继承父类定义的成员，还能让子类继承父类的静态方法，如6.1.5小节定义的.className()静态方法。

下面再对这个案例做一些扩展，完整代码如下（参考本书配套资源文件：第6章\6-sample.html）。

```
1   class Point{
2       constructor(x=0, y=0){
3           this.x = x;
4           this.y = y;
5       }
6       move(deltaX, deltaY){
7           this.x = this.x + deltaX;
8           this.y = this.y + deltaY;
9       }
10      get distance(){
11          return Math.sqrt(this.x * this.x + this.y * this.y);
12      }
13      set position(value){
14          this.x = value.x;
15          this.y = value.y;
16      }
17      get area(){
18          return 0;
19      }
20      draw(){
21          console.log(
22              '这是一个${this.constructor.name}位于(${this.x},${this.y})');
23          console.log('距离原点${this.distance}');
24          console.log('面积是${this.area}');
25      }
26  }
27
28  class Rectangle extends Point{
29      constructor(width, height, x=0, y=0){
30          super(x,y);
31          this.width = width;
32          this.height = height;
33      }
34      get area(){
35          return this.width * this.height;
36      }
```

```
37 }
38
39 class Square extends Rectangle{
40     constructor(side=10, x=0, y=0){
41         super(side, side, x,y);
42     }
43     set side(value){
44         this.width = value;
45         this.height = value;
46     }
47 }
48
49 // 输出结果
50 let p = new Point(5,10);
51 p.draw();
52 console.log("----------------------");
53 let r = new Rectangle(6,12,20,30);
54 r.draw();
55 console.log("----------------------");
56 let s = new Square(15,20,30);
57 s.draw();
58 console.log("----------------------");
59 s.side = 100;
60 s.draw();
```

在上面的代码中，我们把area()移到了基类Point中，draw()输出位置、距离、面积3个信息。接下来做以下两级继承。

（1）派生出矩形类，构造方法中增加了宽度和高度属性的初始化，然后定义了矩形的面积计算方法。

（2）在矩形类的基础上，派生出正方形类，正方形类并没有增加新的属性，实际上它的继承是增加了一个对宽度和高度属性的“约束”。在构造方法中，边长参数被同时传给高度和宽度。另外，还增加了一个set存取器来改变正方形的边长，实际上是修改高度和宽度值。

```
1  这是一个Point位于(5,10)
2  距离原点11.180339887498949
3  面积是0
4  ----------------------
5  这是一个Rectangle位于(20,30)
6  距离原点36.05551275463989
7  面积是72
8  ----------------------
9  这是一个Square位于(20,30)
10 距离原点36.05551275463989
11 面积是225
12 ---------------------
13 这是一个Square位于(20,30)
14 距离原点36.05551275463989
15 面积是10000
```

希望读者能够认真地研究一下，虽然以上代码很短，但是非常清晰地说明了面向对象的核心思想。

6.3 基于构造函数和原型的面向对象机制

6.1节和6.2节介绍了如何使用class、extends等ES6中引入的关键字，实现类的定义以及面向对象的相关内容。从语法角度看，JavaScript似乎与其他面向对象语言差不太多。ES6引入这些关键字的目的是，使开发人员可以更方便、简捷地构建对象继承体系。其实这只是一些语法层面的改进，通常被称为“语法糖”，内部并没有改变JavaScript特有的原型机制。

为了使读者能够理解原型链机制，这里我们对此进行简要的介绍，但是在实际开发中，由于大多数情况下主流的浏览器对ES6的支持已经非常好了，完全可以使用上面的语法实现。熟悉这套机制也便于阅读、分析其他项目中的源代码，对提高开发者的技术水平会很有帮助。

6.3.1 封装

我们把上面的案例简化一下。用class语法声明一个Point类，该类有一个构造函数（它有x和y两个属性），还有两个方法，一个用于改变位置，另一个用于求面积（参考本书配套资源文件：第6章\7-es6-class.html）。

```
1   class Point{
2       constructor(x, y){
3           this.x = x;
4           this.y = y;
5       }
6       move(deltaX, deltaY){
7           this.x = this.x + deltaX;
8           this.y = this.y + deltaY;
9       }
10      area(){
11          return 0;
12      }
13  }
```

如果在ES5及之前的版本，与上面完全等效的代码写法如下（参考本书配套资源文件：第6章\8-es5-function.html）。

```
1   function Point(x, y){
2       this.x = x;
3       this.y = y;
4       this.move = function(deltaX, deltaY){
5           this.x += deltaX;
6           this.y += deltaY;
7       };
8       this.area = function(){
9           return 0;
10      }
11  }
```

ES5中的写法看起来定义的是一个函数，但实际上无论是用上面两种写法中的哪一种定义Point，用起来都是完全等效的，都可以进行如下调用。

```
1    let p = new Point(5,10);
2    console.log('area = ${p.area()}');
3    console.log('x=${p.x}, y=${p.y}');
4    p.move(10,20);
5    console.log('x=${p.x}, y=${p.y}');
```

二者的输出结果都一样，如下所示。

```
1    area = 0
2    x=5, y=10
3    x=15, y=30
```

可以看到在JavaScript中，通过普通的函数语法（new运算符调用），就可以定义出与类等价的结构。实际上，ES6中并没有真正引入类这个概念，用class关键字定义出来的仍然是一个构造函数。

在JavaScript的对象中，属性成员和方法成员并没有本质的区别，对象就是一个可以动态改变的集合，里面成员的值可以是数值、字符串等，也可以是函数。

6.3.2 继承

6.3.1小节演示了如何使用函数来实现基本的数据封装，下面看一看继承是如何实现的。假设用ES6语法，仍以上面的Point为基类，派生出一个Circle类，代码如下（参考本书配套资源文件：第6章\9-inheritance-class.html）。

```
1    class Circle extends Point{
2        constructor(radius, x, y){
3            super(x, y);
4            this.radius = radius;
5        }
6        area(){
7            return Math.PI * this.radius * this.radius;
8        }
9    }
```

Circle类的构造函数比Point类的构造函数多了一个参数（半径），此外继承了Point类的move()函数，并且重写（覆盖）了area()函数，即Circle类和Point类都定义了area()函数，但是二者各自计算面积的算法不同。继承要实现的就是“基类有的，子类都有，并且子类还可以增加新成员”。

接下来的任务是用函数等效地定义这个Circle类，代码如下（参考本书配套资源文件：第6章\10-inheritance-function.html）。

```
1    function Circle(radius, x, y){
2        Point.call(this, x, y);
3        this.radius = radius;
4        this.area = function(){
5            return Math.PI * this.radius * this.radius;
6        }
7    }
```

可以看到Circle()同样是一个函数，输入的参数除了x和y，还多了一个半径。这里遇到一个前面没有见过的调用方法：用Point()函数的call()方法调用Point()这个函数。

在JavaScript中，除了通常的函数调用方法之外，还可以用call()方法。假设func()是一个函数，那么下面两种调用方法都是可以的，只是在绝大多数情况下都使用第一种方法。

```
1   func(x,y)
2   func.call(obj, x, y)
```

在JavaScript中，每个函数都属于某个对象，若没有直接声明在某个对象中，它就是属于全局对象的，而函数中this就指向这个对象。在某些特殊的情况下，对象a要调用对象b上的某个函数，就可以用func.call(a)实现。这里正是这种情况，我们希望在Circle对象调用Point对象的构造函数，可以通过call()方法把Circle对象的this指针作为第一个参数传给Point()的构造函数。

通过实际运行下面的语句，可以发现上述代码的实现效果与用class语法相比，得到的结果是完全等效的。

```
1   let c = new Circle(5,10,10);
2   console.log('area = ${c.area()}');
3   console.log('x=${c.x}, y=${c.y}');
4   c.move(10,20);
5   console.log('x=${c.x}, y=${c.y}');
```

两种方式的输出结果如下。

```
1   area = 78.53981633974483
2   x=10, y=10
3   x=20, y=30
```

说明

虽然JavaScript中没有引入“类”，但是构造函数能实现与类相同的功能，因此就常常把构造函数称作类，这不会影响理解。

再总结一下，假设有一个构造函数SomeClass()，那么使用new SomeClass()创建一个对象的过程分为以下4步。

（1）创建一个空的简单JavaScript对象（{}）。

（2）将该对象的constructor属性设置为SomeClass。

（3）将步骤（1）新创建的对象作为SomeClass的this。

（4）执行SomeClass()函数，如果没有返回对象，则返回this。

如果基类的所有成员都写在构造方法中，那么只需要在子类的构造函数中调用基类的构造函数，就可以完成继承。

6.3.3 原型与原型链

JavaScript可以通过原型机制提供比普通语言更灵活、更强大的面向对象机制。普通语言能实现的就是前面介绍的机制，一旦基于一个类创建了若干实例，此后就不能再动态修改类并把修改的类同时传递给它的实例。JavaScript则不然，它可以实现即使创建类以后仍然可以修改类，并将其反映到它的所有实例上，这种机制带来了巨大的灵活性。

实现这种灵活性的核心机制就是原型机制。对于一个对象，构造函数只能执行一次，即使构造函数修改了，也无法通过它把变化传递给已经创建的对象。因此JavaScript为每个对象提供了一个特殊的共享属性，它是一个对象，名称为__proto__。构造函数有一个预置的属性叫prototype，每次声明一个函数的时候，就同时创建了这个原型对象，并将构造函数的prototype属性指向这个对象。然后基于这个构造函数实例化，创建出它的对象的时候，这个对象的__proto__属性也会指向这个对象。因此，构造函数和基于它创建的所有对象都可以找到这个对象。当需要同一个构造函数的所有实例一起增加属性或者方法时，只要把这个属性或方法加入相应的原型对象中，所有实例就都同时拥有了这个新增的属性或方法。

例如，我们把Point实例的定义稍微做一些修改。假设开始时在构造函数中没有定义move()方法，后来需要加入这个方法。为了能让已经存在的Point实例和以后创建的实例都能使用新增加的这个move()方法，不能修改构造函数，而应该将move()方法加入原型对象中，代码如下（参考本书配套资源文件：第6章\11-inheritance-prototype.html）。

```
1   function Point(x, y){
2       this.x = x;
3       this.y = y;
4       this.area = function(){
5           return 0;
6       }
7   }
8   Point.prototype.move = function(deltaX, deltaY){
9       this.x += deltaX;
10      this.y += deltaY;
11  };
```

注意

要特别注意，构造函数的prototype属性和对象的__proto__属性是不同的。这里通过Point()构造函数的prototype属性来添加一个move()方法，结果所有已经存在对象的__proto__对象也都可以使用这个方法，因为它们本来就是同一个__proto__对象。

当需要继承的时候，通过new Circle()创建出的对象就会遇到一点问题，因为按照前面说的new运算符执行的4个步骤，通过new Circle()创建的对象的__proto__对象与Point对象__proto__属性对象是没有关系的两个对象，因此子类也就不会获得move()方法了，导致没有实现完整的继承。

如果这样执行，会得到报错信息："Uncaught TypeError: c.move is not a function"，即找不到c.move()这个函数。这时需要手动将Circle的prototype对象的__proto__属性设置为Point的prototype对象，代码如下。

```
Circle.prototype.__proto__ = Point.prototype;
```

这时再次执行代码，就可以看到基类原型中的move()方法在子类中可以正常运行了，从而实现了完整的继承。

通过这种方式形成了原型链，如图6.1所示，让子类获得了与基类相同的属性和方法。

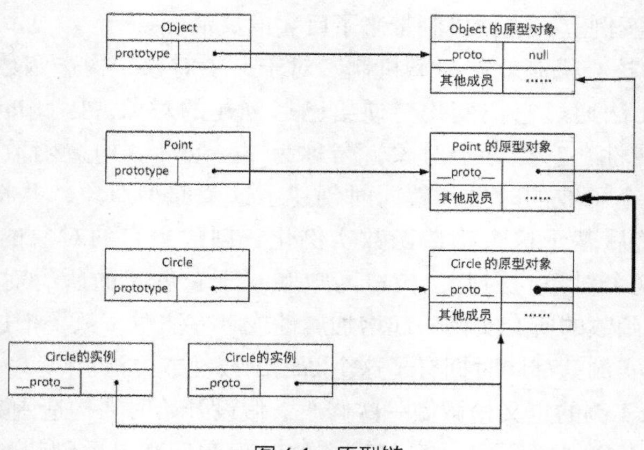

图 6.1　原型链

因此，这里的关键是理解原型和原型链的概念。每一个用于创建对象的构造函数都有一个prototype属性，它会指向被创建对象__proto__属性的那个“原型对象”。

Circle()构造方法中的prototype属性与Circle创建的所有对象的__proto__属性都指向一个Circle类型的原型对象，这个对象中也有一个__proto__属性。当我们使用上面那个赋值语句把它指向了Point类的原型对象时，就获得Point类原型对象中定义的所有属性和方法，从而实现了原型链。图6.1中粗线箭头表示的就是上面赋值语句对应的操作。除它之外的箭头（包括从Point的原型对象到Object的原型对象的箭头）都是自动实现的，因为默认情况下，所有对象都是继承自Object类的。

为了使读者对原型机制有更好的了解，我们再深入扩展一下，理解图6.2的含义。Object是一个构造函数，因此它有一个prototype属性，指向Object的原型对象；{ }表示一个简单的对象，它会有一个__proto__属性，也指向Object的原型对象。Object的原型对象中有一个constructor属性，指向Object()构造函数，还有一个__proto__属性。由于Object是所有类型的基类，它没有原型，所以__proto__属性值等于null。Object的原型对象中还有很多其他成员，都是为了给对象提供丰富的功能。

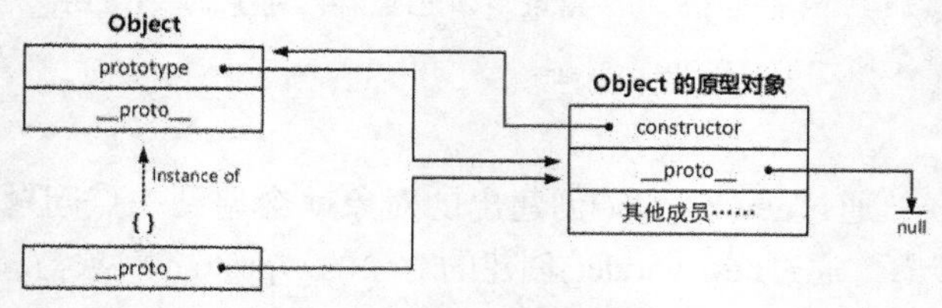

图 6.2　Object 的原型对象

按照这种方式，原型链可以不断增加，继承的体系也更加复杂。图6.3所示为JavaScript中Array和Function与Object之间的关系。可以看到Array的原型机制与Object的原型机制很类似，区别就是Array的原型对象中的__proto__属性指向了Object的原型对象，从而获得了Object原型对象中定义的所有成员。

Object和Array虽然都是构造函数，但是在JavaScript中函数也是对象，因此它们也都包含一个__proto__属性。由于它们都是构造函数，也就是Function类型的实例，因此它们的__proto__属性就会与Function的prototype属性一致，指向Function的原型对象。

与之类似，数值型、布尔型、字符串等类型都与数组类型很类似，都是继承自Object类型，与它们稍有区别的一个类型是Function类型。Function类型的特殊之处在于，Function类型的

__proto__属性指向的是它自己的对象原型，这与其他所有类型都不一样。其他类型的__proto__属性都指向Function的原型对象。

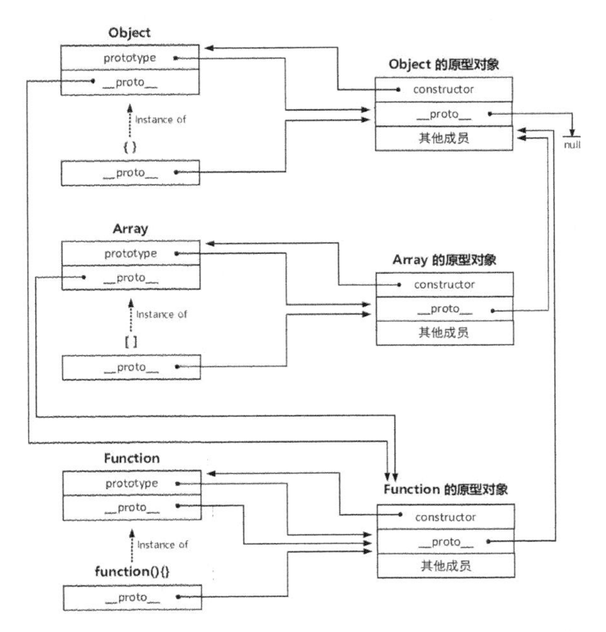

图 6.3 JavaScript 中 Array 和 Function 与 Object 之间的关系

希望读者能够理解图6.3中所有内容和箭头的含义，这样才能真正理解JavaScript的原型和原型链机制。

需要特别注意的是，在JavaScript中函数也是对象，因此构造函数也是对象，Function也是Object的实例。反过来，Object()也是一个函数，因此Object也是Function的实例，这一点非常有趣。例如下面的一些表达式，需要读者务必知道得到这些结果的原因。

```
1   Object instanceof Function    //true
2   Function instanceof Object    //true
3   Function.prototype === Function.__proto__          //true
4   Object.__proto__ === Function.prototype            //true
5   Array.__proto__ === Function.prototype             //true
6   Object.__proto__.__proto__ === Object.prototype    //true
```

另外需要注意的是，对象本身是不包含构造函数成员的，但是任意一个对象可以找到constructor属性，例如访问（{}).constructor得到的就是Object()构造函数，这是因为在{}字面量对象的原型对象中包含constructor属性，这也正是原型链的特性。试图访问一个对象的属性时，它不仅会在该对象上搜索，还会搜索该对象的原型及该对象原型的原型，依次层层向上搜索，直到找到一个名称匹配的属性或到达原型链的末尾。

JavaScript的面向对象机制非常强大和灵活，大多数静态的基于类的面向对象语言能实现的机制JavaScript都能实现，反之则不行。当然，灵活也是“双刃剑”，更容易引入一些错误，但不易发现，因此需要开发人员透彻理解，仔细开发。

需要特别注意的是，本节中给出的案例主要用于帮助读者理解JavaScript内部的机制。__proto__属性实际上并不在ES规范中，但是由于长期被各种浏览器广泛支持和使用，因此所有浏览器厂商目前都支持它。在ES6中，关于这部分给出了规范的做法，但是作为讲解和学习，用

__proto__演示和说明是最方便、直观的方法，未来对它的支持也仍会继续。

因此，在实际开发中，如果使用到这部分内容，建议不要使用__proto__属性，并且由于JavaScript非常灵活，从而有各种各样的实现方式，每种方式都有利有弊。读者在真正做相关的开发时，还需要进一步认真学习相关知识。

本章小结

本章的前半部分比较容易理解，使用ES6引入的类语法可以简捷地声明类体系。本章后半部分讲解JavaScript特有的通过函数构造原型机制，理解起来比较困难，希望读者可以认真探索，真正理解其中的原理。

习题 6

一、关键词解释

class constructor this new 存取器 static instanceof 封装 继承 原型 原型链

二、描述题

1. 请简单说明存取器的类型和用法。
2. 请简单说明如何判断一个对象是不是某个类的实例。
3. 请简单描述使用new关键字创建一个对象的过程。
4. 请简单描述call方法的作用。
5. 请简单描述面向对象思想所包括的3个核心要点。

三、实操题

假设有一个Person类，其拥有两个属性，即姓名和年龄，并且有一个自我介绍方法，代码如下：

```
1  class Person{
2      constructor(name, age){
3          this.name = name;
4          this.age = age;
5      }
6      descripe(){
7          console.log('${this.name} is ${this.age} years old.');
8      }
9  }
```

请编写代码以实现如下功能。

- 创建一个Student类，使其继承Person类。Student类有一个新的属性——班级（className），构造函数中需要加入该属性。学生自我介绍时，需要输出自己的班级。
- 创建一个Teacher类，使其继承Person类。Teacher类有两个新的属性——所教科目（subject）和班级数组。一个教师可以教多个班级，即我们可以给教师增加班级。
- 给Teacher类的原型对象增加一个方法，用于判断教师是否教过某个学生。

第7章 DOM

DOM定义了用户操作文档对象的接口，可以说DOM是自HTML将网上相关文档连接起来后的又一创新。它使得用户对HTML有了空前的访问能力，并使开发者能将HTML作为XML文档来处理。本章主要介绍DOM的基础，主要内容包括页面中的节点、如何使用DOM、CSS和事件等。本章的思维导图如下。

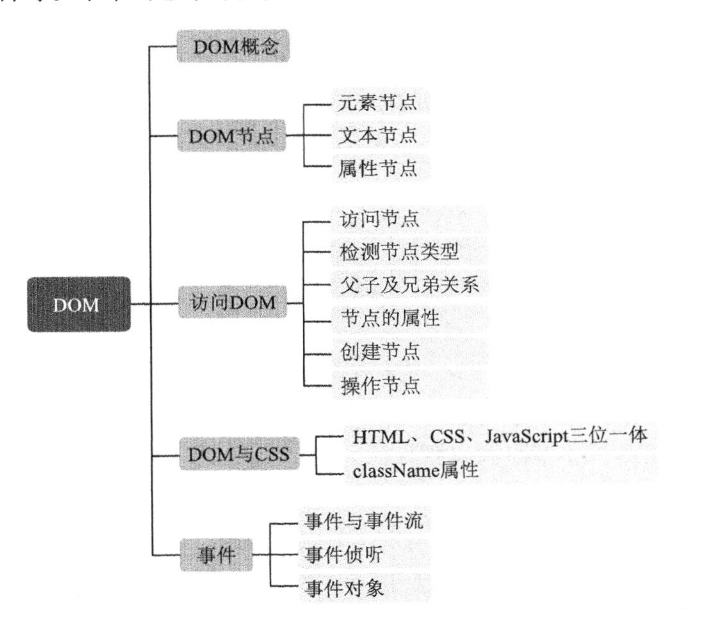

7.1 网页中的DOM框架

DOM是网页的核心结构。无论是HTML、CSS还是JavaScript，都与DOM密切相关。HTML的作用是构建DOM结构，CSS的作用是设定样式，而JavaScript则用来读取DOM以及控制、修改DOM。

例如下面一段简单的HTML代码（引自1.3.2小节）可以被分解为树状图，如图1.4所示。

```
1    <html>
2    <head>
```

```
3        <title>DOM Page</title>
4    </head>
5
6    <body>
7        <h2><a href="#tom">标题1</a></h2>
8        <p>段落1</p>
9        <ul id="myUl">
10           <li>JavaScript</li>
11           <li>DOM</li>
12           <li>CSS</li>
13       </ul>
14   </body>
15   </html>
```

在图1.4所示的树状图中，<html>标记位于顶端，它没有“父辈”，也没有“兄弟”，称为DOM的根节点。更深入一层会发现，<html>有<head>和<body>两个分支，它们在同一层而不互相包含，它们之间是“兄弟”关系，有着共同的父元素<html>。再往下会发现<head>有一个子元素<title>，而<body>有3个子元素，分别是<h2>、<p>和<ul>。再继续深入还会发现<h2>和<ul>都有自己的子元素。

通过这样的关系划分，整个HTML文档的结构清晰可见，各个元素之间的关系很容易表达出来，这正是DOM所完成的工作。

7.2 DOM中的节点

节点（node）最初来源于计算机网络，它代表着网络中的一个连接点。可以说，网络就是由节点构成的集合。DOM的情况与此很类似，文档可以说也是由节点构成的集合。在DOM中有3种节点，分别是元素节点、文本节点和属性节点，本节将一一进行介绍。

7.2.1 元素节点

可以说整个DOM都是由元素节点（element node）构成的。图1.4中所示的节点包括<html>、<body>、<title>、<h2>、<p>、<li>等，它们都是元素节点，标记名便是这些元素节点的名称，例如文本段落元素节点的名称为p，无序清单元素节点的名称为ul等。

元素节点可以包含其他的元素，例如上面所有的项目列表<li></li>都包含在<ul></ul>中，唯一没有被包含的就只有根元素<html>。

7.2.2 文本节点

在HTML中仅有标记搭建框架是不够的，创建页面的最终目的是向用户展示内容。例如上例在<h2></h2>标记中有文本“标题1”，项目列表<li></li>中有文本JavaScript、DOM、CSS等。这些具体的文本在DOM中称为文本节点（text node）。

在XHTML文档里，文本节点总是被包含在元素节点的内部，但并不是所有的元素节点都包含文本节点。例如<ul></ul>节点里没有直接包含任何文本节点，只是包含了一些元素节点<li></li>，<li></li>中才包含着文本节点。

7.2.3 属性节点

页面中的元素或多或少会有一些属性，例如几乎所有的元素都有一个title属性。开发者可以利用这些属性来对包含在元素里的对象做出更准确的描述，例如：

```
<a title="CSS" href="http://learning.artech.cn">Artech's Blog</a>
```

上面的代码中title="CSS" 和href="http://learning.artech.cn"就分别是两个属性节点（attribute node）。由于属性总是被放在标记里，因此属性节点总是被包含在元素节点中。各种节点的关系如图7.1所示。

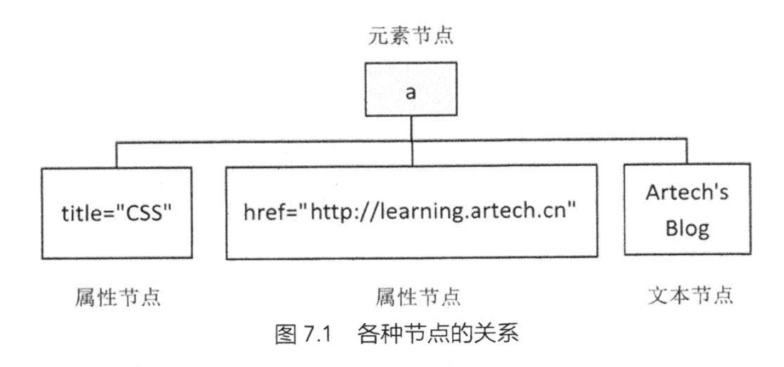

图 7.1 各种节点的关系

7.3 通过JavaScript访问DOM

在了解DOM的框架以及节点后，最重要的是使用这些节点来处理HTML网页。本节主要介绍如何利用DOM来操作页面文档。

对于每一个DOM节点，它都有一系列的属性、方法可以使用。首先，我们将常用节点的相关属性和方法罗列在表7.1中，供读者需要时查询。

表7.1 常用节点的相关属性和方法

属性/方法	类型/返回类型	说明
nodeName	String	节点名称，根据节点的类型定义
nodeValue	String	节点的值，同样根据节点的类型定义
nodeType	Number	节点类型，常量值之一
firstChild	Node	指向childNodes列表中的第一个节点
lastChild	Node	指向childNodes列表中的最后一个节点
childNodes	NodeList	所有子节点的列表，方法item(i)可以访问第i+1个节点
parentNode	Node	指向节点的父节点，如果已是根节点，则返回null
previousSibling	Node	指向前一个兄弟节点，如果该节点已经是第一个节点，则返回null

续表

属性/方法	类型/返回类型	说明
nextSibling	Node	指向后一个兄弟节点，如果该节点已经是最后一个节点，则返回null
hasChildNodes()	Boolean	当childNodes包含一个或多个节点时，返回true
attributes	NameNodeMap	包含一个元素特性的Attr对象，仅用于元素节点
appendChild(node)	Node	将node（节点）添加到childNodes的末尾
removeChild(node)	Node	从childNodes中删除节点
replaceChild(newnode, oldnode)	Node	将childNodes中的oldnode替换成newnode
insertBefore(newnode, refnode)	Node	在childNodes中的refnode之前插入newnode

7.3.1 访问节点

DOM还提供了一些很便捷的方法来访问某些特定节点，这里介绍两种常用的方法：getElementsByTagName()和getElementById()。

getElementsByTagName()方法用来返回一个包含某个相同标记名元素的NodeList。例如<img>标记的标记名为img，下面这行代码用于返回文档中所有<li>元素的列表。

```
let oLi = document.getElementsByTagName("li");
```

这里需要特别指出的是，文档的DOM结构必须在整个文档加载完后才能正确分析出来，因此以上代码必须在页面加载完成之后运行才能生效。getElementsByTagName()方法的用法如下（参考本书配套资源文件：第7章\7-1.html）。

```
1  <!DOCTYPE html>
2  <html>
3  <head>
4      <title>getElementsByTagName()</title>
5      <script>
6          function searchDOM(){
7              // 放在函数内，页面加载完成后才用<body>中的onload加载
8              let oLi = document.getElementsByTagName("li");
9              // 输出长度、标记名称以及某项的文本节点值
10             console.log(
11                 '${oLi.length} ${oLi[0].tagName} ${oLi[3].childNodes[0].nodeValue}'
12             );
13 }
14
15     </script>
16 </head>
17 <body onload="searchDOM()">
18     <ul>客户端语言
19         <li>HTML</li>
20         <li>JavaScript</li>
21         <li>CSS</li>
22     </ul>
23     <ul>服务器端语言
```

```
24              <li>Java</li>
25              <li>PHP</li>
26              <li>C#</li>
27          </ul>
28      </body>
29      </html>
```

以上页面的正文部分由两个<ul>组成，它们分别有一些项目列表，每个子项各有一些文本内容。通过getElementsByTagName("li")将所有的<li>标记取出，并选择性地访问。运行以上代码后，“控制台”面板输出结果如下。

```
6 LI  Java
```

从输出结果可以看出，该方法将6个<li>标记提取出来，并且利用跟数组类似的方法便可以逐一访问。另外，大部分浏览器将标记名tagName设置为大写，例如这里的“LI”，应该稍加注意。

除了上述方法以外，getElementById()也是最常用的方法之一，该方法用于返回ID为指定值的元素。而标准的HTML中ID都是唯一的，因此该方法主要用来获取某个指定的元素。在上例中，如果某个<li>指定了ID，则可以直接访问。例如我们把上面例子修改为使用getElementById()方法，代码如下（参考本书配套资源文件：第7章\7-2.html）。

```
1    function searchDOM(){
2        let oLi = document.getElementById("cssLi");
3        // 输出标记名称以及文本节点值
4        console.log(oLi.tagName + " " + oLi.childNodes[0].nodeValue);
5    }
```

然后为某一个<li>标记加上id属性：

```
<li id="cssLi">CSS</li>
```

运行以上代码后，“控制台”面板输出结果如下。

```
LI  JavaScript
```

可以看到用getElementById("cssLi")获取后不再需要像getElementsByTagName()方法那样用类似数组的方式来访问，因为getElementById()方法返回的是唯一的节点。

7.3.2 检测节点类型

通过节点的nodeType属性可以检测出节点的类型。该属性返回一个代表节点类型的整数值，总共有12个可取的值，例如：

```
console.log(document.nodeType);
```

以上代码返回值为9，表示DOCUMENT_NODE类型节点。然而实际上，对于大多数情况而言，真正有用的还是7.2节中提到的3种节点，即元素节点、文本节点和属性节点，它们的nodeType值如下。

- 元素节点的nodeType值为1。

- 属性节点的nodeType值为2。
- 文本节点的nodeType值为3。

这就意味着可以对某种类型的节点做单独的处理，这样在搜索节点的时候非常实用，后面会马上看到这一点。

7.3.3 父子及兄弟关系

父子及兄弟关系是DOM中节点之间最重要的关系，7.3.1小节的例子中已经使用了节点的childNodes属性来访问元素节点所包含的文本节点，本小节将进一步讨论父子及兄弟关系在查找节点中的运用。

在获取了某个节点之后，可以通过“父子”关系，利用hasChildNodes()方法和childNodes属性获取该节点所包含的所有子节点，代码如下（参考本书配套资源文件：第7章\7-3.html）。

```
1   <!DOCTYPE html>
2   <html>
3   <head>
4       <script>
5           function myDOMInspector(){
6               let oUl = document.getElementById("myList"); // 获取<ul>标记
7               let DOMString = "";
8               if(oUl.hasChildNodes()){                      // 判断是否有子节点
9                   for(let item of oUl.childNodes)           // 逐一查找
10                      DOMString += item.nodeName + "\n";
11              }
12              console.log(DOMString);
13          }
14      </script>
15  </head>
16  <body onload="myDOMInspector()">
17      <ul id="myList">
18          <li>Java</li>
19          <li>Node.js</li>
20          <li>C#</li>
21      </ul>
22  </body>
23  </html>
```

在这个例子的函数中首先获取<ul>标记，然后利用hasChildNodes()方法判断其是否有子节点，如果有则利用childNodes属性遍历它的所有节点。运行以上代码后，“控制台”面板输出结果如下。从中可以看到包括4个文本节点和3个元素节点。

```
1   #text
2   LI
3   #text
4   LI
5   #text
6   LI
7   #text
```

通过父节点可以很轻松地找到子节点，反过来也是一样的。利用parentNode属性可以获得一个节点的父节点，代码如下（参考本书配套资源文件：第7章\7-4.html）。

```
1  <!DOCTYPE html>
2  <html>
3  <head>
4      <title>parentNode</title>
5      <script>
6          function myDOMInspector(){
7              let myItem = document.getElementById("cssLi");
8              console.log(myItem.parentNode.tagName);         // 访问父节点
9  }
10     </script>
11 </head>
12 <body onload="myDOMInspector()">
13     <ul>
14         <li>Java</li>
15         <li id="cssLi">Node.js</li>
16         <li>C#</li>
17     </ul>
18 </body>
19 </html>
```

运行以上代码后，"控制台"面板输出结果如下。可以看到，通过parentNode属性成功获得了指定节点的父节点。

```
UL
```

由于任何节点都拥有parentNode属性，因此系统可以顺藤摸瓜地由子节点一直往上搜索，直至搜索到<body>节点为止，代码如下（参考本书配套资源文件：第7章\7-5.html）。

```
1  <!DOCTYPE html>
2  <html>
3  <head>
4      <title>parentNode</title>
5      <script>
6          function myDOMInspector(){
7              let myItem = document.getElementById("myDearFood");
8              let parentElm = myItem.parentNode;
9              while(parentElm.className !="colorful"&& parentElm !=document.body)
10                 parentElm = parentElm.parentNode;     // 一直往上搜索
11             alert(parentElm.tagName);
12         }
13     </script>
14 </head>
15 <body onload="myDOMInspector()">
16 <div class="colorful">
17     <ul>
18         <li>Java</li>
19         <li id="cssLi">Node.js</li>
20         <li>C#</li>
```

```
21      </ul>
22  </div>
23  </body>
24  </html>
```

以上代码从某个子节点开始，一路向上搜索父节点，直到节点的CSS类名称为“colorful”或者到<body>节点为止。运行以上代码后，“控制台”面板输出结果如下。

```
DIV
```

在DOM中父子关系属于两个不同层之间的关系，而在同一个层中常用到的便是“兄弟”关系。DOM同样提供了一些属性、方法来处理兄弟之间的关系，简单的示例代码如下（参考本书配套资源文件：第7章\7-6.html）。

```
1   <!DOCTYPE html>
2   <html>
3   <head>
4       <script>
5           function myDOMInspector(){
6               let myItem = document.getElementById("cssLi");
7               //访问兄弟节点
8               let nextListItem = myItem.nextSibling;
9               let nextNextListItem = nextListItem.nextSibling;
10              let preListItem = myItem.previousSibling;
11              let prePreListItem = preListItem.previousSibling;
12              console.log(prePreListItem.tagName + " " + preListItem.tagName
13                  + "  " + nextListItem.tagName + " " + nextNextListItem.tagName);
14          }
15      </script>
16  </head>
17  <body onload="myDOMInspector()">
18      <ul>
19          <li>Java</li>
20          <li id="cssLi">Node.js</li>
21          <li>C#</li>
22      </ul>
23  </body>
24  </html>
```

以上代码通过nextSibling和previousSibling属性访问兄弟节点，依次访问了选中节点的前一个兄弟、再前一个兄弟、后一个兄弟、再后一个兄弟共4个节点。运行以上代码后，“控制台”面板输出结果如下。

```
LI undefined  undefined LI
```

可以看到<li>节点的前后兄弟节点都是文本节点，因此它的tagName属性是undefined。如果我们把上面的代码中与<ul>相关代码改为如下的写法，即<li></li>之间不要有任何空格：

```
1   <ul>
2       <li>Java</li><li id="cssLi">Node.js</li><li>C#</li>
3   </ul>
```

此时输出结果就会变为：

```
undefined LI  LI undefined
```

请读者自行思考原因。虽然HTML中空格不影响页面的显示效果，但是如果涉及JavaScript的时候，源代码的排版也可能对程序运行结果有影响。

7.3.4 节点的属性

在找到需要的节点之后通常希望对其属性做相应的设置，DOM定义了两个便捷的方法来查询和设置节点的属性，即getAttribute()方法和setAttribute()方法。

getAttribute()方法是一个函数，它只有一个参数，即要查询的属性名称。需要注意的是，该方法不能通过document对象调用，只能通过元素节点对象来调用。下面的例子便获取了图片的title属性（参考本书配套资源文件：第7章\7-7.html）。

```
1   <!DOCTYPE html>
2   <html>
3   <head>
4       <script>
5           function myDOMInspector(){
6               // 获取图片
7               let myImg = document.getElementsByTagName("img")[0];
8               // 获取图片的title属性
9               console.log(myImg.getAttribute("title"));
10          }
11      </script>
12  </head>
13  <body onload="myDOMInspector()">
14      <img src="01.jpg" title="一幅图片" />
15  </body>
16  </html>
```

以上代码首先通过getElementsByTagName()方法在DOM中将图片找到，然后利用getAttribute()方法获取图片的title属性。运行以上代码后，“控制台”面板中就会显示图片的title属性值。

除了获取属性外，另外一个方法setAttribute()可以修改节点的相关属性。该方法接收两个参数：第一个参数为属性的名称；第二个参数为要修改的值。示例代码如下（参考本书配套资源文件：第7章\7-8.html）。

```
1   <!DOCTYPE html>
2   <html>
3   <head>
4       <script>
5           function changePic(){
6               // 获取图片
7               let myImg = document.getElementsByTagName("img")[0];
8               // 设置图片的src和title属性
9               myImg.setAttribute("src","02.jpg");
10              myImg.setAttribute("title","一幅图片");
11          }
```

```
12        </script>
13    </head>
14    <body>
15        <img src="01.jpg" title="另一幅图片" onclick="changePic()" />
16    </body>
17    </html>
```

以上代码为<img>标记增添了onclick，单击图片后再利用setAttribute()方法来替换图片的src和title属性，从而实现了单击切换的效果。这种单击图片直接切换的效果是经常用到的一种效果，开发者可通过setAttribute()方法更新元素的各种属性来使用户获得这类效果的友好体验。

7.3.5 创建和操作节点

除了查找节点并处理节点的属性外，DOM同样提供了很多便捷的方法来创建和操作节点，如创建、删除、替换、插入节点等。

1. 创建节点

创建节点的过程在DOM中比较规范，而且不同类型节点的创建方法略有区别，例如创建元素节点采用createElement()方法、创建文本节点采用createTextNode()方法、创建文档片段节点采用createDocumentFragment()方法等。假设有如下HTML文档：

```
1    <html>
2    <head>
3        <title>创建新节点</title>
4    </head>
5    <body>
6
7    </body>
8    </html>
```

现希望在<body></body>标记中动态地添加如下代码，可以利用刚才所提到的两个方法来实现。

```
<p>这是一段真实的故事</p>
```

首先利用createElement()方法创建p元素节点，代码如下。

```
let oP = document.createElement("p");
```

然后利用createTextNode()方法创建文本节点，并利用appendChild()方法将其添加到oP节点的childNodes列表的最后，代码如下。

```
1    let oText = document.createTextNode("这是一段真实的故事");
2    oP.appendChild(oText);
```

最后将已经包含了文本节点的p元素节点添加到<body></body>标记中，仍然采用appendChild()方法，代码如下。

```
document.body.appendChild(oP);
```

这样便完成了<body></body>标记中p元素节点的创建。如果希望查看appendChild()方法添加对象的位置，可以在<body></body>标记中预先设置一段文本，这时就会发现appendChild()方法添加对象的位置永远是在childNodes列表的尾部。完整代码如下（参考本书配套资源文件：第7章\7-9.html）。

```
1    <!DOCTYPE html>
2    <html>
3    <head>
4        <script>
5            function createP(){
6                let oP = document.createElement("p");
7                let oText = document.createTextNode("这是一段真实的故事");
8                oP.appendChild(oText);
9                document.body.appendChild(oP);
10           }
11       </script>
12   </head>
13   <body onload="createP()">
14       <p>事先写一行文字在这里，测试appendChild()方法的添加位置</p>
15   </body>
16   </html>
```

以上代码输出结果是p元素节点被添加到了<body>标记的末尾。

2．删除节点

DOM允许添加节点，自然也允许删除节点。删除节点是通过父节点的removeChild()方法来实现的，通常的做法是找到要删除的节点，然后利用parentNode属性找到父节点，再将其删除，代码如下（参考本书配套资源文件：第7章\7-10.html）。

```
1    <!DOCTYPE html>
2    <html>
3    <head>
4        <script>
5            function deleteP(){
6                let oP = document.getElementsByTagName("p")[0];
7                oP.parentNode.removeChild(oP);          // 删除节点
8            }
9        </script>
10   </head>
11   <body>
12       <p onclick="deleteP()">单击一下，这行文字就看不到了</p>
13   </body>
14   </html>
```

以上代码十分简单，运行之后浏览器显示空白，因为在页面加载完成的瞬间p元素节点已经被成功删除了。

3．替换节点

有的时候不仅需要添加和删除节点，还需要替换页面中的某个节点，DOM同样提供了

replaceChild()方法来完成这项任务，代码如下（参考本书配套资源文件：第7章\7-11.html）。该方法同样是针对要替换节点的父节点来操作的。

```
1    <!DOCTYPE html>
2    <html>
3    <head>
4        <script>
5            function replaceP(){
6                let oOldP = document.getElementsByTagName("p")[0];
7                let oNewP = document.createElement("p");          // 新建节点
8                let oText = document.createTextNode("这是一个真实的故事");
9                oNewP.appendChild(oText);
10               oOldP.parentNode.replaceChild(oNewP,oOldP);       // 替换节点
11           }
12       </script>
13   </head>
14   <body>
15       <p onclick="replaceP()">单击一下这行文字就被替换了</p>
16   </body>
17   </html>
```

当p元素节点被单击后，执行replaceP()函数。以上代码首先创建了一个新的p元素节点，然后利用oOldP父节点的replaceChild()方法将oOldP替换成了oNewP。

4．插入指定节点前面

前面新创建的元素节点p插入了<body>子节点列表的末尾，如果希望这个节点能够插入已知节点之前，则可以采用insertBefore()方法。与replaceChild()方法一样，该方法同样接收两个参数：一个参数是新节点；另一个参数是目标节点。示例代码如下（参考本书配套资源文件：第7章\7-12.html）。

```
1    <!DOCTYPE html>
2    <html>
3    <head>
4        <script>
5            function insertP(){
6                let oOldP = document.getElementsByTagName("p")[0];
7                let oNewP = document.createElement("p");              // 新建节点
8                let oText = document.createTextNode("这是一个真实的故事");
9                oNewP.appendChild(oText);
10               oOldP.parentNode.insertBefore(oNewP,oOldP);           // 插入节点
11           }
12       </script>
13   </head>
14   <body>
15       <p onclick="insertP()">单击一下，就会有文字插入这行文字之前</p>
16   </body>
17   </html>
```

以上代码同样是先新建一个元素节点，然后利用insertBefore()方法将该节点插入目标节点之前。打开页面之后，单击两次p元素节点的输出结果如图7.2所示。

5. 创建文档片段

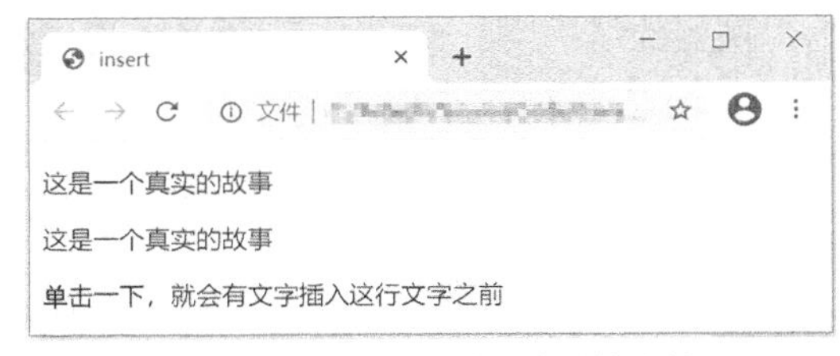

图 7.2 单击两次 p 元素节点的输出结果

通常将节点添加到实际页面时，页面就会立即更新并展示出这个变化。对于少量更新的情况，前面介绍的方法是非常实用的。而一旦添加的节点非常多，代码运行效率就会很低。通常解决办法是创建一个文档片段，把新的节点先添加到该片段上，然后一次性添加到实际的页面中，代码如下（参考本书配套资源文件：第7章\7-13.html）。

```
1   <!DOCTYPE html>
2   <html>
3   <head>
4       <script>
5           function insertColor(){
6               let aColors =["red","green","blue","magenta","yellow",
7                   "chocolate"];
8               let oFragment = document.createDocumentFragment(); // 创建文档片段
9               for(let item of aColors){
10                  let oP = document.createElement("p");
11                  let oText = document.createTextNode(item);
12                  oP.appendChild(oText);
13                  oFragment.appendChild(oP);          // 将节点先添加到片段中
14              }
15              document.body.appendChild(oFragment);  // 最后一次性添加到页面中
16          }
17      </script>
18  </head>
19  <body onload="insertColor()">
20  </body>
21  </html>
```

原本在页面的<body>标记内部是空的，而执行完insertColor()后，页面中插入了5个p元素节点。这5个元素节点不是一次一次地插入页面中的，而是先组合在一起成为一个文档片段，然后一次性插入页面中的，这种方式更好。

7.4 DOM与CSS

CSS是通过标记、类型、ID等来设置元素样式风格的，DOM则是通过HTML的框架来实现操作各个节点的。单从对HTML页面的结构分析来看，二者是完全相同的。本节再次回顾标准Web三位一体的页面结构，并简单介绍className的运用。

7.4.1 HTML、CSS、JavaScript三位一体

在第1章的1.4节中提到过结构、表现、行为三者的分离，如今读者对JavaScript、CSS以及DOM有了新的认识，再重新审视一下这种思路，会觉得更加清晰。

网页的结构层由HTML标记语言负责创建，标记对页面各个部分的含义做出描述，例如<ul></ul>标记表示这是一个无序的项目列表，代码如下。

```
1   <ul>
2       <li>HTML</li>
3       <li>JavaScript</li>
4       <li>CSS</li>
5   </ul>
```

页面的表现层由CSS来创建，即如何显示内容，例如采用蓝色、字体为Arial且粗体显示，代码如下。

```
1   .myUL1{
2       color:#0000FF;
3       font-family:Arial;
4       font-weight:bold;
5   }
```

行为层负责内容应该如何对事件做出反应，这正是JavaScript和DOM所实现的，例如当用户单击项目列表时，打开提示对话框，代码如下。

```
1   function check(){
2       let oMy = document.getElementsByTagName("ul")[0];
3       alert("你单击了这个项目列表");
4   }
5
6   <ul onclick="check()" class="myUL1">
7       <li>HTML</li>
8       <li>JavaScript</li>
9       <li>CSS</li>
10  </ul>
```

网页的表现层和行为层总是存在的，即使没有明确给出具体的定义、指令。因为Web浏览器会把它的默认样式和默认事件加载到网页的结构层上，例如浏览器会在呈现文本的地方留出页边距，会在用户把鼠标指针移动到某个元素上方时弹出title属性的提示框等。

当然它们也是存在重叠区的，例如用DOM来改变页面的结构层、createElement()方法等，CSS中也有:hover这样的伪属性来控制鼠标指针滑过某个元素时的样式。

现在再回头看标准Web三位一体的结构，其对于整个站点的重要性不言而喻。

7.4.2 className属性

前面提到的DOM都是与结构层打交道的，例如查找节点、添加节点等，而DOM还有一个非常实用的className属性可以用于修改一个节点的CSS类别，这里做简单的介绍。首先看下面的示例代码（参考本书配套资源文件：第7章\7-14.html）。

```
1   <!DOCTYPE html>
2   <html>
3   <head>
```

```
4       <style type="text/css">
5           .dark{
6               color:#666;
7           }
8           .light{
9               color:#CCC;
10          }
11      </style>
12      <script>
13          function check(){
14              let oMy = document.getElementsByTagName("ul")[0];
15              oMy.className = "light";    // 修改CSS类
16          }
17      </script>
18  </head>
19
20  <body>
21      <ul onclick="check()" class="dark">
22          <li>HTML</li>
23          <li>JavaScript</li>
24          <li>CSS</li>
25      </ul>
26  </body>
27  </html>
```

这里还是采用了前面的项目列表，但是在单击列表时将<ul>标记的class属性进行了修改，用"light"覆盖了"dark"，可以看到项目的颜色由深变浅了。

从上面的例子中也很清晰地看到，修改className属性是对CSS样式进行替换，而不是添加，但很多时候并不希望将原有的CSS样式覆盖，这时完全可以采用追加（前提是保证追加的CSS类别中的各个属性与原先的属性不重复），代码如下。

```
oMy.className += " newCssClass";    // 叠加newCssClass类，注意空格
```

7.5 事件

事件可以说是JavaScript最引人注目的特性，因为它提供了一个平台，让用户不仅能浏览页面中的内容，而且能跟页面进行交互。本节围绕JavaScript事件进行讲解，主要内容包括事件与事件流、事件侦听和事件对象等。

知识点讲解

7.5.1 事件与事件流

事件是发生在 HTML 元素上的某些特定事情，它的目的是能够使页面具有某些行为，执行某些动作。类比生活中的例子，学生听到“上课铃响”，就会“走进教室”。这里“上课铃响”就是事件，“走进教室”就是响应事件的动作。

在一个网页中已经预先定义好了很多事件，开发者可以编写相应的事件处理程序来响应相应的事件。

事件可以是浏览器行为，也可以是用户行为。例如下面3个事件。

- 某个页面完成加载。
- 某个按钮被单击。
- 鼠标指针移到了某个元素上面。

页面随时都会产生各种各样的事件，绝大部分事件我们并不关心，我们只需要关注特定少量事件。例如鼠标指针在页面上移动的每时每刻都在产生鼠标指针移动事件，但是除非我们希望鼠标指针移动时产生某些特殊的效果或行为，否则一般情况下我们不会关心这些事件的发生。一个事件重要的是发生的对象和事件的类型，我们仅关心特定目标的特定类型事件。

例如某个特定的div元素被单击时，我们希望打开一个对话框，那么我们就会关心这个div元素的“单击”事件，然后针对它编写“事件处理程序”。这里先了解一下事件这个概念，后面我们再具体讲解如何编写代码。

了解了事件的概念之后，还需要了解事件流概念。由于DOM是树状结构，因此当某个子元素被单击时，它的父元素实际上也被单击了，它的父元素的父元素也被单击了，一直到根元素。所以一次单击产生的并不是一个事件，而是一系列事件，这一系列事件就组成了事件流。

一般情况下，当某个事件发生的时候，实际都会产生一个事件流，而我们并不需要为事件流中的所有事件编写处理程序，而是只对我们关心的那一个事件进行处理就可以了。

既然事件发生时总是以“流”的形式一次性发生，就一定要划分先后顺序。图7.3所示为一个事件发生的顺序。假设某个页面上有一个div元素，它的里面有个p元素，当单击了p元素，图7.3就说明了这个单击产生的事件流中的顺序。总体来说，浏览器产生事件流分为3个阶段。从最外层的根元素html开始依次向下，称为“捕获阶段”；到达目标元素时，称为“到达阶段”；然后依次向上回到根元素，称为“冒泡阶段”。

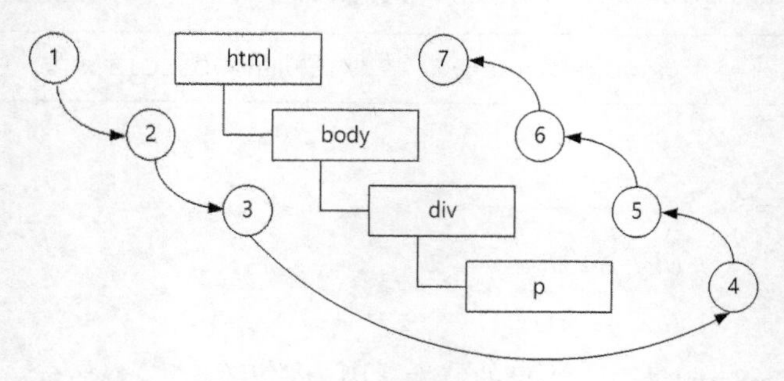

图 7.3　事件发生的顺序

在DOM规范中规定，捕获阶段不会命中事件，但是实际上目前的各种浏览器对此都进行了扩展，如果需要，每个对象在捕获阶段和冒泡阶段都可以获得一次处理事件的机会。

这里仅做概念性描述，等到后面了解具体编程的方法后，我们再来验证一下这里所描述的概念。

7.5.2 事件侦听

从前面可以知道，页面中的事件都需要一个函数来响应，这类函数通常称为事件处理（event

handler）函数。或者从另外一个角度，这些函数时时都在侦听着是否有事件发生，故称其为事件侦听（event listener）函数。然而对于不同的浏览器而言，事件侦听函数的调用有一定区别。好在经过多年的发展，目前主流的浏览器已经对DOM规范有了比较好的支持。

1．简单的行内写法

对于简单的事件，没有必要编写大量复杂的代码，开发者可以直接在HTML的标记中定义事件处理函数，而且通常其兼容性也很好。例如下面代码中，给p元素添加了一个onclick属性，并直接通过JavaScript语句定义了如何响应单击事件。

```
<p onclick="alert('我被单击了');">Click Me</p>
```

以上这种写法虽然方便，但是有两个缺点：如果有多个元素需要有相同的事件处理方式，仍需要单独写每个元素，这样就很不方便；这种方式不符合“结构”与“行为”分离的思想。因此，这时可以使用下面介绍的更常用的规范方法。

2．设置事件侦听函数

标准DOM定义了两个方法分别用来添加和删除事件侦听函数，即addEventListener()和removeEventListener()。添加事件侦听函数的代码如下（参考本书配套资源文件：第7章\7-15.html）。

```
1    <body>
2      <div>
3        <p>这是一个段落<p>
4      </div>
5      <script>
6
7        document
8            .querySelectorAll("*")
9            .forEach(element => element.addEventListener('click',
10               (event) => {
11                   console.log(event.target.tagName
12                   + " - " + event.currentTarget.tagName
13                   + " - " + event.eventPhase);
14               },
15               false  // 在冒泡阶段触发事件
16           ));
17       </script>
18   </body>
```

以上代码中，先通过document.querySelectorAll("*")方法获得页面上的所有元素，然后对结果集合中的每一个元素添加事件侦听函数。事件侦听函数有3个参数：第一个参数是事件的名称，例如click事件指的就是单击事件；第二个参数是一个函数，我们在这里做的就是在“控制台”面板输出事件对象的3个属性；第三个参数指定事件触发的阶段，可以省略此参数，默认是false，即在冒泡阶段触发事件。

运行上述代码，可以看到页面上只有一行段落文字；用鼠标单击该段落文字，在“控制台”面板会立即出现如下结果。

```
1    P - P - 2
2    P - DIV - 3
3    P - BODY - 3
4    P - HTML - 3
```

以上输出结果中的每一行输出了3个信息：事件的目标、事件在某个阶段的目标、事件所处的阶段。第1行，第一个P表示事件目标的标记名称是P，第二个P表示此时所处的标记也是p标记，数字2表示到达阶段。第2行，第一个P表示事件目标的标记名称是P，DIV表示此时所处的标记是div标记，数字3表示冒泡阶段。这个结果正说明了7.5.1小节中我们介绍的事件流中各个事件的发生顺序。在默认情况下，事件发生在冒泡阶段，因此，第1行是到达单击事件的目标时触发的，然后开始冒泡，第2是冒泡到达父元素div时触发的，然后依此类推。

如果稍稍修改上面的代码，将addEventListener()函数的第3个参数改为true，代码如下（参考本书配套资源文件：第7章\7-16.html）。

```
1    document
2      .querySelectorAll("*")
3      .forEach(element => element.addEventListener('click',
4        (event) => {
5          console.log(event.target.tagName
6          + " - " + event.currentTarget.tagName
7          + " - " + event.eventPhase);
8        },
9        true  // 在捕获阶段触发事件
10   ));
```

这时“控制台”面板输出的结果就跟刚才不同了：可以看到4行结果顺序正好反过来了，数字3变成了数字1，表示处于捕获阶段。

```
1    P - HTML - 1
2    P - BODY - 1
3    P - DIV - 1
4    P - P - 2
```

这个例子正好验证了图7.3中所描述事件相应的顺序，即先从根元素向下一直到目标元素，然后向上冒泡一直回到根元素。此外，设置事件侦听函数也常常被称为给元素绑定事件侦听函数。

这一点非常重要，在通常情况下，我们都使用默认事件冒泡机制。因此，如果容器元素（比如div容器元素）里面有多个同类子元素，要给这些子元素绑定同一个事件侦听函数，通常有两种方法：选出所有的子元素，然后分别给它们绑定事件侦听函数；把事件侦听函数绑定到这个容器元素上，然后在函数内部过滤出需要的子元素，再进行处理。

最后总结一下，事件侦听函数的格式如下。

```
[object].addEventListener("event_name", fnHandler, bCapture);
```

相应的removeEventListener()方法用于删除某个事件侦听函数，这里就不再举例了。

7.5.3 事件对象

浏览器中的事件都是以对象的形式存在的，标准的DOM中规定event对象必须作为唯一的参数传递给事件处理函数，因此访问事件对象时通常将其作为参数，代码如下（参考本书配套资源文件：第7章\7-17.html）。

```
1   <body>
2       <div id="target">
3           <p>click p</p>
4           click div
5       </div>
6       <script>
7           document
8               .querySelector("div#target")
9               .addEventListener('click',
10                  (event) => {
11                      console.log(event.target.tagName)
12              }
13          );
14      </script>
15  </body>
```

以上代码中，首先根据CSS选择器在页面选中一个对象，然后给它绑定事件侦听函数，可以看到箭头函数的参数就是event（事件）对象。事件对象描述了事件的详细信息，开发者可以根据这些信息做相应的处理，实现特定的功能。例如上面代码中仅仅简单地显示出事件目标的标记名称。

不同的事件对应的事件属性也不一样，例如鼠标指针移动相关的事件就会有坐标信息，而其他事件就不会包含坐标信息。但是有一些属性和方法是所有事件都会包含的，例如前面已经用过的target、currentTarget、eventPhase等。

表7.2所示为事件对象中的常见属性。具体使用的时候，读者还可以查阅详细文档。

表7.2　事件对象中的常见属性

标准DOM	类型	读/写	说明
altKey	Boolean	读写	按Alt键则为true，否则为false
button	Integer	读写	鼠标事件，值对应按的鼠标键
cancelable	Boolean	只读	是否可以取消事件的默认行为
stopPropagation()	Function	不可用	可以调用该方法来阻止事件向上冒泡
clientX/clientY	Integer	只读	鼠标指针在客户端区域的坐标，不包括工具栏、滚动条等
ctrlKey	Boolean	只读	按Ctrl键则为true，否则为false
relatedTarget	Element	只读	鼠标指针正在进入/离开的元素
charCode	Integer	只读	所按按键的Unicode值
keyCode	Integer	读写	keypress时为0，其余为所按按键的数字代号
detail	Integer	只读	鼠标键触发的次数
preventDefault()	Function	不可用	可以调用该方法来阻止事件的默认行为
screenX/screenY	Integer	只读	鼠标指针相对于整个计算机屏幕的坐标值
shiftKey	Boolean	只读	按Shift键为true，否则为false
target	Element	只读	引起事件的元素/对象
type	String	只读	事件的类型名称

浏览器支持的事件种类是非常多的，每类里面又有很多事件。事件可以分为以下类别。

- 用户界面事件：涉及与BOM交互的通用浏览器事件。
- 焦点事件：在元素获得或者失去焦点时触发的事件。
- 鼠标事件：使用鼠标在页面上执行某些操作时触发的事件。
- 滚轮事件：使用鼠标滚轮时触发的事件。
- 输入事件：向文档中输入文本时触发的事件。
- 键盘事件：使用键盘在页面上执行某些操作时触发的事件。
- 输入法事件：使用某些输入法时触发的事件。

当然，随着浏览器的发展，事件也会不断变化。这里不再进行关于事件的详细讲解，后面会结合Vue.js框架进行实际编程的介绍。

7.6 动手实践：动态控制表格综合案例

利用DOM的属性和方法可以很轻松地操作页面上的元素（包括添加、删除等）。而对于表格，DOM还提供了一套专用的特性，使得操作更加方便。本节主要介绍动态控制表格的方法，内容包括添加和删除表格的行、列、单元格等。

表格的属性和方法如表7.3所示。

表7.3　表格的属性和方法

属性/方法		说明
针对<table>元素	caption	指向<caption>标记（如果存在）
	tBodies	指向<tbody>标记的集合
	tFoot	指向<tfoot>标记（如果存在）
	tHead	指向<thead>标记（如果存在）
	rows	表格中所有行的集合
	deleteRow(position)	删除指定位置上的行
	insertRow(position)	在rows集合中的指定位置上插入一个新行
	createCaption()	创建<caption>标记并将其放入表格中
	deleteCaption()	删除<caption>标记
针对<tbody>元素	rows	<tbody>中所有行的集合
	deleteRows(position)	删除指定位置上的行
	insertRows(position)	在rows集合中的指定位置上插入一个新行
针对<tr>元素	cells	<tr>中所有单元格的集合
	deleteCell(position)	删除给定位置上的单元格
	insertCell(position)	在cells集合的给定位置上插入一个新的单元格

7.6.1 动态添加

表格的添加操作是最常用的各项操作之一，其中包括加入一行数据和向每一行中添加单元格，主要采用的是insertRow()和insertCell()方法。人员表格如图7.4所示。

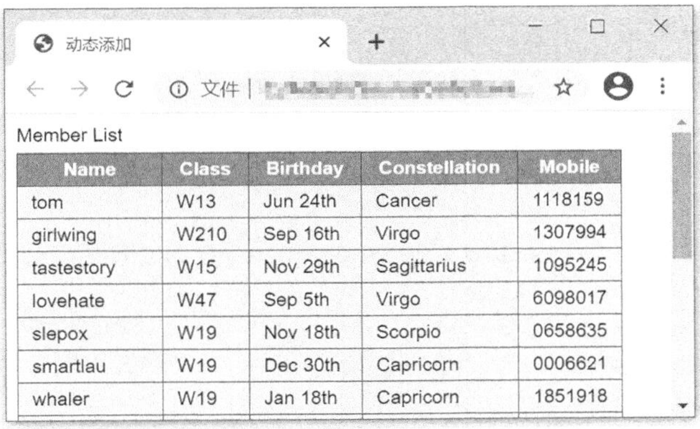

Member List

Name	Class	Birthday	Constellation	Mobile
tom	W13	Jun 24th	Cancer	1118159
girlwing	W210	Sep 16th	Virgo	1307994
tastestory	W15	Nov 29th	Sagittarius	1095245
lovehate	W47	Sep 5th	Virgo	6098017
slepox	W19	Nov 18th	Scorpio	0658635
smartlau	W19	Dec 30th	Capricorn	0006621
whaler	W19	Jan 18th	Capricorn	1851918

图 7.4 人员表格

在第一个人的后面插入一行新的数据，由于前面还有一行表头，因此相当于插入的行号为2（从0开始计算），代码如下。

```
let oTr = document.getElementById("member").insertRow(2);
```

变量oTr为新插入行的对象，然后利用insertCell()方法为这一行插入新的数据。同样利用DOM的createTextNode()方法添加文本节点，然后将appendChild()赋予oTd对象，该对象为新的单元格，代码如下。

```
1   let aText = new Array();
2   aText[0] = document.createTextNode("fresheggs");
3   aText[1] = document.createTextNode("W610");
4   aText[2] = document.createTextNode("Nov 5th");
5   aText[3] = document.createTextNode("Scorpio");
6   aText[4] = document.createTextNode("1038818");
7   for(let i=0;i<aText.length;i++){
8       let oTd = oTr.insertCell(i);
9       oTd.appendChild(aText[i]);
10  }
```

这样便完成了新数据的添加，运行效果如图7.5所示。

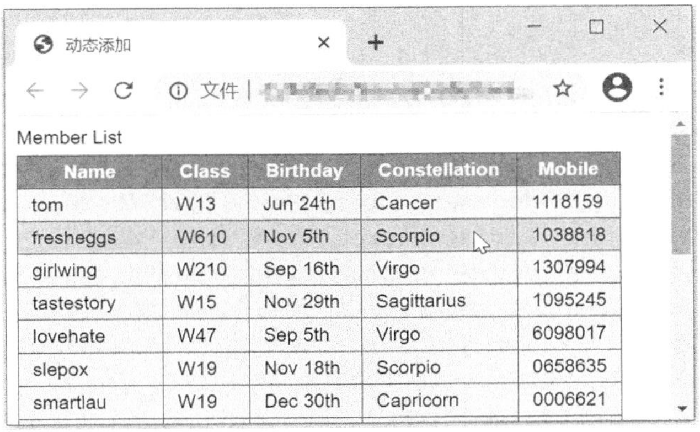

Member List

Name	Class	Birthday	Constellation	Mobile
tom	W13	Jun 24th	Cancer	1118159
fresheggs	W610	Nov 5th	Scorpio	1038818
girlwing	W210	Sep 16th	Virgo	1307994
tastestory	W15	Nov 29th	Sagittarius	1095245
lovehate	W47	Sep 5th	Virgo	6098017
slepox	W19	Nov 18th	Scorpio	0658635
smartlau	W19	Dec 30th	Capricorn	0006621

图 7.5 动态添加数据效果

完整代码如下（参考本书配套资源文件：第7章\table\1.html）。

```
1   <!DOCTYPE html>
2   <html>
3   <head>
4       <title>动态添加</title>
5       <style>
6           .datalist{
7               border:1px solid #0058a3;          /* 表格边框 */
8               font-family:Arial;
9               border-collapse:collapse;          /* 边框重叠 */
10              background-color:#eaf5ff;          /* 表格背景色 */
11              font-size:14px;
12          }
13          .datalist caption{
14              padding-bottom:5px;
15              font:bold 1.4em;
16              text-align:left;
17          }
18          .datalist th{
19              border:1px solid #0058a3;          /* 行名称边框 */
20              background-color:#4bacff;          /* 行名称背景色 */
21              color:#FFFFFF;                     /* 行名称颜色 */
22              font-weight:bold;
23              padding-top:4px; padding-bottom:4px;
24              padding-left:12px; padding-right:12px;
25              text-align:center;
26          }
27          .datalist td{
28              border:1px solid #0058a3;          /* 单元格边框 */
29              text-align:left;
30              padding-top:4px; padding-bottom:4px;
31              padding-left:10px; padding-right:10px;
32          }
33          .datalist tr:hover, .datalist tr.altrow{
34              background-color:#c4e4ff;          /* 动态变色 */
35          }
36      </style>
37      <script>
38          window.onload=function(){
39              let oTr = document.getElementById("member").insertRow(2); /* 插入一行 */
40              let aText = new Array();
41              aText[0] = document.createTextNode("fresheggs");
42              aText[1] = document.createTextNode("W610");
43              aText[2] = document.createTextNode("Nov 5th");
44              aText[3] = document.createTextNode("Scorpio");
45              aText[4] = document.createTextNode("1038818");
46              for(let i=0;i<aText.length;i++){
47                  let oTd = oTr.insertCell(i);
48                  oTd.appendChild(aText[i]);
```

```
49                }
50            }
51        </script>
52    </head>
53    <body>
54       <table class="datalist" summary="list of members in EE Studay" id="member">
55        <caption>Member List</caption>
56        <tr>
57            <th scope="col">Name</th>
58            <th scope="col">Class</th>
59            <th scope="col">Birthday</th>
60            <th scope="col">Constellation</th>
61            <th scope="col">Mobile</th>
62        </tr>
63        <tr>
64            <td>tom</td>
65            <td>W13</td>
66            <td>Jun 24th</td>
67            <td>Cancer</td>
68            <td>1118159</td>
69        </tr>
70        …
71        <tr>
72            <td>lightyear</td>
73            <td>W311</td>
74            <td>Mar 23th</td>
75            <td>Aries</td>
76            <td>1002908</td>
77        </tr>
78        </table>
79    </body>
80    </html>
```

7.6.2 修改单元格内容

当表格建立了以后，可以通过DOM的属性直接对单元格进行引用，这样比用getElementById()、getElementsByTagName()等方法一个个地寻找要方便得多，代码如下。

```
oTable.rows[i].cells[j]
```

以上代码通过rows、cells两个属性便轻松访问到了表格的特定单元格第*i*行、第*j*列（都是从0开始计数的）。获得单元格的对象后便可以通过innerHTML属性修改相应的内容了，例如某人的手机丢失后需要将手机号码改为“lost”，则可以用如下代码实现。

```
1   let oTable = document.getElementById("member");
2   oTable.rows[3].cells[4].innerHTML = "lost";
```

运行效果如图7.6所示，完整代码可参考本书配套资源文件：第7章\table\2.html。

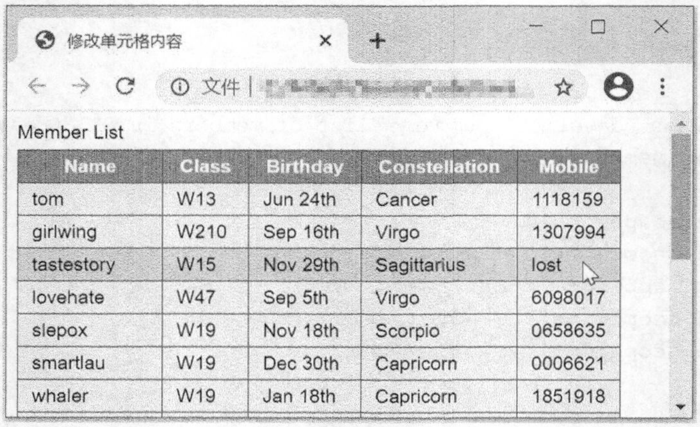

修改单元格内容

Member List

Name	Class	Birthday	Constellation	Mobile
tom	W13	Jun 24th	Cancer	1118159
girlwing	W210	Sep 16th	Virgo	1307994
tastestory	W15	Nov 29th	Sagittarius	lost
lovehate	W47	Sep 5th	Virgo	6098017
slepox	W19	Nov 18th	Scorpio	0658635
smartlau	W19	Dec 30th	Capricorn	0006621
whaler	W19	Jan 18th	Capricorn	1851918

图 7.6　修改单元格内容效果

7.6.3 动态删除

既然有添加、修改操作，自然有删除操作。对于表格而言，无非是删除某一行、某一列或者某一个单元格。删除某一行可以直接调用<table>的deleteRow(i)方法，其中的i为行号；删除某一个单元格则可以调用<tr>的deleteCell()方法。

同样采用图7.6中表格的数据，下面的语句则删除了表格的第二行以及原先第三行的第2个单元格。

```
1   let oTable = document.getElementById("member");
2   oTable.deleteRow(2);                // 删除一行，后面的行号自动补齐
3   oTable.rows[2].deleteCell(1);     // 删除一个单元格，后面的也自动补齐
```

从以上代码可以看到，删除第二行数据后，原先的第三行则变成第二行，即自动补齐了。删除单元格也是同样的效果，如图7.7所示。

完整代码可以参考本书配套资源文件：第7章\table\3.html，这里不再一一讲解每个重复的细节。通常考虑到用户操作，在每一行数据的最后都附加一个“delete”超链接，单击这个超链接可删除这一行，如图7.8所示。 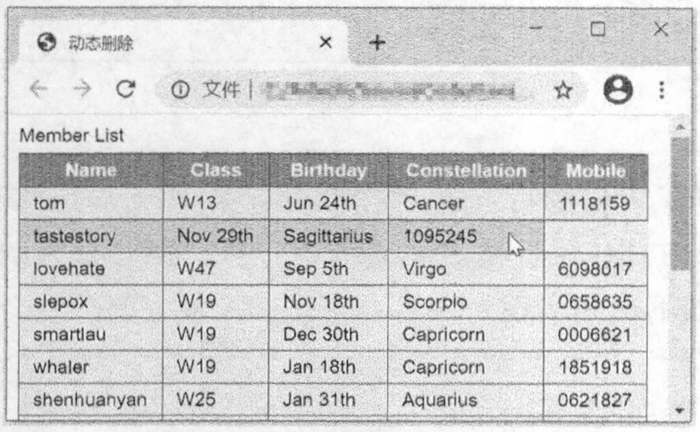

动态删除

Member List

Name	Class	Birthday	Constellation	Mobile
tom	W13	Jun 24th	Cancer	1118159
tastestory	Nov 29th	Sagittarius	1095245	
lovehate	W47	Sep 5th	Virgo	6098017
slepox	W19	Nov 18th	Scorpio	0658635
smartlau	W19	Dec 30th	Capricorn	0006621
whaler	W19	Jan 18th	Capricorn	1851918
shenhuanyan	W25	Jan 31th	Aquarius	0621827

图 7.7　动态删除某单元格效果 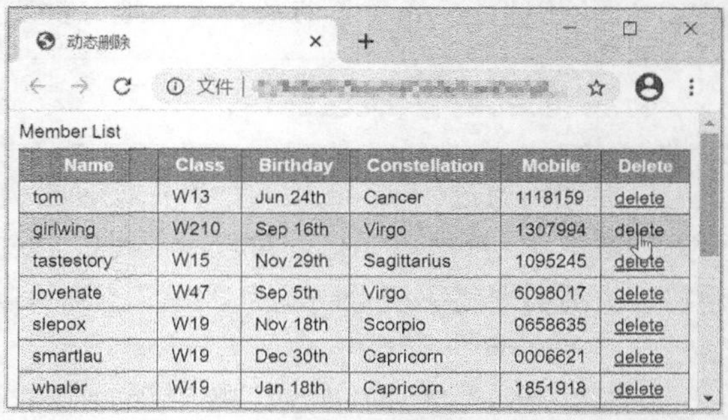

动态删除

Member List

Name	Class	Birthday	Constellation	Mobile	Delete
tom	W13	Jun 24th	Cancer	1118159	delete
girlwing	W210	Sep 16th	Virgo	1307994	delete
tastestory	W15	Nov 29th	Sagittarius	1095245	delete
lovehate	W47	Sep 5th	Virgo	6098017	delete
slepox	W19	Nov 18th	Scorpio	0658635	delete
smartlau	W19	Dec 30th	Capricorn	0006621	delete
whaler	W19	Jan 18th	Capricorn	1851918	delete

图 7.8　单击该超链接删除一行

考虑到不影响原先表格的数据，再者实际操作中表格的行数可能较多，因此采用动态添加该删除超链接的方法，而不修改原先的HTML框架，代码如下。

```
1   let oTd;
2   //  动态添加“delete”超链接
3   for(let i=1;i<oTable.rows.length;i++){
4       oTd = oTable.rows[i].insertCell(5);
5       oTd.innerHTML = "<a href='#'>delete</a>";
6       oTd.firstChild.onclick = myDelete;     //  添加删除事件
7   }
```

以上代码十分简洁，即遍历表格的每一行，然后在每行的最后添加一个单元格，并设置单元格的innerHTML为相应的超链接，最后为每个超链接添加onclick事件myDelete。

myDelete()函数中首先可以利用this关键字获得超链接的引用，从而利用DOM的父子关系轻松找到所在行<tr>的父节点，然后利用removeChild()方法，代码如下。

```
1   function myDelete(){
2       let oTable = document.getElementById("member");
3       // 删除该行
4
5   this.parentNode.parentNode.parentNode.removeChild(this.parentNode.parentNode);
6   }
```

改动的部分代码如下所示（参考本书配套资源文件：第7章\table\4.html）。

```
1   <style>
2       .datalist td a:link, .datalist td a:visited{
3           color:#004365;
4           text-decoration:underline;
5       }
6       .datalist td a:hover{
7           color:#000000;
8           text-decoration:none;
9       }
10  </style>
11  <script>
12  function myDelete(){
13      let oTable = document.getElementById("member");
14      // 删除该行
15  this.parentNode.parentNode.parentNode.removeChild(this.parentNode.parentNode);
16  }
17  window.onload=function(){
18      let oTable = document.getElementById("member");
19      let oTd;
20      // 动态添加“delete”超链接
21      for(let i=1;i<oTable.rows.length;i++){
22          oTd = oTable.rows[i].insertCell(5);
23          oTd.innerHTML = "<a href='#'>delete</a>";
```

```
24        oTd.firstChild.onclick = myDelete;       // 添加删除事件
25     }
26  }
27  </script>
```

运行效果如图7.9所示。

动态删除

文件

Member List

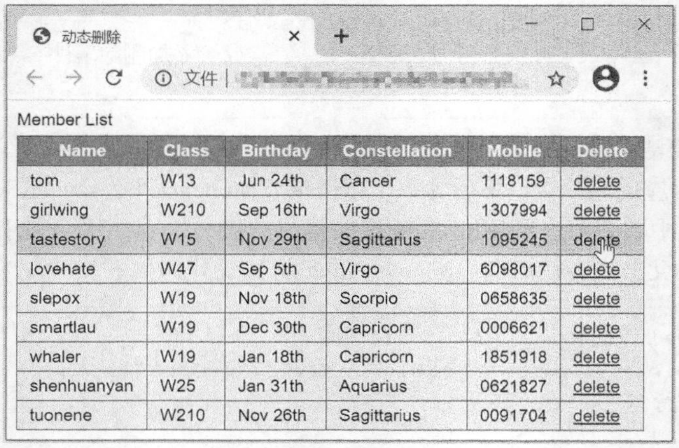

Name	Class	Birthday	Constellation	Mobile	Delete
tom	W13	Jun 24th	Cancer	1118159	delete
girlwing	W210	Sep 16th	Virgo	1307994	delete
tastestory	W15	Nov 29th	Sagittarius	1095245	delete
lovehate	W47	Sep 5th	Virgo	6098017	delete
slepox	W19	Nov 18th	Scorpio	0658635	delete
smartlau	W19	Dec 30th	Capricorn	0006621	delete
whaler	W19	Jan 18th	Capricorn	1851918	delete
shenhuanyan	W25	Jan 31th	Aquarius	0621827	delete
tuonene	W210	Nov 26th	Sagittarius	0091704	delete

图 7.9　动态删除表格的行效果

对于表格的动态删除而言，很多时候需要删除某一列，而DOM中没有直接的方法可以调用，因此需要自己手动编写deleteColumn()方法。

deleteColumn()方法接收两个参数：一个参数为表格对象；另一个参数为希望删除的列号。其编写方法十分简单，即利用deleteCell()方法对每一行都删除相应的单元格即可，代码如下。

```
1   function deleteColumn(oTable,iNum){
2       // 自定义删除列函数，即删除每行相应的单元格
3       for(let i=0;i<oTable.rows.length;i++)
4           oTable.rows[i].deleteCell(iNum);
5   }
```

例如希望删除表格的第二列，不再提供具体的Birthday信息，则可以直接调用该方法，代码如下。

```
1   window.onload = function(){
2       let oTable = document.getElementById("member");
3       deleteColumn(oTable,2);
4   }
```

运行效果如图7.10所示，完整代码可以参考本书配套资源文件：第7章\table\5.html。作为练习，读者可以在每一列的最后都添加“delete”超链接，单击该超链接可删除该列。

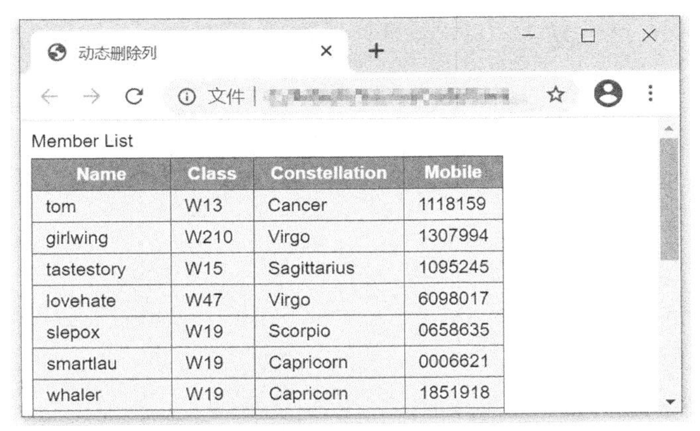

Name	Class	Constellation	Mobile
tom	W13	Cancer	1118159
girlwing	W210	Virgo	1307994
tastestory	W15	Sagittarius	1095245
lovehate	W47	Virgo	6098017
slepox	W19	Scorpio	0658635
smartlau	W19	Capricorn	0006621
whaler	W19	Capricorn	1851918

图 7.10　动态删除列效果

本章小结

在这一章中，主要讲解了JavaScript在网页中的运用。首先介绍了DOM的概念，然后说明了如何使用JavaScript来控制DOM，主要内容包括选择DOM节点、操作DOM节点以及节点的属性，可以清晰地看到HTML、CSS和JavaScript在网页开发中的分工和关系，接着简单介绍了事件相关的知识，最后通过一个综合案例演示了JavaScript操作表格的功能。后面在jQuery框架中还会继续介绍与DOM相关的知识。

习题 7

一、关键词解释

DOM框架　DOM的节点　事件　事件流　事件侦听　事件对象

二、描述题

1. 请简单描述一下DOM中有几种节点，它们分别是什么。
2. 请简单描述一下常用节点的属性和方法有哪些，它们分别具有什么含义。
3. 请简单描述一下本章中DOM访问节点的两种方式。
4. 请简单描述一下父节点、子节点和兄弟节点之间如何互相寻找。
5. 请简单描述一下操作节点的方式有哪些，它们对应的含义都是什么。
6. 请简单描述一下DOM通过什么属性可以修改节点的CSS类别。
7. 请简单列出事件对象中常用的属性有哪些，它们的含义都是什么。
8. 请简单描述一下事件大致分为哪几种，它们的含义都是什么。

三、实操题

做一个猜奖游戏，用table元素制作一个九宫格，将奖品随机放入其中一个格子。用鼠标左键单击某个格子后，判断是否中奖，并给出结果。每个格子只能响应一次单击事件，中奖后所有格子都不响应单击事件，游戏结束。游戏效果如题图7.1所示。

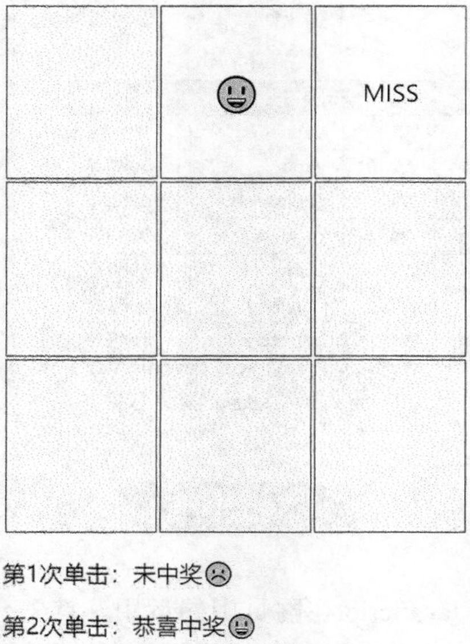

😀 MISS

第1次单击：未中奖☹

第2次单击：恭喜中奖😀

题图 7.1　游戏效果

第二篇

Vue.js 程序开发

第8章 Vue.js开发基础

本章之前讲解了JavaScript语言。从本章开始讲解Vue.js。Vue.js可以作为一个js库来使用，也可以用它全套的工具来构建系统界面，这些可以根据项目的需要灵活选择，所以说，Vue.js是一套构建用户界面的渐进式JavaScript框架。在正式学习Vue.js之前，我们先来对Web开发做一个简单的介绍，使读者能够拥有宏观的认知。本章的思维导图如下。

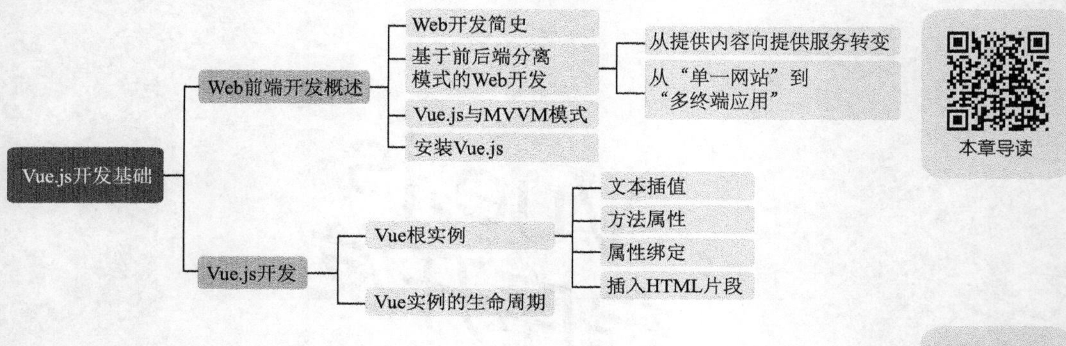

8.1 Web前端开发概述

随着互联网的快速发展，Web开发及其相关的技术变得日益重要。具体来说，Web开发大致可以分为前端开发、后端开发和算法3类。本书主要聚焦于前端开发，因此在这一章中，我们将对Web前端开发的整体背景等做一个简介。

8.1.1 Web开发简史

从发展历史来看，Web开发技术大致经过了以下4个阶段。

（1）早期阶段

1995年以前，可以称为互联网的早期阶段。早期阶段的Web开发可以认为仅仅是“内容开发”。此时，HTML已经产生，但页面内容需要手动编写。后来逐渐发展出动态生成内容的机制，称为CGI（common gateway interface，通用网关接口），其能够在服务器上配合数据库等机制，动态产生HTML页面，然后返回到客户端。这个阶段的特点是：开发复杂，功能简单，没有前端与后端的划分。

（2）服务器端模板阶段

1995—2005年的服务器端模板阶段，以ASP、JSP、PHP等技术为代表，其特征正如JSP中的第3个字母“P”所代表的含义——Page。开发的主要特征是针对每个页面进行开发。前端开发非常简单，将业务逻辑代码直接嵌入HTML中即可，没有明确划分前后端，所有工作都由程序开发者完成，数据、逻辑和用户界面紧密耦合在一起。

在这个阶段，产生了一些相对简单的前端工作，例如设计师把页面设计图交给开发工程师后，需要做一些简单的切图和图像处理工作，但这还谈不上“开发”。

（3）服务器端MVC阶段

2006—2015年的服务器端MVC（model-view-controller，模型-视图-控制器）阶段，具有代表性的技术包括Java SSH、ASP.net MVC、Ruby on Rails等各种框架。

到了服务器端MVC阶段，出现了各种基于MVC模式的后端框架，每种语言都有一种或多种MVC框架。这时正式产生了“前端开发”这个概念。前端开发的主流技术特征是以“CSS+DIV”进行页面布局，且具备一定的交互性功能的开发。后端开发的技术特征是逻辑、模型、视图分离。在这个阶段，前后端都产生了巨大的变化，例如前端的CSS、jQuery和后端的Java SSH，以及连接前后端的AJAX等技术都得到了爆发式的发展。

此阶段的特点是，业务逻辑分层，开始从服务器端向浏览器端转移，“前端”层越来越“厚”。在这一阶段，前后端仍然结合比较紧密，这与后面的“前后端分离”的开发方式有明显的区别。

（4）前后端分离阶段

从2012年开始，前后端分离开始出现，2014—2015年是JavaScript（也称JS）技术大爆发的两年，此后全面进入前后端分离阶段。Vue.js最初诞生于2014年。近年来与前端开发相关的技术发展时间线大致如图8.1所示。

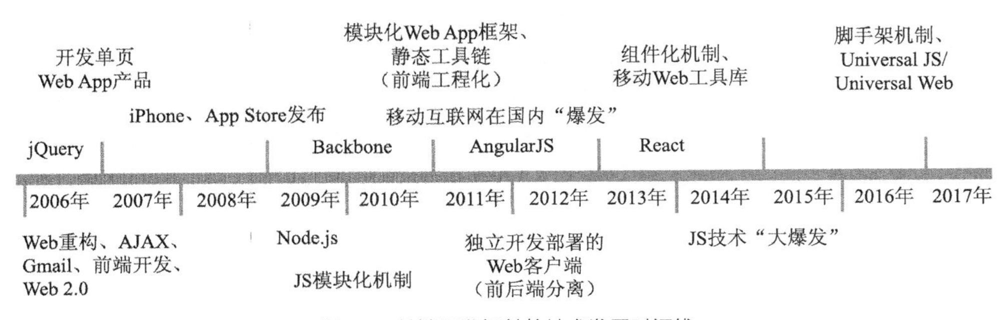

图 8.1 前端开发相关的技术发展时间线

从2016年开始，前后端分离的开发模式逐渐成为主流。从服务器端MVC阶段到前后端分离阶段是一个巨大的变革。具体来说，在实际的开发项目中，前端开发的工作占比越来越大。前端的变革主要表现为jQuery被Vue.js、React等新的前端框架代替。而后端的变革则以“API化”为特征，即后端开始聚焦于业务逻辑本身，而不再或较少关心UI（user interface，用户界面）表现，更为关心的是如何通过API（application program interface，应用程序接口）提供数据服务、提高性能、实现测试自动化、持续部署、实现开发自运维等。

8.1.2 基于前后端分离模式的Web开发

“传统互联网时代”之后，进入了“移动互联网时代”，此时对Web开发技术提出了新的要求，相关要求具体有以下一些特点。

1．从提供内容向提供服务转变

移动互联网时代应用的最本质特征是从内容到服务的转变。具体来说，传统互联网有以下3个特点。

- 使用场景固定且有局限。
- “内容”为主。
- “服务”局限于特定领域。

回顾传统互联网，我们能想到的服务仅有新闻、邮箱、博客、论坛、软件下载、即时通信等。而与之相对应的，移动互联网有如下3个特点。

- 使用场景触及社会的每个角落。
- 很多事物被联接到云端。
- 海量“服务”。

在移动互联网时代，用户能够使用的服务极大地增多了，并且出现了大量新的服务，例如短视频制作、慕课教育、移动支付、流媒体、直播、社交网络、共享单车等。因此，在技术上具有如下3点新的要求。

- 客户端需求复杂化，大量应用流行，对用户体验的期望提高。
- 客户端渲染成为“刚需”。
- 客户端程序不得不具备完整的生命周期、分层架构和技术栈。

2．从“单一网站”到“多终端应用”

由于移动设备的普及，原来简单的“单一网站”架构逐渐演变为“多终端”形态，如PC、手机、平板（平板电脑）等，从而产生了以下几个特点。

- 服务器端通过API输出数据，剥离“视图”。
- Web客户端支持独立开发和部署程序，而不再是服务器端Web程序中的“前端”层。
- 每个客户端都倾向于拥有专门为自己量身打造、可被自己掌控的API网站。

因此，在移动时代，终端形态呈现多样化，一个应用往往需要适配以下几种不同的终端形态。

- 桌面应用：传统的Windows应用、macOS应用。
- 移动应用：iOS应用、安卓应用。
- Web：通过浏览器访问的应用。
- 超级App：以微信小程序为代表的超级App，成为新的应用程序。

8.1.3 Vue.js与MVVM模式

知识点讲解

前面介绍了Web前端开发的基本背景和发展历程，下面介绍Vue.js的基本背景。

Vue.js诞生于2014年，是一套针对前后端分离（开发）模式的、用于构建用户界面的渐进式框架。它关注视图层逻辑，采用自底向上增量开发的设计。Vue.js的目标是通过尽可能简单的操作实现响应式的数据绑定和组合视图组件。它不仅容易上手，还非常容易与其他库或已有项目进行整合。

作为流行的3个框架之一的Vue.js具有以下特性。

- 轻量级。相较于AngularJS和React，Vue.js属于轻量级，其不但文件体积非常小，而且没有其他的依赖。

- 数据绑定。Vue.js最主要的特点就是双向的数据绑定。在传统的Web项目中，将数据在视图中展示后，如果需要再次修改视图，则需要通过获取DOM的值的方法实现，这样才能维持数据与视图的一致性。而Vue.js是一个响应式的数据绑定系统，在建立绑定后，DOM将与Vue实例中的数据保持同步，这样就无须手动获取DOM的值再将其同步到Vue.js中了。
- 使用指令。在视图模板中，可以使用“指令”方便地控制响应式数据与模板MOM元素的表现方式。
- 组件化管理。Vue.js提供了非常方便、高效的组件化管理与组织方式。
- 插件化开发。Vue.js保持轻量级的内核，其核心库与路由、状态管理、AJAX等功能分离，通过加载对应的插件来实现相应的功能。
- 完整的工具链。Vue.js提供了完整的工具链，包括项目脚手架以及集成的工程化工具，可以覆盖项目的创建、开发、调试、构建等所有环节。

在学习Vue.js开发之前，我们先了解一下MVVM（model-view-viewmodel，模型-视图-视图模型）模式。所有的图形化应用程序，无论是Windows应用程序、手机App还是用浏览器呈现的Web应用，总体来说，都可以粗略地分为两个部分：用户界面和内部逻辑。

例如“计算器”是一个十分常见的应用程序，无论是在手机还是台式计算机上都能找到这个程序。这个程序实际上可以分为两个部分：一部分是计算器的用户界面，它包括按钮和显示运算结果的“显示屏”，这些是用户可以直接看到的部分；另一部分则是核心的计算逻辑，也就是当用户通过按钮输入一些算式时，具体负责计算出结果的部分。用户并不能直接看到这部分，而要通过运算结果来感知。在软件开发领域，人们很早就意识到，应该将这二者分离开，这也符合软件工程里的“关注点分离”原则。通常图形化应用程序的用户界面称为“视图”（view），其作用是响应用户的输入以及展示输出结果；而内部的业务逻辑是一个程序的核心，通常用于对数据进行特定的处理或操作，操作的数据对象通常被称为“模型”（model）。众多的开发框架所解决的问题则是将二者联系起来。

事实上存在多种不同的理念来解决视图与模型的连接问题。不同的理念产生了不同的“模式”，例如MVC模式、MVP（model-view-presenter，模型–视图–表达）模式以及MVVM模式等。它们都是很常见的模式，并不能简单地说哪个更好。而Vue.js是比较典型的基于MVVM模式的前端框架，尽管它没有严格遵循MVVM模式的所有规则。

MVVM模式包括以下3个核心部分。

- model：模型，核心的业务逻辑产生的数据对象，例如从数据库取出并做特定处理后得到的数据。
- view：视图，即用户界面。
- viewmodel：视图模型，用于在模型和视图之间进行连接与匹配的专用模型。

Vue.js的核心思想包括以下两点。

（1）数据的双向绑定，view和model之间不直接沟通，而通过viewmodel这个“桥梁”进行交互。

通过viewmodel这个“桥梁”，可实现view和model之间的自动双向同步。当用户操作view时，viewmodel会感知到view变化，然后通知model发生同步改变；反之当model发生改变时，viewmodel也能感知到变化，从而使view进行相应更新。MVVM模式的示意图如图8.2所示。

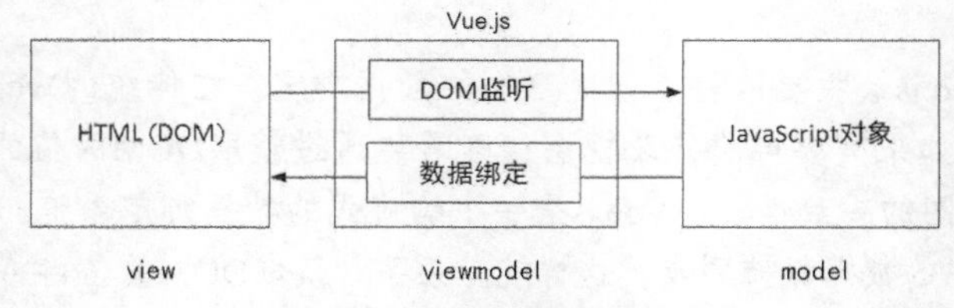

图 8.2 MVVM 模式的示意图

（2）使用“声明式”编程的理念。

“声明式”（declarative）是程序设计领域的一个术语，与它相对的是“命令式”（imperative）。

- 命令式编程：倾向于明确地命令计算机去做一件事。
- 声明式编程：倾向于告诉计算机想要的是什么，然后让计算机自己决定如何去做。

注意

请注意“倾向于”这个词，一种程序设计语言不可能是完全命令式或者声明式的，而通常是介于二者之间的，并不会有一个明确的边界。希望读者能够随着学习的深入，慢慢建立对一门程序设计语言风格的认知，这样对深刻理解一门程序设计语言或者掌握一门新的程序设计语言都会有非常大的帮助。

要理解声明式编程，可以思考一下Excel软件中的操作。如图8.3所示，在D1单元格中输入数字3，然后在旁边的E1单元格中输入公式“=D1+2”，按“Enter”键后E1单元格的内容就变成了5。这时若把D1单元格中的数值改为6，E1单元格中的内容就会随之自动变为8。

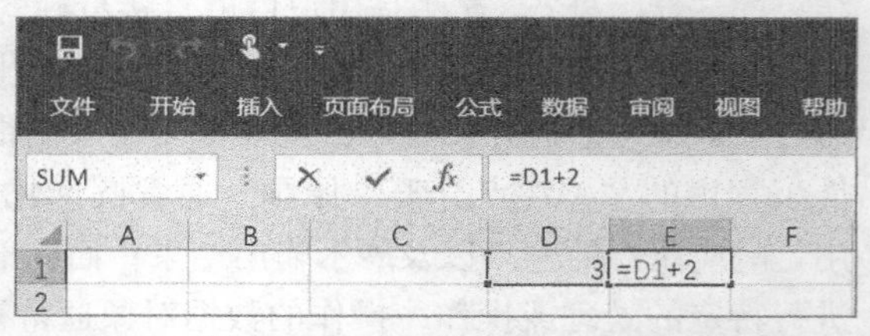

图 8.3 在 Excel 软件中通过公式关联两个单元格

请读者思考一下，使用其他的程序设计语言，如JavaScript、C或Java等，如何执行类似的赋值语句。例如：

```
1  let D1=3;
2  let E1=D1+2;
3  console.log(E1);
4  let D1=6;
5  console.log(E1);
```

执行上面的代码，第一次输出的变量E1的值等于D1的值加2，即等于5，然后把D1的值改为6，此时第2次输出的变量E1的值仍然是5，它不会自动跟着D1的变化而变化。因为在这里使用“=”运算符仅仅对一个变量进行赋值，是一个一次性的动作，并没有再次将E1变量和“D1+2”这个式子进行关联。

因此可以看出，在Excel表格中，使用“=”将一个单元格与另一个单元格通过公式关联起来，它们之间就会产生“联动”的效果，这就是声明式。本质上这个等号的作用是声明这两个单元格之间的数量关系。

在JavaScript中的赋值操作则是命令式的。这个对比可以很好地帮助读者理解命令式编程与声明式编程的区别。

理解这些概念之后，我们再来看看Vue.js框架和另一个常用的框架jQuery之间的区别。Vue.js和jQuery都是非常流行的前端框架，但它们所遵循的基本理念是完全不同的。Vue.js遵循声明式的理念，而jQuery则遵循典型的命令式的理念。

例如在一个网页中有一个文本段落元素p：

```
<p id="demo">这是段落内容……</p>
```

在使用jQuery的时候，当我们需要改变段落内容时，会使用以下函数。

```
jQuery("p#demo").text(content);
```

jQuery()是一个函数，用于根据选择器获取DOM元素对象，然后调用它的text()函数，并将存放新内容的变量content作为参数传递给text()函数。在这里，变量content与这个DOM元素本身没有联系。此后如果content变量的内容发生了变化，这个段落的内容也不会自动修改，而是必须再次调用函数去修改它。

而使用Vue.js时，则需要“声明”该元素的内容与某个变量关联，而不需要说明是如何让它们关联的。例如：

```
<p id="demo">{{content}}</p>
```

上面代码中，双花括号是一个特殊符号，括起来的内容就是变量的名称，我们可以通过这个语法把DOM元素的内容与content变量关联起来。不用写任何具体的函数来操作DOM元素，它们的值会自动保持同步变化。这样我们只需要一次声明，以后无论怎么修改变量的值，都不需要再去考虑修改界面元素的问题了。

这样，Vue.js程序的开发就会变得相当简捷而有序，因此简单来说，使用Vue.js做开发总共有3步：先把核心业务逻辑封装好，再把视图做好，最后通过viewmodel把二者绑定起来。

说明

MVVM模式是一个很通行的模式，并不是Vue.js特有的，很多框架都是基于MVVM模式开发的。因此掌握了Vue.js的核心原理，以后用基于MVVM模式的其他任何框架都会很容易，这也是我们掌握一个通用框架的好处。

当一个变量被纳入Vue.js管理的模型中后，它就具有了“响应式”的特性，就可以通过声明的方式与视图上的UI元素进行关联，形成联动关系。

注意

在Web前端开发中，常常会在两个地方遇见响应式这个术语，但它们的含义是完全不同的。一个是在CSS中，常常会制作“响应式页面”，这个响应式来自英文“responsive”，它指的是这个页面可以自动地适应不同设备的屏幕。另一个就是在这里提到的响应式，它的英文是“reactive”，其实将其翻译为“交互式”更贴切一些，它指的是模型中的数据和视图中的元素实现绑定后，一侧的改变会引发另一侧的改变。

8.1.4 安装Vue.js

使用Vue.js有两种方式：一种是简单地通过<script>标记引入，适用于简单的页面开发；另一种则是使用相关的命令行工具进行完整的安装，适用于组件化的项目开发。

注意

建议读者在学习过程中，先使用通过<script>标记引入这种简单的方式，等掌握了Vue.js的基本使用方法之后，当需要进行组件化的开发时再开始使用工具。本书也是按照这种方式来组织内容的：前面章节使用非常简单的方式，读者可以无障碍地学习；到了第15章，需要学习多组件开发的时候，我们再讲解使用相关工具的方法。

安装Vue.js最简单的方法是使用CDN（content delivery network，内容分发网站）引入vue.js文件。目前国内外有不少提供各种前端框架文件的CDN，国内读者可以直接访问国内提供vue.js文件服务商的CDN。

```
https://xxx.bootcdn.xx/vue/2.6.12/
```

进入页面以后可以看到很多链接，它们对应不同用途的文件，我们只需要找到合适的那个就可以了，如图8.4所示。请使用图8.4中方框标记的两个地址中的一个。

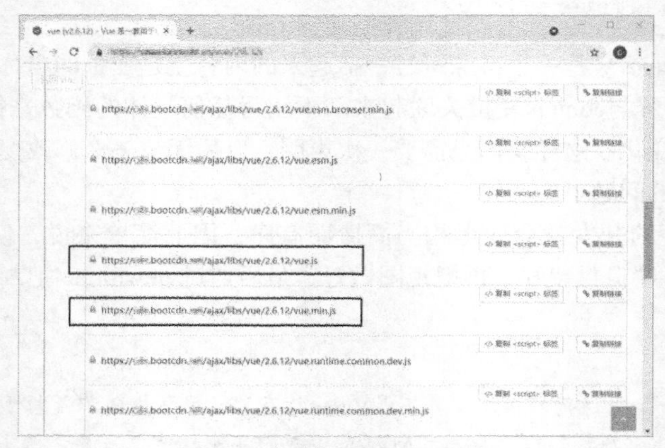

图 8.4　找到合适的 vue.js 文件

说明

vue.min.js和vue.js本质上是一样的，前者是后者经过压缩以后的版本。

在一个HTML文件中，使用<script>标记引入vue.js或者vue.min.js文件后，就可以使用vue.js提供的功能了。

在实际开发中，引入这种非常流行的JavaScript框架通常有以下两种方法。

一种是使用CDN，代码如下。

```
<script src="https://cdn.bootcdn.net/ajax/libs/vue/2.6.12/vue.min.js"></script>
```

CDN是指通过构建分布式的内容分发网络，使用户就近获取所需内容，提高用户访问的响应速度和命中率。有一些服务提供商会免费提供常用框架的JavaScript文件，开发者可以直接使用，但是如果要商业化应用，需要注意版权问题。使用CDN引入vue.js文件后，就不需要在本地部署该文件了。

另一种是使用本地部署。使用本地部署的好处是万一CDN发生故障，在文件不可用的情况下，Vue.js仍然可以正常运行。

读者可以直接把上面地址提供的文件下载下来，然后引入网页。在本书配套资源文件中可以找到vue.js文件，读者也可以直接使用它。

除了上述两种比较简单的方法，还可以使用npm方法安装，整个过程在本书后面用到的时候再讲解。

8.1.5 上手实践：第一个Vue.js程序

作为本节的最后一小节，我们来实际动手使用Vue.js制作一个案例。这个案例实现的是一个简单的猜数游戏，在浏览器中打开页面，效果如图8.5所示。如果用户输入的数值不正确，则会提示猜的数太大了或者太小了，如图8.6所示。当用户输入的数值正确时，会告诉用户猜对了，如图8.7所示。

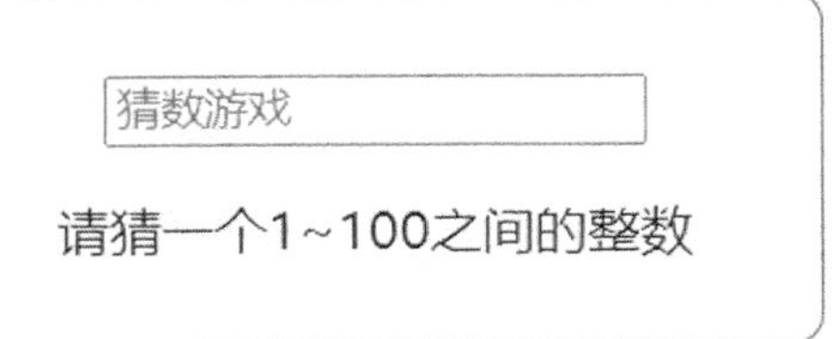

图 8.5 猜数游戏初始效果

55

太小了，往大一点猜

图 8.6 用户输入的数值不正确时给出提示

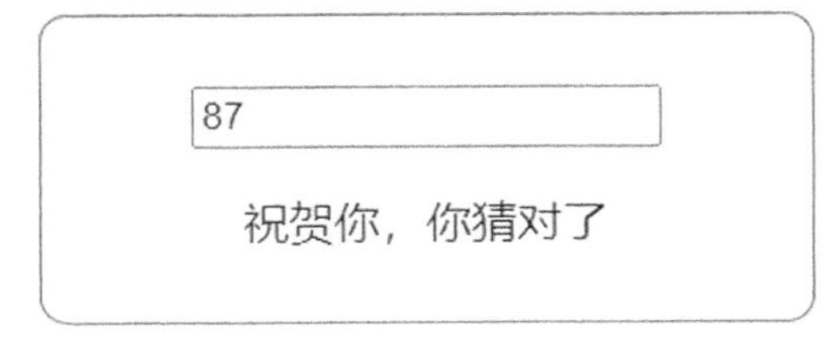

图 8.7 用户输入的数值正确时显示猜对了

先创建一个文件夹，在里面放入下载的vue.js文件，并且在同一个文件夹里创建一个HTML文件，内容如下（参考本书配套资源文件：第8章\basic-01.html）。

```
1    <html>
2    <head>
3      <title>猜数游戏</title>
4      <script src="./vue.js"></script>
5      <style>
6        div#app{
7          width: 250px;
8          margin: 30px auto;
9          border: 1px solid #666;
10         border-radius: 10px;
11         padding:10px;
12       }
13       p{
14         text-align: center;
15       }
16     </style>
17   </head>
18   <body>
19     <div id="app">
20       <p>
21         <input
22           type="text"
23           placeholder="猜数游戏"
```

```
24          />
25        </p>
26        <p>请猜一个1～100之间的整数</p>
27      </div>
28    </body>
29    </html>
```

可以看到，这是一个普通的HTML文件，如果用浏览器打开，看到的效果和图8.5所示的相同，但是它现在还没有与用户进行交互的能力。注意：我们已经通过<script>标记引入了同目录下的vue.js文件，如果引入的是vue.min.js文件，则使其与vue.js文件一致即可。

接下来，我们需要修改这个文件的内容，修改后<body></body>标记部分的代码如下（参考本书配套资源文件：第8章\basic-02.html）。

```
1     <body>
2       <div id="app">
3         <p>
4           <input
5             type="text"
6             placeholder="猜数游戏"
7             v-model="guessed"/>
8         </p>
9         <p>{{result}}</p>
10      </div>
11      <script>
12        let vm = new Vue({
13          el:"#app",
14          data: {
15              guessed: ''
16          },
17          computed: {
18            result(){
19              const key = 87;
20              const value = parseInt(this.guessed);
21
22              //如果输入的文字不能转换成整数
23              if(isNaN(value))
24                  return "请猜一个1～100之间的整数";
25
26              if(value === key)
27                  return "祝贺你，你猜对了" ;
28
29              if(value > key)
30                  return "太大了，往小一点猜";
31
32              return "太小了，往大一点猜";
33            }
34          }
35        });
36      </script>
37    </body>
```

可以看到，文本框input元素设置了一个名为“v-model”的属性，属性值被设置为“guessed”。

这个v-model是Vue.js提供的一个指令，其作用就是将文本输入框的内容与一个数据变量关联起来，也称为“绑定”。

然后在p元素中，把原来固定的内容改为用双花括号包含的另一个数据变量，用于给用户显示提示信息和游戏结果。

接着给<body></body>标记部分增加一对<script></script>标记，在里面加入与用户交互的逻辑。可以看到，data部分定义了数据模型，其中包括一个guessed变量，它与input元素已经绑定，用于记录用户输入的猜测数值。每一次用户在改变了文本输入框中的数值时，都会执行computed部分的result()函数，里面的逻辑是根据输入数给出相应的提示，提示内容可以参考代码中的注释。

读者不必深究每一行代码的细节，这里仅供读者体会一下Vue.js的基本原理，后面的章节会逐一详细讲解。

本案例非常简单，被猜的数固定为87。如果想让这个游戏再有趣一些，如由程序自动产生一个随机数作为答案，并且在猜中以后可以换一个新的随机数让用户继续玩这个游戏，则可以对其稍做改进。对此，我们在这里不再讲解，而在本书配套资源文件（第8章\basic-03.html）中会给出演示，供读者参考。

8.2 Vue.js开发

从这一节开始正式学习Vue.js。首先从最基础的知识开始，了解一下让Vue.js运转起来的基本结构，以及如何在一个简单的页面上实现数据模型和页面元素的绑定。

Web开发的基础是HTML、CSS和JavaScript这3种基本的语言，因此，希望读者在正式开始学习之前，确认对这3种语言有基本的掌握，特别是对JavaScript的掌握。由于历史原因，JavaScript经过了比较复杂的演进过程。目前主流的开发中大多使用ES6的语法，如果读者对其不是很熟悉，可以先自行学习一下。

8.2.1 Vue根实例

Vue.js遵循MVVM模式，因此使用Vue.js的核心工作就是创建一个视图模型对象，将它作为视图模型和业务模型之间的“桥梁”。Vue.js提供了一个Vue类型，开发者可以通过创建一个Vue类型的实例来实现视图模型的定义。在一个完整的项目中可能会创建出多个Vue实例形成层次结构，但是通常一个应用中会有唯一的、最上层的Vue实例，这个实例被称为“根实例”。具体的语法形式如下。

```
1    let vm = new Vue({
2        …// 选项对象
3    })
```

可以看到，从JavaScript的角度来说，Vue是一个类型，Vue()是它的构造函数，通过使用new运算符调用Vue()构造函数会创建一个“实例”，或者叫作“对象”。调用构造函数的时候，传入一个参数，它是以JavaScript的对象形式传入的。在这个对象中，可以设定很多选项，这些选项指定了这个实例的行为，即指定它与页面如何配合工作。学习使用Vue.js的很大一部分内容是学习如何设置这个对象。

1. 文本插值

先来看一个简单的例子。在这个例子中，我们显示一个用户的基本信息，并向他问好，代码如下（参考本书配套资源文件：第8章\instance-01.html）。

```
1   <html>
2     <head>
3       <script src="vue.js"></script>
4     </head>
5     <body>
6       <div id="app">
7         <p>用户您好！</p>
8         <ul>
9           <li>姓名 : {{name}}</li>
10          <li>城市 : {{city}}</li>
11        </ul>
12      </div>
13      <script>
14        let user = {
15          name : "Chance",
16          city : "Beijing",
17        };
18        let vm = new Vue({
19          el: '#app',
20          data: user
21        })
22      </script>
23    </body>
24  </html>
```

尽管这个例子非常简单，但是已经充分体现了Vue.js的使用方式。首先需要引入vue.js文件，然后编写<html>的主体部分——像编写普通网页一样，只是在某些需要动态生成的部分用双花括号将一些变量括起来，这些变量正好与后面JavaScript代码中声明的对象一致。

仔细观察<script></script>部分的代码，理解传入Vue()构造函数中的对象（注意要使用new运算符才能创建对象）是我们学习Vue.js的关键。

首先它有一个名为“el”的属性（el是element的前两个字母，表示元素），其值恰好是我们需要处理的HTML元素根节点的id，即“#app”。这样，要执行的任何操作都只会影响这个div元素，而不会影响它之外的任何内容。

接下来，参数对象（也可以称为选项对象）中定义了data属性，它的值是一个名为user的对象，这个对象就是业务模型，且user在代码中已经声明好了。user有两个属性，分别是name和city，即姓名和城市。可以看到，在HTML结构中，有如下部分：

```
1   <div id="app">
2     <p>用户您好！</p>
3     <ul>
4       <li>姓名 : {{name}}</li>
5       <li>城市 : {{city}}</li>
6     </ul>
7   </div>
```

用双花括号括起来的name和city，正好对应于data对象的两个属性。渲染页面的时候，Vue.js会自动地将{{name}}和{{city}}替换为data.name和data.city这两个值。这个过程被称为“文本插值”，即将文本的内容插入页面中。

运行上面的程序，效果如图8.8所示。

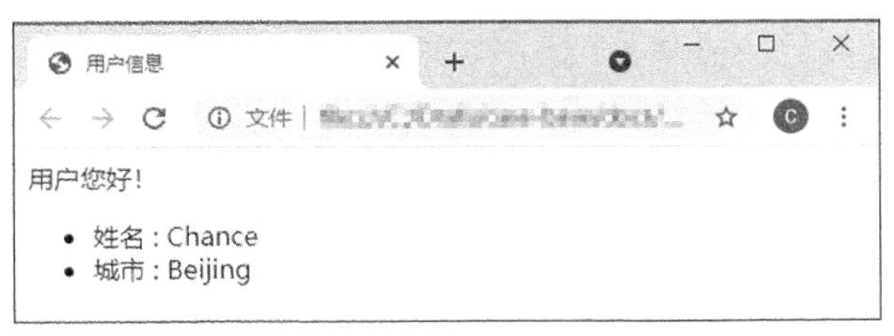

图 8.8　文本插值效果

效果正如我们预料的那样，根据data属性的值，姓名和城市信息（即Chance和Beijing）正好替换掉了HTML中相应的用双花括号包含的部分。这个过程也被称为“绑定”，即通过双花括号语法，将页面元素中的“文本”内容与数据模型的变量进行“绑定”。

在这个简单的页面中，我们来分别找一找模型、视图与视图模型。

- 插入了一些特殊语法（比如{{}}）的HTML页面就是视图。
- 在调用构造函数的参数对象中，有一个data属性，它定义的就是模型。
- 通过Vue()构造函数创建的名为vm的实例就是视图模型。

说明

在参数对象中，data对象包含的数据被称为响应式数据。也就是说，在data中定义的数据会被Vue.js的机制所监控和管理，实现自动跟踪和更新。在实际的Web开发项目中，data中的数据通常是通过AJAX从服务器端获取来的。例如上面例子的用户信息数据，通常是在用户登录一个网站后，程序从远程的数据库获取到登录用户的信息，然后才会将其显示到页面上。

在Vue.js中，data属性除了可以像上面那样直接设置为一个对象，也可以设置为一个函数的返回值，代码如下（参考本书配套资源文件：第8章\instance-02.html）。

```
1   <script>
2      let user = {
3         name : "Chance",
4         city : "Beijing",
5      };
6      let vm = new Vue({
7         el: '#app',
8         data() {
9            return user;
10        }
11     })
12  </script>
```

上面的代码符合ES6的语法规则。任何一个对象的成员要么是数据成员，要么是函数成员。无论是数据成员还是函数成员，本质上都是键值对。键是指这个成员的名称，值是指这个成员的内容。对于函数成员来说，键是指函数的名称，值是指函数的地址。因此，只要能够描述一个函数的名字和函数要执行的操作就可以。

在ES6中，一个对象中的函数成员可以有3种描述方法，下面我们举个简单的例子。

```
1    {
2      functionEs5: function(){
3        return Math.random();
4      },
5      functionEs6(){
6        return Math.random();
7      },
8      functionArrow: () => Math.random()
9    }
```

上面代码中functionEs5、functionEs6和functionArrow都是语法正确的函数成员。functionEs5是传统的写法，functionEs6是在ES6中合法的写法，functionArrow是ES6引入的箭头函数的写法。

注意

functionEs5和functionEs6两种写法是完全等价的，可以互换，不会有任何问题。但是箭头函数与它们并不是完全等价的，主要差别在于对this指针的处理方式不同，在后面我们会频繁地遇到这个问题。随着学习的深入，读者会对这个知识点理解得越来越深刻。

请读者务必认真理解上述内容，这些内容看起来很简单，但是遇到一些比较复杂的实际代码时，就容易令人感到混乱。另外，我们会时常到网上查找一些案例代码来参考，但网上的资源所适用的年代不同，写法各异，正确的和错误的通常混杂在一起，如果不熟悉各种写法的等价性，很容易出错。

如果用ES5的语法来编写，data后面的冒号和function不能省略，代码如下。

```
1    <script>
2      …
3      let vm = new Vue({
4        el: '#app',
5        data: function() {
6          return user;
7        }
8      })
9    </script>
```

Vue.js的最大优点是实现了页面元素与数据模型的“双向绑定”。不过在这个例子中我们目前还只能看到“单向绑定”，即数据模型中的内容传递给了页面元素，反向的传递在后面的学习中会看到。可以想象，如果页面元素是一个文本框，那么用户在文本框里输入一些文字，Vue.js也会实时地把用户输入的文字传递给模型的对象，这就是所谓的双向绑定。

那么这种绑定机制是如何实现的呢？我们简单探究一下底层的实现方法。通过Chrome浏览器的开发者工具，我们可以观察一下Vue()构造函数产生的对象。我们在代码中加入一条在浏览器“控制台”面板的输出语句，注意输出的是vm.$data对象，这个对象是Vue.js动态创建的，代码如下。本案例的完整代码可以参考本书配套资源文件：第8章\instance-03.html。

```
1    <script>
2      let user = {
```

```
3          name : "Chance",
4          city : "Beijing",
5       };
6      let vm = new Vue({
7         el: '#app',
8         data: user
9      });
10     console.log(vm.$data);
11  </script>
```

用Chrome浏览器打开页面，按“Ctrl+Shift+I”组合键打开“开发者工具”，单击Console（控制台），可以看到对应的输出变量，如图8.9所示。

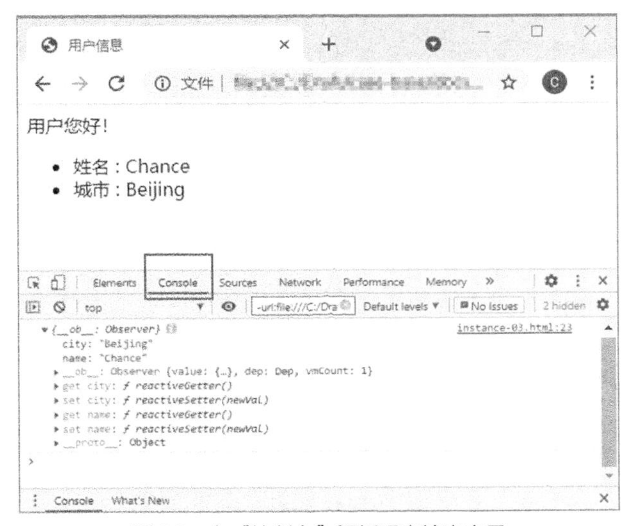

图 8.9　在“控制台”面板观察输出变量

可以看到，在vm.$data对象中，除了name和city这两个属性之外，Vue.js还自动地给这两个属性分别生成了相应的存取器（getter和setter）方法，从而拦截了对name和city属性的读写方法；而且Vue.js会借这个时机把得到的值写到页面中。在图8.9中可以看到存取器方法对应的是reactiveGetter()和reactiveSetter()，它们都是响应式的。

说明

类似于$data，以$开头的一些对象都是由Vue.js动态创建的，在开发过程中可以直接使用。以后，我们还会遇到其他具有类似形式的对象。

知识点讲解

2．方法属性

在Vue()构造函数的对象中，除了可以包括el和data外，还可以包括方法属性，其中可以定义多个方法（或者叫作函数）。例如我们希望在页面上根据用户的姓名和城市信息，显示一句欢迎词，即“欢迎来自某地的某人”，效果如图8.10所示。添加一个sayHello()方法，其作用是

图 8.10　欢迎词的最终效果

将name和city插入一个模板字符串中，以得到一个完整的句子。代码如下（参考本书配套资源文件：第8章\instance-04.html）。

```
1   <div id="app">
2       <p>{{sayHello()}}</p>
3       <ul>
4           <li>姓名 : {{name}}</li>
5           <li>城市 : {{city}}</li>
6       </ul>
7   </div>
8   <script>
9       let user = {
10          name : "Chance",
11          city : "Beijing",
12      };
13      let vm = new Vue({
14          el: '#app',
15          data: user,
16          methods:{
17              sayHello(){
18                  return `您好，欢迎来自 ${this.city} 的 ${this.name} ！`
19              }
20          }
21      })
22  </script>
```

请注意，这里构造欢迎词的字符串使用的也是ES6新增的一个语法结构，称为“字符串模板”。它以“`”符号为开头和结尾，代替了字符串以单引号或者双引号为开头和结尾的形式。在这种字符串模板中，可以方便地插入变量，例如下面两条语句分别是ES6和ES5的写法，二者是等价的，但显然ES6的写法更方便且易于理解。

```
1   //ES6
2   let hello = `欢迎来自 ${this.city} 的 ${this.name} ！`;
3
4   //ES5
5   let hello = "欢迎来自 " + this.city + " 的 " + this.name " ！";
```

说明

模板字符串的另一个优点是，它可以跨行直接产生多行文本，而普通的字符串则不能跨行；如果要定义多行字符串，则必须通过多个单行字符串拼接实现。

另外，注意上面在methods的属性对象中定义sayHello()方法的语法形式也采用了ES6的写法，它等价于下面的ES5的传统写法。

```
1   methods: {
2       sayHello: function() {
3           return `您好，欢迎来自${this.city}的${this.name}！`;
4       }
5   }
```

注意

在<html>部分，用双花括号语法将p元素的内容与sayHello()方法绑定，不要忘记sayHello后面的圆括号，这样在绑定时才会先执行sayHello()方法，把得到的结果显示在p元素中。如果不加圆括号，则在页面上显示的会是这个方法本身，效果如图8.11所示。

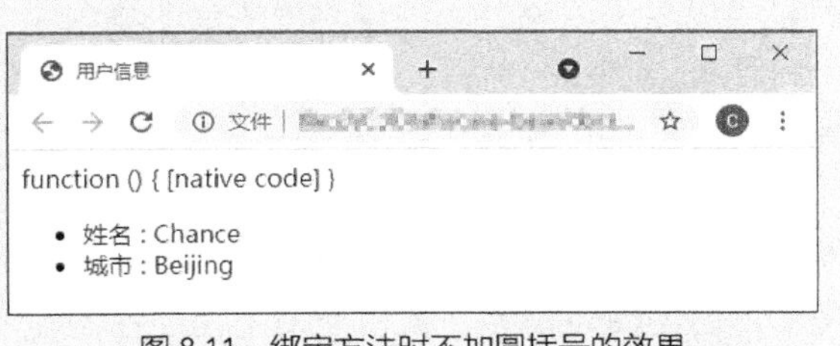

图 8.11　绑定方法时不加圆括号的效果

下面我们深入理解Vue.js的“响应式系统”（reactivity system），它是Vue.js实现很多“魔法”效果的关键。

当一个Vue实例被创建时，data对象中的所有属性会被自动加入Vue.js的响应式系统中。当这些属性值发生改变时，视图将会产生响应，即匹配更新为新的值。

现用以下简单的代码来说明，请读者仔细理解注释中的文字。

```
1    // 定义一个简单的数据模型
2    var model = { a: 1 }
3
4    // 将该对象加入一个Vue实例中
5    var vm = new Vue({
6      data: model
7    })
8
9    // Vue实例中的字段与data中的字段一致
10   vm.a == data.a  // => true
11
12   // 修改Vue实例上相应的字段也会影响到data中的原始数据
13   vm.a = 2
14   console.log(data.a) // => 2
15
16   // 反之，修改data中的字段也会影响到Vue实例中的数据
17   data.a = 3
18   vm.a // => 3
```

由上面的说明可知，methods中定义的方法内部，可以使用this指针引用data中定义的属性，这个this指针指向的就是Vue()构造函数构建的对象，也就是上面代码中的vm对象。Vue.js的响应式系统会自动地将所有data中的属性加入vm中。这样会产生一个副作用，因为在methods中定义的方法内部往往不能使用ES6引入箭头函数的方式来写方法。例如前面的sayHello()方法，从语法角度来看，如果用箭头函数，可以写成下面的形式。本案例的完整代码可以参考本书配套资源文件：第8章\instance-05.html。

```
1    methods: {
2        // 箭头函数不绑定自己的this指针，因此不能这样写
3        sayHello: () => `您好，欢迎来自${this.city}的${this.name}! `
4    }
```

从语法形式来看，上面代码是正确的，但是实际效果不正确，得到的效果如图8.12所示。

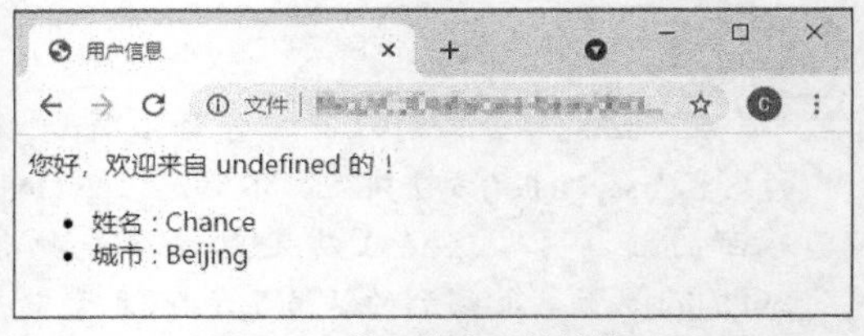

图 8.12　使用箭头函数的效果

从图8.12中可以看出，city这个属性是undefined，而name属性为空字符串。这是因为箭头函数不绑定自己的this指针，而是会从父级上下文查找this指针。这里的this实际上就是全局上下文，也就是window对象。因为window对象中没有定义city属性，所以this.city显示为undefined，而window对象定义了自己的name属性，此时它的值是空字符串。因此，这里不能使用箭头函数。读者只有把JavaScript的基础知识掌握扎实，学习使用框架才能事半功倍。

简单总结一下，通过上面的几个小案例，可以清晰地看出使用Vue.js进行开发，本质上就是将一些特定的选项传递给Vue()构造函数，创建视图模型。到目前为止，我们学习了这个选项对象的如下3个属性。

- el：指定Vue.js动态控制的DOM元素根节点。
- data：指定原始数据模型。
- methods：对原始数据模型的值做一些加工变形，然后用于视图中。

视图模型可以对原始数据模型做一些处理和加工，然后与视图绑定。Vue.js定义了丰富的数据处理机制用于加工处理模型数据，除了上面的methods外，在后面的章节中我们还会详细介绍其他各种强大的机制。

说明

业务模型往往倾向于描述数据的本来信息，例如对于一个用户对象，它的姓名和所在城市就是它原始的信息，而网站上显示一句打招呼的欢迎词和用户本身并没有直接的关系。它是通过用户的姓名和所在城市信息构成的一句话，因此在视图模型中构造这个欢迎词是恰当的，欢迎词不应该混入业务模型中。希望读者能够很好地理解业务模型与视图模型各自的作用和特点。

3．属性绑定

知识点讲解

双花括号语法可以实现HTML元素的文本插值，但是如果我们希望绑定HTML元素的属性，就不能使用双花括号语法了，这时需要使用属性绑定指令。

例如，仍以上面的用户信息页面为例，我们希望根据用户的性别对页面的样式进行区分，因此在用户数据模型中增加了一个性别字段，代码如下。本案例的完整代码可以参考本书配套资源文件：第8章\instance-06.html。

```
1   let user = {
2     name: "Chance",
3     city: "Beijing",
4     sex: "male"
5   };
```

然后，在<style></style>标记部分，增加两种CSS样式类：male类显示浅蓝色背景，用于表示男性用户；female类显示浅红色背景，用于表示女性用户，代码如下。

```
1   <style>
2     .male{
3       background-color: rgb(175, 203, 245);
```

```
4        }
5        .female{
6           background-color: rgb(248, 213, 241);
7        }
8     </style>
```

接下来，在HTML中为ul元素动态绑定class属性，这里要使用v-bind指令将class属性绑定到上面data中新增加的sex字段上，代码如下。

```
1     <ul v-bind:class="sex">
2        <li>姓名 : {{name}}</li>
3        <li>城市 : {{city}}</li>
4     </ul>
```

这时，ul元素的class属性值就会根据用户数据中sex字段的值来决定显示哪个样式了，效果如图8.13所示。

图 8.13　为 ul 元素绑定 class 属性的效果

说明

前面曾经提到过，英文中的responsive和reactive在中文中都翻译为响应式，实际上它们的含义不同。这里会遇到另一个特别常用的中文词汇“属性”，它实际上对应英文中的两个不同的单词，一个是property，另一个是attribute，二者从含义上说区别不是太大。JavaScript程序中对象的“属性”用property表示，而HTML中的“属性”（例如img元素的src属性）用attribute表示。有时把attribute翻译为“特性”，以区别于property。

v-bind指令有一个简写形式，即省略“v-bind”，只保留要绑定属性前面的冒号。例如下面的代码就用了v-bind指令的简写形式。

```
1     <ul :class="sex">
2        <li>姓名 : {{name}}</li>
3        <li>城市 : {{city}}</li>
4     </ul>
```

说明

Vue.js中常用的指令都有简写形式，但除了最后几章的综合案例，本书基本上不使用简写形式，其目的是加深读者对指令的印象。

知识点讲解

4. 插入HTML片段

前面用双花括号语法向HTML元素中插入文本，但是如果插入内容不是单纯的文本内容，而是带有HTML结构的内容，就要改用v-html指令了。

我们首先将sayHello()函数稍做修改，在字符串中加入一些HTML标记，代码如下。

```
1    methods:{
2        sayHello(){
3            return `您好，欢迎来自 <b>${this.city}</b> 的 <b>${this.name}</b> ！`
4        }
5    }
```

然后在浏览器中，可以看到图8.14所示的效果。可以发现，HTML标记都作为文本直接显示出来了，但这不是我们希望获得的效果。

接下来改为使用v-html指令，代码如下。本案例的完整代码可以参考本书配套资源文件：第8章\instance-07.html。

```
1    <div id="app">
2        <p v-html="sayHello()"></p>
3        <ul>
4            <li>姓名 : {{name}}</li>
5            <li>城市 : {{city}}</li>
6        </ul>
7    </div>
```

这时可以看到显示的结果正是我们希望获得的，并且城市和姓名信息（Beijing和Chance）用粗体显示，如图8.15所示。

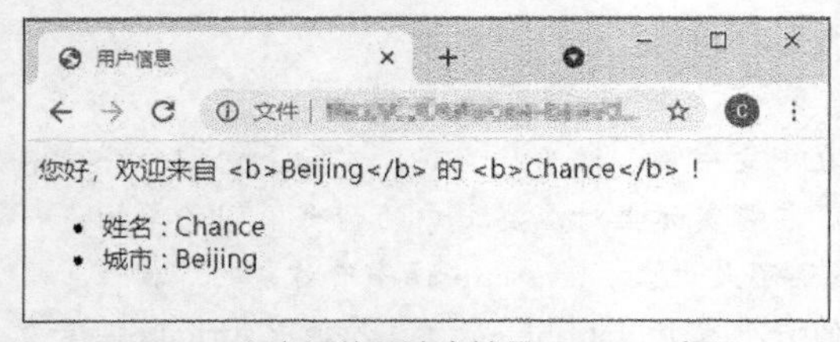

图 8.14　文本插值语法直接显示 HTML 标记

图 8.15　使用 v-html 指令显示 HTML 片段

说明

<b>和<i>（<b>表示加粗、<i>表示斜体）等原来HTML4中的一些与文本样式相关的标记在HTML5中被保留了下来，仍是有效的标记，但是HTML5对它们从语义的角度进行了新的解释。例如<b>标记在HTML5中被解释为在普通文章中仅从文体上突出的、不包含任何额外重要性的一段文本，如文档概要中的关键字、评论中的产品名等。而<i>标记被解释为在普通文章中突出不同意见、不同语气或具有其他特性的一段文本，如一个分类名称、一个技术术语、一个外语中的谚语、一个想法等。

8.2.2 Vue实例的生命周期

Vue.js会自动维护每个Vue实例的生命周期，也就是说，每个Vue实例都会经历一系列的从创建到销毁的过程。例如，创建实例对象、编译模板、将实例挂载到页面上，以及最终的销毁等。在这些过程中，Vue实例在不同阶段的时间点向外部暴露出各自的回调函数，这些回调函数被称为“钩子函数”，开发人员可以在这些不同阶段的钩子函数中定义业务逻辑。

例如，考虑上面的用户信息页面，在定义user对象的时候，我们并不知道用户的具体信息；通常是在页面加载后，通过AJAX向服务器发送请求，调用服务器上的某个API，从返回值中获取有用的信息来给user对象赋值的，代码如下。本案例的完整代码可以参考本书配套资源文件：第8章\instance-08.html。

```
1   <script>
2       let user = {
3           name : '',
4           city : ''
5       };
6       let vm = new Vue({
7           el: '#app',
8           data: user,
9           mounted(){
10              user = getUserFromApi();
11          },
12          methods:{
13              sayHello(){
14                  return `您好,欢迎来自 <b>${this.city}</b> 的 <b>${this.name}</b> ！`
15              }
16          }
17      })
18  </script>
```

在上面的代码中定义user对象的时候，name和city两个字段都被初始化为空字符串。在创建Vue实例的时候，在mounted()中调用方法可获取user对象的属性值。这里使用AJAX来获取远程的数据，这一点我们将在后面介绍。

mounted()是较为常用的一个钩子函数，其会在DOM文档渲染完后被调用，相当于JavaScript中的window.onload()方法。这里可以考虑8.1.5小节中的猜数游戏案例，如果我们希望每次设置一个新的随机数作为猜数的目标，那么显然我们需要在两处调用设定目标值的代码：一处是在mounted()钩子函数中；另一处是在每次用户猜数成功以后。读者可以参考本书配套资源文件：第8章\basic-03.html。

```
1   let vm = new Vue({
2       el:"#app",
3       data: {
4           guessed: '',
5           key:0
6       },
7       methods:{
8           setKey(){
9               this.key = Math.round(Math.random()*100);
10          }
11      },
12      mounted(){
13          this.setKey();
14      },
15      computed: {
```

```
16          result(){
17              const value = parseInt(this.guessed);
18              if(isNaN(value))
19                  return "请猜一个1～100之间的整数";
20
21              if(value === this.key){
22                  this.setKey();
23                  return "祝贺你，你猜对了，猜下一个数字吧";
24              }
25              if(value > this.key)
26                  return "太大了，往小一点猜";
27
28              return "太小了，往大一点猜";
29          }
30      }
31  });
```

可以看到，首先在methods中定义了一个setKey()方法，用于设定猜数目标变量key为一个100以内的随机整数；然后在mounted()中调用了setKey()方法，这样就可以在用户第一次开始游戏之前设定好这个猜数目标了。从这里可以清楚地看出mounted()钩子函数的作用。

当然，Vue实例生命周期中的阶段不止挂载这一个，Vue.js也为开发人员提供了众多的生命周期钩子函数，因此重要的是理解每个钩子函数会在什么时间点被调用。

但是，目前我们还无法深入讲解每个阶段的含义，这里只能简单讲解各个钩子函数被调用的时间点。

- beforeCreate()：在实例创建之前调用。
- created()：在实例创建之后调用，此时尚未开始DOM编译。
- beforeMount()：在挂载开始之前调用。
- mounted()：在实例被挂载之后调用，这时页面的相关DOM节点被新创建的vm.$el替换了。它相当于JavaScript中的window.onload()方法。
- beforeUpdate()：每次页面中有元素需要更新时，在更新前调用。
- updated()：每次页面中有元素需要更新时，在更新完成之后调用。
- beforeDestroy()：在销毁实例之前调用，此时实例仍然有效。
- destroyed()：在实例被销毁之后调用。

注意

与methods中定义的方法一样，Vue.js会为所有的生命周期钩子自动绑定this上下文到实例中，因此可以在钩子函数中对属性和方法进行引用。这意味着不能使用箭头函数来定义一个生命周期方法（例如created: () => this.callRemoteApi()）。因为箭头函数绑定了上下文，所以箭头函数中的this不指向Vue实例对象。

读者需要认真理解JavaScript中的this指针，在默认情况下，this指向调用这个函数的对象。但是JavaScript还可以使用其他方式调用函数，这使得this指针可以指向其他任何特定的对象。

而我们在创建Vue实例的时候，在methods中定义的各种方法，其内部的this都指向Vue实例对象，这是Vue.js框架做的特殊处理的结果。

本章小结

本章从Web开发的一些基础知识开始，介绍了Vue.js框架的基本特点以及MVVM模式、Vue.js程序安装的相关内容，还安排了一个动手实践，使读者能够初步体验Vue.js开发。另外，还讲解了Vue.js入门，即通过Vue()构造函数创建根实例，并将页面元素的文本和属性进行绑定。在设置传入Vue()构造函数的对象中，我们学习了3个属性：el、data、methods。希望读者通过简单的案例，掌握Vue.js中的核心原理，理解视图、业务模型、视图模型三者之间的关系和各自的作用。Web开发的基础语言是HTML、CSS和JavaScript，因此，希望读者在正式学习之前，确认对这3种语言有基本的掌握。

习题 8

一、关键词解释

前后端分离模式　MVVM模式　Vue.js　声明式编程　命令行控制台　Vue根实例　文本插值　双向数据绑定　属性绑定　Vue指令　实例的生命周期　钩子函数

二、描述题

1. 请简单描述一下Web开发技术大致经过了哪几个阶段。
2. 请简单描述一下Vue.js的特性。
3. 请简单描述一下MVVM模式包括哪几个核心部分。
4. 请简单描述一下Vue.js的核心思想。
5. 请简单描述一下本章介绍的Vue根实例的选项都有哪些，它们在Vue中起到的作用分别是什么。
6. 请简单描述一下Vue实例生命周期的钩子函数有哪些，每个钩子函数分别会在什么时候被调用。

第9章 计算属性与侦听器

在一个应用程序中会涉及很多变量，而变量之间往往会有很多关联。其中有一些变量是根本性的，而有些则是依赖性的。Vue.js提供了根据某些变量自动关联另一些变量的机制来化简对象之间的复杂关系。本章介绍Vue.js中的计算属性与侦听器。本章的思维导图如下。

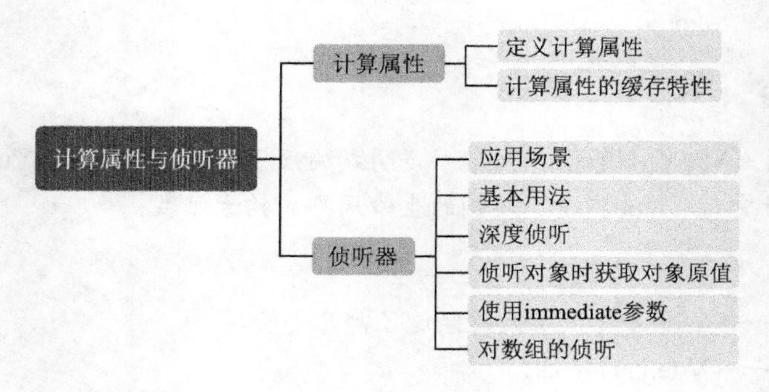

本章导读

9.1 计算属性

第8章中已经讲解过，在methods属性中设置的函数（常被称为方法）可以实现对原始数据的加工，从而在视图中能使用加工后的数据。Vue.js除了方法之外，还有很多其他的方式用于加工数据，这里介绍一个新的机制，即计算（computed）属性。

9.1.1 定义计算属性

下面举一个十分简单的案例，参考代码如下。本案例可以参考本书配套资源文件：第9章\computed-01.html。

```
1  <script>
2     let square = { length:2 };
3     let vm = new Vue({
4        data: square,
5        computed: {
6           area(){
```

```
7                return this.length * this.length;
8            }
9        }
10   })
11   console.log(vm.area);  // 4
12 </script>
```

在这个例子中，业务模型是一个正方形（square），它只有一个属性，即正方形的边长（length）属性。然后，在计算属性中定义了一个名为面积（area）的方法，用于得到正方形的面积，即返回length值的平方。

通过Chrome浏览器的“控制台”面板可以看到实际运行代码的结果：length的值为2，因此vm.area会返回4（即2的平方）。

说明

本章中将多次用到Chrome浏览器的开发者工具，以查看“控制台”面板的输出结果。在Chrome浏览器中，按“Ctrl+Shift+I”组合键可以快速打开开发者工具，单击Console可以看到程序中console.log()语句的输出结果。

计算属性是存取器，本质上是一个函数，但访问（调用）它的时候，要像对待一个变量一样，即不带括号，例如上面的代码写作vm.area，而不是vm.area()。

大多数时候用到的都是get存取器，即“读”方式的存取器，上例定义的area()计算属性就是一个“读”方式的存取器。有时也会用到set存取器，即“写”方式的存取器。这时代码要修改成如下的形式，分别设定get存取器和set存取器。本案例可以参考本书配套资源文件：第9章\computed-02.html。

```
1  <script>
2     let square = {length:2};
3     let vm = new Vue({
4        data: square,
5        computed: {
6           area: {
7              get(){
8                 return this.length * this.length;
9              },
10             set(value){
11                this.length = Math.sqrt(value);
12             }
13          }
14       }
15    })
16    console.log(vm.area);    // 4
17    vm.area = 9
18    console.log(vm.length);  // 3
19 </script>
```

可以看到，在computed对象中area被设置为一个对象，里面分别设定了get()和set()方法。get()方法与上例相同，仍是返回边长的平方。而set()方法要带一个参数，参数名可以随便取，比如这里叫作value，value表示对area进行赋值的参数（即正方形的面积），此时边长被更新为面积值的平方根。因此，在Chrome浏览器的“控制台”面板中，如果把9赋予vm.area，这时就会调用

set()，从而把边长的值更新为3。

由此可见，通过读写存取器，我们也可以实现对原始业务模型的加工处理。计算属性可以在原始数据模型的基础上增加新的数据，而新增加的数据和原始数据之间存在一定的约束关系。在上面例子中就实现了给正方形增加一个“面积”属性的功能，而原有的“边长”属性和新的“面积”之间存在着平方关系，并且二者并不是独立的，当一个被改变时，另一个会跟着改变。因此，边长在业务模型中得到，而面积在视图模型中处理，这种方式是合理的方式。

说明

读者学习到这里可能会有一个疑问：在向HTML元素中绑定模型的时候也可以使用表达式，如果需要在视图中显示面积，直接在绑定的时候计算不是很方便吗？何必要多此一举地声明一个计算属性呢？例如下面的代码。

```
<p>这个正方形的面积是 {{length*length}}</p>
```

这个问题的答案是，应该尽量让HTML部分简单干净、易于理解，尽量不要在HTML代码中混入计算逻辑。而且在实际开发中，遇到的逻辑往往会比较复杂，如果将很长的逻辑代码写到HTML的标记中，就会使代码难以理解、难以维护。因此，应该努力通过不断封装，让程序的结构保持简单、清晰，不要产生纠缠在一起的“面条”式程序结构。

方法论

读者在学习编程的时候，需要比学习语法规则更加重视逻辑的表达和好的编程观念的建立，这些才是区分程序员级别的标准。“语言是思维的物质外壳。”语言和框架仅仅是我们思想的载体，而真正关键和需要永远探索的是通过语言表达的逻辑和内容。

9.1.2 计算属性的缓存特性

当然，这里读者自然会想到，上面的求面积其实也可以在methods属性中实现，如以下代码所示。

```
1   <script>
2     var vm = new Vue({
3         …
4         methods: {
5           area: function(){
6               return this.length * this.length;
7           }
8         }
9     });
10    console.log(vm.area()); // 4
11  </script>
```

使用计算属性的get存取器和在methods中定义一个方法，除了调用时一个带圆括号、另一个不带之外，效果是一样的。但是要特别注意，并且一定要牢记它们还存在一个重要区别：计算属性具有缓存的效果，而方法不具有。具体应该用哪个方式，要根据实际情况来决定。代码具体说明如下。

- computed定义的属性在第一次访问时进行计算，以后访问就不再计算，而直接返回上次计算的结果。但是如果计算属性的值依赖于响应式数据，那么当响应式数据变化的时候也会重新计算。
- 定义在methods中的方法会每次都调用计算。

下面通过一个小案例来说明这一点。我们定义一个方法和一个计算属性，二者实现完全相同的功能，通过名称予以区分。本案例可以参考本书配套资源文件：第9章\computed-03.html。

```
1   <script>
2      let vm = new Vue({
3         methods: {
4            getTimeA: () => Math.random()
5         },
6         computed: {
7            getTimeB: () => Math.random()
8         }
9      });
10     console.log(vm.getTimeA());
11     console.log(vm.getTimeA());
12     console.log(vm.getTimeA());
13     console.log("-----------------");
14     console.log(vm.getTimeB);
15     console.log(vm.getTimeB);
16     console.log(vm.getTimeB);
17  </script>
```

上面的代码运行以后，在“控制台”面板可以得到如下结果。可以看到，用vm.getTimeA()方法得到的结果每次都不一样，即每次都执行了该方法，而用vm.getTimeB存取器得到的结果每次都是一样的，即从第二次开始返回的都是第一次计算得到的结果。

```
1   0.5961562739692035
2   0.6277325778909522
3   0.9653799305917248
4   ------------------
5   0.8451697303918768
6   0.8451697303918768
7   0.8451697303918768
```

如果只需要计算一次，以后不再计算，可以用计算属性实现。如果需要每次都计算，则要通过methods属性实现。

说明

考虑一下，为什么在这个案例中可以使用箭头函数的形式？这是因为这个函数内部没有对this指针进行引用，所以使用箭头函数的形式与使用完整的函数表达式是等价的。如果函数内部使用了this指针引用其他属性，就不能用箭头函数的语法了。

这里还要注意“缓存”和“响应式依赖”的区别。那么什么是响应式依赖呢？看一看下面的代码。本案例可以参考本书配套资源文件：第9章\computed-04.html。

```
1   <script>
2      let square = {length:2};
3      let vm = new Vue({
4         data: square,
5         computed: {
6            area(){
7               return this.length * this.length;
8            }
9         }
10     })
11     console.log(vm.area);  // 4
12     vm.length = 3
13     console.log(vm.area);  // 9
14  </script>
```

在Chrome浏览器的“控制台”面板中可以看到两次输出的值分别是4和9，说明第二次输出的值并不是4，而是又重新计算了一次面积。这是因为计算面积的时候，用到了length属性，area()这个计算属性依赖于length属性，而area属性是经过Vue.js处理的响应式属性。这时计算属性会随着依赖属性的变化而随时更新。实际上更新是在length属性值变化的时候发生的，计算属性仍然是具有缓存特性的。

初学者很容易简单地理解为“如果计算属性有响应式依赖，就不具有缓存特性”，这是不对的，查看下面的例子。本案例可以参考本书配套资源文件：第9章\computed-05.html。

```
1   <script>
2      let square = {length:2};
3      let vm = new Vue({
4         data: square,
5         computed: {
6            area(){
7               return this.length * this.length * Math.random();
8            }
9         }
10     })
11     console.log(vm.area);  // 3.63128303025658
12     console.log(vm.area);  // 3.63128303025658
13     vm.length = 3
14     console.log(vm.area);  // 5.52910038332111
15     console.log(vm.area);  // 5.52910038332111
16  </script>
```

计算面积的时候，再乘以一个随机数，然后看输出结果：在没有改变length属性值之前，两次输出的值是一样的，说明没有重新计算；length属性值改变以后，会重新计算一次，然后又缓存下来，直到下一次length属性值改变。

依赖属性可以传递，例如下面再增加一个计算属性，用于计算与这个正方形面积相等的圆形的半径（radius），代码修改如下。本案例可以参考本书配套资源文件：第9章\computed-06.html。

```
1   <script>
```

```
2       let square = {length:2};
3       let vm = new Vue({
4          data: square,
5          computed: {
6             area(){
7                return this.length * this.length;
8             },
9             radius(){
10               return Math.sqrt(this.area / Math.PI);
11            },
12         }
13      })
14     console.log(vm.radius);   // 1.1283791670955126
15     vm.length = 20
16     console.log(vm.radius);   // 11.283791670955125
17  </script>
```

通过查看“控制台”面板的输出结果可知，修改了length属性值以后，radius这个计算属性也变化了，因为它依赖的area属性也是响应式的。

关于计算属性，最重要的是理解它的响应式特性，即当一个计算属性依赖于响应式属性时，计算属性会随着依赖的属性而立即更新，更新以后这个属性值就被缓存下来，直到依赖属性下一次更新触发它再次改变。

9.2 侦听器

知识点讲解

响应式是Vue.js的最大特点，响应式的目的是使Vue.js管理的对象之间存在自动的更新机制。前面介绍的方法和计算属性都具有响应式的特点。此外，Vue.js还提供了一种被称为“侦听器”的工具，它也具有响应式的特点，但是更为适用于一些其他的开发场景。

9.2.1 侦听器的应用场景

侦听器的基本作用是在数据模型中的某个属性发生变化的时候进行拦截，从而执行指定的处理逻辑。通常在以下两种场景中会用到侦听器。

1．拦截操作

第一种场景是在某个属性发生变化的时候执行指定的操作。例如在一个电子商务网站中，每次购物车内的商品发生变化时，需要把商品列表保存到本地。改变购物车内商品的操作可能有多个，而且会逐渐增加，如加入购物车、修改某个商品的购买数量、从购物车中移除某个商品等。那么这时就有以下两种方式来实现购物车内的商品发生改变时进行的存储操作。

- 第一种方式是在每一个改变购物车商品的操作中都调用一次存储操作。
- 第二种方式是侦听购物车内的商品，在发生变化的时候调用一次存储操作。

显然第二种方式要比第一种方式更可取。因为在第一种方式中，存储操作会散落在程序的各个地方，不利于程序的维护，如果以后增加了对购物车的操作，也要在新的操作中调用存储操作。而第二种方式则只需要在一处进行处理，即使以后新增对购物车的操作，也无须关心存储的问题，这就是侦听器的典型作用。

方法论

从系统设计模式的角度来说，第二种方式称为AOP（aspect oriented programming，面向切面的编程）。在系统中需要进行的日志记录、性能统计、安全控制、事务处理、异常处理等都常常使用这种方式，将一些具有共性的操作集中在一起进行处理。

Vue.js的侦听器机制为开发者提供了一个这样的机制，用于侦听数据模型的某个响应式属性的变化，但是无论有多少种改变它的操作，只要在它变化时进行拦截，就可以进行统一的处理。

2．耗时操作

下面考虑另一种可能用到侦听器的开发场景。再次考虑前面正方形边长和面积的例子，在业务模型中，只需要提供边长，面积可以通过计算方便地获取，这样做非常合理。对有约束关系的不同属性，通常可以这样做。

但是考虑一种情况，如果根据一个属性计算出另一个属性的过程复杂且耗时，比如要对一段文本进行复杂的加密，可能需要几秒。或者这个计算无法在浏览器中完成，而需要访问一个外部服务器，通过AJAX远程取得这个值。如果属性频繁地改变，会导致频繁地调用这个耗时操作，但通常我们都需要避免频繁地进行耗时操作。

例如一个带有自动提示的文本框，在用户输入文字的同时，会向服务器发出请求，取回根据用户输入内容计算出的提示。用户在文本框中按键输入的速度是很快的，如果每个用户的每次按键都触发远程调用就不合适了，因此通常会限制一个阈值，比如500毫秒，只有当500毫秒内没有新的输入之后，才会向服务器发出请求。这时就应该考虑使用Vue.js的侦听器机制对用户输入的内容进行侦听，前后两次变化的时间间隔超过500毫秒时才向服务器发出请求，如果没有超过500毫秒则直接忽略。

注意

在绝大多数场景中，都应该使用计算属性，而非侦听器。只有像上面的两种场景那样有充分的理由时，才考虑使用侦听器。

9.2.2 侦听器的基本用法

仍然用前面正方形的边长和面积的例子，如果改用侦听器的做法，需要把length和area都放在data中，然后侦听length的变化，更新area，实现代码如下。本案例可以参考本书配套资源文件：第9章\watch-01.html。

```
1  <script>
2     let square = {
3        length:2,
4        area:4
5     };
6     let vm = new Vue({
7        data: square,
```

```
8          watch: {
9             length(value){
10               this.area = value * value;
11               console.log(vm.area);   // 9
12            }
13         }
14      })
15      console.log(vm.area);   // 4
16      vm.length = 3
17   </script>
```

在以上代码中，square对象中同时包括了length和area两个属性，然后在创建Vue实例时，增加了针对length属性值的侦听器，里面的函数名与要侦听的属性名称一致。例如这里的length()方法就用于侦听length属性值的变化，每次它发生变化的时候，就会调用这个方法。它的参数就是这个属性变化以后的新值。在方法中可以根据length属性的新值做相应的操作，例如这里就计算length的平方，然后更新area属性的值。

这样做得到的效果与把area作为计算属性的效果是一样的。

注意

这里仅是为了举例说明侦听器的用法。实际上，对于这样的场景，我们应该使用计算属性，而非侦听器。

如果需要，侦听器的函数也可以带两个参数：前者代表变化后的新值；后者代表变换前的原值。例如：

```
1   watch: {
2      length(newValue, oldValue){
3         this.area = this.newValue * this.newValue;
4         console.log(oldValue);
5      }
6   }
```

9.2.3 深度侦听

计算属性和侦听器具有很多共性，它们都能够在依赖的响应式属性发生变化时做出反应。例如：对于计算属性，会重新计算属性值；对于侦听器，会触发指定的回调函数。

但是二者存在一个重要的区别，就是计算属性是深度侦听的，而侦听器如果没有特殊指定，在默认情况下不是深度侦听的。Vue.js框架之所以这样设定，是出于对性能的考虑。

深度侦听是指当依赖或被侦听的属性是一个对象，而不是简单数据类型（例如数值型、字符串型等）的值时，会以递归方式侦听对象的所有属性。例如一个数据模型定义如下，circle包含两个属性：position和radius，position又是一个包含两个属性的对象，而不是一个简单数据类型的值。我们尝试侦听position属性值的变化，按照前面的方法，编写如下代码。本案例可以参考本书配套资源文件：第9章\watch-02.html。

```
1      <p id="app">{{position2}}</p>
```

```
2     <script>
3       let circle = {
4         position: {
5           x:0, y:0
6         },
7         radius: 10
8       };
9       let vm = new Vue({
10        el:"#app",
11        data: circle,
12        watch: {
13          position(newValue) {
14            console.log('在侦听器中侦听到:
15            位置变化到了(${newValue.x},${newValue.y})');
16          }
17        },
18        computed:{
19          position2(){
20            console.log('计算属性被触发更新:
21            位置变化到了(${this.position.x},${this.position.y})');
22            return {x: this.position.x+1, y:this.position.y+1}
23          }}
24      });
25      vm.position.x = 3;
26    </script>
```

在上述代码中，this.position开始的时候值是{x:0, y:0}，后面执行“vm.position.x = 3”语句，修改了position.x属性的值。此时在浏览器中打开页面，可以发现“控制台”面板的输出结果如下。

```
1  计算属性被触发更新:
2              位置变化到了(0,0)
3  计算属性被触发更新:
4              位置变化到了(3,0)
```

计算属性被两次触发了重新计算：一次是初始化的时候；另一次是position.x属性的值被改为3的时候。但是并没有输出侦听器被触发时的记录，这说明侦听器并没有侦听到this.position的变化。

this.position是一个对象，position这个变量实际上仅记录了一个地址，而我们修改的是position对象x坐标的值，并没有修改position对象本身的地址，因此默认情况下侦听器侦听不到这个变化，也就是说侦听器默认是不会深度侦听的。Vue.js为侦听器提供了一个深度侦听的选项，可以解决这个问题，这里将代码做如下修改。本案例可以参考本书配套资源文件：第9章\watch-03.html。

```
1     <script>
2       let circle = {
3         position: {
4           x:0, y:0
5         },
6         radius: 10
7       }
```

```
8        let vm = new Vue({
9          data: circle,
10         watch: {
11           position: {
12             handler(newValue){
13               console.log('在侦听器中侦听到:
14                 位置变化到了(${newValue.x},${newValue.y})');
15             },
16             deep: true
17           }
18         }
19       })
20       vm.position.x = 3;
21     </script>
```

可以看到，以上代码对position的侦听换了一种写法，改用对象的描述方式，增加了{deep:true}作为参数，这样就是告诉Vue.js使用深度侦听的方式侦听position对象，不仅要侦听position对象的地址，还要以递归方式跟踪它的各级属性。这样，就可以实现当对象的某个深层属性变化时被侦听器侦听到。“控制台”面板的输出结果如下。

```
在侦听器中侦听到：位置变化到了(3,0)
```

9.2.4 侦听对象时获取对象原值

使用深度侦听的方式可以捕获侦听对象的改变。这里我们再修改一下，看看会有什么问题。把侦听器的代码做如下修改，目的是希望能够操作修改的原值和新值。本案例可以参考本书配套资源文件：第9章\watch-04.html。

```
1      watch: {
2        position: {
3          handler(newValue, oldValue){
4            console.log(
5              '位置从 (${oldValue.x},${oldValue.y})
6                 变化到了 ($wValue.x},${newValue.y})');
7          },
8          deep: true
9        }
10     }
```

但遗憾的是，在浏览器中“控制台”面板会输出下面的结果。

```
位置从 (3,0) 变化到了 (3,0)
```

可以看到，Vue实例并没有记住原值，因此前后显示的都是新值。使用深度侦听的方式虽然可以侦听到对象的属性值发生了变化，但是依然无法得到属性的原值。要解决这个问题，可以采用一个“偷梁换柱”的办法。

先给position对象设置一个计算属性，因为在计算属性中可以知道其发生了改变。在计算属性中，把position对象先序列化为字符串，再把这个字符串解析为一个对象，这样得到的新对象和原对象是两个完全不同的对象，但是它们的所有属性值都是完全一样的。

然后针对这个计算属性设置侦听，这样就可以得到新值和原值了，代码如下。本案例可以参考本书配套资源文件：第9章\watch-05.html。

```
1   let vm = new Vue({
2       data: circle,
3       computed:{
4           computedPosition(){
5               return JSON.parse(JSON.stringify(this.position));
6           }
7       },
8       watch: {
9           computedPosition: {
10              handler(newValue, oldValue) {
11                  console.log('位置从 (${oldValue.x},${oldValue.y})
12                      变化到了 (${newValue.x},${newValue.y})');
13              },
14              deep: true
15          }
16      }
17  });
```

此时“控制台”面板的输出结果如下。该输出结果说明不但监控到了新值，也得到了原值。

```
位置从 (0,0) 变化到了 (3,0)
```

注意

再次强调，在Vue.js中的计算属性同样具有响应式特性，而且没有侦听器中对对象和数组的各种限制。因此，只有使用计算属性无法实现的功能才考虑使用侦听器来实现。

9.2.5 使用immediate参数

在默认情况下，只有当被侦听的对象发生变化的时候，才会执行相应的操作，但是初始化的那次变化不会被侦听到。在一些特殊的场景中，可能会希望在初始化的时候就执行一次这样的操作，这个时候可以使用immediate参数，看下面这个例子。本案例可以参考本书配套资源文件：第9章\watch-06.html。

```
1   <script>
2       let circle = {
3           position: {
4               x:0, y:0
5           },
6           position2: {
7               x:0, y:0
8           }
9       }
10      let vm = new Vue({
```

```
11          data: circle,
12          watch: {
13              position: {
14                  handler(value){
15                      this.position2.x = this.position.x + Math.random();
16                      this.position2.y = this.position.y + Math.random();
17                      console.log(this.position2.x, this.position2.y);
18                  },
19                  deep: true,
20                  immediate: true
21              }
22          }
23      });
24      vm.position.x = 3;
25  </script>
```

上面的代码在数据模型中定义了两个位置对象，分别是position和position2。设定侦听器，当position对象的属性值发生变化的时候，就改变position2的位置——让它移动到position附近的一个随机位置。然后对position对象进行深度侦听，并设定immediate为true。代码中修改了一次position的位置，运行以上代码得到的输出结果如下。

```
1   0.555852945520603 0.72800340034948
2   3.099302074627821 3.89650240852788
```

可以看到，当position移动位置的时候，position2也移动到了它的旁边。并且，只改变了一次位置，而有两次输出，说明被侦听到了两次。其中第一次就是在初始化页面的时候，这就是设置immediate为true的作用。

再次提醒读者，使用侦听器前应仔细确认一下是否有必要。如果能用计算属性实现，就不要使用侦听器。在本书第13章，我们还会举一个使用侦听器的综合案例。

9.2.6 对数组的侦听

与对象类似，数组也是引用类型，因此，也存在比较复杂的侦听规则。理论上来说，修改数组的内容，比如修改数组的某个元素值，或者给数组加入新的元素等，都不会修改数组本身的地址（引用），因此也不会被侦听到。为此Vue.js对数组做了特殊的处理，使得使用标准的数组操作方法对数组进行的修改可以被侦听到。

1．使用标准方法修改的数组可以被侦听到

通过下列方法操作或更改数组时，变化可以被侦听到。

- push()：尾部添加。
- pop()：尾部删除。
- unshift()：头部添加。
- shift()：头部删除。
- splice()：删除、添加、替换。
- sort()：排序。
- reverse()：逆序。

例如下面的例子中，通过push()方法在数组array中加入一个新的元素，这个变化可以被侦听到。本案例可以参考本书配套资源文件：第9章\watch-07.html。

```
1  <script>
2      let vm = new Vue({
3          data: {
4              array: [0, 1, 2]
5          },
6          watch: {
7              array(newValue) {
8                  console.log('array变化为${newValue}');
9              }
10         }
11     });
12     vm.array.push(3); // 可以被侦听到
13 </script>
```

2. 替换数组可以被侦听到

为了使数组的变化被侦听到，最简单的方法是重新构造数组。例如当需要清除某个数组中的所有元素时，可以直接把一个空数组赋予它。

类似地，数组还会经常用到另一些方法，例如filter()、concat()和slice()等。它们不会变更原始数组，而是会返回一个新数组。当使用这些非变更方法时，可以用新数组替换旧数组，这样也可以使侦听器感知到数组的变化。下面使用filter()方法的例子进行讲解。本案例可以参考本书配套资源文件：第9章\watch-08.html。

```
1  <script>
2      let vm = new Vue({
3          data: {
4              array: [0, 1, 2]
5          },
6          watch: {
7              array(newValue) {
8                  console.log('array变化为${newValue}');
9              }
10         }
11     });
12     // 替换为新数组，可以被侦听到
13     vm.array = vm.array.filter(_ => _ > 0);
14 </script>
```

3. 无法被侦听的情况

由于早期ES版本（ES5）的限制，在Vue.js 2.x中不能侦听到数组的某些变化的情况主要包括以下两种。

- 直接通过索引去修改数组，例如vm.items[5] = newValue。
- 直接通过length属性的值修改数组，例如vm.items.length = 10。

除了上述两种情况，还会经常遇到的情况是数组元素为一个对象，改变的是数组元素的一个

属性。下面的代码分别展示了这3种情况。本案例可以参考本书配套资源文件：第9章\watch-09.html。

```
1   <script>
2       let vm = new Vue({
3           data: {
4               array: [0, 1, 2, {x:1}]
5           },
6           watch: {
7               array(newValue) {
8                   console.log(newValue[2], newValue[3].x);
9               }
10          }
11      });
12      vm.array[2] = 5;                      // 修改数组元素本身
13      vm.array[3].x = 10;                   // 数组元素是对象，修改对象的属性
14      vm.array.length = 0;                  // 通过length修改数组长度
15  </script>
```

上面代码对这3种情况都无法侦听到，解决方法如下。

（1）在实际开发中，通过length改变数组长度的情况很少见，基本上只要记住不要这样做就可以了。如果需要改变数组长度，可以用上面介绍的几种操作数组的标准方法代替。

（2）对于需要修改数组的某个元素对象属性的情况，我们可以把侦听器按照前面介绍的方法设为深度侦听，这样该情况就可以被侦听到了。

（3）对于直接修改数组元素的情况，我们可以使用Vue.js提供的$set()方法，代码如下。本案例可以参考本书配套资源文件：第9章\watch-10.html。

```
1   <script>
2       let vm = new Vue({
3           data: {
4               array: [0, 1, 2, {x:1}]
5           },
6           watch: {
7               array(newValue) {
8                   console.log(newValue[2], newValue[3].x);
9               }
10          }
11      });
12      vm.$set(vm.array, 2, 5);          // 修改元素
13      vm.$set(vm.array[3], 'x', 10);    // 修改元素的属性
14  </script>
```

以上代码中使用了$set()方法，分别修改了数组的第2个元素，以及第3个元素的“x”属性。

使用$set()方法修改数组元素时，第1个参数是要改变的数组，第2个参数是要修改元素的索引，第3个参数是元素被修改后的值。

$set()方法也可以用于修改元素的属性，第1个参数是要修改的元素，第2个参数是字符串形式的要修改的属性名称，第3个参数是修改后的属性值。

因此，如果不设为深度侦听，而用$set()方法修改某个元素的属性值，也是可以被侦听到的。

这里对上面的讲解进行如下总结。

- 如果使用了push()等标准的数组操作方法，可以被侦听到。
- 如果彻底替换为一个新的数组，可以被侦听到。
- 如果直接修改数组的元素，无法被侦听到，解决方法是使用$set()方法修改元素的内容。
- 如果侦听器通过“{deep:true}”设置为深度侦听，那么修改对象元素的属性可以被侦听到，但是如果元素本身被修改，依然无法被侦听到。
- 如果侦听器没有设为深度侦听，那么元素的属性也可以用$set()方法来修改，达到这个修改被侦听到的目的。
- 不要通过length属性来修改数组长度，可改用其他标准方法显示数组长度的变化。

本章小结

在这一章中，讲解了计算属性和侦听器这两个重要的Vue.js特性，希望读者能够了解方法、计算属性、侦听器三者之间的相同点和不同点，了解其适用范围。

习题 9

一、关键词解释

计算属性　侦听器　深度侦听　immediate参数

二、描述题

1. 请简单描述一下方法、计算属性和侦听器的相同点和不同点。
2. 请简单描述一下侦听器的几种应用场景。
3. 请简单描述一下在什么情况下使用深度侦听，以及如何做到深度侦听。
4. 请简单描述一下对引用类型数据的侦听情况。

（1）可以直接被侦听到的情况。

（2）不可以直接被侦听到的情况。

（3）不可以被侦听到的情况。

三、实操题

1. 定义一个对象，对象中包含姓名和城市；在页面中显示自我介绍，例如“我叫什么，来自哪个城市”。请分别使用methods（方法）、computed（计算属性）和watch（侦听器）这3种方式进行实现。

2. 定义一个数组，数组中包含产品的名称、单价和购买数量，使用methods（方法）、computed（计算属性）和watch（侦听器）这3者中最优的方式计算购物车中产品的总价格；然后修改产品的购买数量，并重新计算其总价格。

第10章 控制页面的CSS样式

前面我们讲解了通过Vue.js提供的模板语法和相关指令将DOM元素与数据模型进行绑定的方法。除了DOM元素本身，元素的样式也是Web开发中经常要处理的对象。例如，给某个页面元素的class属性添加或删除class名称可以区分这个元素的不同状态，网站导航中可以通过添加一个名为active的CSS类来区分一个菜单项是处于选中状态还是处于未选中状态。

命令式的框架，例如典型的jQuery，一般通过addClass()和removeClass()这样的函数来给元素添加和删除class名称。在Vue.js中，则以声明的方式，通过v-bind指令来实现元素与模型数据的绑定。本章的思维导图如下。

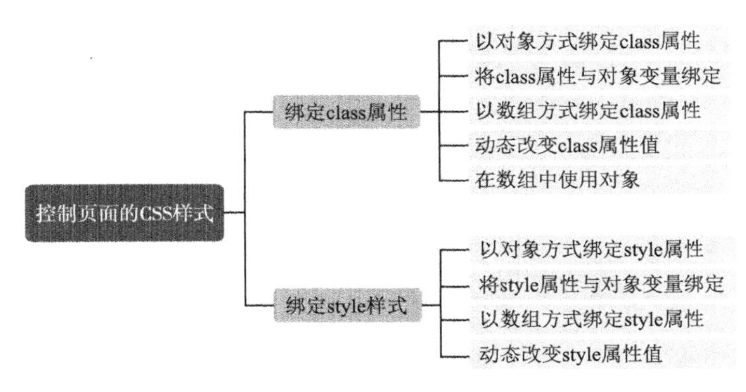

10.1 绑定class属性

首先来看对class属性的操作。本章的操作都是使用v-bind指令完成的，因此本章的案例也可以帮助读者复习v-bind指令和数据绑定的相关知识。

10.1.1 以对象方式绑定class属性

以对象方式绑定class属性的方法是使用v-bind指令，并设定对象的属性名为class的名称，值为true或者false。如果值为true，则表示class属性中将包括绑定的这个class属性，否则就不包括绑定的这个class属性。

```
<div v-bind:class="{class_name: <true | false>}"></div>
```

下面做一个简单案例演示。准备一个简单的页面，里面有4个<div>标记，然后进行简单的CSS设置，可以得到图10.1所示的效果。

1 2 3 4

图 10.1　一个包含 4 个 <div> 标记的页面

本案例一共有两个样式类，一个是深色边框，另一个是灰色背景。4个<div>标记使用了这两个类的不同组合，依次为：白色背景+浅色边框、白色背景+深色边框、灰色背景+浅色边框、灰色背景+深色边框。这个页面的实现代码如下（参考本书配套资源文件：第10章\class-01.html）。

```
1    <html>
2      <head>
3        <style>
4          div>div {
5            width: 60px;
6            height: 60px;
7            border: 2px solid #bbb;
8            text-align: center;
9            line-height: 60px;
10           font-size: 30px;
11           margin:10px;
12           float:left;
13         }
14         .selected{
15           border-color: #000;
16         }
17         .active{
18           background: #bbb;
19         }
20       </style>
21     </head>
22     <body>
23       <div id="app">
24         <div>1</div>
25         <div class="selected">2</div>
26         <div class="active">3</div>
27         <div class="selected active">4</div>
28       </div>
29     </body>
30   </html>
```

可以看到，上面代码中，在<style></style>标记部分设置了两个CSS样式类：selected和active。在HTML部分，1号<div>标记两个类都没有使用，2号和3号<div>标记分别使用了selected和active的一个class属性，4号<div>标记同时使用了selected和active。

那么现在如果要通过JavaScript控制这4个<div>标记的class属性值实现相同的效果，应该如何操作呢？这时就可以使用Vue.js的v-bind指令，将上面代码中的<body></body>标记和<script></script>标记部分做如下修改。本案例的完整代码可以参考本书配套资源文件：第10章\class-02.html。

```
1   <body>
2     <div id="app">
3       <div v-bind:class=
4         "{selected: div1.selected, active: div1.active}"
5       >1</div>
6       <div v-bind:class=
7        "{selected: div2.selected, active: div2.active}"
8       >2</div>
9       <div v-bind:class=
10        "{selected: div3.selected, active: div3.active}"
11      >3</div>
12      <div v-bind:class=
13        "{selected: div4.selected, active: div4.active}"
14      >4</div>
15    </div>
16
17    <script>
18      var vm = new Vue({
19        el: '#app',
20        data:{
21          div1:{selected: false, active: false},
22          div2:{selected: true,  active: false},
23          div3:{selected: false, active: true},
24          div4:{selected: true,  active: true},
25        }
26      })
27    </script>
28  </body>
```

可以看到，在创建的Vue实例中，我们设置了data对象，它有4个属性，分别对应4个<div>标记，每一个<div>标记又对应一个对象；它们各自设置了selected和active两个CSS样式类，分别对应不同的true或false。这样运行上面代码以后，得到的结果和原来的完全相同。

10.1.2 将class属性与对象变量绑定

实际上，以对象语法绑定class属性的时候，不一定要使用内联方式，可以将class属性通过v-bind指令绑定到一个变量。例如<body></body>标记部分代码修改如下，其他不变，得到的结果与前面完全一样，这就是将<div>标记部分的class属性与变量绑定了。本案例的完整代码可以参考本书配套资源文件：第10章\class-03.html。

```
1   <body>
2     <div id="app">
3       <div v-bind:class="div1">1</div>
4       <div v-bind:class="div2">2</div>
5       <div v-bind:class="div3">3</div>
6       <div v-bind:class="div4">4</div>
7     </div>
8   </body>
```

再进一步，class属性通过v-bind指令还可以绑定到计算属性或者方法上，例如下面代码中定义了一个计算属性randomComputed()和一个方法randomMethod()。本案例的完整代码可以参考本书配套资源文件：第10章\class-04.html。

注意

这里复习一下，将class属性绑定到计算属性和方法时，前者不加括号，后者要加括号。

```
1  <body>
2    <div id="app">
3      <div v-bind:class="randomComputed">1</div>
4      <div v-bind:class="randomComputed">2</div>
5      <div v-bind:class="randomMethod()">3</div>
6      <div v-bind:class="randomMethod()">4</div>
7    </div>
8
9    <script>
10     function randomBool(){
11       // 等概率返回true或false
12       // 0到1的随机数四舍五入转换为布尔值
13       return Boolean(Math.round(Math.random()));
14     }
15
16     var vm = new Vue({
17       el: '#app',
18       computed:{
19         randomComputed(){
20           return {selected: randomBool(), active: randomBool()}
21         }
22       },
23       methods:{
24         randomMethod(){
25           return {selected: randomBool(), active: randomBool()}
26         }
27       }
28     })
29   </script>
30 </body>
```

它们计算的过程完全相同，都是返回一个包含selected和active的对象，二者分别取一个随机的true或者false。上面的代码中，将计算属性randomComputed()绑定到了前两个<div>标记，将方法randomMethod()绑定到了后两个<div>标记。随机样式效果如图10.2所示。

1	2	3	4

图 10.2　随机样式效果

从图10.2中可以看出，无论怎么刷新页面，前两个<div>标记的样式永远是相同的，而后两个<div>标记的样式一般是不同的，大约有25%的概率相同。这里请读者停下来，思考一下这是什么原因导致的呢？

答案是前面介绍过的，计算属性具有缓存的特性，只计算一次，在绑定第2个<div>标记的class属性时，计算属性不会重新计算，因此其总是与第一个<div>标记的相同。而后两个<div>标记绑定到方法上时，每次都会重新计算，因此都是独立计算的随机样式。

10.1.3 以数组方式绑定class属性

Vue.js中除了可以使用对象对class属性进行绑定之外，还可以利用数组绑定class属性。在数组中，将每个元素的值设为样式类对应的字符串即可，代码如下。

```
<div v-bind:class="['active','selected']">vue</div>
```

上面的代码中<div>标记的class属性值设置为包含两个类名。当然数组元素也可以是变量、计算属性或者调用方法的结果，只要对应的值是类名即可，代码如下。本案例的完整代码可以参考本书配套资源文件：第10章\class-05.html。

```
1    <body>
2      <div id="app">
3        <div v-bind:class="[className1, className2]">vue</div>
4      </div>
5
6      <script>
7        var vm = new Vue({
8          el: '#app',
9          data: {
10           className1: 'active',
11           className2: 'selected'
12         }
13       })
14     </script>
15   </body>
```

以上代码的渲染结果如下。

```
<div class="active selected"></div>
```

因此，Vue.js中绑定class属性非常灵活、方便，只要数据模型中产生相应的对象或数组，就可以让页面的样式随时与数据模型同步。这也正是Vue.js框架的优势所在。

10.1.4 动态改变class属性值

在实际中，往往需要根据数据模型中的某些条件，动态改变class的属性值，这时通常会利用三元表达式来实现。

例如，我们希望实现根据一个布尔类型的属性isActive来决定样式，如果isActive为true，则设置class的属性值为active，否则设为selected，那么可以使用如下代码。本案例的完整代码可以参考本书配套资源文件：第10章\class-06.html。

```
1    <body>
2      <div id="app">
3        <div v-bind:class="[isActive ? 'active' : 'selected']">vue</div>
4      </div>
5      <script>
6        var vm = new Vue({
7          el: '#app',
```

```
8        data: {
9          isActive: false
10       },
11     })
12   </script>
13 </body>
```

以上代码的渲染结果如下。

```
<div class="selected"></div>
```

10.1.5 在数组中使用对象

当class属性有多个条件时，使用以上方式就比较烦琐了，这时就可以在数组中使用对象，代码如下。本案例的完整代码可以参考本书配套资源文件：第10章\class-07.html。

```
1  <body>
2    <div id="app">
3      <div v-bind:class="[{active: className1}, className2]">vue</div>
4    </div>
5
6    <script>
7      var vm = new Vue({
8        el: '#app',
9        data: {
10         className1: true,
11         className2: 'selected'
12       }
13     })
14   </script>
15 </body>
```

从以上代码可以看出，className1为true时，其渲染结果如下。

```
<div class="active selected"></div>
```

在实际开发中，常常会遇到某些元素，它们既有固定的class属性值，也有通过Vue.js控制的class属性值，这时可以二者并用，Vue.js会自动合并处理。

```
1  <div>
2    <div class="menu-item" v-bind:class="isActive()">vue</div>
3  </div>
```

上面没有使用v-bind指令的class属性中指定的是固定的类名，使用v-bind指令的class属性中指定的是Vue实例控制的类名，对于此，Vue.js会自动处理。上述代码等价于下面的代码。

```
1  <div>
2    <div v-bind:class="['menu-item', isActive()]">vue</div>
3  </div>
```

10.2 绑定style属性

在某些场景中，需要动态确定元素的style属性值，这一点在Vue.js中也可以方便地实现。

10.2.1 以对象方式绑定style属性

绑定内联样式时的对象看起来非常像CSS对象，但它其实是一个JavaScript对象，我们可以使用驼峰式（camelCase）或者短横线分隔的形式（kebab-case，记得用单引号引起来）来命名。

```
<div v-bind:style="{className: <true | false>, 'class-name': <true | false>}"></div>
```

修改上面案例，以演示如何绑定style属性，代码如下。本案例的完整代码可以参考本书配套资源文件：第10章\style-01.html。

```
1   <body>
2     <div id="app">
3       <div>1</div>
4       <div v-bind:style="{ 'border-color': selected }">2</div>
5       <div v-bind:style="{ 'background': active }">3</div>
6       <div v-bind:style="{ borderColor: selected, 'background': active }">4</div>
7     </div>
8     <script>
9       var vm = new Vue({
10        el: '#app',
11        data:{
12          selected: '#000',
13          active: '#bbb'
14        }
15      })
16    </script>
17  </body>
```

从上面的代码中可以看出，data中定义了两个变量，分别表示此案例中的边框颜色和背景颜色，它们都被绑定到了4个<div>标记中，实现了与上面案例相同的效果。

10.2.2 将style属性与对象变量绑定

实际上，在以对象方式绑定style属性的时候，也可以将style属性通过v-bind指令绑定到变量，代码如下。本案例的完整代码可以参考本书配套资源文件：第10章\style-02.html。

```
1   <body>
2     <div id="app">
3       <div>1</div>
4       <div v-bind:style="div2">2</div>
5       <div v-bind:style="div3">3</div>
6       <div v-bind:style="div4">4</div>
7     </div>
```

```
8     <script>
9       var vm = new Vue({
10        el: '#app',
11        data:{
12          div2: { 'border-color': '#000' },
13          div3: { 'background': '#bbb' },
14          div4: { borderColor: '#000', 'background': '#bbb' }
15        }
16      })
17    </script>
18  </body>
```

上述代码中，给<body></body>标记中的<div>标记绑定了3个变量，并在data对象中定义了对应的属性值，得到的效果与前面完全一样，这样就将<div>标记的style属性与变量绑定了。

对象也可以结合计算属性和方法使用，代码如下。本案例的完整代码可以参考本书配套资源文件：第10章\style-03.html。

```
1   <body>
2     <div id="app">
3       <div>1</div>
4       <div v-bind:style="divComputed2">2</div>
5       <div v-bind:style="divComputed3">3</div>
6       <div v-bind:style="divMethod4">4</div>
7     </div>
8   </body>
9   computed: {
10    divComputed2() {
11      return this.div2
12    },
13    divComputed3() {
14      return this.div3
15    },
16  },
17  methods: {
18    divMethod4() {
19      return this.div4
20    }
21  }
```

从以上代码可以看出，添加了计算属性computed和方法methods，修改了<body></body>标记中绑定style属性的值，将之前的变量改成了计算属性和方法，其余代码没变，得到的效果与前面完全一样。

10.2.3 以数组方式绑定style属性

同绑定class属性相似，除了可以使用对象对style属性进行绑定之外，还可以利用数组绑定style属性。在数组中，元素是对象或者变量名，代码如下。

```
<div v-bind:style="[{键: 值}, 变量名]"></div>
```

在上面的代码中，数组中元素的值有两种：一种是对象；另一种是对象对应的变量名。当然，数组元素也可以是计算属性或者调用方法的结果。在前面代码的基础上，修改<body></body>标记的代码如下，其余代码不变。本案例的完整代码可以参考本书配套资源文件：第10章\style-04.html。

```
1   <body>
2     <div id="app">
3       <div>1</div>
4       <div v-bind:style="[div2, divComputed3]">2</div>
5       <div v-bind:style="[{ borderColor: '#000'}, divComputed3]">3</div>
6       <div v-bind:style="divMethod4">4</div>
7     </div>
8   </body>
```

从以上代码可以看出，第2个<div>标记绑定的是data对象中的变量和计算属性，第3个<div>标记绑定的是对象和计算属性，第4个<div>标记绑定的是方法。这3种绑定style属性的方式不同，但其效果是一样的，如图10.3所示。

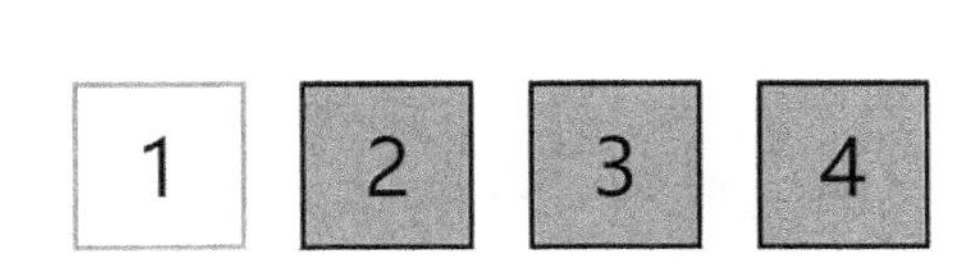

图 10.3　不同绑定方式的效果一致

10.2.4 动态改变style属性值

在10.1.4小节中介绍了我们可以动态改变class属性值，其实我们也可以动态改变style属性值，例如使用三元表达式来实现，代码如下。本案例的完整代码可以参考本书配套资源文件：第10章\style-05.html。

```
1   <body>
2     <div id="app">
3       <div v-bind:style="{ borderColor: selected1 ? '#000' : '#bbb' }">1</div>
4       <div v-bind:style="{ borderColor: selected2 ? '#000' : '#bbb' }">2</div>
5     </div>
6     <script>
7       var vm = new Vue({
8         el: '#app',
9         data:{
10          selected1: false,
11          selected2: true
12        },
13      })
14    </script>
15  </body>
```

以上代码中，为了得到明显的对比效果，定义了selected1和selected2两个变量，并将它们分别绑定到了两个<div>标记的style属性上，效果如图10.4所示。

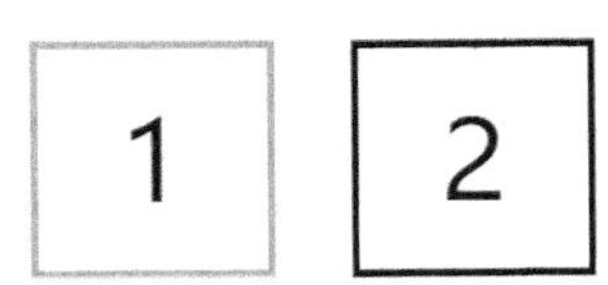

图 10.4　动态改变 style 属性值的效果

本章小结

本章介绍了如何通过Vue.js动态地控制HTML元素的CSS类和style属性，这些都是使用对象或者数组，并通过非常直观的语法来实现的。

一、关键词解释

绑定class属性　绑定style属性

二、描述题

1. 请简单描述一下控制页面的CSS样式有哪几种。
2. 请简单描述一下绑定class属性的几种方式，它们大致是如何绑定的。
3. 请简单描述一下绑定style属性的几种方式，它们大致是如何绑定的。

三、实操题

通常，日历每个月份的日期首尾会有上个月和下个月的日期进行填充，如题图10.1所示，当前日期是2021年8月18日，8月1日前面是7月的日期，8月31日后面是9月的日期。请通过绑定class属性和style属性这两种方式来区分不是当前月份的日期，并标注出当天的日期。实现的日历效果如题图10.1所示。

2021年8月

一	二	三	四	五	六	日
26 十七	27 十八	28 十九	29 二十	30 廿一	31 廿二	1 建军节
2 廿四	3 廿五	4 廿六	5 廿七	6 廿八	7 立秋	8 初一
9 初二	10 末伏	11 初四	12 初五	13 初六	14 七夕节	15 初八
16 初九	17 初十	18 十一	19 十二	20 出伏	21 十四	22 中元节
23 处暑	24 十七	25 十八	26 十九	27 二十	28 廿一	29 廿二
30 廿三	31 廿四	1 廿五	2 廿六	3 廿七	4 廿八	5 廿九

题图 10.1　日历效果

第11章 事件处理

前面介绍了如何将数据与页面元素的文本和属性进行绑定，本章讲解一下Vue.js事件处理的相关内容。使用Vue.js的事件处理机制，可以更方便地处理事件。本章的思维导图如下。

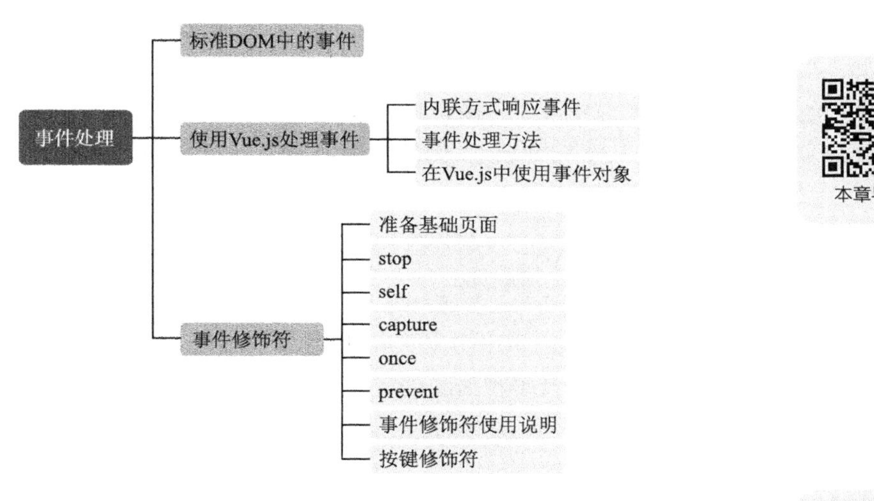

11.1 标准DOM中的事件

Web页面与其他传统媒体的最大区别在于，Web页面可以与用户交互。事件是JavaScript最引人注目的特性，它提供了一个平台，让用户不仅能够浏览页面中的内容，而且能够与页面进行交互。本节将基于7.5.1小节对事件与事件流的介绍，进一步介绍在Vue.js中如何处理事件。

浏览器中的事件都是以对象的形式存在的，标准DOM中规定事件对象必须作为唯一的参数传给事件处理函数，因此访问事件对象时通常会将事件对象作为参数。下面的代码使用标准DOM提供的方法处理事件。使用Vue.js能够方便地实现与之相同的功能，且事件对象是一样的。

```
1    <body>
2        <div id="target">
3            <p>click p</p>
4            click div
```

```
5        </div>
6        <script>
7            document
8            .querySelector("div#target")
9            .addEventListener('click',
10               (event) => {
11                   console.log(event.target.tagName)
12               }
13           );
14       </script>
15   </body>
```

在上面的代码中，首先根据CSS选择器在页面中选中一个对象，然后给它绑定事件侦听函数。可以看到，箭头函数的参数就是事件对象。事件对象描述了事件的详细信息，开发者可以根据这些信息做相应的处理，实现特定的功能。例如上面代码中仅简单地显示出事件目标的标记名称。

不同的事件对应的事件属性也不一样，例如鼠标指针移动相关的事件就会有坐标信息，而其他事件一般不会包含坐标信息。但是有一些属性和方法是所有事件都会包含的。

事件对象中的常见属性，请参考表7.2。读者具体使用的时候，还可以详细查阅相关文档。当然，随着浏览器的发展，事件也会不断变化，例如移动设备出现以后，就增加了“触摸”事件。

11.2 使用Vue.js处理事件

11.1节介绍了标准DOM中的事件及事件对象的概念，本节将讲解如何使用Vue.js来处理事件。

11.2.1 内联方式响应事件

仍然用之前讲过的正方形边长和面积的例子，我们可以在页面上增加<button></button>标记和<p></p>标记，这个按钮被单击时，将会触发单击事件，在Vue.js中可以使用v-on指令绑定事件，代码如下。本案例的完整代码可以参考本书配套资源文件：第11章\event-01.html。

```
1    <body>
2      <div id="app">
3        <button v-on:click="length++">改变边长</button>
4        <p>正方形的边长是{{length}}，面积是{{area}}。</p>
5      </div>
6
7      <script>
8        let square = {length:2};
9        let vm = new Vue({
10         el:"#app",
11         data: square,
12         computed: {
13           area(){
14             return this.length * this.length;
```

```
15            }
16          }
17        })
18      </script>
19    </body>
```

可以看到，v-on指令冒号后跟着的是事件名称，与标准的DOM规范中定义的事件名称一致。

对于特别简单的逻辑，我们可以在等号后面直接用JavaScript语句来做相应的处理，称之为“内联方式”，例如上面代码的作用是每单击一次按钮，就让正方形的边长属性值增加1。运行以后，可以看到初始效果如图11.1所示。

每单击一次按钮，显示的边长和面积就会变化。例如，单击一次按钮，效果如图11.2所示。

图 11.1 初始效果

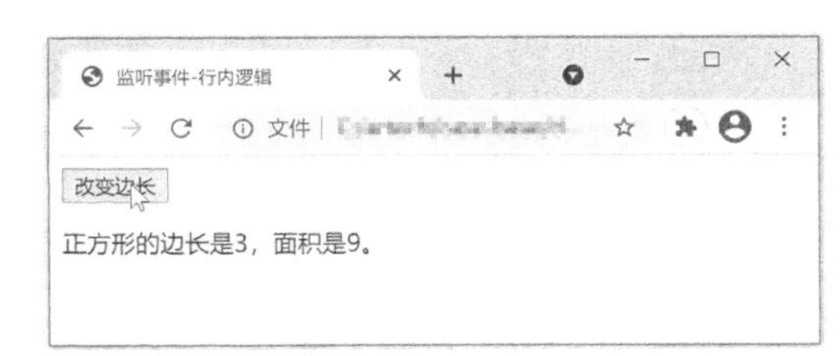

图 11.2 单击一次按钮后的效果

11.2.2 事件处理方法

如果事件触发以后要执行的逻辑不像上面例子中的那样简单，而是比较复杂的逻辑，那就不适合写在HTML中了。这时就可以将事件绑定到一个方法名上，然后在JavaScript中清晰地写好对应的方法，代码如下。本案例的完整代码可以参考本书配套资源文件：第11章\event-02.html。

```
1    <body>
2      <div id="app">
3        <button v-on:click="changeLength">改变边长</button>
4        <p>正方形的边长是{{length}}，面积是{{area}}。</p>
5      </div>
6
7      <script>
8        …
9          methods: {
10           changeLength(){
11             this.length++;
12           }
13         }
14       …
15     </script>
16   </body>
```

写好一个方法来处理事件之后，除了可以将某个元素的某个事件绑定到方法名上，还可以采用行内方式调用这个方法。例如在下面例子中，我们把一个按钮变成两个按钮，单击时分别让边长增加1和10。它们使用同一个方法，但是调用时会传入不同的参数，代码如下。本案例的完整代码可以参考本书配套资源文件：第11章\event-03.html。

```
1   <body>
2       <div id="app">
3           <button v-on:click="changeLength(1)">边长+1</button>
4           <button v-on:click="changeLength(10)">边长+10</button>
5           <p>正方形的边长是{{length}}，面积是{{area}}。</p>
6       </div>
7       <script>
8           …
9           methods: {
10              changeLength(delta){
11                  this.length += delta;
12              }
13          }
14          …
15      </script>
16  </body>
```

上面的代码中，HTML部分绑定事件的处理逻辑是以行内方式调用changeLength()方法，把边长的增加量传递到方法中。请注意，在语法上这与绑定到方法名上是有区别的。

运行代码，默认显示效果如图11.3所示。

单击“边长+1”按钮，效果如图11.4所示。

单击“边长+10”按钮，效果如图11.5所示。

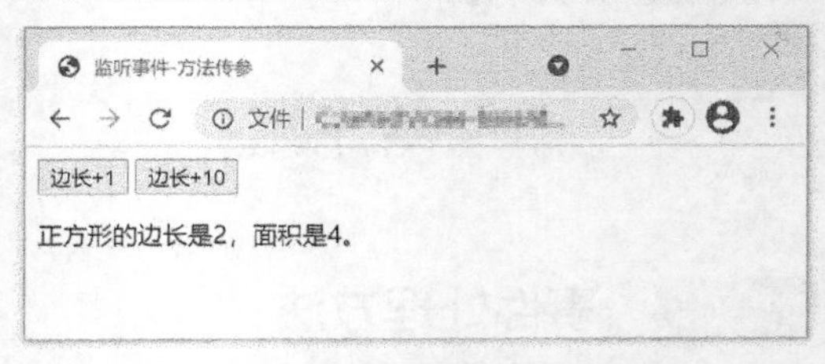

图 11.3　默认显示效果

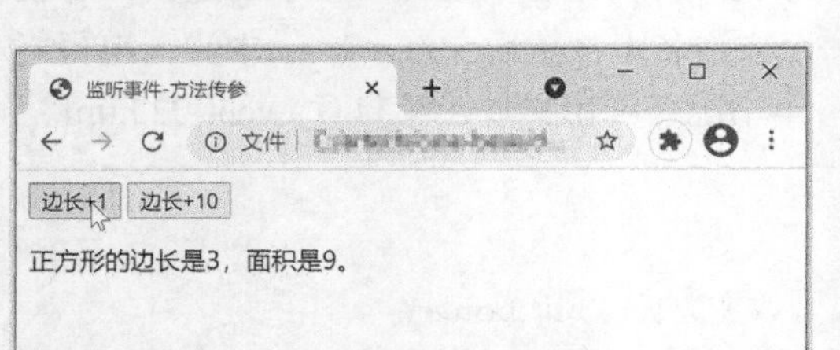

图 11.4　单击“边长 +1”按钮后的效果

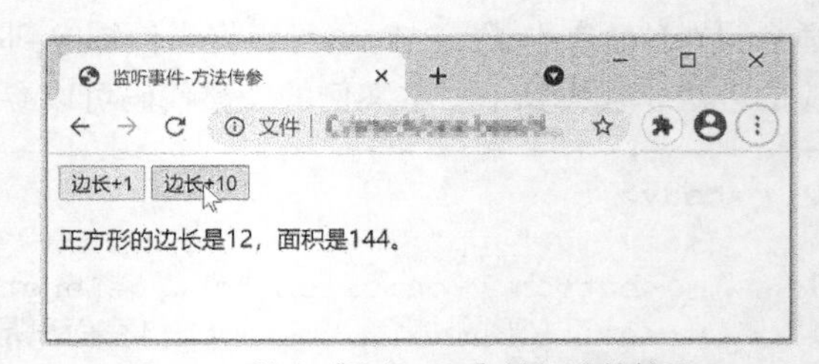

图 11.5　单击“边长 +10”按钮后的效果

就像v-bind指令可以简写一样，v-on指令也可以简写为@符号，例如下面的代码就使用@符号代替了“v-on:”。我们在本书的前面部分不使用简写方式，以便读者加深对相关知识点的印象。

```
1   <div id="app">
2       <div id="outer" @click="show('外层div被单击');">
3           <div id="inner" @click="show('内层div被单击');"></div>
4       </div>
5   </div>
```

11.2.3　在Vue.js中使用事件对象

11.1节中已经介绍过，在DOM的事件处理中，事件对象非常重要。在所有的事件处理函数中都可以获得一个事件对象，其包含了很多关于事件的信息。在事件处理方法中，可以使用事件对象中的这些信息。

例如，我们将两个按钮的value属性值分别设置为1和10，然后希望不是通过函数参数传递这两个值，而是在事件处理方法中通过事件对象获取这两个按钮各自的value属性值，实现与上面一样的效果，代码如下。本案例的完整代码可以参考本书配套资源文件：第11章\event-04.html。

```
1   <body>
2     <div id="app">
3       <button v-on:click="changeLength" value="1">边长+1</button>
4       <button v-on:click="changeLength" value="10">边长+10</button>
5       <p>正方形的边长是{{length}}，面积是{{area}}。</p>
6     </div>
7     <script>
8       …
9       methods: {
10          changeLength(event){
11              this.length += Number(event.target.value);
12          }
13      }
14      …
15    </script>
16  </body>
```

可以看到，上述代码中v-on指令绑定了方法名，未进行方法调用，两个按钮的value属性值分别为1和10；在JavaScript定义的方法中，changeLength()方法带了一个event参数，这个参数就是标准的DOM事件对象，其具体包含的属性都可以通过相关文档查到。例如，这里通过event.target获得了触发事件的DOM元素，从而可以区分出是哪个按钮被单击了；然后取得该元素的value属性值，并将其作为边长属性的增量。

需要注意的是，以上代码对从事件对象中获取的按钮对象的value属性值做了类型转换，这是因为直接获得的属性值都是字符串，需要将它转换成数值，才能与边长进行计算。

如果不是绑定到方法名，而是进行方法调用，也是可以使用事件对象的，这时可以将Vue.js预定义好的特殊变量$event作为参数，这个特殊变量就是这个事件的事件对象，代码如下。

```
1   <button v-on:click="changeLength($event)" value="1">边长+1</button>
2   <button v-on:click="changeLength($event)" value="10">边长+10</button>
3   <p>正方形的边长是{{length}}，面积是{{area}}。</p>
```

本案例的完整代码可以参考本书配套资源文件：第11章\event-05.html。

11.3 动手练习：监视鼠标指针移动

下面我们举一个稍微综合性的例子。在页面上定义一个div元素，通过CSS将其设置成边长为127的正方形，并加上边框。我们要实现的效果是，鼠标指针一旦进入这个div元素范围内，就会在正方形的上方显示鼠标指针在正方形内的位置坐标，同时根据x和y的值计算出一个灰色的颜色值。将正方形的背景颜色设置为这个颜色，这样当鼠标指针在正方形内移动时，正方形的背景颜色也会随之变化，代码如下。本案例的完整代码可以参考本书配套资源文件：第11章\event-06.html。

```
1  <body>
2    <div id="app">
3      <p>鼠标指针位于({{x}},{{y}})</p>
4      <p>背景颜色{{backgroundColor}}</p>
5      <div v-on:mousemove="mouseMove"
6        v-bind:style="{backgroundColor}">
7      </div>
8    </div>
9
10   <script>
11     let vm = new Vue({
12       el:"#app",
13       data: {x:0, y:0},
14       methods:{
15         mouseMove(event){
16           this.x = event.offsetX;
17           this.y = event.offsetY;
18         }
19       },
20       computed:{
21         backgroundColor(){
22           const c = (this.x+this.y).toString(16);
23           return c.length==2
24             ? '#${c}${c}${c}' : '#0${c}0${c}0${c}';
25         }
26       }
27     })
28   </script>
29 </body>
```

可以看到，在<div></div>标记中，将鼠标指针移动（mousemove）事件绑定到一个方法（mouseMove()）上。在这个方法中，通过事件对象的offsetX和offsetY属性可以获取鼠标指针的位置坐标，同时可以将该坐标记录到data对象中。

再通过一个计算属性backgroundColor()计算出背景颜色值。计算的方法是将*x*和*y*的值相加，这个值的范围是0～254，让背景色的红、绿、蓝分量值都等于这个值，这样得到的就是从#000000到#FEFEFE范围内的从黑色到白色的所有灰色。鼠标指针在移动的时候，坐标会变化，同时这个灰色的颜色值也会随之变化。

运行上面的代码后，得到的效果如图11.6所示。

当鼠标指针在正方形范围内移动时，背景颜色会变化，鼠标指针越靠近左上角，颜色越深；越靠近右下角，颜色越浅。例如，鼠标指针在右下角时，效果如图11.7所示。

图 11.6 默认显示效果

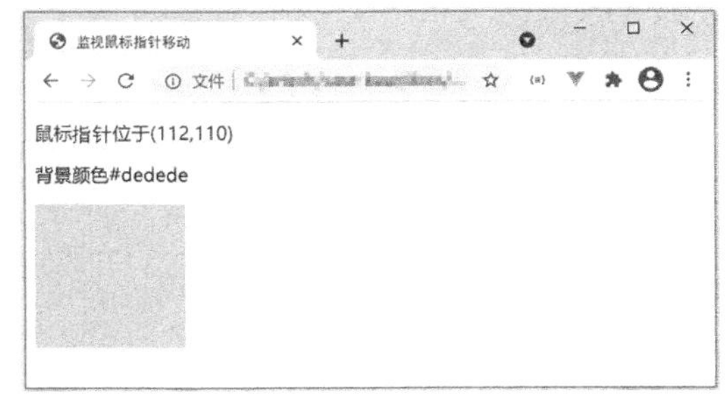

图 11.7 鼠标指针在右下角时的显示效果

这个案例结合了本章前面讲到的如下几个知识点。

- 鼠标事件的处理。
- 在事件对象中获取信息。
- 计算属性。
- 将计算属性绑定到元素的CSS样式上。

希望读者能够理解这个例子中用到的各个知识点，并通过举一反三，将其应用到各种实际场景中。

11.4 事件修饰符

标准的DOM事件对象中包括了preventDefault()及stopPropagation()等标准的方法，用于取消事件的默认行为或阻止事件的传播（继续冒泡）等。像jQuery中那样在事件处理程序中调用event参数的preventDefault()方法或stopPropagation()方法也是可以实现相关功能的，但Vue.js提供了更好的处理方式。

Vue.js为v-on指令提供了事件修饰符，通过它们可以以声明而非命令的方式实现上述功能。例如下面代码中的stop就是一个事件修饰符。在常规的事件绑定后，添加事件修饰符，该修饰符就会发挥作用。stop修饰符的作用就相当于在事件处理方法中调用stopPropagation()方法。但是用事件修饰符的表达更清晰，也符合声明式编程的习惯。

```
1   <!-- 阻止单击事件继续传播 -->
2   <a v-on:click.stop="click"></a>
```

11.4.1 准备基础页面

Vue.js中定义了若干事件修饰符，下面逐一进行介绍。为了讲解方便，先准备一个非常简单的基础页面，代码如下。本案例的完整代码可以参考本书配套资源文件：第11章\event-07.html。

```
1   <body>
2     <div id="app">
3       <div id="outer" v-on:click="show('外层div元素被单击');">
4         <div id="inner" v-on:click="show('内层div元素被单击');"></div>
5       </div>
```

```
6     </div>
7
8     <script>
9       let vm = new Vue({
10        el:"#app",
11        methods:{
12          show(message){
13            alert(message);
14          }
15        }
16      })
17    </script>
18  </body>
```

上面的代码中，设置了outer和inner两层div元素。从DOM结构的角度来看，内层div元素是外层div元素的子元素。两层div元素分别绑定了事件处理方法，以不同参数调用同一个show()方法，并显示相应的内层或外层div元素被单击的信息。运行上面的代码，可以看到如果单击内层的div元素，则会弹出两次提示框，第一次显示“内层div元素被单击”，第二次显示“外层div元素被单击”，这是因为事件以“冒泡”的方式传播，先后触发了两个div元素的单击事件。如果单击外层div元素就只会弹出一次提示框。

11.4.2 stop

stop修饰符会自动调用stopPropagation()，从而阻止事件的继续传播。

现在向内层div元素的事件绑定代码中加入的stop修饰符，代码如下。本案例的完整代码可以参考本书配套资源文件：第11章\event-08.html。

```
1   <div id="app">
2     <div id="outer" v-on:click="show('外层div元素被单击');">
3       <div id="inner" v-on:click.stop="show('内层div元素被单击');"></div>
4     </div>
5   </div>
```

运行代码，单击内层div元素，就只会弹出一次提示框了，这是因为stop修饰符阻止了事件的冒泡传播，所以外层的div元素就不会触发单击事件了。

11.4.3 self

self修饰符的作用是规定只有事件的目标（event.target）是当前元素自身时，才会触发处理函数。也就是说，内部的子元素不会触发这个事件。

例如在上面例子的基础代码中，单击内层的div元素也会触发外层div元素的事件。如果对代码再做一点修改，给外层div元素的单击事件绑定self修饰符，代码如下。本案例的完整代码可以参考本书配套资源文件：第11章\event-09.html。

```
1   <div id="app">
2     <div id="outer" v-on:click.self="show('外层div元素被单击');">
3         <div id="inner" v-on:click="show('内层div元素被单击');"></div>
```

```
4      </div>
5    </div>
```

可以发现，此时如果单击的位置为内层div元素，则只弹出一次提示框，而不再弹出外层被单击的提示框。如果单击外层div元素，而不单击内层div元素，则仍然只弹出一次提示框，显示“外层div元素被单击”。也就是说，只有单击的对象是绑定的对象本身（外层div元素），才会触发事件。如果是从内层对象（内层div元素）冒泡上来的，就不会触发事件。

11.4.4 capture

capture修饰符的作用是改变事件流的默认处理方式，从默认的冒泡方式改为捕获方式。下面的代码在外层事件绑定中添加了capture修饰符。本案例的完整代码可以参考本书配套资源文件：第11章\event-10.html。

```
1    <div id="app">
2      <div id="outer" v-on:click.capture="show('外层div元素被单击');">
3        <div id="inner"v-on:click="show('内层div元素被单击');"></div>
4      </div>
5    </div>
```

在前面的基础页面中，没有capture修饰符的时候，如果单击内层div元素，则会先弹出提示框显示“内层div元素被单击”，然后弹出提示框显示“外层div元素被单击”。也就是说，默认情况下，先触发内层元素的事件，然后经过冒泡才会触发外层元素的事件。而增加capture修饰符以后，就会交换顺序，先显示“外层div元素被单击”，然后显示“内层div元素被单击”。这是因为capture修饰符事件流的处理方式改为了捕获方式，即从外向内依次触发事件。

11.4.5 once

once修饰符的作用是只触发一次事件。如果给外层div元素增加once修饰符，则结果是每次刷新页面以后，只有第一次单击时会弹出提示框，此后再单击都不会弹出提示框，代码如下。本案例的完整代码可以参考本书配套资源文件：第11章\event-11.html。

```
1    <div id="app">
2      <div id="outer" v-on:click.once="show('外层div元素被单击');">
3        <div id="inner"></div>
4      </div>
5    </div>
```

11.4.6 prevent

使用prevent修饰符以后，会自动调用event.preventDefault()方法，从而取消事件触发的默认行为。

参考下面的代码，在内层div元素中新增加一个链接，并将其绑定到show()方法上。这时运行代码，单击链接，会先弹出提示框，然后跳转到链接的目标页面。对于链接（<a>）元素来说，跳转到目标页面就是单击事件的默认行为。本案例的完整代码可以参考本书配套资源文件：第11章\event-12.html。

```
1   <div id="outer">
2     <div id="inner">
3       <a href="http://www.artech.cn" v-on:click="show('链接被单击')" >
4         这是一个链接
5       </a>
6     </div>
7   </div>
```

如果我们在绑定单击事件后又增加了一个prevent修饰符，结果就会变成弹出提示框后页面不再跳转，也就是取消了单击链接的默认行为，代码如下。

```
1   <div id="outer">
2     <div id="inner">
3       <a href="http://www.artech.cn" v-on:click.prevent="show('链接被单击')" >
4         这是一个链接
5       </a>
6     </div>
7   </div>
```

注意

不要把prevent修饰符和stop修饰符弄混。prevent修饰符用于取消默认行为，例如单击链接会跳转页面、单击“提交”按钮会提交一个表单等；而stop修饰符用于阻止事件的传播，二者完全不同。例如，一个“提交”按钮如果在单击事件上添加了prevent修饰符，那么单击这个按钮就不会提交表单，实际行为完全由程序指定的事件处理函数负责。

11.4.7 事件修饰符使用说明

知识点讲解

在使用事件修饰符的时候，还有以下两点需要记住。

1．独立使用事件修饰符

在某些情况下，也可以仅使用某个事件的修饰符，而不绑定具体的事件处理函数，例如下面的代码。

```
1   <!-- 只有修饰符 -->
2   <form v-on:submit.prevent></form>
```

上面代码的作用就是让表单的提交事件取消默认的行为，但是并不做其他事情。

2．串联使用事件修饰符

对于一次绑定，我们可以同时设置多个事件修饰符，然后只需要把它们依次连接在一起，这被称为修饰符的“串联”。例如下面代码的作用就是取消默认行为，并阻止事件的传播。

```
1   <!-- 修饰符可以串联 -->
```

```
2    <a v-on:click.stop.prevent="doThat"></a>
```

当多个修饰符串联使用时，要注意它们的顺序，相同的修饰符如果顺序不同会产生不同的效果。例如，v-on:click.prevent.self会阻止所有的单击，而v-on:click.self.prevent只会阻止对元素自身的单击。

11.4.8 按键修饰符

1．与按键相关的3个事件

关于按键事件，需要先讲解一下相关的规范。按键事件由用户按或释放键盘上的按键触发，它主要有keydown、keypress、keyup这3个事件。

- keydown：按键时触发。
- keypress：按有值的键时触发，即按Ctrl、Alt、Shift、Meta等无值的键时，这个事件不会触发。对于有值的键，按时先触发keydown事件，再触发keypress事件。
- keyup：释放键时触发。

如果用户一直按着某个键不松开，就会连续触发按键事件，触发的顺序如下：

keydown→（keypress→keydown）→重复以上过程→keyup

因此具体侦听哪个事件需要根据实际情况来确定。大多数情况下，侦听keyup事件是比较合适的，这样可以避免重复触发。

2．按键名

在侦听按键事件时，经常需要明确指定按的是哪个键，因此，必须通过一定的方式明确区分各个按键。

DOM标准在事件对象中定义了每个按键对应的“按键名”，例如向下的方向键是ArrowDown，向下翻页键是PageDown，完整的列表可以查阅相关网址获得。

当我们知道了一个键的按键名以后，就可以方便地在绑定按键事件的时候通过按键修饰符指定将其具体绑定到哪个按键上。例如绑定到Enter键的代码如下。

```
1    <!-- 只有在 key 是 Enter 时调用 vm.submit() -->
2    <input v-on:keyup.enter="submit">
```

可以看到，首先绑定到keyup事件，当按键被释放时触发事件，然后确定只对Enter键起作用。

像PageDown这样的按键名使用的是称为PascalCase的命名规则，名称中如果有多个英文单词，则每个单词的首字母均大写。而在HTML的标记属性中，通常使用的是另一种命名规则，称为kebab-case，即字母全部小写，并且单词之间用短横线连接，例如，PageDown如果换成kebab-case的命名方式，就是page-down。因此如果指定绑定的按键是PageDown时，应该写作如下形式。

```
<input v-on:keyup.page-down="onPageDown">
```

注意

过去没有统一标准，使用“按键名”之前，按键还有按键码，每个按键对应一个整数编码，例如Enter键的按键码是13。但是按键码在标准规范中已经被废弃，以后的浏览器可能会不支持按键码，因此建议不使用按键码，而是尽可能使用按键名来指定按键。

Vue.js为了兼容一些“旧的浏览器”，为一些常用的按键提供了“别名”。Vue.js对如下这些常用按键做了兼容性处理，因此推荐使用这些别名，这样可以提高代码的浏览器兼容性。

- enter。
- tab。
- delete（捕获“删除”和“退格”键）。
- esc。
- space。
- up。
- down。
- left。
- right。

3．系统修饰键

除了字母、数字等常规按键之外，还有几个按键被称为“系统按键”。它们是特殊的按键，通常与其他按键同时被按，如Ctrl、Alt、Shift和Meta键。其中的Meta键在Windows键盘上指的是Windows键，而在macOS键盘上指的是Command（⌘）键。

例如在下面的代码中，对一个文本输入框绑定keyup事件，并使用ctrl和c修饰符，表示按“Ctrl+C”组合键的时候会弹出提示框，显示“复制成功”。本案例的完整代码可以参考本书配套资源文件：第11章\event-13.html。

```
1  <div id="app">
2    <input type="text" v-on:keyup.ctrl.c="show('复制成功')">
3  </div>
4
5  <script>
6    let vm = new Vue({
7      el:"#app",
8      methods:{
9        show(message){
10         alert(message);
11       }
12     }
13   })
14 </script>
```

我们仔细试验一下，可以发现，如果用户按的不是“Ctrl+C”组合键，而是“Ctrl+Shift+C”组合键，也会执行show()方法。也就是说，只要组合键中包含“Ctrl”和“C”键就会绑定，这其实并不符合我们的实际需求，因为只有用户按的仅是“Ctrl”和“C”键，浏览器才会执行复制操作，所以我们这里的提示也应该只有按“Ctrl”和“C”键时才会弹出提示框。这时即可使用Vue.js提供的exact修饰符。它的作用是，在指定的组合键中，按且只按某个指定系统按键时才会执行绑定操作。对上面的代码稍做以下修改：

```
1    <div id="app">
2      <input type="text" v-on:keyup.ctrl.exact.c="show('复制成功')">
3    </div>
```

这样就必须是严格地按“Ctrl+C”组合键才会触发事件了。

4. 鼠标按钮修饰符

对于单击事件，我们可以使用下面3个修饰符来指定按下鼠标左、中、右3个按键中的哪一个。

- left：按鼠标左键。
- right：按鼠标右键。
- middle：按鼠标中键。

在单击事件中，也可以指定必须要同时在键盘上按特定的按键。例如下面的代码，注意exact修饰符的作用。

```
1    <!-- 除了Ctrl键之外，如果Alt键或Shift键同时被按住，也会触发 -->
2    <button v-on:click.ctrl="onClick">A</button>
3
4    <!-- 有且只有Ctrl键被按住的时候才触发 -->
5    <button v-on:click.ctrl.exact="onCtrlClick">A</button>
```

本章小结

通过本章的学习，我们可以看到Vue.js的事件处理机制有不少优点。在Vue.js中，事件的处理方法都绑定在视图模型上，因此不会导致维护上的困难。开发者在开发时，看一下HTML模板，就可以方便地定位JavaScript代码里对应的方法，而无须在JavaScript中手动绑定事件。视图模型代码可以采用非常纯粹的逻辑实现，这样易于测试。当视图模型在内存中被销毁时，所有的事件处理器都会自动被删除。

知识点讲解

习题 11

一、关键词解释

DOM　事件　事件流　事件对象　事件绑定　事件修饰符　按键修饰符

二、描述题

1. 请简单描述一下事件对象中常见的几个属性及对应的含义。
2. 请简单描述一下浏览器支持的事件种类大致有哪些。
3. 请简单描述一下常用的事件修饰符有哪些及对应的含义。
4. 请简单描述一下使用事件修饰符的几种方式及分别应如何使用。
5. 请简单描述一下常用的按键修饰符有哪些及都是什么时候触发事件的。

三、实操题

请实现以下页面效果：页面上默认显示一个笑脸表情，如题图11.1所示，眼睛能够跟随着鼠标指针的移动而转动；当鼠标指针移到表情上时，表情就会变成题图11.2所示的效果。

题图 11.1 鼠标指针在表情外

题图 11.2 鼠标指针在表情上

第12章 表单绑定

在Web开发过程中，表单是最重要的部分之一，它能实现与服务器的各种逻辑交互。因此，Vue.js也对各种表单元素的控制提供了相应的方法。v-model指令用来将表单元素的值与数据模型进行绑定，使用起来非常方便。

HTML表单元素分为3个标记：<input>、<textarea>和<select>。表单绑定实现的功能可以分为两类：用户自由输入一些文本内容和在预设的选项中进行选择。本章的思维导图如下。

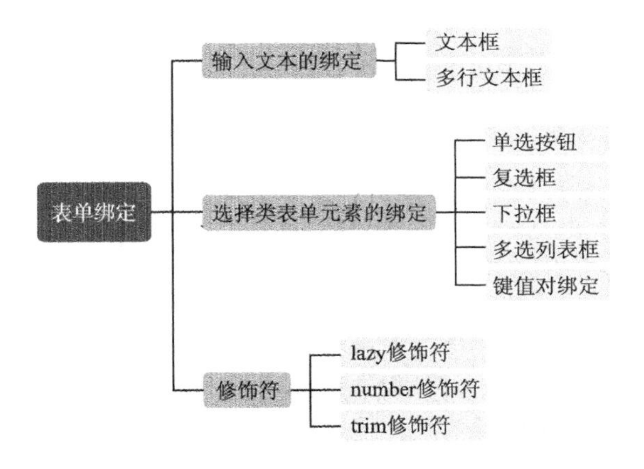

本章导读

12.1 输入文本的绑定

用户可以自由输入的表单元素分为文本框和多行文本框两种。

知识点讲解

12.1.1 文本框

文本框使用HTML的<input>标记，type属性为text，使用v-model指令可以将它的值与数据模型中指定的属性进行绑定，参考下面的代码。本案例的完整代码可以参考本书配套资源文件：第12章\form-01.html。

```
1    <input v-model="name" placeholder="请输入姓名">
2    <p>{{ name }} 您好! </p>
```

用户在文本框中输入内容的时候，在它下面的文字段落中会实时同步显示输入的内容。而这个效果的实现仅需要使用v-model指令和第8章介绍的文本插值，而不需要额外写任何代码，这看起来非常神奇。例如，在文本框中输入“Jane”，效果如图12.1所示。

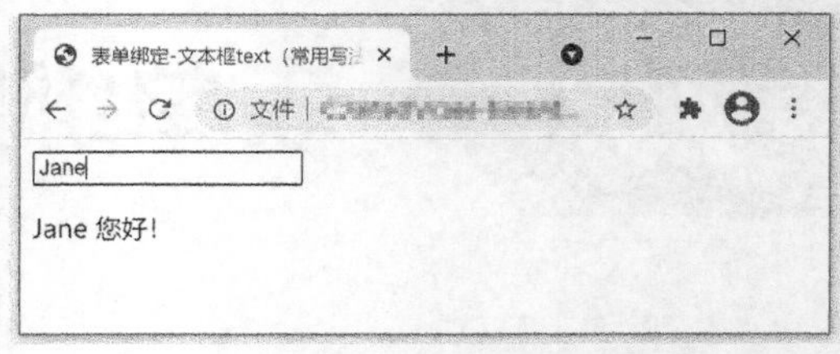

图 12.1　输入“Jane”的效果

注意

使用v-model指令绑定一个文本框以后，如果在HTML中还给这个文本框设置了value属性，那么这个value属性会被忽略，而只会根据数据模型中的值在文本框中进行显示。

问题是时代的声音，回答并指导解决问题是理论的根本任务。下面我们简单探索一下v-model指令的内部原理。其实，v-model指令的原理并不复杂，它相当于结合了v-bind指令和事件绑定。例如上面的代码等价于如下代码。本案例的完整代码可以参考本书配套资源文件：第12章\form-02.html。

```
1    <input v-bind:value="name" v-on:input="name = $event.target.value" placeholder=
     "请输入姓名">
2    <p>{{ name }} 您好! </p>
```

可以看到，在这里v-model指令的作用相当于将文本框元素的value属性与name属性进行绑定，然后又绑定input事件，在事件处理时把输入的值传给了name属性。当然这里只是用简单的一个例子来说明一下原理，实际上对于不同的表单元素，Vue.js要做很多相关的处理。

对不同的表单元素，v-model指令会使用不同的属性和事件。对文本框元素，使用的是value属性、name属性和input事件，这样就会在用户输入的过程中随时同步所输入的内容和数据模型。

12.1.2　多行文本框

输入内容较多时，通常使用多行文本框，只需要简单地将<input>标记更换为<textarea></textarea>标记即可，代码如下。本案例的完整代码可以参考本书配套资源文件：第12章\form-03.html。

```
1    <textarea rows="4" v-model="comment" placeholder="请输入您的留言"></textarea>
2    <p>您的留言是</p>
3    <p style="white-space: pre-line;">{{ comment }}</p>
```

注意上面的代码，在显示留言文本段落中，为了能跟输入的内容一致地换行，使用了一个CSS规则“white-space: pre-line”，它的作用是将这个文本段落中连续的空格合并，但是换行符会被保留。因此在输入的内容中，换行的位置在显示的时候也会换行。例如，网络购物时留言内容换行效果如图12.2所示。

图 12.2　网络购物时留言内容换行效果

需要注意的是，对多行文本不能使用双花括号语法进行文本插值，而要使用v-model指令，例如下面的代码是错误的。

```
1    <!--这样是错误的-->
2    <textarea>{{text}}</textarea>
```

12.2 选择类表单元素的绑定

在HTML中，有多种表单元素可以用于让用户在预设的一些选项中选择所需的值。12.1节介绍了允许用户自由输入的文本框和多行文本框的绑定方法，本节讲解选择类表单元素的绑定。

12.2.1 单选按钮

单选按钮使用HTML的<input>标记，type属性为radio，其表现在网页上通常是圆形的，适用于在多个选项中只能选中一个的场景。

在Vue.js中绑定单选按钮的方法是将一组单选按钮的value属性分别设置好，然后用v-model指令将其绑定到同一个变量上。例如，下面的代码可以让用户在页面中选择一种语言。本案例的完整代码可以参考本书配套资源文件：第12章\form-04.html。

```
1    <div id="app">
2        <span>选择一种语言：{{ language }}</span>
3        <br/>
4        <input type="radio" id="python"
5            value="Python" v-model="language"/>
6        <label for="python">Python</label>
7
8        <input type="radio" id="javascript"
9            value="JavaScript" v-model="language"/>
10       <label for="javascript">JavaScript</label>
11
12       <input type="radio" id="pascal"
13           value="Pascal" v-model="language"/>
14       <label for="pascal">Pascal</label>
```

```
15  </div>
16  <script>
17      let vm = new Vue({
18          el:"#app",
19          data:{
20              language:""
21          }
22      })
23  </script>
```

可以看到，以上代码中3个单选按钮都采用了<input>标记，type属性为radio，它们的value属性都绑定到了同一个数据模型变量language上，各自的value属性值不同；设置id属性的目的是将单选按钮与label元素组成一对。绑定单选按钮的效果如图12.3所示。

图 12.3　绑定单选按钮的效果

12.2.2 复选框

复选框和单选按钮类似，区别是它的type属性是checkbox，一般其在页面上表现为方形，适用于在一组选项中选中一个或多个选项的场景。只需要稍稍修改，上面的代码就可以用于实现复选框的绑定，代码如下。本案例的完整代码可以参考本书配套资源文件：第12章\form-05.html。

```
1   <div id="app">
2       <span>请选择语言，已选择 {{ languages.length }} 种</span>
3       <br/>
4       <input type="checkbox" id="python"
5           value="Python" v-model="languages"/>
6       <label for="python">Python</label>
7       …
8   </div>
9   <script>
10      let vm = new Vue({
11          el:"#app",
12          data:{
13              languages:[]
14          }
15      })
16  </script>
```

可以看到，我们将<input>标记的type属性改为checkbox，将绑定的数据模型变量名改为languages（复数表示多种语言），同时将其初始化为一个空数组，这样可以存放多个值。其他保持不变，绑定复选框的效果如图12.4所示。

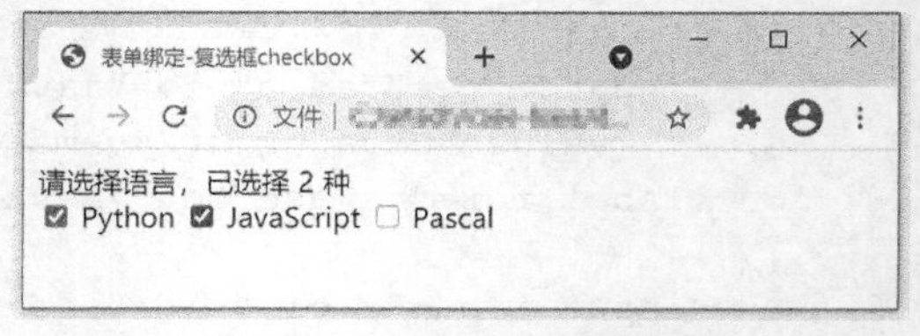

图 12.4　绑定复选框的效果

与单选按钮不同，复选框有时也可独立使用，这时就会将其绑定到布尔型变量，例如下面的代码。本案例的完整代码可以参考本书配套资源文件：第12章\form-06.html。

```
1   <input type="checkbox" id="agree" v-model="agree" >
2   <label for="agree">{{ agree ? "同意" : "不同意" }}</label>
```

以上代码中，单独一个复选框绑定到了agree变量，那么该变量就应该是一个布尔值。默认复选框没有被勾选，并显示“不同意”。勾选复选框，显示“同意”，效果如图12.5所示。

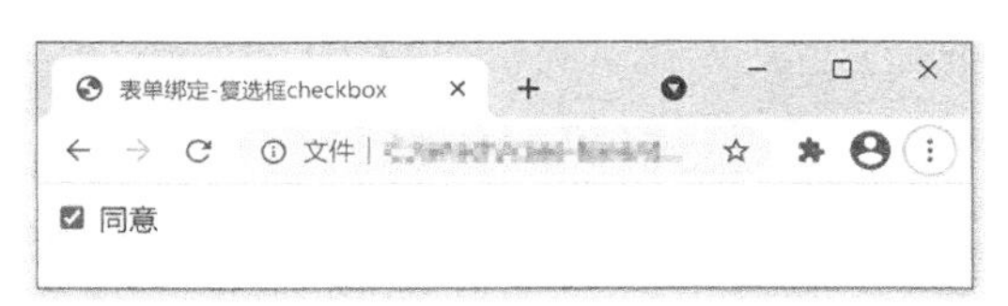

图 12.5　勾选复选框的效果

在Vue.js中，还可以进一步设定一个复选框被选中和未被选中时对应的模型属性值，上面的代码就可以修改为以下更清晰的形式。本案例的完整代码可以参考本书配套资源文件：第12章\form-07.html。

```
1   <input type="checkbox" id="agree" v-model="agree"
2       true-value="同意" false-value="不同意">
3   <label for="agree">{{ agree }}</label>
```

注意，这里的true-value和false-value只影响绑定的模型属性值，不影响HTML元素的value属性值。

12.2.3 下拉框

下拉框的作用与单选按钮的作用相似，也是从多个选项中选中一个选项。下拉框平常是隐藏的，展开以后也可以放更多选项，因此如果选项比较多，通常会使用下拉框。我们把上面的案例修改为使用下拉框的实现方式，代码如下。本案例的完整代码可以参考本书配套资源文件：第12章\form-08.html。

```
1   <div id="app">
2       <span>选择一种语言: {{ language }}</span>
3       <br/>
4       <select v-model="language">
5           <option disabled value="">请选择</option>
6           <option>Python</option>
7           <option>JavaScript</option>
8           <option>Pascal</option>
9       </select>
10  </div>
```

可以看到，以上代码中换成了<select>标记，并通过v-model指令将其与language绑定，非常简单、方便。绑定下拉框的效果如图12.6所示。

需要注意的一点是，由于设备兼容性原因，在下拉框的选项中最好设置第一个选项为“请选择”。如果在表单中这个选项是必选项目，则可以将这个“请选择”选项设置为禁用，使用户无法选中这一项。

图 12.6　绑定下拉框的效果

12.2.4 多选列表框

使用<select>标记也可以实现多选的效果，方法是给它设置multiple属性，这样显示在页面上的是一个列表框，而不是下拉框。多选列表框的代码如下。本案例的完整代码可以参考本书配套资源文件：第12章\form-09.html。

```
1   <div id="app">
2       <span>请选择语言，已选择 {{ languages.length }} 种</span>
3       <br/>
4       <select multiple v-model="languages">
5           <option>Python</option>
6           <option>JavaScript</option>
7           <option>Pascal</option>
8       </select>
9   </div>
10  <script>
11      let vm = new Vue({
12          el:"#app",
13          data:{
14              languages:[]
15          }
16      })
17  </script>
```

得到的效果如图12.7所示。用户在选择时，如果按住“Ctrl”键，就可以实现单个多选；如果按住“Shift”键，就可以实现连选多个选项。

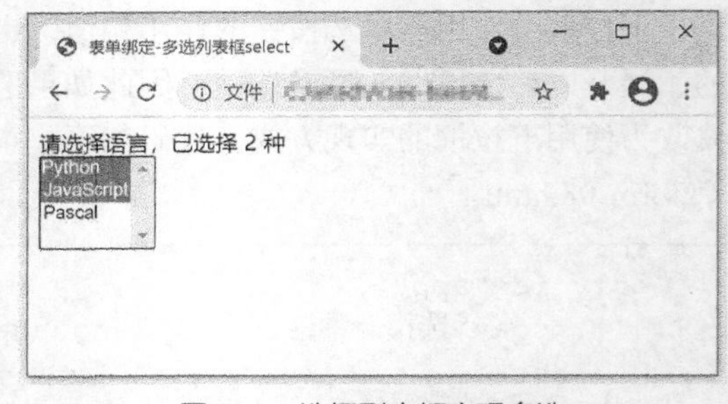

图 12.7　选择列表框实现多选

12.2.5 键值对绑定

上面讲解的是简单绑定，选中的选项的值都直接“写死”在了HTML代码中。但实际开发中，通常所遇到的情况不是这样的。

例如要给用户提供一个下拉框，用于选择一种语言，那么选项内容一般也是由模型动态提供的，而且一般以键值对形式提供，代码如下。本案例的完整代码可以参考本书配套资源文件：第12章\form-10.html。

```
1   <div id="app">
2       <span>请选择语言，已选择 {{ selected.length }} 种</span>
3       <br/>
4       <select multiple v-model="selected">
5           <option v-for="option in languages" v-bind:value>
6               {{option.text}}
7           </option>
8       </select>
9   </div>
10  <script>
11      let vm = new Vue({
```

```
12            el:"#app",
13            data:{
14                selected:[],
15                languages:[
16                    {text: 'Python',     value: 101},
17                    {text: 'JavaScript', value: 102},
18                    {text: 'Pascal',     value: 103}
19                ]
20            }
21        })
22    </script>
```

可以看到，每个选项都包含一个文本名称和一个编号，例如Python的编号是101。所有的选项都放在模型中，这些选项与option也需要绑定，这里使用了v-for指令循环生成所有的选项。对此，读者了解一下即可，我们将在第13章中详细介绍v-for指令。

这样实际运行以后，渲染得到的HTML代码如下所示。

```
1    <select multiple="multiple">
2        <option value="101">Python</option>
3        <option value="102">JavaScript</option>
4        <option value="103">Pascal</option>
5    </select>
```

通常在实际的Web开发项目中，这种选项列表的每一个选项的名称和对应的编号一般都是保存在数据库中的，由后端程序从数据库取出来以后，通过API传递到前端。用户选择以后提交给服务器的数据是选项的编号，而不是文本内容。

12.3 修饰符

v-model指令在绑定的时候也可以指定修饰符，以实现一些特殊的约束或效果。

知识点讲解

12.3.1 lazy修饰符

对于文本框，在默认情况下，v-model在每次input事件触发后都会将文本框的内容与数据进行同步。添加lazy修饰符则可以改为在change事件触发后进行同步，这样只有在文本框失去焦点后才会改变对应的模型属性的值，因此称之为“惰性”绑定。

添加lazy修饰符的代码如下。本案例的完整代码可以参考本书配套资源文件：第12章\form-11.html。

```
1    <div id="app">
2      <!-- 在change时而非input时更新 -->
3      <input v-model.lazy="msg">
4      <span>{{msg}}</span>
5    </div>
6    <script>
```

```
7     let vm = new Vue({
8       el:"#app",
9       data: {
10        msg: '111',
11      }
12    })
13  </script>
```

运行以上代码，可以看到文本框中的输入内容在视图中不会实时更新，而在文本框失去焦点之后才会更新。如果没有lazy修饰符，在文本框中输入内容时视图就会跟着更新。

12.3.2 number修饰符

如果想自动将用户的输入值转换为数值，可以给v-model添加number修饰符，代码如下。本案例的完整代码可以参考本书配套资源文件：第12章\form-12.html。

```
1   <div id="app">
2     <input v-model.number="age" type="number">
3     <span>{{age}}</span>
4   </div>
5   <script>
6     let vm = new Vue({
7       el:"#app",
8       data: {
9         age: '',
10      },
11      watch: {
12        age(){
13          console.log(typeof(this.age))
14        }
15      }
16    })
17  </script>
```

上述代码中，使用watch来侦听age的变化，使用typeof()方法来判断age的数据类型。运行以上代码，在文本框中输入“1”，“控制台”面板中就会输出“number”，表示当前age是number类型的值。如果不加修饰符number，“控制台”面板中就会输出“string”，表示当前age是字符串类型的值。

在通常情况下，HTML中<input>标记的值总会返回字符串。使用number修饰符以后，会自动将该值转换为数值后再赋予数据模型。如果输入的值无法被parseFloat()解析，则会返回原始的值。

12.3.3 trim修饰符

如果要自动过滤用户输入的首尾空白字符，可以给v-model添加trim修饰符，代码如下。本案例的完整代码可以参考本书配套资源文件：第12章\form-13.html。

```
1   <input v-model.trim="msg">
```

```
2    <span>一共有{{msg.length}}个字符</span>
```

运行以上代码，在文本框中输入“ 12 76 ”，如果不用trim修饰符，视图中会显示7个字符。使用修饰符trim后会自动去掉首尾空格（中间空格不会被去掉），此时显示“一共有5个字符”，如图12.8所示。

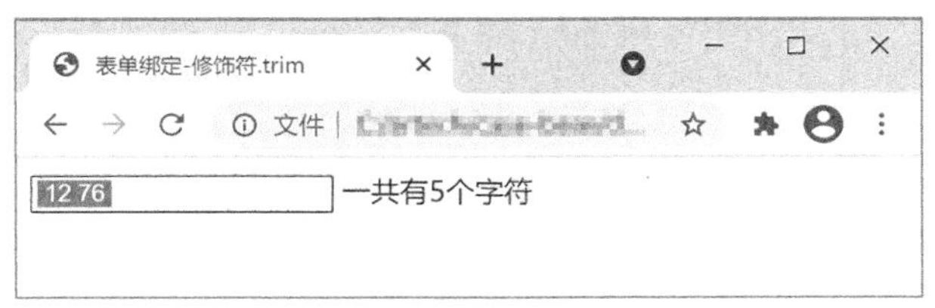

图 12.8 显示 5 个字符

本章小结

表单和表单元素是Web应用中的重要组成部分。本章讲解了如何使用Vue.js进行表单和表单元素与数据模型的绑定，以及一些相关的知识点。

习题 12

一、关键词解释

表单绑定　键值对绑定　修饰符

二、描述题

1. 请简单描述一下表单绑定使用什么指令。
2. 请简单描述一下表单元素都有哪些。
3. 请简单描述一下v-model绑定时常用的修饰符有哪几个及它们各自的含义。

三、实操题

通过表单绑定实现一个创建图书的功能，图书的属性包括书名、作者、单价、所属分类、封面、简介、是否发布。单击“创建”按钮，“控制台”面板内会输出所提交对象的信息。

第13章 结构渲染

前面已经把关于在一个页面范围内使用Vue.js部分的大多数知识点讲完了，本章将介绍这个部分的最后一个内容——结构渲染。

传统的命令式框架（例如jQuery）最重要的功能之一就是实现对DOM元素的操作，例如更新DOM元素的内容、增加或移除DOM元素等。但是在声明式框架中，不鼓励直接操作DOM元素，除非在必要的情况下。那么jQuery这类框架相应的功能在Vue.js中是如何实现的呢？这就要用到Vue.js的结构渲染功能来实现，该功能主要包括条件渲染和列表渲染。前者用于根据一定的条件来决定是否渲染某个DOM结构，后者可以按照一定的规律循环生成DOM元素。本章的思维导图如下。

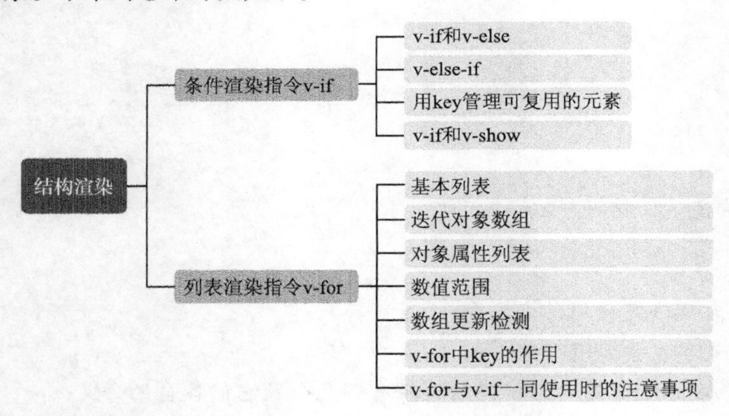

本章导读

13.1 条件渲染指令v-if

知识点讲解

v-if用于根据一定的条件渲染一部分内容，这部分内容只会在指令的表达式返回true的时候被渲染。要完整地实现v-if的功能，还需要两个配套的指令v-else和v-if-else。

13.1.1 v-if 和 v-else

与绝大多数程序设计语言一样，有if，也就会有else与之相配。当条件满足时，渲染v-if对应的HTML结构，否则，渲染v-else中的HTML结构。当然也可以只单独使用v-if，而不使用v-else。

下面用简单的例子来演示v-if和v-else的用法。在实际的Web开发项目中经常会遇到允许用户使用手机号登录或者使用邮箱登录的情况，此时就需要在页面上实现用户可以选择他希望的登录方式，代码如下。本案例的完整代码可以参考本书配套资源文件：第13章\v-if-v-for-01.html。

```
1   <div id="app">
2       <div v-if="loginByMobile">
3           <label>手机号登录</label>
4           <input type="text" placeholder="请输入手机号">
5       </div>
6       <div v-else>
7           <label>邮箱登录</label>
8           <input type="text" placeholder="请输入邮箱">
9       </div>
10      <button v-on:click="loginByMobile = !loginByMobile">更换登录方式</button>
11  </div>
12
13  <script>
14      var vm = new Vue({
15          el: '#app',
16          data:{
17              loginByMobile: true
18          }
19      })
20  </script>
```

HTML部分包括了两个<div>标记，分别用于显示“手机号登录”或者“邮箱登录”的输入框，注意这两个文本框在真正的页面上只有一个能被渲染出来，另一个不会被渲染。第一个<div>标记中有一个v-if指令，设定的是一个布尔型变量loginByMobile。因此当loginByMobile变量为true的时候，就会渲染这个<div>标记，否则就会渲染下面带有v-else指令的<div>标记。

在JavaScript部分，数据模型中定义了这个loginByMobile变量，将其初始值设置为true，即默认使用手机号登录方式。

在两个<div>标记下面有一个按钮，通过v-on指令给它绑定了单击事件，即当这个按钮被单击的时候，程序会执行相应的操作。这个操作非常简单，就是将变量loginByMobile的值取反，即如果是true，就把它变成false；如果是false，就把它变成true。

读者可以考虑一下，如果不是使用Vue.js，而是使用原生的JavaScript或者jQuery框架，应该如何实现？显然是在按钮的单击事件中，通过操作DOM的API函数去插入和移除相应的DOM结构，这样的代码要复杂得多，而且难以维护。这里可以再次看到声明式框架的优势。

13.1.2 v-else-if

对于多重条件，我们可以使用v-else-if指令实现。这个指令可以连续重复使用，案例代码如下。本案例的完整代码可以参考本书配套资源文件：第13章\v-if-v-for-02.html。

```
1   <div id="app">
2       <div v-if="type === 'A'">
3           A区域
```

```
4        </div>
5        <div v-else-if="type === 'B'">
6            B区域
7        </div>
8        <div v-else-if="type === 'C'">
9            C区域
10       </div>
11       <div v-else>
12           A、B、C都不是
13       </div>
14   </div>
15
16   <script>
17       var vm = new Vue({
18           el: '#app',
19           data:{
20               type: 'B'
21           }
22       })
23   </script>
```

分析以上代码，如果变量type的值为'A'，页面中显示“A区域”；如果type的值为'B'，页面中显示“B区域”；如果type的值为'C'，页面中显示“C区域”；以上条件都不符合时，页面中显示“A、B、C都不是”。data中将type变量的初始值设置为'B'，因此页面中显示“B区域”。如果data中定义的变量为type: 'D'，页面中就会显示“A、B、C都不是”。

知识点讲解

13.1.3 用key管理可复用的元素

Vue.js会尽可能高效地渲染元素，通常会复用已有元素而不是重新构造DOM结构。这样做除了能提高性能之外，还有其他好处。现在回头再看一下上面的例子，在文本框中输入一些内容，然后单击“更换登录方式”按钮，输入框中的内容不会被清除。因为Vue.js实际上使用的是同一个文本框，它不会被替换掉，仅替换的是它的placeholder属性值。这样做的目的是减少重新构造DOM结构的开销，提高渲染性能。

但是，在实际项目中，这样也不一定符合实际需求，如果我们希望在更换登录方式以后，文本框中的内容随之被清除，该怎么办呢？Vue.js提供了一个办法来告诉渲染引擎“这两个元素是完全独立的”，即添加一个具有唯一值的key属性，修改代码如下。本案例的完整代码可以参考本书配套资源文件：第13章\v-if-v-for-03.html。

```
1    <div id="app">
2        <div v-if="loginByMobile">
3            <label>手机号登录</label>
4            <input type="text" placeholder="请输入手机号" key="by-mobile">
5        </div>
6        <div v-else>
7            <label>邮箱登录</label>
8            <input type="text" placeholder="请输入邮箱" key="by-email">
9        </div>
10       <button v-on:click="loginByMobile = !loginByMobile">更换登录方式</button>
```

```
11 </div>
```

此后，每次切换时，输入框都会被重新渲染。

注意

label元素仍然会被高效地复用，因为它没有添加key属性。

13.1.4 v-if 和 v-show

Vue.js还提供了一个与v-if类似的v-show指令，它也可以用于根据条件展示元素，且用法与v-if一致。它们的区别在于v-if操作的是DOM元素，v-show操作的是元素的CSS属性（display属性）。此外，v-show不能与v-else配合使用。例如将前面的登录案例稍做修改，将v-if改为v-show。但由于v-show不能与v-else同时使用，因此修改代码如下。本案例的完整代码可以参考本书配套资源文件：第13章\v-if-v-for-04.html。

```
1   <div id="app">
2       <div v-show="loginByMobile">
3           <label>手机号登录</label>
4           <input type="text" placeholder="请输入手机号" key="by-mobile">
5       </div>
6       <div v-show="!loginByMobile">
7           <label>邮箱登录</label>
8           <input type="text" placeholder="请输入邮箱" key="by-email">
9       </div>
10      <button v-on:click="loginByMobile = !loginByMobile">更换登录方式</button>
11  </div>
```

从运行代码后的显示效果来看，没有任何区别，但是通过开发者工具可以看出二者的区别，分别如图13.1和图13.2所示。v-if中不显示的DOM元素根本不存在，但是对于v-show指令，即使不显示的DOM元素也是存在的，只是通过“display:none”这条CSS规则将它隐藏了。

图 13.1 v-show 的显示效果

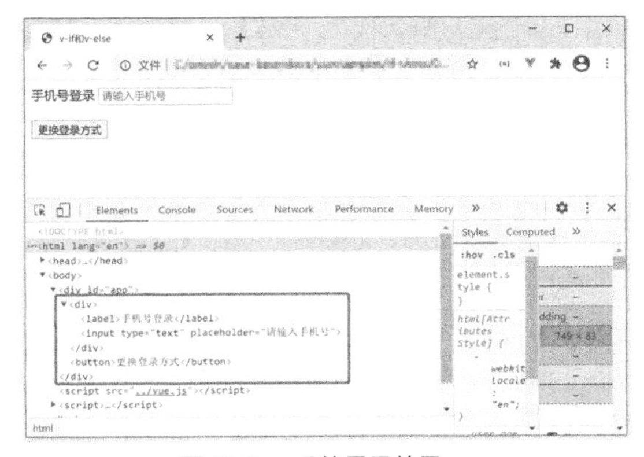

图 13.2 v-if 的显示效果

总体来说，v-if和v-show的相关内容如下。

- v-if是“真正”的条件渲染，因为它会确保在切换过程中条件块内的事件侦听器被销毁和重建。
- v-if是“惰性”的，即如果在初始渲染时条件为假，则不会渲染，直到条件第一次变为真时，才会开始渲染相应的DOM结构。

- v-show相对简单，不管初始条件是什么，元素总是会被渲染，并且基于CSS的display属性进行切换。
- 通常v-if切换开销更大，而v-show的初始渲染开销更大，因此，如果要非常频繁地切换，建议优先使用v-show；如果在运行时条件很少改变，建议优先使用v-if。

13.2 列表渲染指令v-for

v-for比较类似于JavaScript中的for…of循环结构。Vue.js中，v-for指令几乎是每个项目都会用到的，因为任何页面多少都会显示一系列对象的列表。

13.2.1 基本列表

v-for指令能在页面上产生一组具有相同结构的DOM结构，下面使用一个基本的案例演示v-for指令的基本语法，代码如下。本案例的完整代码可以参考本书配套资源文件：第13章\v-if-v-for-05.html。

```
1   <body>
2     <div id="app">
3       <ul>
4         <li v-for="item in list">{{item}}</li>
5       </ul>
6     </div>
7
8     <script>
9       var vm = new Vue({
10        el: '#app',
11        data:{
12          list: ['阳光', '空气', '沙滩', '草地']
13        }
14      })
15    </script>
16  </body>
```

运行以上代码，效果如图13.3所示。

可以看到v-for指令通过“item in list”来指明每次循环的对象，这里的item可以随便取名，in是Vue.js指定的关键字，list是在数据模型中已经定义好的变量。

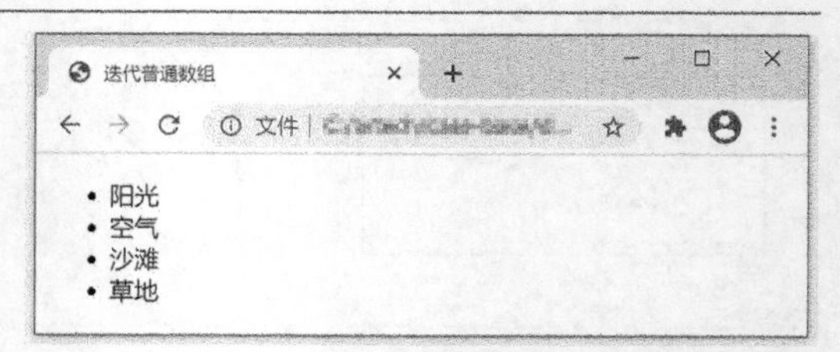

图 13.3　迭代普通数组的效果

注意这里Vue.js用的是in这个关键字，而从实际作用来讲，在这里它相当于在ES6中引入的for…of循环结构，而不是for…in循环结构。

此外，在循环的过程中，每次迭代的元素都会有一个序号，称为索引。如果在渲染的时候需要使用这个索引，可以使用如下的语法。

```
1    <ul>
2      <li v-for="(item, index) in list">
3        {{item}} ({{index}}
4      </li>
5    </ul>
```

13.2.2 迭代对象数组

迭代对象数组，即循环数组，这个数组中的元素是一些对象，例如电商网站中常见到的产品列表。

这里举一个产品列表的例子，显示一组产品的图片、名称、价格等信息，代码如下。

```
1    <body>
2      <div id="app">
3        <div
4          class="li" v-for="item in list"
5          v-bind:key="item.productId"
6        >
7          <img v-bind:src="item.picture" />
8          <div>
9            <h3>{{item.name}}</h3>
10           <p>¥{{item.price}}</p>
11         </div>
12       </div>
13     </div>
14
15     <script>
16       var vm = new Vue({
17         el: '#app',
18         data:{
19           list: [
20             { productId: 1,
21               name: '柯西-施瓦茨不等式马克杯',
22               picture: 'images/pic1.png',
23               price: 45.98
24             },
25             …
26           ]
27         }
28       })
29     </script>
30   </body>
```

本案例的完整代码可以参考本书配套资源文件：第13章\v-if-v-for-06.html。

注意

上面的代码中，使用了key这个属性，将每个产品的id绑定到了元素的key属性上。如果是这种将对象作为循环变量的情况，建议一律在对象中找到一个具有唯一性的属性，并将其绑定到元素的key属性上。例如这里id就是产品对象具有唯一性的属性，也就是说所有产品的id不会重复。

具体为什么要这样做，我们在后面会详细分析，这里读者只需要先记住这个约定即可。这里循环显示的是一个产品列表，展示了产品的图片、名称和价格，效果如图13.4所示。

图 13.4　产品列表

13.2.3　对象属性列表

另外，我们可以对一个对象的不同属性和属性值进行迭代，以形成一个列表。使用一个简单的对象来演示如何构造一个对象的属性列表，代码如下。本案例的完整代码可以参考本书配套资源文件：第13章\v-if-v-for-07.html。

```
1   <body>
2     <div id="app">
3       <ul v-for="(value, prop) in user">
4         <li>{{prop}} : {{value}}</li>
5       </ul>
6     </div>
7
8     <script>
9       var vm = new Vue({
10        el: '#app',
11        data:{
12          user: {
13            name: 'tom',
14            age: 26,
15            gender: '女'
16          }
17        }
18      })
19    </script>
20  </body>
```

以上代码的data中定义了一个变量，即用户对象user，其值为用户信息。循环显示用户信息，效果如图13.5所示。

不过在实际开发中，这种用法不太常见，因为如果要显示一个对象，通常不会直接把这个对象的所有属性直接显示到页面上，而是会有所筛选和加工。

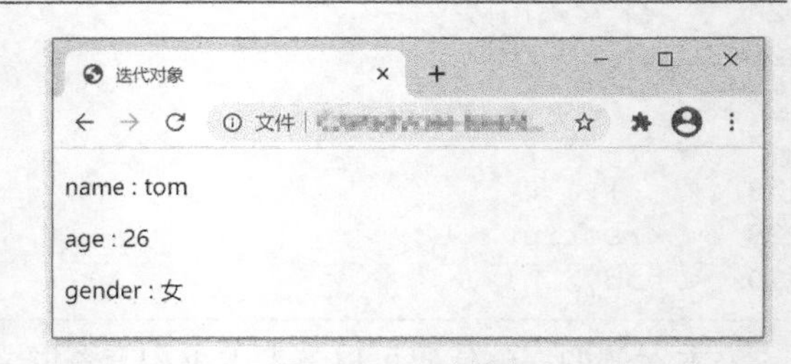

图 13.5　用户信息

13.2.4　数值范围

Vue.js还提供了一个非常方便的可在一定数字范围内循环的方法，例如下面的代码。本案例的完整代码可以参考本书配套资源文件：第13章\v-if-v-for-08.html。

```
1   <body>
2     <div id="app">
3       <p>前10个奇数是：</p>
4       <p v-for="count in 10">第{{count}}个奇数是{{count * 2 - 1}}</p>
5     </div>
6
7     <script>
8       var vm = new Vue({
9         el: '#app',
10        data:{}
11      })
12    </script>
13  </body>
```

运行以上代码，<p>标记循环了10次，并显示在页面中，如图13.6所示。

图 13.6　在数值范围内循环显示

13.2.5　数组更新检测

Vue.js的最大优势在于，只要一经绑定，数据模型的所有修改都会自动同步到视图中，因此v-for指令绑定的列表也同样会实时地反映出数据模型的变化。

但是实现自动更新视图的前提是能够检测到数据模型的变化。本书第9章介绍的侦听器，对数组变化的侦听存在一些限制。在通过v-for指令绑定数组时，也有类似的限制情况。

v-for指令绑定的数组出现以下两种情况引起的变化时，不会自动更新视图。

- 直接通过索引修改数组，例如vm.items[5] = newValue。
- 直接通过length属性的值修改数组，例如vm.items.length = 10。

参考下面的案例代码。本案例的完整代码可以参考本书配套资源文件：第13章\v-if-v-for-09.html。

```
1   <div id="app">
2     <p>
3       <button v-on:click="handler_1">修改数组元素</button>
4       <button v-on:click="handler_2">修改数组长度</button>
5     </p>
6     <p v-for="item in list" :key="item">
7       <input type="checkbox"> {{item}}
8     </p>
9   </div>
10
11  <script>
```

```
12    var vm = new Vue({
13      el: '#app',
14      data: {
15        list:  ['JavaScript','HTML','CSS']
16      },
17      methods: {
18        handler_1(){
19          this.list[1] = 'Python';
20        },
21        handler_2(){
22          this.list.length = 1;
23        }
24      }
25    })
26  </script>
```

上面的代码通过v-for指令绑定了一个列表，这个列表中有3个字符串元素。两个按钮对应的处理方法的操作都无法使视图更新，需要做如下修改才能正常触发视图更新。本案例的完整代码可以参考本书配套资源文件：第13章\v-if-v-for-10.html。

```
1   methods: {
2     handler_1(){
3       this.$set(this.list, 1, 'Python')
4     },
5     handler_2(){
6       this.list.splice(1)
7     }
8   }
```

需要注意的是，上面绑定的数组元素是字符串型，其与数值等类型一样都属于基本数据类型，而不是对象类型。如果数组的元素是对象，那么直接修改元素的属性，不会影响视图的自动更新。对上面的案例稍做修改，代码如下。本案例的完整代码可以参考本书配套资源文件：第13章\v-if-v-for-11.html。

```
1   <div id="app">
2     <p>
3       <button v-on:click="handler_1">修改数组元素</button>
4     </p>
5     <p v-for="item in list" :key="item.id">
6       <input type="checkbox"> {{item.name}}
7     </p>
8   </div>
9
10  <script>
11    var vm = new Vue({
12      el: '#app',
13      data: {
14        list:[
15          {id:1 , name: 'JavaScript'},
16          {id:1 , name: 'HTML'},
17          {id:1 , name: 'CSS'}
```

```
18          ]
19        },
20        methods: {
21          handler_1() {
22            this.list[1].name = 'Python'; // 可以触发更新
23          }
24        }
25      })
26    </script>
```

可以看到，现在list数组的元素变成了对象，绑定到列表中的是item.name，而不是item本身。那么这时是可以直接修改元素的属性值的，而不需要使用$set()方法。

除了上面介绍的两种特殊情况之外，替换数组、使用push()等标准方法修改数组等操作的结果都是可以自动更新到视图上的。

13.2.6 v-for中key的作用

前面讲过，使用v-for时，如果每次迭代的元素是一个对象，即它不是一个简单的值，则建议将数据模型中具有唯一性的属性绑定到DOM元素的key属性上。这里解释一下具体的原因，以便读者在实践中遇到不同的场景时可以灵活运用。

Vue.js在更新使用v-for渲染的列表时，会默认使用“就地更新”的策略。如果数据项的顺序被改变，Vue.js不会移动DOM元素来匹配数据项的顺序，而是会就地更新每个元素，并且确保它们的每个索引均被正确渲染。例如某个列表对应的数据模型在数组末尾增加一个新元素，它的做法就是把这个元素放到最后面，这样自然是最方便的做法，但是如果数据模型的数组在最开头插入了一个元素，那么在默认情况下，它依然会在数组末尾添加一个元素，然后从第一个元素开始逐个更新，以保持与数据模型的一致性。

这样在某些情况下，就会产生一些问题，下面通过一个例子来进行说明。假设我们开发一个微型的“待办事项”（todo list）页面，在页面上列出一些待办事项，用户可以添加新的待办事项，也可以在某个待办事项前面打钩，表示已经完成该事项，代码如下。本案例的完整代码可以参考本书配套资源文件：第13章\v-if-v-for-12.html。

```
1   <body>
2     <div id="app">
3       <div>
4         <input type="text" v-model="todo">
5         <button v-on:click="onClick">添加</button>
6       </div>
7       <ul>
8         <li v-for="item in list"><input type="checkbox"> {{item.todo}}</li>
9       </ul>
10    </div>
11
12    <script>
13      var vm = new Vue({
14        el: '#app',
15        data: {
16          todo: '',
```

```
17          newId: 5,
18          list: [
19            { id: 1, todo: '去健身房健身' },
20            { id: 2, todo: '去饭店吃饭' },
21            { id: 3, todo: '去银行存钱' },
22            { id: 4, todo: '去商场购物' }
23          ]
24        },
25        methods: {
26          onClick() {
27            // unshift()在数组的头部插入元素
28            this.list.unshift({ id: this.newId++, todo: this.todo });
29            this.todo = '';
30          }
31        }
32      })
33    </script>
34  </body>
```

关于以上代码，先看以下数据模型。

- list是一个数组，记录着当前的待办事项。每一行有唯一的id，以及相应的待办事项。
- todo用于获取输入框中输入的内容。
- newId用于记录下一个要插入事项的编号，例如默认有4个项目，id分别是1～4，因此下一个编号就是5。

再看一下数据模型是如何与页面绑定的。用一个ul结构循环显示list数组中当前的所有待办事项，每一项前面都有一个复选框可勾选。文本框通过v-model与todo属性绑定，以便用户可以随时向列表中添加新的待办事项。在输入框中输入内容，单击“添加”按钮，此时会调用onClick()方法，添加新的事项。在onClick()方法中，使用数组的unshift()方法在list数组的最前面添加一个对象，它有两个属性，即id和todo，其中id等于newId，同时使newId自增1，以便于下次插入时使用。

此时运行以上代码，假设勾选了第二个复选框，如图13.7所示，表示对应事项“去饭店吃饭”已经完成了。然后添加新的事项，例如在输入框中输入“去公园散步”，单击“添加”按钮，此时的效果如图13.8所示。可以看到，在列表的最上面增加了事项“去公园散步”，这是符合预期的，但是选中的复选框从“去饭店吃饭”变成了“去健身房健身”，即它仍然选中排在从上往下数的第2项。这显然不是我们期望的结果，正确的结果应该是选中此时的第3项“去饭店吃饭”。

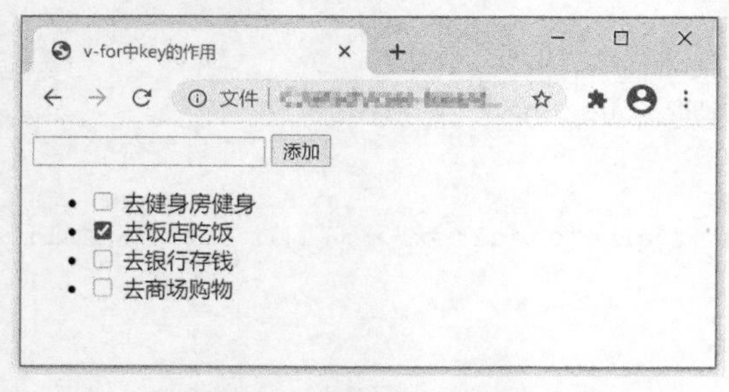

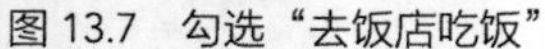
图 13.7　勾选“去饭店吃饭”

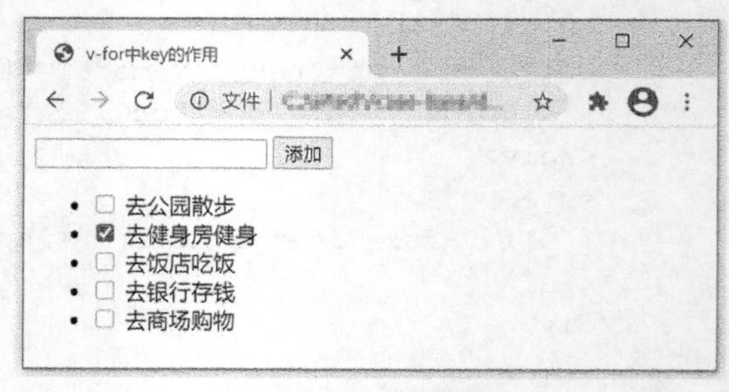

图 13.8　添加新的事项

产生这个问题的原因是，项目列表都是“就地更新”的，复选框仍然保持着原来的状态，即令从上往下数的第2项处于选中状态。

解决这个问题的方法就是将li元素绑定到key属性，即在v-for那里添加v-bind:key，修改代码如下。

```
1    <li v-for="item in list" v-bind:key="item.id">
2      <input type="checkbox"> {{item.todo}}
3    </li>
```

修改代码后，刷新这个页面就会发现问题已经得到了圆满解决。这种将迭代的元素绑定到key属性的作用可以简单地理解为，将key属性绑定到具有唯一性的属性之后，整个迭代元素和数据模型就一一对应了，此时新元素会按顺序插入原来的列表中，而不是“就地更新”。

这里简单介绍一下使用v-for绑定对象的原理。Vue.js内部实现了一套虚拟DOM，也就是在内存中的DOM结构；在必要时可以根据虚拟DOM结构更新真正的页面DOM结构，而且每次虚拟DOM发生变化一般只是局部的变化，因此不能简单、粗犷地更新整个页面中所有的元素。毕竟，越少地更新页面元素，效率就会越高。

在不指定key属性的时候，Vue.js会最大限度地减少对元素的更改并尽可能尝试“就地”修改，尽可能复用相同类型元素的算法。而使用key属性时，它会基于key属性的变化重新排列元素的顺序，并且会移除不具有key属性的元素。

以上面待办事项的案例来说，在没有绑定key属性之前与绑定key属性之后，列表元素的更新方式不同。

Vue.js这样做的原因是，如果没有为每一个列表元素指定可以识别该元素的“唯一标识”，列表元素和数据模型的元素之间就无法形成一一对应的关系，Vue.js的引擎也就无法识别出新加入的列表元素应该插入的位置。默认采用的办法就是把新加入的元素放到最后面，然后从开始依次更新到与数据模型一致的状态，因此用户选中的复选框位置也不会变化。这样就得到了我们在图13.8中看到的效果。

而一旦在Vue.js的列表中对key属性绑定了“唯一标识”以后，Vue.js就可以明确地知道新元素应该插入什么位置了。唯一标识一般都使用对象中的id等属性，用数据库领域的相关术语来说就是对象的“主键”。

13.2.7 v-for与v-if一同使用时的注意事项

前面讲解了v-if指令，需要注意的是，除非在必要的情况下，否则不要将v-if和v-for用在同一个元素上。当它们处于同一节点时，v-for 的优先级比 v-if 高，v-for每次迭代都会执行一次v-if，这样会造成不必要的计算而影响程序性能，尤其是当只需要渲染很小一部分的时候，影响尤为明显。比较好的做法是直接在数据模型中把列表做好过滤，以减少在视图中的判断。例如，下面就是一个相当不好的案例。本案例的完整代码可以参考本书配套资源文件：第13章\v-if-v-for-13.html。

```
1    <div id="app">
2      <p v-for="item in list" v-bind:key="item.id" v-if="item.id<2">
3        {{item.name}}
4      </p>
5    </div>
```

以上代码可能存在的情况是，即使100个item中只有一个符合v-if的条件，也需要循环整个数组，这在性能上是一种浪费。这种情况下可以使用计算属性，在数据模型中事先做好处理，然后将符合条件的结果通过v-for显示出来，代码如下。

```
1   <div id="app">
2     <p v-for="item in filteredList" v-bind:key="item.id">
3       {{item.name}}
4     </p>
5   </div>
6   computed: {
7     filteredList(){
8       return this.list.filter(function(item){
9         //将返回id<2的项，并添加到filteredList数组
10        return item.id<2
11      })
12    }
13  }
```

尽管修改代码前后的显示结果都是一样的，如图13.9所示，但是性能上差很多。数据少的情况下可能相差不太明显，但如果数据多，就可能会产生明显的区别。

图 13.9　v-for 与 v-if 一起使用的弊端

如果希望有条件地跳过循环，那么应该将v-if置于外层元素上。例如，在一个电商网站的产品列表页面中，通常会先判断一下这个列表中产品的数量，如果列表是空的（例如没有搜索到用户查找的产品），就显示一句提示语，而不再显示列表，代码如下。

```
1   <div id="app">
2     <div v-if="products.length == 0">没有搜索到您查找的产品</div>
3     <div v-else>
4       <p v-for="item in products" :key="item.id">
5         名称：{{item.name}}  价格：{{item.price}}
6       </p>
7     </div>
8   </div>
```

可以看到，先在外层<div>标记判断要迭代的数组长度，如果数组长度为0，则不需要执行v-for，直接显示“没有搜索到您查找的产品”这句提示语就可以了。

13.3 案例——汇率计算器

众所周知，只有把理论知识同具体实际相结合，才能正确回答实践提出的问题，扎实提升读者的理论水平与实战能力。本节我们综合使用前面学习过的知识点来练习一个案例——汇率计算器，效果如图13.10所示。

在这个汇率计算器中，第一行是待计算的原始货币种类的金额，默认是人民币——CNY，金额是100。我们可以在该行的横线上修改金额，在修改金额的同时，下面4种货币对应的金额可以被实时计算并更新。如果用鼠标单击下面4行中的任意一行，其就会与第一行交换，从而变成

待计算的货币种类。

13.3.1 页面结构和样式

这个程序的页面结构非常简单，除了顶部的标题和底部的说明文字，中间就是一个ul列表。该列表的每一对<li></li>标记中都有两个子元素：第一对<li></li>标记中，分别为币种名称和一个文本框（通过CSS样式可使其只显示下边框）；后面的<li></li>标记中包含两个span元素，分别用于显示币种和金额。

图 13.10 汇率计算器

基于这个结构，可通过CSS样式进行排版。使用CSS3的选择器可以非常方便地设置样式，因此这里我们不再讲解其设置方法，读者可以参考本书配套资源文件：第13章\demo-currency.html，部分代码如下。

```
1    <div id="app">
2        <p class="title">汇率计算器</p>
3        <ul>
4            <li>
5                <span>CNY</span>
6                <input type="text">
7            </li>
8            <li data-currency="JPY">
9                <span>JPY</span>
10               <span>1687.60</span>
11           </li>
12           …
13       </ul>
14       <p class="intro">单击可以切换货币种类</p>
15   </div>
```

13.3.2 数据模型

下面重点讲解数据模型。实际上，这个数据模型与页面结构非常一致，第一行是输入的货币和金额，使用一个from对象来存放。该行下面是4种货币对应的汇率换算金额，用一个数组来存放。from对象和数组里的元素结构都相同，它们都包括两个属性：一个是currency，即货币的名称，这里使用国际标准的货币名称；另一个是amount，即金额。代码如下。

```
1    data: {
2        from: {currency:'CNY', amount:100},
3        to:[
4          {currency:'JPY', amount:0},
5          {currency:'HKD', amount:0},
6          {currency:'USD', amount:0},
7          {currency:'EUR', amount:0}
8        ]
```

```
9    }
```

了解数据模型的基本结构以后，就可以开始了解如何令其与HTML元素绑定了，代码如下。

```
1    <ul>
2        <li>
3          <span>{{from.currency}}</span>
4          <input v-model="from.amount"></input>
5        </li>
6        <li v-for="item in to">
7          <span>{{item.currency}}</span>
8          <span>{{item.amount}}</span>
9        </li>
10   </ul>
```

以上代码的第一对<li></li>标记中，span元素用文本插值的方式绑定到了from.currency属性，文本框用v-model指令绑定到了from.amount属性。接下来的4对<li></li>标记使用v-for指令以循环的方式绑定，to数组中每个对象对应一对<li></li>标记，标记里面的两个span元素分别绑定到了item.currency和item.amount属性上。

接下来，要让这个汇率计算器真正能够计算。为了计算汇率换算金额（将任何一种货币转换成另一种货币），需要一个汇率表。在这里，我们单独编写一个汇率表（该表源自2021年4月5日的真实汇率情况），代码如下。

```
1    let rate={
2      CNY:{CNY:1     , JPY:16.876, HKD:1.1870, USD:0.1526, EUR:0.1294 },
3      JPY:{CNY:0.0595, JPY:1     , HKD:0.0702, USD:0.0090, EUR:0.0077 },
4      HKD:{CNY:0.8463, JPY:14.226, HKD:1     , USD:0.1286, EUR:0.10952},
5      USD:{CNY:6.5813, JPY:110.62, HKD:7.7759, USD:1     , EUR:0.85164},
6      EUR:{CNY:7.7278, JPY:129.89, HKD:9.1304, USD:1.1742, EUR:1      }
7    }
```

以上代码实际上用的仍是JavaScript对象，5个属性分别对应5个币种名称，每个属性的值都是对象，对象的属性还是这5个币种名称，每个值就是从外层币种转换到内层币种的汇率。

为了实现用户在第1行右侧的横线上修改待换算货币金额时下面的货币金额能随之改变，我们只需要监视from.amount的值就可以了。因为这条横线所在的文本框已经与from.amount绑定了，如果用户修改文本框里的数值，这个数值就会自动同步到from.amount中，这一功能是Vue.js帮我们完成的。

我们设定对from变量进行监视。from变量是一个对象，它包含两个属性，即amount和currency；除了amount（金额）之外，currency（货币种类）将来也会被修改，因此这两个属性都需要被监视。这时，我们可以将deep参数设置为true，否则Vue.js不会监视from变量中属性的变化。接下来，将immediate参数也设置为true，该设置的含义是在页面初始化的时候就立即执行一次，而不必等着from变量的值第一次变化。因为一开始我们需要计算初始的汇率换算金额，所以这里将immediate参数设置为true，这样就可以让页面在一打开的时候，下面4种货币便显示100元人民币对应的汇率换算金额。

```
1    watch:{
2        from: {
3          handler(value){
```

```
4              this.to.forEach(item => {
5                item.amount = this.exchange(this.from.currency,
6                  this.from.amount, item.currency)});
7          },
8          deep:true,
9          immediate:true
10       }
11   }
```

在上面的计算中，对to数组的每个元素均使用forEach()方法遍历了一次，每一次都根据来源币种、来源金额和目的币种来计算一次换算以后的金额。其中调用了一个定义在methods中的换算金额的方法，代码如下。

```
1    exchange(from, amount, to){
2      return (amount * rate[from][to]).toFixed(2)
3    }
```

可以看到计算方法非常简单，只需要从汇率表中查出汇率rate，然后乘以待换算的金额amount就能得到结果。例如输入1000，下面会计算出对应的货币金额，效果如图13.11所示。

图 13.11　汇率换算效果 1

最后，当用户单击了图13.11下面4行中的任意一行后，要交换这一行与第一行的货币种类，这就需要在methods中为<li></li>标记中的元素绑定方法，代码如下。

```
1    changeCurrency(event){
2      const c = event.currentTarget.dataset.currency;
3      const f = this.from.currency;
4      this.from.currency = c;
5      this.to.find(_ => _.currency === c).currency = f;
6    }
7    <li v-for="item in to"
8      v-bind:data-currency="item.currency"
9      v-on:click="changeCurrency">
10     <span>{{item.currency}}</span>
11     <span>{{item.amount}}</span>
12   </li>
```

运行以上代码，在打开的页面中单击货币种类为HKD的那一行，效果如图13.12所示。至此，就完成了这个汇率计算器的制作。

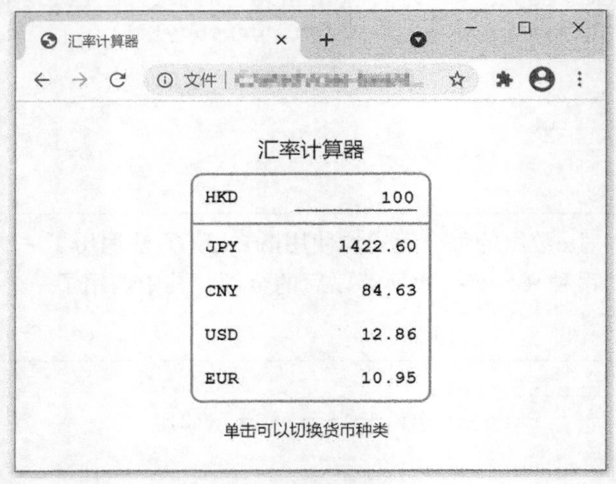

图 13.12　汇率换算效果 2

本章小结

在这一章里介绍了Vue.js的两个关键指令，即v-if指令和v-for指令，它们分别用于条件渲染和列表渲染。v-if指令需要与v-show指令区分开来，v-for指令需要key属性的配合，以及在数组元素更新时需要注意限制情况。本章为帮助读者巩固Vue.js的基础知识，引入了制作汇率计算器的案例，用到了循环渲染、事件处理、侦听器、数据绑定等知识，希望读者能够熟练掌握。

习题 13

一、关键词解释

条件渲染　列表渲染

二、描述题

1. 请简单描述一下v-if、v-else、v-else-if的含义和使用方法。
2. 请简单描述一下v-if和v-show的相同点与不同点。
3. 请简单描述一下key属性的作用。
4. 请简单描述一下v-for中key的作用。
5. 请简单描述一下v-for与v-if一同使用时的注意事项。

三、实操题

第10章习题部分的实操题中采用绑定class属性的方式实现了一种日历效果，现要求使用v-for指令来简化代码以实现相同的日历效果。

第14章 组件基础

任何程序开发框架都一定会包含代码的复用机制，因为在任何网站或者App上一定存在着大量的相同或类似的部分，例如一个网站的导航菜单部分一定会出现在所有的页面上。有一个使局部内容可以复用的机制，这样程序开发框架才能成为一个实用的开发框架。Vue.js就是通过它的组件系统来实现局部复用的。本章的思维导图如下。

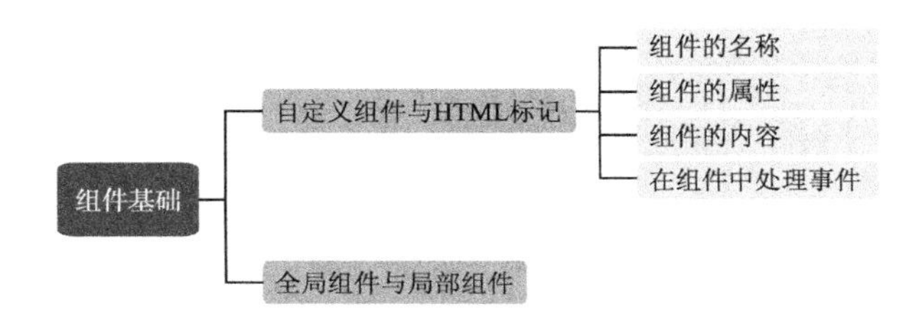

14.1 自定义组件与HTML标记

我们可以先宏观地考虑一下，在一个现实的网站中大致会出现哪些需要复用的场景。总体来说，现实网站中需要复用的场景可以分为如下两类。

- 一类是一些小的局部内容在网站的多个地方出现，例如在一个“个人计划”的网站上，很多地方都会显示“日历”，因此应该把日历这个局部内容封装为一个组件，然后在任何需要显示日历的地方调用这个组件，而不需要在每个地方都完整地重新编写其内部逻辑。
- 另一类是很多个页面具有统一的页面整体布局形式，例如在一个网站的每个页面的顶部显示导航菜单、底部显示版权信息等，每个页面的区别在于页面中间部分的内容。

几乎所有的开发框架都需要实现上面这两类场景。尽管采用的方式和具体名称不同，例如组件（component）、库元素（library element）、模板（template）、主页（master page）、布局页（layout page）等，这些构件在各个框架中会完成类似的工作，但各自具体的含义又不完全相同。因此，学习使用一个框架时，一定要充分理解上述构件具体在某个特定的框架中是如何工作的。

在Vue.js中，使用的是组件来完成这项（复用）工作的，而且使用组件可以同时实现上面提到的两类场景。只有掌握了组件的使用方法，才能真正用Vue.js构建出一个完整的网站或者应用程序。这部分的相关内容较多，我们将通过两章来讲解。

组件本质上就是可复用的Vue实例。在开发过程中，我们可以把经常重复的功能封装为组件，以达到便捷开发的目的。Vue.js提供了一个静态方法component()用于创建组件。component()方法的第一个参数是组件的名称，第二个参数是以对象的形式描述的一个组件。因为组件是可复用的Vue实例，所以它与用new Vue()创建根实例使用了相同的参数。

例如下面的代码就创建了一个可以复用的组件。本案例的完整代码可以参考本书配套资源文件：第14章\component-01.html。

```
1   Vue.component('greeting', {
2     template: '<h1>hello</h1>'
3   })
```

可以看到，上面代码中创建了一个名为greeting的组件。在传入的对象中，有一个template属性用一个字符串描述了这个组件的内容，我们在这里非常简单地用<h1></h1>标记显示出了“hello”字样，效果如图14.1所示。

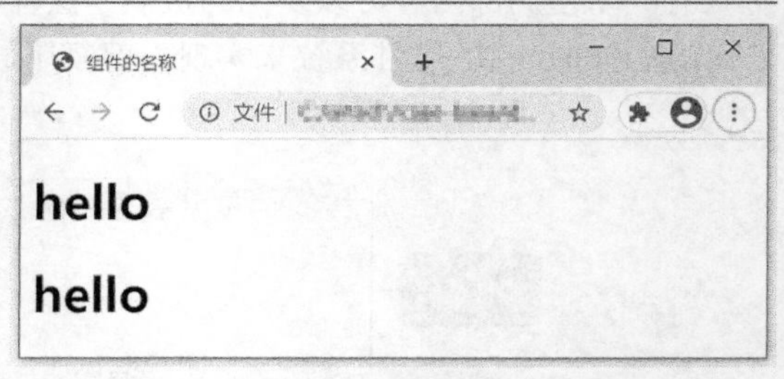

图 14.1　创建组件并使用

下面就可以在HTML中使用这个组件了，即实现了组件的复用。

```
1   <div id="app">
2     <greeting></greeting>
3     <greeting></greeting>
4   </div>
```

由以上代码可以看到，在HTML中，可以像使用普通的HTML标记一样使用这个组件，这正是Vue.js非常棒的一个机制：我们可以自行创建属于自己的HTML标记。

我们自定义的HTML标记比普通的HTML标记具有更具体的“语义”，比如定义这个greeting标记用于打招呼。事实上，HTML5相较于HTML4增加了大量的语义标记，比如header表示页面的头部。

当然，如果只能像上面那样简单显示一些固定的文字，这个组件也就没有什么实用价值了。我们考虑一下一个普通的HTML标记包括哪几个关键的组成部分。例如：

```
<a href="link.html" onclick="onClick()">这是一个超链接</a>
```

它包括了以下4个关键的组成部分。

- 名称，这里是a。
- 属性，例如这里的href。
- 内容，即“这是一个超链接”这几个字。
- 处理事件，所有的HTML标记均具有处理特定事件的能力。

因此，通过Vue.js创建的组件要想像一个普通的HTML标记一样工作，也同样需要包含上述4个部分。下面我们就逐一来对这几个部分进行讲解。

14.1.1 组件的名称

在HTML中，标记的名称实际上是不区分大小写的，例如把<p>标记写为<P>，浏览器也同样能识别。但是根据W3C的规范，HTML标记都使用小写字母，习惯上称之为kebab-case命名方式。例如一个按月份显示的日历组件，以kebab-case方式就可以将其命名为“monthly-calendar”。

注意

在实际开发中，应该尽可能遵守命名规范，这样可以尽可能地避免与当前及未来的HTML标记相冲突。

背景知识

kebab这个单词的原意是一种来自阿拉伯的类似于烤肉串的食物，中间由一根长钎子串着肉块，很形象地描述了这种命名方式的形式。

在Vue.js中定义一个组件时，命名方式有以下两种。

（1）使用kebab-case方式命名，即“以短横线分隔命名”，示例代码如下。

```
Vue.component('monthly-calendar', { /* … */ })
```

当使用kebab-case方式命名一个组件时，在HTML中使用这个组件也必须使用以kebab-case方式命名的名称，例如<monthly-calendar>。

（2）使用PascalCase方式命名，即“以首字母大写命名”，示例代码如下。

```
Vue.component('MonthlyCalendar', { /* … */ })
```

Vue.js在这里做了一些处理，即在定义组件的时候，即使命名时使用的是PascalCase方式，在HTML中使用的时候也可以使用以kebab-case方式命名的名称。

总之，请读者记住：在HTML中，无论使用自定义的组件还是原生的HTML标记，都最好使用以kebab-case方式命名的名称。

知识

严格来说，如果用的是字符串模板，定义组件时用PascalCase方式，那么在HTML中使用这个组件时也可以使用PascalCase方式，但是通常没有必要违反W3C的通用规范。

至于定义一个组件的时候，命名是用kebab-case方式还是PascalCase方式，可以根据实际情况决定。目前，在JavaScript中定义类型通常使用PascalCase方式命名，因此定义组件时用PascalCase方式命名是比较通用的做法。

14.1.2 组件的属性

我们可以在定义组件时，通过props属性增加一个to数组，用于指定打招呼的对象，代码如下。本案例的完整代码可以参考本书配套资源文件：第14章\component-02.html。

```
1   Vue.component('greeting', {
```

```
2     props:['to'],
3     template: '<h1>Hello {{to}}!</h1>'
4   })
5
6   let vm = new Vue({
7     el: "#app"
8   })
```

可以看到，在以上代码中我们除了定义了greeting这个组件，还需要像以往一样，定义Vue根实例。这时就可以像下面这样复用greeting组件向不同的人招呼，效果如图14.2所示。

```
1   <div id="app">
2     <greeting to="Mike"></greeting>
3     <greeting to="Jane"></greeting>
4   </div>
```

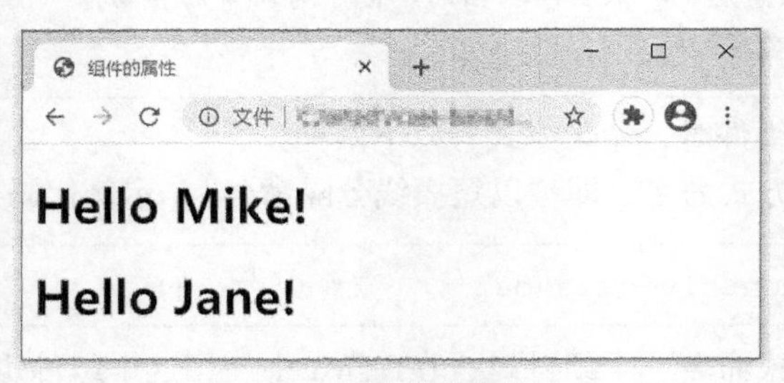

图 14.2　组件的属性

另外，可以看到，props属性的值是一个数组，也就是说一个组件可以带有多个属性，把属性名称都放在这个数组里，然后在template（模板）字符串中就可以使用这些属性了。

14.1.3 组件的内容

大多数标准的HTML标记都可以用于设定内容，例如“<p>设定内容</p>”，那么用自定义的组件如何实现呢？Vue.js提供了插槽（slot）机制，可以非常方便地实现这个功能。

例如，我们希望上面的greeting组件可以灵活地设定打招呼的内容，而不是使用固定的hello，此时可以通过如下代码实现。本案例的完整代码可以参考本书配套资源文件：第14章\component-03.html。

```
1   Vue.component('greeting', {
2     props:['to'],
3     template: '<h1><slot></slot> {{to}}!</h1>'
4   })
```

可以看到，在以上代码的template字符串中使用了<slot></slot>，这时就可以像普通的HTML那样接收内容了，如下所示。

```
1   <div id="app">
2     <greeting to="Mike">Happy new year</greeting>
3     <greeting to="Jane">Happy birthday</greeting>
4   </div>
```

运行代码，效果如图14.3所示。

图 14.3　组件的内容效果

说明

插槽不但可以传入文本，还可以传入HTML结构，这一点在第15章会详细介绍。

14.1.4 在组件中处理事件

如果不能处理事件，那么组件就没有交互能力，也就没有太大的作用。Vue.js为组件提供了处理事件的能力，例如，我们把上面的greeting组件改为一个具有交互能力的组件，它就像一个“点赞”按钮那样，每被单击一次，就点一个赞。

其核心代码如下。本案例的完整代码可以参考本书配套资源文件：第14章\component-04.html。

```
1   Vue.component('greeting', {
2     data: function(){
3       return {
4         count: 0
5       }
6     },
7     props:['to'],
8     template: '<button v-on:click="count++"><slot></slot> {{to}} x {{count}}</button>'
9   })
```

在以上代码中，我们将前面原template字符串中的h1换成了button——为了让访问者一看便知它是一个可以单击的按钮。此外，还增加了data属性，由于要记住单击过几次，因此需要一个变量作为计数器，然后在template字符串中显示这个计数器。调用的方法仍然保持不变，如下所示。

```
1   <div id="app">
2     <greeting to="Mike">Love</greeting>
3     <greeting to="Jane">Like</greeting>
4   </div>
```

运行以上代码，这时可以看到，两个按钮已经很像我们常见的可多次单击的按钮了。单击“Love Mike”按钮2次，单击“Like Jane”按钮3次，效果如图14.4所示。

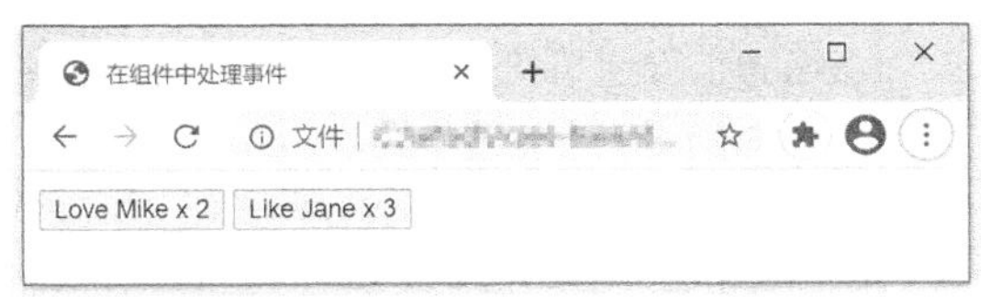

图 14.4　单击多次按钮的效果

要特别注意，在定义根实例的时候，data可以是一个对象，也可以是通过一个函数返回的一个对象。但是在定义组件的时候，必须要使用函数返回值的方式，而不能像下面的代码这样把data直接设置为一个对象。

```
1   Vue.component('greeting', {
2     // 错误的方式。组件的data必须通过函数返回值来设定
3     data: {
4       count: 0
5     },
6     props:['to'],
7     template: '<button v-on:click="count++"><slot></slot> {{to}} x {{count}}</button>'
8   })
```

当按钮被单击时，会触发单击事件，执行相应的JavaScript语句，从而使模板的count计数器加1。而且可以发现，如果多次使用同一个组件，那么这个组件的数据就会封闭在组件内部，相互之间并没有影响。

如果处理事件的逻辑比较复杂，就可以把逻辑写到单独的方法中，代码如下。本案例的完整代码可以参考本书配套资源文件：第14章\component-05.html。

```
1   Vue.component('greeting', {
2     data: function(){
3       return {
4         count: 0
5       }
6     },
7     props:['to'],
8     methods:{
9        onClick(){
10         this.count++;
11       }
12    }
13    template: '<button v-on:click="onClick"><slot></slot> {{to}} x {{count}}</button>'
14  })
```

但是请注意，此时我们只是在组件内部处理了单击事件，而在使用这个组件的时候，实际上它并没有增加对事件的处理。如果我们在HTML中调用这个组件的时候，希望能够让组件暴露出一些事件，然后处理这些事件，就需要从组件内部把事件传递到外部，并且需要同时传递一些参数。

例如，我们希望调用greeting组件的时候，能够像下面这样处理单击事件。

```
1   <div id="app">
2     <greeting to="Mike" v-on:click="onClick">Love</greeting>
3     <greeting to="Jane" >Like</greeting>
4   </div>
```

Mike的组件上绑定了单击事件，而Jane的组件上没有绑定，后面会看到二者的区别。

注意

这里单击事件的名称虽然也是click，但是它与组件内部的button元素的单击事件不是一回事，不要混淆。这里定义的onClick()方法是Vue根实例的方法，而不是greeting组件实例中定义的方法，请不要混淆。

接着处理Mike组件上的单击事件，代码如下。本案例的完整代码可以参考本书配套资源文件：第14章\component-06.html。

```
1   Vue.component('greeting', {
2     data: function(){
3       return {
4         count: 0
5       }
6     },
7     props:['to'],
8     methods:{
9       onClick(){
10        this.count++;
11        this.$emit('click', this.count);
12      }
13    }
14    template: '<button v-on:click="onClick"><slot></slot> {{to}} x {{count}}</button>'
15  });
16
17  let vm = new Vue({
18    el: "#app",
19    methods:{
20      onClick: function(count){
21        alert("已经单击了"+count+"次");
22      }
23    }
24  });
```

运行上述代码，可以看到，单击“Love Mike”按钮以后，除了按钮上的次数值会加1，还会弹出一个提示框，显示组件被单击的次数，效果如图14.5所示。而单击“Like Jane”按钮，不会弹出提示框。

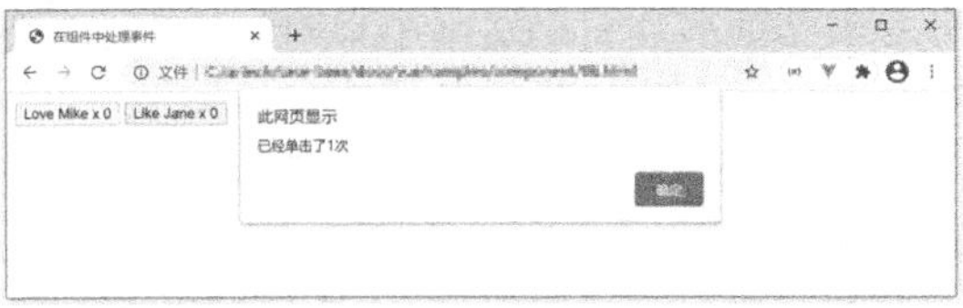

同时，我们会发现图14.5所示的提示框中显示“已经单击了1次”，而按钮中显示单击了0次。此时，单击提示框中的“确定”按钮，所显示的单击次数0就会同步变为1。

图 14.5　单击“Love Mike”按钮并弹出提示框

需要注意的是，在组件内部的按钮事件处理中，通过this.$emit()函数向外部暴露一个事件，同时传递参数，这个事件就可以被外部调用者使用，为其绑定相应的事件处理函数，并使用相应的参数。

到这里，我们已经可以创建一个与普通HTML标记很类似的组件了，它具有名称、属性、内容和事件处理功能。事实上，这正是Vue.js所拥有的非常神奇的能力。我们知道Vue.js用于开发的应用通常被称为单页应用，其在浏览器上只请求一个页面，各种复杂的功能都是在同一个页面上实现的。因此，一定会存在大量的组件相互配合，进而形成复杂的“组件树”。如果我们可以把普通的HTML标记和自定义的组件统一对待，那么这将会是一种非常高效的方式。我们可以把在Vue.js中自定义的组件叫作自定义标记，而把普通的HTML标记称为原生（native）标记。

最后，需要注意一点，一个组件只能有一个根节点，例如下面的代码中定义了一个组件的字符串模板。

```
1   Vue.component('greeting', {
2     props:['to'],
3     template: '<h1>{{to}} <slot></slot></h1>'
4   })
```

如果对它做相应的修改，使其变为一对<h1></h1>标记和一对<h2></h2>标记并列，代码如下。

```
1   Vue.component('greeting', {
2     props:['to'],
3     template: '<h1>{{to}}</h1> <h2><slot></slot></h2>'
4   })
```

这相当于只包含了第一个<h1></h1>标记，后面的<h2></h2>标记不会显示在页面上，并且在“控制台”面板有报错。正确的做法是在两个并列的元素外面再包一层<div></div>标记，此时这对<div></div>标记就成了该组件的根节点，代码如下。

```
1   Vue.component('greeting', {
2     props:['to'],
3     template: '<div><h1>{{to}} <slot></slot></h1></div>'
4   })
```

本案例的完整代码可以参考本书配套资源文件：第14章\component-07.html。

14.2 全局组件与局部组件

在14.1节中我们讲解了如何通过Vue.component()函数声明和创建一个组件。这样创建的组件都是全局注册的，也就是说它们在注册之后可以在任何新创建的Vue根实例中使用。但就如同在编写程序的时候应该避免使用全局变量一样，在Vue.js应用中应该避免使用全局组件。因为在一个真实的应用中可能会存在很多组件，这些组件之间往往会形成复杂的关系，为此Vue.js提供了局部注册机制。

如果希望实现局部注册，则需要在对Vue()构造函数进行初始化的时候，即创建Vue实例的时候，在参数中增加一个components属性，该属性是对象形式的。无论是根实例还是组件，都可以通过components属性注册局部组件。

由于根实例和组件都可以注册子组件，子组件也可以再注册子组件，这样就可以形成多层的组件关系。通常一个应用会以一棵嵌套的“组件树”的形式而被组织。例如在一个页面中，可能会有页头、侧边栏、内容区等组件，每个组件又包含了其他的如导航菜单、主体内容等下一级别的组件。

通过Vue.component()函数声明和创建的组件会自动注册为全局组件，现在我们来对它做一些修改，让它变成局部组件，代码如下。本案例的完整代码可以参考本书配套资源文件：第14章\component-08.html。

```
1   let greetingComponent = {
2     data: function(){
3       return {
```

```
4          count: 0
5        }
6      },
7      props:['to'],
8      methods:{
9         onClick(){
10          this.count++;
11          this.$emit('click', this.count);
12        }
13     }
14     template: '<button v-on:click="onClick"><slot></slot> {{to}} x {{count}}</button>'
15   };
16
17   let vm = new Vue({
18     el: "#app",
19     methods:{
20       onClick: function(count){
21         alert("已经单击了"+count+"次");
22       }
23     },
24     components:{
25       greeting: greetingComponent,
26     }
27   });
```

可以看到，我们不再使用Vue.component()函数，而是把选项对象赋予一个变量，然后在创建根实例的时候，在选项对象中增加一个components属性，它的值为一个对象，这个对象的每个属性对应一个子组件。属性的名称就是组件的名称，这里仍然使用greeting作为它的名称，属性的值就是这个组件的选项对象，也就是greetingComponent中的选项。

通过使用上面介绍的与组件相关的知识，现在已经能够把局部的内容封装为组件进行复用了，但是仍然存在着如下一些问题。

（1）组件的内容通过template属性写在一个字符串里，这对于实际的开发工作是难以实现的。所有代码“塞”到一个字符串里会使编辑器的很多功能（如代码语法高亮显示、代码提示等）都无法使用，开发人员阅读和理解代码也会变得很困难。

（2）使用Vue.js开发的单页应用将会包含很多的组件，每个组件都会有HTML、CSS和JavaScript代码，如何组织这些复杂的内容对应的代码也会成为一大问题。Vue.js又是如何解决这一问题的呢？我们会在第15章中进一步研究关于组件的技术。

本章小结

本章讲解了与组件相关的基础知识：自定义组件、组件的组成部分、组件的复用、参数的传递、在组件中处理事件、全局组件和局部组件等。组件是Vue.js框架的重要组成部分，因此希望读者能够真正地理解与组件相关的内容。

知识点讲解

习题 14

一、关键词解释

Vue.js中的组件　全局组件　局部组件　自定义组件

二、描述题

1. 请简单描述一下组件有哪几个重要组成部分。
2. 请简单描述一下全局组件和局部组件的区别。

三、实操题

使用组件方式实现一个产品列表页，其效果为卡片效果，每个卡片上都有产品的图片、名称和价格。鼠标指针移入某个产品卡片后，其就会呈现被选中时的阴影效果，如题图14.1所示。单击某个产品卡片，就会弹出对应的产品id。

题图 14.1　被选中时的阴影效果

第15章 单文件组件

第14章中讲解了关于组件的基础知识，我们已经可以把局部的内容封装为组件，供页面或者其他组件复用。第14章介绍的方法用于小、中规模的项目是可行的，但是用于大规模的项目时仍然存在着一些问题，如第14章的末尾所提到的两个问题。

为此，Vue.js提供了一种称为单文件组件的机制，可以很好地解决这些问题，即将组件的结构、表现和逻辑这3个部分封装在独立的文件中，然后通过模块机制将应用中的所有组件组织、管理起来。本章的思维导图如下。

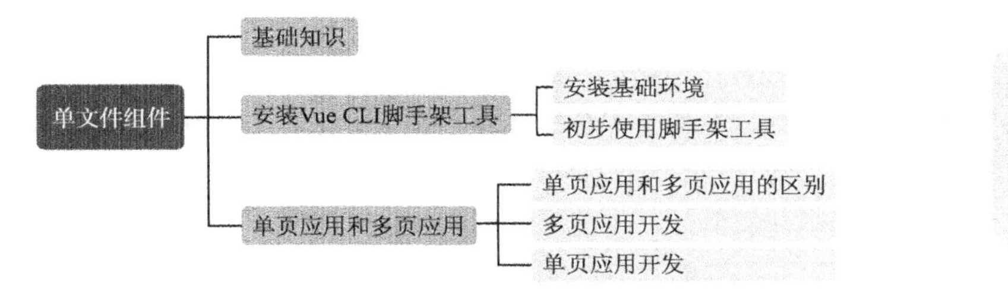

15.1 基础知识

Vue.js中单文件组件的文件扩展名为.vue，下面代码用于将前面的greeting组件改写为单文件组件。本案例的完整代码可以参考本书配套资源文件：第15章\greeting。

```
1    <template>
2       <div>
3          <button v-on:click="onClick">
4             <slot></slot>
5          </button>
6          <span>{{to}} x {{ count }}</span>
7       </div>
8    <template>
9
10   <script>
11   export default{
12     data: function(){
13       return{
14         count: 0
15       }
16     },
```

```
17    props:['to'],
18    methods:{
19       onClick(){
20          this.count++;
21          this.$emit('click', this.count);
22       }
23    }
24  };
25  </script>
26
27  <style scoped>
28    span{
29      color: red;
30    }
31  </style>
```

可以看到，该.vue文件由<template></template>、<script></script>和<style></style>这3个标记部分构成，分别用于定义组件的结构、逻辑和样式。这里要特别说明的是关于样式的定义，通常认为样式应该由整个网站统一管理，不过这里却反其道而行之。<style></style>标记部分可以通过scoped属性将组件中定义样式的作用范围限定在该组件内部，以保证不会干扰任何其他组件的样式，这种方式实际上也是非常整洁的一种处理方式。

如果要使用单文件组件构建整个应用程序，就不能像前面那样简单地在页面中引入Vue.js文件。因为这时开发人员面对的不是一个简单的页面文件，而是由一组这类文件组织在一起而形成的多个文件。为了让这些文件能够互相配合，还需要增加一些配置文件。这些文件功能得以有机地组织在一起后，才能构成一个开发项目。

.vue文件不是标准的网页文件，浏览器无法将其效果直接显示出来。一个项目中的多个.vue文件需要编译成标准的HTML、CSS和JavaScript文件之后，才能在浏览器中显示。因此，在一个Vue.js项目中的文件要能够组织在一起，并能够协同工作，通常还需要一些构建工具的帮助。下面我们在继续介绍单文件组件之前，插入一节介绍相关的构建工具等。

15.2 安装Vue CLI脚手架工具

知识点讲解

在前面，我们直接引用一个Vue.js文件就可以完成所有案例的练习，并且制作的所有页面都可以在浏览器中直接打开，但是这种操作方式对于规模较大的项目就难以胜任了。为此，Vue.js提供了一套通常被称为“脚手架”的工具，用来帮助开发者方便地完成项目管理以及各种相关的构建工作。本节对此做一些最基本的讲解。

目前在前端开发实践中，主流开发方式通常不使用图形化的IDE（integrated development environment，集成开发环境），而是通过命令行工具完成。因为要掌握一些在命令提示符窗口中执行的命令，所以开发者刚刚接触的时候可能会有些不习惯；一旦掌握这些指令以后，开发者就会发现使用这种方式进行开发的效率非常高。

开发环境中，一般面对的都是便于调试的源代码，而在生产环境中，一般会对代码进行必要的处理，例如压缩文件体积以提高用户下载时的速度等。通常在生产环境中有以下两个不可或缺的步骤。

- 合并：在一个实际项目中，前端开发主要涉及的是HTML、CSS和JavaScript这3种代码文件。一个项目中，通常会编写出多个CSS和JavaScript文件；最终要发布到生产环境时，一般会通过“合并”操作减少文件个数，提高浏览器下载的速度。

- 压缩：经过打包操作的文件代码仍然是开发者手动编写的代码，实际上里面还有很多空格、注释等字符，对于真正的运行环境（比如生产服务器）来说，这些字符都是多余的，因此我们希望把这些冗余的字符都去掉，以减小文件的体积，这个过程称为“压缩”。

为此，就出现了一些专门的工具帮助开发者来做这些烦琐的事情，而这整个过程被称为“前端自动化构建”，即开发者编写程序代码以外的各种工作流程都可以通过一定的工具来进行自动化操作。

目前常用的自动化构建工具是webpack，它功能非常强大，将项目中的一切文件（如JavaScript文件、JSON文件、CSS文件、Sass文件、图片文件等）视为模块，然后根据指定的入口文件，对模块的依赖关系进行静态分析，一层层地搜索所有依赖的文件，并将它们构建生成对应的静态资源。安装好的Vue.js脚手架工具中也会包含相关的工具。

15.2.1 安装基础环境

首先安装Node.js。简单地说，Node.js是运行在服务器端的JavaScript，是一个基于Chrome v8引擎的JavaScript运行环境。安装Node.js的同时还安装了npm（node package manager，node包管理器），它是一个丰富的开源库生态系统，并且包含大量的开源程序。

在浏览器中进入Node.js下载页面，这里以Windows版本为例，如图15.1所示。

通常直接选择Windows版本的安装文件即可。双击打开安装程序，安装界面如图15.2所示。然后依次单击“Next”按钮，并选择自己希望安装到的文件夹，单击相应的按钮，等待片刻，直至安装完成。

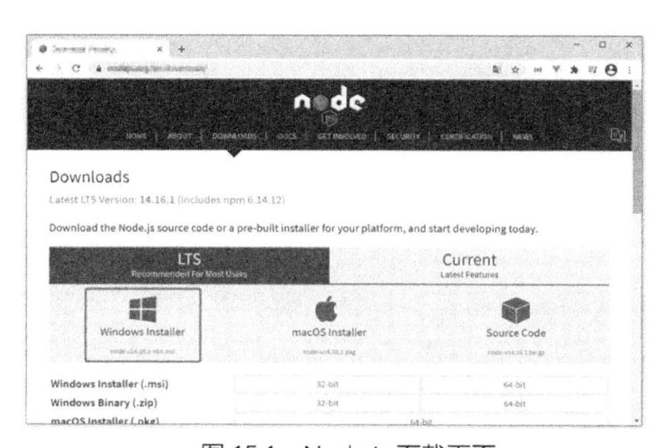

图 15.1 Node.js 下载页面

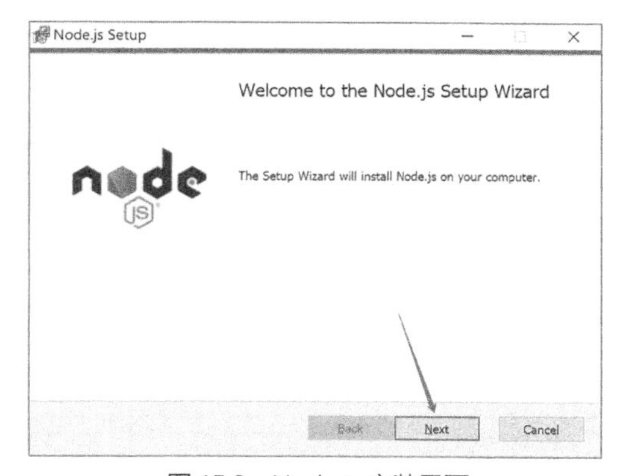

图 15.2 Node.js 安装界面

在安装好Node.js的同时，npm也安装好了。安装完成后，可以先测试一下安装是否成功。打开Windows操作系统计算机的命令提示符窗口（如果不知道命令提示符窗口在哪里，可以在任务栏左边的搜索框中搜索“cmd”），然后分别在命令提示符窗口中输入node -v命令和npm -v命令，按“Enter”键，能查看到Node.js和npm的版本号，如图15.3所示，就表示Node.js和npm都安装好了。

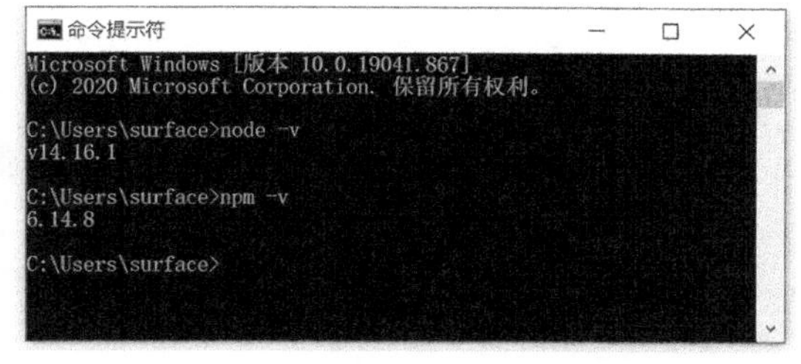

图 15.3 通过命令提示符窗口验证已安装成功

说明

总结一下，先下载Node.js的Windows（或其他操作系统）版本安装程序，在计算机上安装Node.js。安装好了Node.js之后，同时就安装好了npm，它是Node.js的包管理器。基于Node.js开发的很多软件都会发布到npm上，例如webpack、Vue.js等软件都是如此。

由于npm的官方仓库在国外，从国内访问它的速度较慢，因此用户可以安装位于国内的镜像，在命令提示符窗口中执行以下命令。

```
npm install -g cnpm --registry=https://registry.npm.taobao.org
```

这样就安装好了cnpm。以后，在安装新的Node.js软件包的时候，就可以使用cnpm代替npm了。安装完成后可以使用cnpm -v命令查看一下版本号，确认安装是否成功。

接下来就可以用上面安装好的cnpm来安装Vue.js脚手架了（它的正式名称叫作Vue CLI），在命令提示符窗口中执行如下命令。注意该命令开头是cnpm，不是npm，这样下载速度会快很多。

```
1   cnpm config set registry https://registry.npm.taobao.org
2   cnpm install @vue/cli -g
```

注意

在软件包名称的前面带一个@符号，表示安装该软件包的新版本。截至2021年4月，Vue CLI的新版本是4.5.12。注意，不同版本的Vue CLI在创建项目时的选项会有所区别。

另外，请注意Vue CLI的版本和Vue.js的版本是两回事，不要混淆。使用新版本的Vue CLI可以创建Vue2和Vue3的项目。由于Vue3正式发布的时间比较短，因此本书仍然选择Vue2来讲解。掌握了Vue2的开发者，要使用Vue3也是非常容易的。

到这里，Vue.js脚手架工具已安装完毕。

15.2.2 初步使用脚手架工具

下面我们就来用Vue.js脚手架工具创建一个默认的基础项目。首先在硬盘上创建一个目录，用来存放开发项目，然后进入这个目录，在命令提示符窗口中执行vue create命令，具体执行的命令如下。

```
1   C:
2   cd \
3   md vue-projects
4   cd vue-projects
5   vue create my-first-app
```

下面逐行解释以上5个命令的作用。注意每一行命令输入完以后，要按“Enter”键才会执行该命令。

- 第1行：进入C:盘。读者的计算机上如果有多个硬盘，可以选择任意一个硬盘。
- 第2行：进入根目录。
- 第3行：使用md命令创建一个新的目录，用于存放以后创建的开发项目文件。

- 第4行：进入刚刚创建的目录。
- 第5行：使用Vue CLI的命令创建一个Vue.js项目。

以上命令执行完成后，在命令提示符窗口中可以看到如下所示的文字。

```
1    Vue CLI v4.5.12
2    ? Please pick a preset: (Use arrow keys)
3    > Default ([Vue 2] babel, eslint)
4      Default (Vue 3 Preview) ([Vue 3] babel, eslint)
5      Manually select features
```

以上是一个菜单，用键盘的方向键可以上、下移动左侧的大于号在3个选项中进行选择，默认选择的是第1个选项：Default ([Vue 2] babel, eslint)，我们可以直接按“Enter”键确认。

说明

第1个选项表示创建默认的Vue2项目，第2个选项表示创建默认的Vue3项目，第3个选项表示手动选择具体的项目。

等待大约1至2分钟，项目就会创建好。这时会出现一个自动创建的目录，该目录名正是上面vue create命令中指定的名称“my-first-app”。

进入这个目录中，执行npm run serve命令，大约10秒后，得到如下结果。

```
1    C:\vue-projects>cd my-first-app
2    C:\vue-projects\my-first-app>npm run serve
3    > my-first-app@0.1.0 serve C:\vue-projects\my-first-app
4    > Vue CLI-service serve
5     INFO  Starting development server…
6     98% after emitting CopyPlugin
7     DONE  Compiled successfully in7593ms
8
9      App running at:
10     - Local:   http://localhost:8080/
11     - Network: http://192.168.1.2:8080/
12
13     Note that the development build is not optimized.
14     To create a production build, run npm run build.
```

这时已经启动了开发服务器，并给出了访问地址，用浏览器访问上面给出的地址http://localhost:8080/，可以看到浏览器中显示了一个默认的页面，如图15.4所示。看到这个页面，就说明这个项目已经创建成功了。在命令提示符窗口中按“Ctrl+C”组合键可以终止开发服务器的运行。

以后每次要开发一个新项目时，都可以这样创建一个默认的项目，然后在这个项目的基础上制作我们需要的页面。进入这个目录中，可以看到图15.5所示的目录结构。

这个目录中已经包括了大量的内容，如项目所依赖的各种模块等，有几十兆之多。这里简单介绍一下项目中包含的目录和文件的作用，读者目前仅需了解即可，不必很细致地掌握。

首先需要知道搭建项目过程中选择的配置不同，项目目录结构就不同。这里的目录结构如图15.5所示。

- node_modules：用于存放项目的各种依赖的库。当需要引入某个库时，可以使用npm install命令进行项目依赖库的安装；如果安装了cnpm，可以使用cnpm install命令。

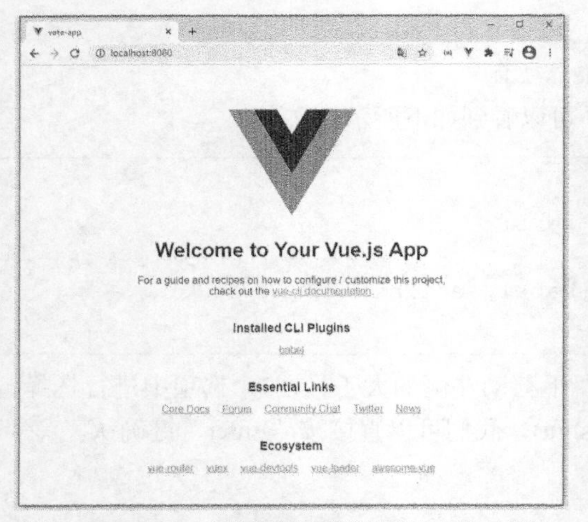

图 15.4 Vue CLI 创建的默认项目运行后的默认页面

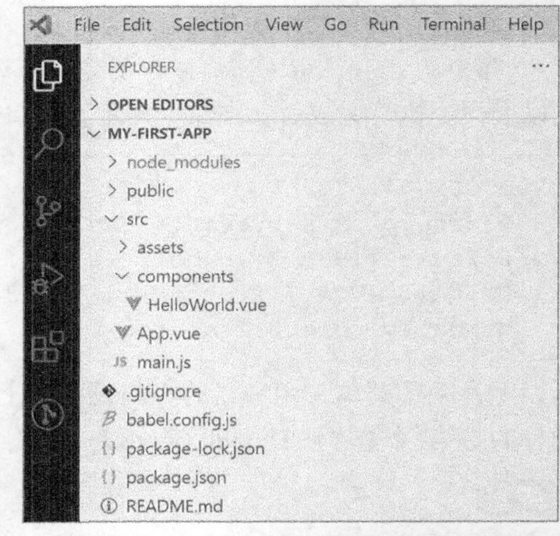

图 15.5 Vue CLI 创建的默认项目目录结构

- public：用于存放静态文件，它们会直接被复制到最终的打包目录。
- src：用于存放开发中编写的以下各种源代码文件等。
    - assets：用于存放各种静态文件，例如页面上用到的图片文件等。
    - components：用于存放编写的单文件组件，即.vue文件。
    - App.vue：根组件，其他组件都是App.vue的子组件。
    - main.js：入口文件，作用是初始化Vue根实例。
- .gitignore：向git仓库上传代码时需要忽略的文件列表。
- babel.config.js：主要用于在当前和较“旧”的浏览器或环境中将ES6代码转换为向后兼容版本（ES6转换为ES5）的代码。
- package-lock.json：执行npm install命令时生成的一个文件，用以记录当前状态下实际安装的各个npm package的具体来源和版本号。
- package.json：项目及工具依赖的配置文件。
- README.md：项目说明文件。
- vue.config.js：脚手架搭建的项目默认没有生成这个文件，我们可以在根目录下单独创建这个文件。它是保存Vue.js配置的文件，在其中可以设置代理、打包配置等。

我们在开发过程中主要与src目录中的文件打交道，其他目录和文件设置好之后不会经常改变。

15.3 动手实践：投票页面

在第14章中，我们制作了一个greeting组件。在这一节中，我们继续研究这个案例，把它改造为单文件组件，并将它应用到一个投票网页上。这个项目完成以后，实现的页面效果如图15.6所示。在这个页面中，用户可以为4个候选人投票，每单击一次按钮投一票，对每个候选人可以投0～10票，这种投票称为“加权投票”。

图 15.6 页面效果

根据15.2节讲解的方法，通过Vue CLI创建一个默认的项目，将其作为完成这个练习的起点。

15.3.1 制作greeting组件

首先删除src/components/HelloWorld.vue组件，然后创建一个15.1节介绍的greeting.vue文件，将其保存到src/components文件夹中。

greeting.vue文件包含<template></template>、<script></script>和<style></style>这3个标记部分。为了让这个组件能实际使用，我们稍做一些修改。下面分别对这个组件的3个部分依次进行讲解。

首先是<template></template>标记部分，它是这个组件的HTML结构，代码如下。注意增加一个v-if指令，其作用是只有当票数大于0时才显示票数。

```
1   <template>
2      <div>
3         <button class="greeting" v-on:click="onClick">
4           <slot></slot> {{to}}
5         </button>
6         <span v-if="count>0"> x {{ count }}</span>
7      </div>
8   </template>
```

注意

如果在这里看不懂上面这几行代码，请仔细复习本书第14章，先掌握组件的基础知识，再来学习本章单文件组件的相关知识。

接着是<script></script>标记部分，data、props和methods分别定义了数据模型、属性和方法，代码如下。同样地，这些知识点都在第14章进行了详细的介绍，读者如果需要，可以先复习一下。

```
1   <script>
2   export default{
3     data(){
4       return {
5         count: 0
6       }
7     },
8     props:['to'],
9     methods:{
10      onClick(){
11        if(this.count < 10){
12          this.count++;
13          this.$emit('click', this.count);
14        }
15      }
16    }
17  }
18  </script>
```

最后是在<style></style>标记部分，对这个组件的CSS样式进行设置，注意添加scoped，表示这里设置的样式仅在组件内有效，代码如下。

```
1   <style scoped>
2   .greeting{
3     border: 1px solid #ccc;
4     padding: 5px;
5     border-radius: 5px;
6     cursor: pointer;
7     outline: none;
8   }
9   </style>
```

15.3.2 制作app组件

为了能够实际使用greeting组件，开发者需要制作一个页面。在这里，默认的App.vue是根组件，它承担着使用其他组件的任务。为了文件的命名方式统一，这里稍做修改，把App.vue改名为app.vue，并将代码进行一些修改。

app.vue是一个单文件组件，因此它也分为<template></template>、<script></script>和<style></style>这3个标记部分。

首先看<template></template>标记部分，代码如下。

```
1   <template>
2     <div id="app">
3       <div class="vote-wrapper">
4         <h2>请为您最喜欢的人投票</h2>
5         <ul>
6           <li v-for="(item, index) in list" v-bind:key="index">
7             <div class="img">
8               <img v-bind:src="item.avatar" v-bind:alt="item.name">
9             </div>
10            <greeting v-bind:to="item.name">Like</greeting>
11          </li>
12        </ul>
13      </div>
14    </div>
15  </template>
```

需要记住：一个组件中必须有唯一的根元素，也就是id属性值为app的div元素。在这里，利用v-for指令渲染一个ul列表，数据来自<script></script>标记部分定义的列表，每一次循环都会渲染一个头像及头像图像下方的greeting组件。

接着是<script></script>标记部分，代码如下。

```
1   <script>
2   import Greeting from './components/greeting.vue'
3
4   export default{
5     components:{
```

```
6       Greeting
7     },
8     data(){
9       return{
10        list: [
11          { avatar: require('./assets/jane.png'), name: 'Jane' },
12          { avatar: require('./assets/mike.png'), name: 'Mike' },
13          { avatar: require('./assets/kate.png'), name: 'Kate' },
14          { avatar: require('./assets/tom.png'), name: 'Tom' }
15        ],
16      }
17    }
18  }
19  </script>
```

上面的代码中，首先使用import语句引入并注册了定义好的Greeting组件，注意组件之间的路径关系，Greeting组件所在的components目录与app.vue是平级的。

注意

以上代码的import语句导入组件时，使用了PascalCase命名方式，组件第一个字母为大写，而在<template></template>标记部分使用这个组件的时候，我们将其名称改为小写，即使用与HTML规范一致的kebab-case命名方式。

这里解释一下为什么import语句导入组件的时候使用PascalCase命名方式。假设导入的组件名称用PascalCase方式命名为TheVueComponent，它对应的kebab-case形式是the-vue-component，the-vue-component不是一个有效的JavaScript变量名，因为变量名中间不能使用短横线。所以理想的命名方案就是导入一个组件时用PascalCase方式命名，在<template></template>标记部分用kebab-case方式命名。

在后面的讲解中，“Greeting组件”和“greeting组件”都会出现。我们在讲解<template></template>标记部分时，一般写作“greeting组件”，而在讲解<script></script>标记部分时，一般写作“Greeting组件”，希望读者不要为此疑惑。

接下来定义并导出app组件，通过components属性局部注册了Greeting子组件，然后data属性指定了一个数组，用于v-for指令循环渲染数组的每个元素（包含了头像和姓名）。

再者是<style></style>标记部分。为了让整个页面看起来比较整齐，用CSS对页面进行样式设置。由于样式设置与Vue.js的逻辑关系不大，这里就不列出CSS代码了，读者可以在本书配套资源文件中查看。

最后来看一下src/main.js文件，这个文件是整个项目的入口文件，其代码如下。

```
1  import Vue from 'vue'
2  import App from './app.vue'
3
4  Vue.config.productionTip = false
5
6  new Vue({
7    render: h => h(App),
8  }).$mount('#app')
```

保存并运行代码，在浏览器中就可以看到页面的效果了，如图15.7所示。此时这个页面已经可以正常工作了，用户单击按钮为候选人投票，页面上会实时更新票数。

图 15.7　投票页面效果

说明

读者在实践中可能会发现，如果在编辑器（例如本书介绍的VS Code）中对代码做了某些修改，我们不需要手动去刷新浏览器，浏览器中预览的效果会自动更新。这就是上面使用npm run serve命令启动开发服务器后一个非常方便的功能，称为“热更新”。进一步地，如果在编辑器中开启了“自动保存”选项（菜单：“文件”>“自动保存”），也不需要手动保存文件，每次对文件做的修改都会自动保存。这样修改了代码，用户就可以在浏览器中直接看到效果，非常方便。

在投票页面中，可以看到按钮上的“Like”这个单词，它是通过组件的插槽传入greeting组件的；后面的姓名是通过to属性传入的；按钮右边的投票票数是由组件内部计算和维护的。

15.3.3 父子组件之间传递数据

组件是Vue.js中开发的基本单元，组件之间不可避免地需要传递数据。本小节先来介绍父子组件之间的数据传递，后面还会介绍组件之间的数据传递。

1．父组件向子组件传递数据

父组件向子组件传递数据是主要的数据传递形式，该功能可以通过组件的属性和插槽实现。

（1）属性

例如在上面的案例中，app.vue通过props向greeting组件传递to属性的值，代码如下。

```
props:['to'],
```

这是一种简单的指定组件属性的方法，即通过一个字符串数组定义一组属性的名称。

实际上Vue.js还允许使用更明确的方式定义属性，即通过对象来定义组件的各个属性。例如使用下面的写法，可以更明确地描述一个属性的类型、默认值、约束条件等。

```
1   props: {
2     // 基础的类型检查
3     age: Number,
4
5     // 多个可能的类型
6     luckyNumber: [String, Number],
7
8     // 必填的字符串
9     name: {
```

```
10        type: String,
11        required: true
12      },
13
14      // 带有默认值的数字
15      score: {
16        type: Number,
17        default: 100
18      }
19  }
```

（2）插槽

第14章已经介绍了插槽的作用，即向组件传递某个组件的开闭标记之间的内容。插槽不但支持传入文本，还支持传入HTML结构，例如我们可以把Like这个单词换成一个心形的图标，以实现就像在微信朋友圈里为好友点赞那样的效果，如图15.8所示。我们下面就来演示如何实现把Like这个单词更换为一个心形的图标。

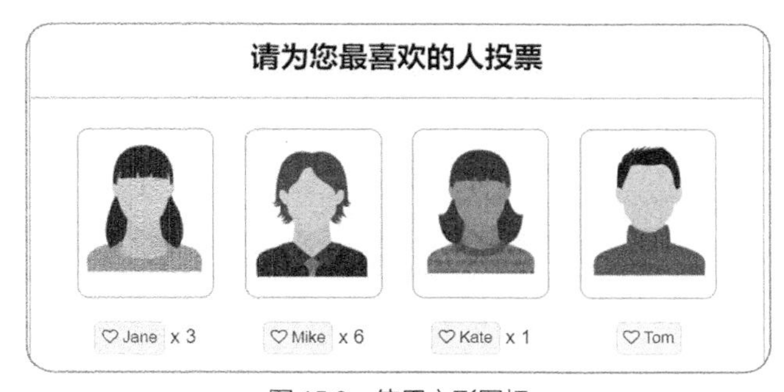

图 15.8　使用心形图标

如果观察一下各种网站上的页面，我们就可以发现各种图标被大量使用。Font Awesome是一套开源的字体图标库（包含了丰富的图标），我们就在这套图标库里选择一个心形图标。

首先下载Font Awesome的安装文件，然后分以下两步将其引入我们的项目中。

①在public/index.html中引入其CSS样式文件，代码如下。

```
<link rel="stylesheet" href="font-awesome.min.css">
```

②把字体图标文件夹复制到src/assets文件夹下，这时就可以使用里面的图标了，使用语法如下。

```
<i class="fa fa-图标名"></i>
```

上面的代码中，CSS类名“fa”表示使用Font Awesome字体图标（fa是Font Awesome的首字母缩写），后面的类名“fa-图标名”用于指定具体使用哪个图标，图标的名称可以在官网中查找。例如这里使用的心形图标对应的名称是fa-heart-o。

这时，在app.vue中修改greeting组件的代码如下。

```
1   <greeting v-bind:to="item.name">
2     <i class="fa fa-heart-o"></i>
3   </greeting>
```

保存并运行代码，在浏览器中的页面效果就会如图15.8所示了，即Like被替换为了一个心形图标。

从Vue.js的理念来说，数据的流动具有单向性，即从父组件流向子组件。仔细想一想，这是很合理的。父组件对子组件是“了解”的，当然父组件只了解子组件的接口，而不关心其内部的细节，因此通过属性和插槽作为接口把数据从根节点一级一级向下传递是非常顺畅、合理的。

注意

在Vue.js的官方文档中有如下的说明，值得仔细理解。

所有的属性都使得其父子属性之间形成了一个单向下行绑定：父级属性的更新会向下流动到子组件中，但是反过来则不行。这样会防止子组件意外变更父级组件的状态。

此外，每次父组件发生变更时，子组件中所有的属性都将会刷新为最新的值。这意味着你不应该在一个子组件内部改变属性。如果你这样做了，Vue.js会在浏览器的控制台中发出警告。

子组件通过属性得到从父组件传来的数据，应该通过复制一个本地副本或者通过计算属性使用这些数据，而不应该直接修改属性的值。

说明

我们在学习某项技术的时候，语法等知识点固然很重要，但是理解这项技术的核心理念更重要。深刻地理解一项技术的核心理念之后，不但有助于我们用好这项技术，而且能使我们从更高的层面理解技术发展的内在逻辑，进而成长为相关领域的杰出人才。

人才是第一资源

2．子组件向父组件传递数据

在Vue.js中，如果子组件需要向父组件传递数据，就需要使用事件机制来实现。父子组件之间的数据流向如图15.9所示。总结起来就是“从上向下通过属性传递数据，从下向上通过事件传递数据”，这个原则非常重要。

当子组件需要向父组件传递数据时，需要通过$emit()方法向父组件暴露一个事件，然后父组件在处理这个事件的方法中获取子组件传来的数据。

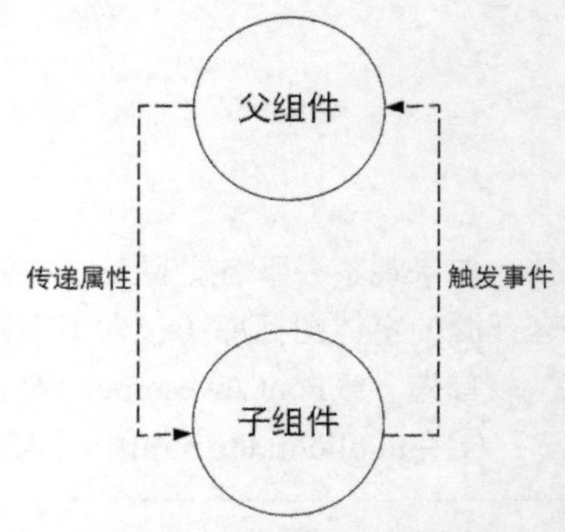

图 15.9　父子组件之间的数据流向

第一次接触到这个理念可能觉得有点不容易理解，但是仔细想一下标准的DOM中的处理方式就好理解了。在一个HTML页面中，每一个HTML标记就相当于一个组件，使用任何一个组件都可以通过属性传递参数，但是要从标记中获取一些数据，就一定要通过事件。在事件处理方法中，可通过事件对象来获取数据，比如鼠标指针的位置等。

下面我们通过案例来审视$emit()方法和父子组件之间的数据传递。

注意

在前面的案例中，首先需要读者明确的一点是“组件内的事件处理”和“使用一个组件时的事件处理”有区别，千万不要将二者混淆。

（1）一个组件内部封装有对某个DOM元素事件的处理，例如，本例中Greeting组件内的button元素，它的单击事件绑定了onClick()方法，用于对内部状态（count变量）进行处理。

（2）Greeting组件通过$emit()方法对外暴露出一个单击事件，因此在app根组件中可以对该组件暴露出来的单击事件进行处理。

前面这两个事件的处理是不同的两件事，例如我们在前面的投票页面可以对greeting组件暴露的单击事件进行处理，也可以绑定一个onClick()方法，具体看一下实际的应用。

首先，在app.vue中为data增加一个与list并列的records属性，它的值是一个空的数组，代码如下。

```
1    data(){
2        return {
3          list: [
4            { avatar: require('./assets/jane.png'), name: 'Jane' },
5            …
6          ],
7          records:[]
8        }
9      },
```

然后，在<template></template>标记部分，为greeting组件的单击事件绑定onClick()方法，代码如下。

```
1    <greeting v-bind:to="item.name" @click="onClick" >
2      <i class="fa fa-heart-o"></i>
3    </greeting>
```

说明

提醒一下，app.vue和greeting.vue是两个组件，各自都有一个onClick()方法。它们虽然后缀名相同，但是作用完全不同。我们在这里故意把后缀名写成相同的，就是希望读者能够理解二者的区别。

接着，在methods中增加onClick()方法，作用是将被单击的人名和单击时的时间记录到records数组中，代码如下。

```
1    methods:{
2        onClick(name, count){
3          this.records.push({name, count, time: new Date().toLocaleTimeString()});
4        }
5    }
```

最后，在<template></template>标记部分用v-for指令循环渲染出records数组，代码如下。这样每次给任何一个候选人投票，下面会出现一行时间、人名和票数的记录，效果如图15.10所示。其中时间是在父组件中取得的，而人名和票数是子组件传过来的数据。

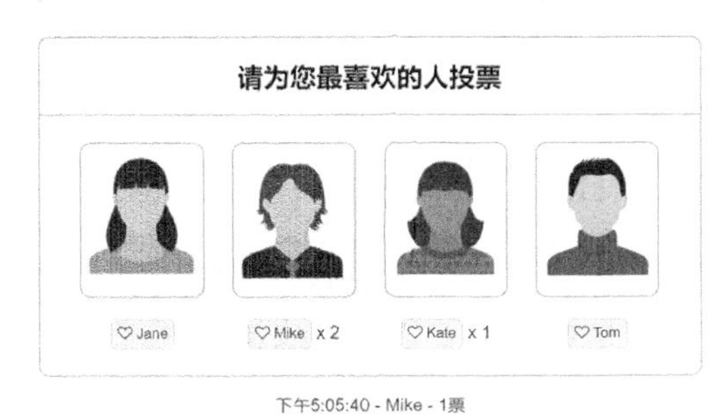

图15.10 投票页面效果

```
1  <p v-for="(item, index) in records" v-bind:key="index">
2      {{item.time}}  - {{item.name}} - {{item.count}}票
3  </p>
```

我们在第14章例子的基础上，除了改造单文件组件之外，还详细讨论了父子组件之间的数据传递。通过前面的讲解，我们可以更加深刻地理解组件及相关的逻辑，这对于使用Vue.js进行开发是非常重要的。

至此，这个页面已经完成了。从这个例子，我们可以非常清晰地看出单文件组件的优点。它的最大优点就是对组件有非常好的封装，组件单独在一个文件中，HTML结构、CSS样式和JavaScript逻辑都非常清晰。通过这种组件机制，开发者就可以开发出复杂的大规模系统。

说明

可以看到使用Vue.js脚手架创建的项目已经为开发者预置好了项目的基础代码，开发者只需要根据业务逻辑组织代码即可。在Vue.js中进行开发的基本单元就是组件，且具有唯一的根组件，即案例中的app组件，然后在根组件中可以使用其他组件，组件中还可以再使用组件，形成有层级关系的"组件树"。

在一个Vue.js的项目中，开发者的主要工作本质上就是构建这样一棵"组件树"。

15.3.4 构建用于生产环境的文件

此时，代码都已经编写完成了。本地的项目只能由开发者自己调试，实际开发中还需要将项目部署到生产服务器中，这样用户才可以看到项目效果，例如商城网站，将其上传到服务器之后，用户才能使用这个网站进行购物操作。

我们已经安装了Vue CLI，自动化构建的相关工具也就都自动安装好了。自动化构建的过程常常被简称为"打包"，下面我们就来对开发好的这个投票项目进行打包。

打包之前，先在项目文件夹中创建一个名为vue.config.js的文件（这个文件名是固定的），它用于保存Vue.js对项目结构的一些配置，其内容如下。

```
1  module.exports = {
2    publicPath: './'
3  }
```

然后，可以查看一下根目录下package.json文件中的scripts对象，代码如下。

```
1  "scripts": {
2    "serve": "Vue CLI-service serve",
3    "build": "Vue CLI-service build"
4  },
```

上述代码的scripts对象中分别定义了serve和build两个配置项，前面我们用过的npm run serve命令中的serve这个参数就是在这里定义的。

接下来，执行npm run build这个命令，然后就可以看到在dist目录中增加了新的文件，双击其中的index.html，页面效果与使用npm run serve命令调试时完全相同。

打包完成后，查看一下dist目录下的文件内容，结构如图15.11所示。

双击图15.11中index.html所打开的页面就是最终用户访问的页面，而favicon.ico是一个默认的图标。浏览器会在每个tab标签左侧显示一个网站的favicon.ico图标，如图15.12左上角所示。我们可以将其替换为自己喜欢的图标，只是要将新图标命名为这个名称。

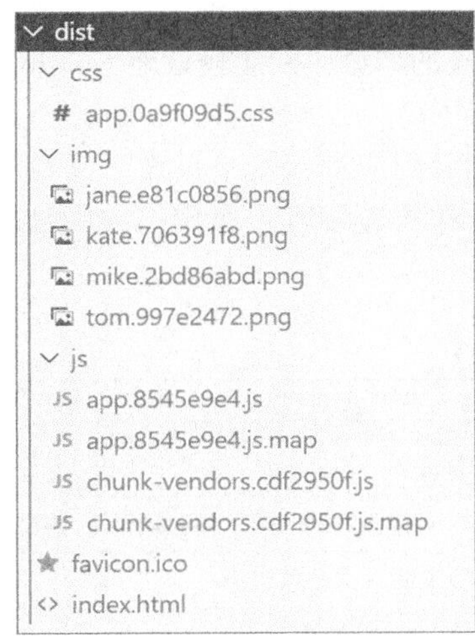

图 15.11　打包完成后的目录结构

图 15.12　标签页图标 favicon.ico

除了index.html和favicon.ico这两个文件，还有css、img和js这3个文件夹，里面的文件名都是由一些字母和数字组成的散列字符串。其目的是如果更换了静态文件，重新打包的时候，就会更新散列字符串，它的存在可以避免浏览器对原静态文件进行缓存。

打包后，打开js文件夹中的任意一个JavaScript文件，可以看到它们都成了图15.13所示的状态，已经完全不是我们能够正常读写的JavaScript文件。这是因为在打包过程中，对JavaScript文件和CSS文件都会进行压缩。打包时让文件越小越好，当然压缩之后文件的逻辑和功能是完全不变的。

```
(function(t){function n(n){for(var r,a,u=n[0],c=n[1],s=n[2],l=0,p=[];l<u.length;l++)a=u
[l],Object.prototype.hasOwnProperty.call(o,a)&&o[a]&&p.push(o[a][0]),o[a]=0;for(r in
c)Object.prototype.hasOwnProperty.call(c,r)&&(t[r]=c[r]);f&&f(n);while(p.length)p.shift()
();return i.push.apply(i,s||[]),e()}function e(){for(var t,n=0;n<i.length;n++){for(var e=i
[n],r=!0,u=1;u<e.length;u++){var c=e[u];0!==o[c]&&(r=!1)}r&&(i.splice(n--,1),t=a(a.s=e
[0]))}return t}var r={},o={app:0},i=[];function a(n){if(r[n])return r[n].exports;var e=r[n]=
{i:n,l:!1,exports:{}};return t[n].call(e.exports,e,e.exports,a),e.l=!0,e.exports}
a.m=t,a.c=r,a.d=function(t,n,e){a.o(t,n)||Object.defineProperty(t,n,{enumerable:!
0,get:e})},a.r=function(t){"undefined"!==typeof
Symbol&&Symbol.toStringTag&&Object.defineProperty(t,Symbol.toStringTag,
{value:"Module"}),Object.defineProperty(t,"__esModule",{value:!0})},a.t=function(t,n){if
(1&n&&(t=a(t)),8&n)return t;if(4&n&&"object"===typeof t&&t&&t.__esModule)return
t;var e=Object.create(null);if(a.r(e),Object.defineProperty(e,"default",{enumerable:!
0,value:t}),2&n&&"string"!=typeof t)for(var r in t)a.d(e,r,function(n){return t[n]}.bind
(null,r));return e},a.n=function(t){var n=t&&t.__esModule?function(){return t
["default"]}:function(){return t};return a.d(n,"a",n),n},a.o=function(t,n){return
```

图 15.13　JavaScript 文件

15.4 单页应用和多页应用

目前，我们已借助第14章的greeting组件，详细地介绍了单文件组件及Vue.js的组件机制。本节中我们将再举一个比较具有代表性的案例。

事实上，原本是没有单页应用和多页应用这两个称谓的，因为从一开始有HTML的时候，网站就是由若干独立的HTML文件通过超链接的方式组织起来的，所以一个网站肯定是由多个页面组成的，并不存在单页应用的说法。

单页应用是在JavaScript和AJAX技术比较成熟以后才出现的，它指的是通过浏览器访问网站时，只需要加载一个入口页面，此后再显示的内容和数据都不会刷新浏览器页面。有了单页应用之后，传统的网站就被称为多页应用了。

15.4.1 单页应用和多页应用的区别

单页应用（single page application，SPA）将所有内容放在一个页面中，可以让整个页面更加流畅。就用户体验而言，单击导航菜单可以定位锚点，快速定位相应的部分，并能轻松地上、下滚动。单页面提供的信息和一些主要内容已经过筛选和控制，用户可以简单、方便地阅读和浏览。

多页应用（multipage application，MPA）是指有多个独立页面的应用，每个页面必须重复加载JS、CSS等相关资源。多页应用跳转，需要刷新整页资源。单页应用和多页应用的区别如表15.1所示。

表15.1　单页应用和多页应用的区别

	单页应用	多页应用
页面结构	一个页面和许多模块的组件	很多完整页面
体验效果	页面切换流畅，体验效果好	页面切换慢，网速不好的时候，体验效果不理想
资源文件	组件等公共资源只需要加载一次	每个页面都要加载一次公共资源
路由模式	可以使用hash模式，也可以使用history模式	普通链接跳转
适用场景	对体验效果和流畅度有较高要求的应用不利于SEO（搜索引擎收录，可借助服务器端渲染技术优化SEO）	适用于对SEO要求较高的应用
内容更新	相关组件的切换，即局部更新	整体HTML的切换
相关成本	前期开发成本较高，后期维护较为容易	前期开发成本低，后期维护就比较麻烦，可能一个功能需要改很多地方

从用户的实际感受来说，与单页应用相比，多页应用的最大特点就是每次跳转到一个新页面时都会有一段短暂的白屏时间，即使网速再快，也不能完全消除这段白屏时间。而单页应用则不会出现白屏问题，页面之间的跳转、页面内部的内容更新都会非常流畅，从而能极大提升用户体验。

15.4.2 多页应用开发

大部分网站的页面结构都会包括页头、中间内容和页脚这3个部分。这里通过一个简单案例来展示如何把一个传统多页应用改造为单页应用。

首先，通过普通多页应用的方式来构建一个基础案例。这里制作一个简单的网站，它与常见的大多数企业网站很类似，一共有4个页面，分别是“首页”页面、“产品”页面、“文章”页面、“联系我们”页面。这4个页面具有相同的页面结构，即都包括页头、中间内容和页脚这3个部分。页头部分包含一个导航菜单，分别链接到4个页面。首页效果如图15.14所示。

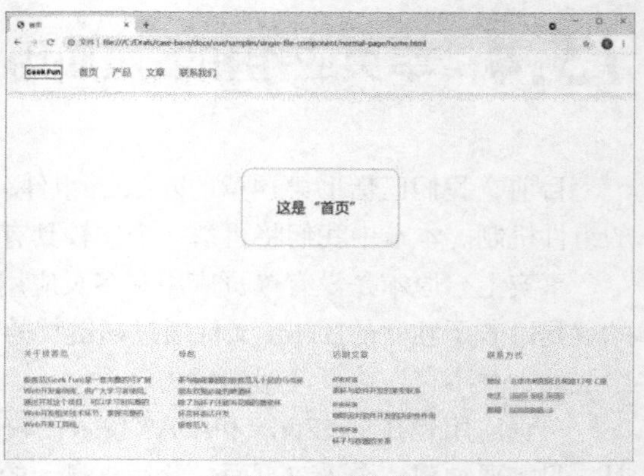

图15.14　首页效果

然后创建4个页面，分别为“首页”页面、“产品”页面、“文章”页面、“联系我们”页面。这4个页面页头部分的HTML代码是相同的，代码如下。

```
1   <header>
2     <div class="container">
3       <nav class="header-wrap">
4         <a href="home.html"><img src="logo.png" alt="logo"></a>
5         <ul>
6           <li><a href="home.html">首页</a></li>
7           <li><a href="product.html">产品</a></li>
8           <li><a href="article.html">文章</a></li>
9           <li><a href="contact.html">联系我们</a></li>
10        </ul>
11      </nav>
12    </div>
13  </header>
```

页头的容器中包括一张logo图片和由<ul></ul>标记构成的一个导航菜单。4个菜单项都是文本超链接，分别指向4个页面；单击某一菜单项，即可进入对应页面中。

每个页面中间内容部分的显示用HTML5中的<section></section>标记实现。这里仅为了说明，因此用一句话代表。4个页面用文字区分开，例如首页的代码如下，另外3个页面与之类似，只需要改一下文字内容即可。

```
1   <section>
2     <div class="container">
3       <h1>这里是首页</h1>
4     </div>
5   </section>
```

最后为每个页面添加一个页脚，一般的网站都会在页脚部分显示一些版权信息等内容，页脚结构代码如下。

```
1   <footer>
2     <div class="container">
3       …
4     </div>
5   </footer>
```

这样，4个页面的HTML代码就编写好了。至于CSS样式，这里就不展示了，读者可以参考本书配套资源文件中的源文件。测试一下效果：从首页进入，可以通过页头的导航菜单跳转到相应的页面。这是一个非常简单的网站结构，大家最初学习HTML的时候，也一定练习制作过类似的网站。

制作完成后的项目源代码，请参考本书配套资源文件：第15章\mpa文件夹中的文件。

15.4.3 单页应用开发

下面我们要做的就是将这个常规的多页应用改造为一个单页应用。这里仍然使用上面讲解的Vue CLI脚手架工具创建一个默认的基础项目。在此基础上，我们开始制作这个单页应用。

1. 页面组件化

很显然，这4个页面的页头部分和页脚部分的结构完全相同，只有中间内容部分不同。因此，我们可以把页头和页脚分别制成组件，然后把4个不同的中间内容部分分别制成组件，最后把这6个组件在根组件内部“组装”起来，并实现单击导航菜单时能够切换中间内容部分对应的组件。

首先制作页头部分的组件，在components文件夹中创建header.vue文件。4个菜单项结构相同，因此可以在<script></script>标记部分定义为一个数组变量，代码如下。

```
1   <script>
2     export default{
3       data(){
4         return{
5           navList: [
6             {name: '首页'}, {name: '产品'}, {name: '文章'},{name: '联系我们'}
7           ]
8         }
9       }
10    }
11  </script>
```

在<template></template>标记部分可以使用v-for指令循环生成菜单项，代码如下。

```
1   <template>
2     <header>
3       <div class="container">
4         <nav class="header-wrap">
5           <img src="../assets/logo.png" alt="logo">
6           <ul>
7             <li v-for="item in navList" :key="item.name" >
8               {{item.name}}
9             </li>
10          </ul>
11        </nav>
12      </div>
13    </header>
14  </template>
```

由于CSS文件已经制作好了，我们就不再把这个CSS文件拆分到各个组件中，而是将这个CSS文件整体引入页面中。具体做法是在main.js中。使用import语句引入style.css文件，代码如下。

```
import '@/assets/style.css'
```

接下来制作页脚部分的组件，在components文件夹中创建footer.vue文件，编写好组件中的<template></template>、<script></script>和<style></style>这3个标记部分，代码如下。其中，<script></script>标记部分可以去掉，也可以使用export导出一个空对象；<style></style>标记部分可以去掉，也可以为空。

```
1   <template>
```

```
2     …
3   </template>
4
5   <script>
6     export default {
7     }
8   </script>
9
10  <style>
11  </style>
```

最后制作4个页面中间内容部分的组件。

在components文件夹中创建4个.vue文件，即4个组件，并分别命名为home.vue（首页）、product.vue（产品）、article.vue（文章）和contact.vue（联系我们）。这4个文件整体代码结构一致，只有文字和导出的组件名称不同，例如home.vue的主要代码如下。

```
1   <template>
2     <section>
3       <div class="container">
4         <h1>这里是首页</h1>
5       </div>
6     </section>
7   </template>
```

在完成6个组件的制作之后，在app.vue中引入并注册它们，然后在<template></template>标记部分调用这6个组件，app.vue的代码如下。

```
1   <template>
2     <div id="app">
3       <vue-header/>
4       …
5     </div>
6   </template>
7
8   <script>
9   import VueHeader from './components/header'
10  …
11
12  export default{
13    components: {
14      VueHeader,
15      …
16    }
17  }
18  </script>
```

可以看到在导入的时候，我们给组件的名称都加了一个“vue-”前缀，以避免和原生的HTML标记重复。另外，可以再次看到，导入时每个组件是以PascalCase方式命名的，然后在<template></template>标记部分使用组件的时候，改为以kebab-case方式命名。

此时，在命令提示符窗口中，进入项目目录，执行npm run serve命令启动开发服务器，然后在浏览器中查看效果。现在的效果是6个组件从上到下依次排列在一个页面中（滚动页面可以查看所有组件），如图15.15所示。

制作完成后的项目源代码，请参考本书配套资源文件：第15章\spa-00文件夹中的文件。

图 15.15　暂时将组件都排列在一个页面中

2．使用动态组件实现页面切换

我们希望得到的效果是根据选中的菜单项，只显示某一个中间内容组件，并且可以单击导航菜单切换中间内容组件。针对该需求有不同的实现方法，我们先介绍使用Vue.js的动态组件实现。

使用Vue.js提供的component组件以及它的is属性，可以实现页面的切换。通过is属性的值可指定要渲染的组件，所以动态地将is属性的值设置为要显示组件的名称就可以了。

首先，在app.vue的<template></template>标记部分，将中间内容的4个组件去掉，改为使用动态组件，并在data中定义一个变量active，用于保存当前正在显示的内容组件名称，代码如下。

```
1   <template>
2     <div>
3       <vue-header @click="onClick"/>
4       <component v-bind:is="active"></component>
5       <vue-footer/>
6     </div>
7   </template>
8   data(){
9     return{
10      active: 'vue-home'
11    }
12  },
```

此时，页面中只显示首页的中间内容部分了。

注意

active的值对应的是引入home.vue时确定的组件名称，即添加了“vue-”前缀的名称，既可以写作VueHome，也可以写作vue-home。

下面来处理单击菜单项时的逻辑，在vue-header组件中添加单击事件click的处理方法，将单击菜单项对应的组件名称传递给父组件app.vue。

在header.vue组件中，修改data中的数据，给每个菜单项增加一个“英文名称”的属性，代码如下。

```
1   navList: [
2     {name: '首页', enName: 'home'},
3     {name: '产品', enName: 'product'},
4     {name: '文章', enName: 'article'},
5     {name: '联系我们', enName: 'contact'}
6   ]
```

在<template></template>标记部分绑定单击事件，并为enName变量加上“vue-”前缀以后，使用$emit()方法传递数据给父组件，让父组件知道用户单击了哪个菜单项，代码如下。

```
1    <ul>
2      <li v-for="item in navList"
3        :key="item.enName"
4        @click="onClick(item.enName)">
5        {{item.name}}
6      </li>
7    </ul>
8    methods: {
9      onClick(enName) {
10       this.$emit('click', 'vue-' + enName)
11     }
12   }
```

上面的代码中，每个菜单项被单击的时候，先为enName加上“vue-”前缀，通过向父组件暴露单击事件的方法，传递数据给父组件。父组件app.vue在对单击事件的处理方法中接收传递过来的数据，将控制切换组件的active变量设置为传递来的名称，代码如下。

```
1    <vue-header @click="onClick"/>
2    methods: {
3      onClick(name) {
4        this.active = name
5      }
6    }
```

这时，单击菜单项就能实现切换组件效果。例如，单击导航菜单中的“产品”菜单，效果如图15.16所示。

图 15.16　实现切换组件效果

到这里，我们就成功地把一个传统的多页应用改造为了一个单页应用。可以看到，在切换页面的时候，页面不会出现瞬间白屏的现象。

说明

除了这里介绍的动态组件之外，还可以通过路由功能实现切换组件效果。在实际开发中，通常这类场景都是使用路由实现的，后面还会详细介绍。

制作完成后的项目源代码，请参考本书配套资源文件：第15章\spa-01文件夹中的文件。

3．完善效果

接下来，我们仔细研究一下这个页面，会发现它存在以下两个问题。

（1）组件切换后，菜单项上无法体现出当前显示的是4个页面中的哪一个，这样的用户体验不够友好。例如在图15.16中单击“产品”菜单项时，“产品”菜单项应该有一个表示当前被选中的特殊样式，这一功能可以通过增加样式的方法解决。

首先，在header.vue组件的<script></script>标记部分，在data属性中也增加一个active变量，用来保存当前的页面名称，默认其同样是首页的组件名称，但是在组件内部，没有前缀为“vue-”的enName（即“home”）的值，代码如下。

```
1  data(){
2    return {
3      active: "home",
4      …
5    }
6  }
```

这里的active变量虽然与app.vue的data中的active变量同名，但是它们是独立的，二者没有关系。接着在header.vue组件的<template></template>标记部分，给导航菜单的菜单项增加class属性的绑定，给当前选中的菜单项添加active类名，用来表示选中样式，代码如下。

```
1  <ul>
2    <li v-for="item in navList"
3      :key="item.enName"
4      :class="{'active': active == item.enName}"
5      @click="onClick(item.enName)"
6    >
7      {{item.name}}
8    </li>
9  </ul>
```

最后，修改一下header.vue组件中的onClick()方法，实现单击菜单项之后修改active变量的值为相应的enName，代码如下。

```
1  methods: {
2    onClick(enName){
3      this.active = enName
4      this.$emit('click', 'vue-' + enName)
5    }
6  }
```

在v-for循环中，哪一个菜单项的名称与active变量保存的值相同，就给这个菜单项增加一个active类名，从而让它显示出有active类定义的特殊样式。如图15.17所示，在“首页”菜单项的下面出现了一条横线，即表示它被选中了。这样，第1个问题就很容易地被解决了。

图 15.17 菜单选中状态

制作完成后的项目源代码，请参考本书配套资源文件：第15章\spa-02文件夹中的文件。

（2）第2个问题是，改为单页应用以后，单击导航菜单切换页面，因为网页的地址根本就没有变化，所以浏览器的地址栏是不会变化的。原来每个页面都有自己的地址，用户需要向别人分享某个页面时，可以简单地把这个具体页面的网址发给别人。而改为现在的单页应用以后，各个单独的页面都失去了独立的网址，只能把网站首页的网址发给别人，这样会给分享网站内容带来不便。

遗憾的是，这个问题使用这里介绍的动态组件是无法解决的，只能等学到后面的“路由”部分才能解决，这里仅做一个提醒。

本章小结

本章可以说是本书极为重要的章之一，开发一个真正的项目时，掌握组件化的方式是关键。本章介绍了如何安装Vue CLI脚手架工具，并借助脚手架工具创建了默认的Vue.js项目，在此基础上以单文件组件的方式开发组件，并将其组织在一起，成为一个应用。

知识点讲解

习题15

一、关键词解释

单文件组件　脚手架　单页应用　多页应用　Node.js

二、描述题

1. 请简单描述一下父组件如何向子组件传递数据，举例并说明。
2. 请简单描述一下子组件如何向父组件传递数据，举例并说明。
3. 请简单描述一下单页应用和多页应用的区别。

三、实操题

通过单文件组件的方式实现第14章“习题”部分题图14.1所示的产品列表效果。

第16章 AJAX与axios

随着网络技术的不断发展，Web开发技术也出现日新月异之趋势。在早期的互联网时代，用户访问网页时，一次向服务器请求一个完整的页面，这样从一个页面跳转到另一个页面，浏览器窗口会出现一段时间的白屏，这极其影响用户体验。另外，页面中如果仅有局部内容改变就使整个页面一起更新，效率很低。于是，逐渐出现了实现页面局部更新的AJAX技术，使Web应用程序的用户体验得到了极大改善。随着Vue.js等框架的出现，单页应用逐渐普及，AJAX就更成了一个Web开发项目中的重要组成部分。

axios是一个专门用来处理AJAX相关工作的库，用它与Vue.js配合可以方便地在Web开发项目中使用AJAX技术。本章的思维导图如下。

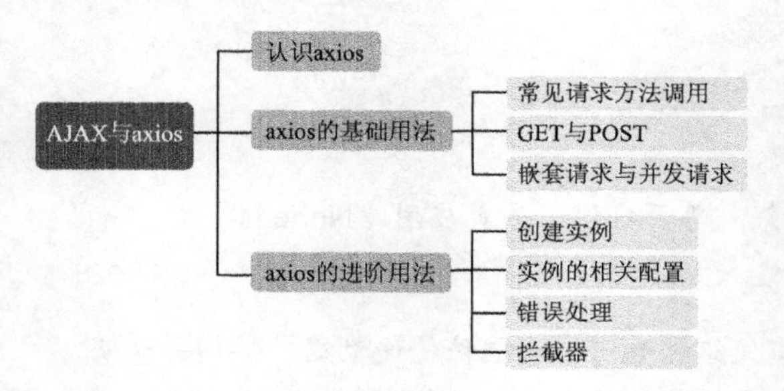

16.1 认识axios

axios通过promise实现对AJAX的封装，就像jQuery实现AJAX封装一样。axios除了可以与Vue.js结合使用，还可以与其他框架结合使用，例如流行框架React。更多内容，读者可以去相关网站进行学习。

如果是使用Vue CLI脚手架工具创建的项目，则可以使用npm安装axios，代码如下。

```
npm install axios --save
```

如果为了调试一些简单页面，则可以直接在页面中引入axios.js文件，或者直接使用CDN，代码如下。

```
<script src="https://xxxx.com/axios/dist/axios.min.js"></script>
```

注意

要使页面中的AJAX能够正常通信，不能直接用打开本地HTML页面的方式进行测试，而必须将页面配置在Web服务器上。

16.2 axios的基础用法

16.2.1 常见请求方法调用

HTTP中规定，每个HTTP请求都会使用某种特定的方法进行发送，最常见的两种方法是GET方法和POST方法。

- 当需要从服务器获取数据，而不对服务器上的数据做修改时，通常使用GET方法。GET方法的参数放在URL中。
- 当需要对服务器上的数据做修改时，通常使用POST方法。POST方法的参数放在HTTP消息报文的主体中。该方法主要用来提交数据，比如提交表单、上传文件等。

说明

关于HTTP的相关知识，本书不做详细讲解，但是作为一名Web开发人员，需要对HTTP有比较全面的掌握。此外目前RESTFUL的数据结构非常流行，建议读者对HTTP和RESTFUL的接口规范做一些了解。

这两种请求方法的调用语法如下。

```
1   import Axios from "axios"
2
3   Axios.get(url[, config]).then()
4   Axios.post(url[, data[, config]]).then()
```

注意

这里我们用了首字母大写的Axios，表示导入的Axios是一个类，而不是一个实例。因此，Axios.get()和Axios.post()都是Axios类的静态方法，而不是实例方法。

get()和post()都有一个url参数，它是调用远程API的请求地址。本章中用到的所有API都已经部署到了互联网上，读者可以直接使用。url参数不可省略。

config参数是可选参数，如果是POST方法，还可以再带一个传递给远程API的data参数。

then()是请求成功后的回调函数。我们一般会把调用返回结果以后的逻辑写在then()方法中。

先通过一个案例简单了解一下axios的用法，代码如下。源代码请参考本书配套资源文件：

第16章\ajax-demo-03-axios。

```
1   <template>
2       <div id="app">
3           <button @click="startRequest">测试异步通信</button>
4           <br><br>
5           <div id="target">{{msg}}</div>
6       </div>
7   </template>
8
9   <script>
10      import Axios from 'axios'
11      Axios.defaults.baseURL = 'http://demo-api.geekfun.website';
12
13      export default{
14          data(){
15              return {msg: ''};
16          },
17          methods: {
18              startRequest(){
19                  Axios
20                      .get('/vue-bs/ajax-test.aspx')
21                      .then(response => this.msg = response.data);
22              }
23          }
24      }
25  </script>
```

引入Axios类，并设置它的defaults.baseURL属性，即使用默认的基础url参数。如果需要调用多个API，这些API往往都在一个网站上，它们的前半部分都是一样的，这样指定地址的时候，只要用不同的后半部分就可以了。

编写在startRequest()方法中用于读取服务器数据的代码非常简单，只需要通过get()方法指定请求的服务器地址，然后在then()方法中将返回的数据赋值给数据模型中指定的msg变量即可。

说明

为了方便读者测试，编者已经将本章中需要用的几个服务器端的程序部署到了互联网上，读者可以直接调用。如果读者希望自己修改服务器端的程序，那么编者已将服务器端的程序放在了本书配套资源文件中，读者可以下载后使用。

为了使没有丰富后端开发经验的读者也可以比较容易地让这几个服务器端的程序运行起来，这里使用了Windows操作系统的计算机上自带的IIS Web服务器。读者可以直接把本书配套资源文件中的后端程序复制到本地，然后简单配置一下IIS即可运行相关程序。由于Windows操作系统的计算机都自带IIS Web服务器，因此不需要下载安装其他的支撑环境，这对于初学者来说是比较方便的方法。

本章各个案例中的服务器端（后端）程序都非常简单，有一定后端开发基础的读者也可以使用任何其他后端语言和框架来实现这些案例的后端部分，例如Node.js、Python或者Java等。读者可以自行配置好后端程序，然后在页面中通过AJAX来调用。对于完全没有后端开发基础的读者，建议直接使用已经部署好的API，这是较为方便的方法。

这里使用了ES6的箭头函数，response是调用成功后返回的结果对象。需要特别注意的是，这里用到了“this.msg”，由于箭头函数不会绑定自己的this，因此在箭头函数里的this就是函数外面的this。如果把这个调用改为传统的函数写法，就需要像下面这样编写了。

```
1   methods: {
2     startRequest() {
3       let self = this;
4       Axios
5         .get('/vue-bs/ajax-test.aspx')
6         .then(function(response)
7           {
8             self.msg = response.data;
9           });
10    }
11  }
```

这是因为如果使用普通的函数写法，这个函数会绑定自己的this，所以在使用axios调用之前，就要先把this暂存到一个临时变量中，然后在then()方法中使用self.msg代替this.msg（因为函数内部的this已经被重新赋值了）。

16.2.2 GET与POST

上面的例子中，使用get()方法调用了远程的后端接口，并且不需要向服务器端接口传递任何参数，在实际项目中通常会向接口传递各种参数。

下面通过一个表单提交的案例，演示一下同时使用GET和POST这两种方法，然后比较GET和POST的区别。

首先，我们像上一个案例一样，创建一个基本的Vue.js项目，或者直接在上一个案例的基础上修改。App.vue中的视图部分代码如下。源代码请参考本书配套资源文件：第16章\ajax-demo-04-get-post。

```
1   <template>
2     <div id="app">
3       <h2>请输入您的姓名和年龄</h2>
4       <form>
5         <input type="text" v-model="name"> <br/>
6         <input type="text" v-model="age">
7       </form>
8       <button @click="requestByGet">GET</button>
9       <button @click="requestByPost">POST</button>
10      <p>{{msg}}</p>
11    </div>
12  </template>
```

可以看到，以上代码中有两个文本输入框，分别用于让用户输入姓名和年龄；下面有两个按钮，我们将分别用GET方法和POST方法向服务器发起请求。

```
1   <script>
2   import Axios from 'axios'
```

```
3  Axios.defaults.baseURL = 'http://demo-api.geekfun.website';
4
5  export default{
6    data(){
7      return {
8        msg: '', name: '', age: ''
9      }
10   },
11   methods:{
12     requestByGet(){
13       …// 待补充
14     },
15     requestByPost(){
16       …// 待补充
17     }
18   }
19 }
20 </script>
```

1．GET方法

首先使用GET方法发起请求。requestByGet()方法的代码如下。

```
1  requestByGet(){
2    Axios.get(
3      '/vue-bs/01/01.aspx',
4      {
5        params: {
6          name: this.name,
7          age: this.age
8        }
9      }
10   )
11   .then((response) => this.msg = response.data)
12 }
```

可以看到，如果使用GET方法，在url参数的后面会增加一个对象参数，把name和age这两个变量组合为一个对象。这时，启动开发服务器，可以在浏览器中看到运行效果。在两个文本框中分别输入一些内容，然后单击“GET”按钮，下方会显示服务器返回的结果，如图16.1所示。

注意图16.1中右侧是通过Chrome浏览器的开发者工具查看请求的效果。单击“Network”标签，然后单击“XHR”对所有的请求进行过滤，只列出AJAX请求，接着可以看到以上代码中01.aspx这一行正是单击“GET”按钮以后发出的请求。单击请求的地址，右侧会显示关于这个请求的详细信息。在Headers中，可以看到图16.2所示的GET请求的详细信息。

从这里可以看出，当使用GET方法发起请求时，参数会以查询字符串的形式作为URL的一部分传递给服务器，服务器接收到请求以后，会解析查询字符串，进而得到请求的参数。

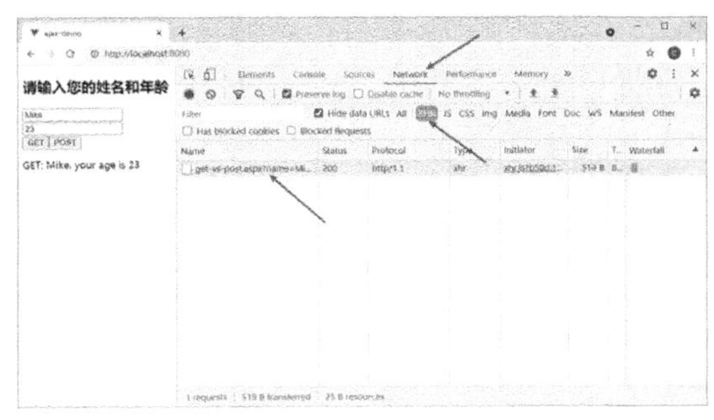

图 16.1 GET方法的运行效果

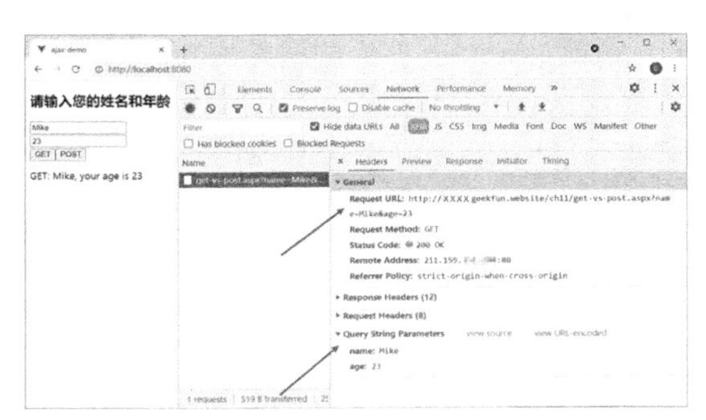

图 16.2 GET请求的详细信息

2. POST方法

除了使用GET方法，也可以使用POST方法发起请求。requestByPost()方法的代码如下。

```
1     requestByPost(){
2       let data = new FormData();
3       data.append('name', this.name);
4       data.append('age', this.age);
5       Axios.post(
6         '/vue-bs/get-vs-post.aspx',
7         data
8       )
9       .then((response) => this.msg = response.data)
10    }
11  }
```

可以看到，在调用Axios.post()方法之前，要构造一个FormData类型的对象，并通过append()方法给这个对象添加两个数据字段，它们都是从文本框获取用户输入的内容的。FormData类型的对象是用XMLHttpRequest定义的标准对象，可以被直接使用。

构造好FormData类型的对象data以后，把它放在url参数后面，作为调用Axios.post()方法的第二个参数；其他操作与GET方法相同。

在浏览器中运行以上代码，从效果上来说，使用POST方法和使用GET方法得到的效果相同。但是，二者还是有很大的区别的，例如二者传递参数的方式不同。POST方法发起请求时，参数会以FormData类型出现在请求的报文正文中。用户可通过Chrome浏览器开发者工具查看POST请求的各种细节，如图16.3所示。可以看到，POST方法向服务器传递的参数不会出现在URL中，它是以Form Data方式向服务器传递参数的。

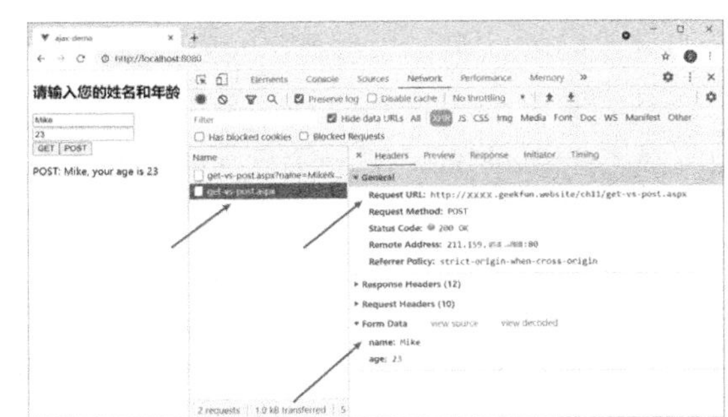

图 16.3 POST请求的各种细节

说明

这里需要说明一下，POST方法比较复杂，除了可以使用Form Data方式传递参数之外，还可以使用其他方式传递，读者可以自行学习。常用到的方式是，直接将参数对象以JSON方式进行传递。

axios会自动根据参数的形式，向服务器发送请求。需要指出的是，用Form Data和Request Payload方式都可以向服务器传递参数，而服务器读取参数的方法是不同的。

当我们把服务器上的数据看作“资源”的时候，这些HTTP方法就可以被看作这些资源的操作方法。在HTTP中，实际上包括了8种方法：GET、POST、PUT、DELETE、OPTIONS、HEAD、TRACE和CONNECT。

这里需要简单讲解一下REST的概念。REST是representational state transfer（描述性状态转移）的缩写，它是用来描述创建Web API的标准方法。

可以看出，这些方法的名称都是一些动词，对应着对数据的操作（通常包括增、删、改、查等）。按照REST标准来说，有如下4种基本操作。

- 当需要读取某个资源的时候，应该使用GET方法。
- 当需要新增某个资源的时候，应该使用POST方法。
- 当需要删除某个资源的时候，应该使用DELETE方法。
- 当需要局部更新某个资源的时候，应该使用PUT方法。

总结一下，到目前为止，我们讲解了HTTP请求的方法，特别是GET方法和POST方法的含义与区别；还讲解了如何通过axios向远程的服务器请求数据，然后将得到的数据显示到页面上；并且讲解了在POST方法下向服务器传递参数的两种方式，即Form Data方式和JSON方式。掌握上述知识以后，已经可以满足大多数开发中的需求了。

axios为每一种HTTP方法都提供了一个方法，如get()、post()、delete()、put()等，它们的基本用法都是一样的，这里不再赘述。

16.2.3 嵌套请求与并发请求

知识点讲解

对于一些比较复杂的页面，系统可能会从多个远程数据源汇集数据，并且有可能要先根据第一次请求得到的结果来决定第二次请求的参数，而且有可能需要同时发起多个请求。这种情况下，页面就会变得相对复杂，甚至会变得非常复杂。

假设在一个页面中，先通过调用一个远程的API获得若干图书的编号列表，然后根据返回的图书编号列表获取所有图书的相关信息，最后将这些信息显示到页面中。服务器端提供了如下两个API。

- getBooks()：无参数，返回结果为一个数组；每个元素是一个整数，它对应一本书的编号。
- getBook(id)：有一个参数id，返回结果为当前这本书的信息，其中包括id和name两个字段，分别表示图书的编号和书名。

本案例源代码请参考本书配套资源文件：第16章\ajax-demo-05-multi-requests。

首先设定App.vue的视图，以实现单击“Get Books”按钮触发getBooks()方法来获取数据，然后在下面的ul列表中，使用v-for循环渲染出每本书的信息，注意给书名加上书名号，代码如下。

```
1   <template>
2     <div id="app">
3       <button @click="getBooks">Get Books</button>
4       <ul>
5         <li v-for="item in books" :key="item.id">
6           {{item.id}} :《{{item.name}}》
7         </li>
8       </ul>
9     </div>
```

```
10  </template>
```

然后编写getBooks()方法的代码如下。

```
1   <script>
2   import Axios from 'axios'
3   Axios.defaults.baseURL = 'http://demo-api.geekfun.website';
4
5   export default{
6     data(){
7       return { books:[] }
8     },
9     methods: {
10      getBooks(){
11        //外层
12        Axios.get('/vue-bs/get-books.aspx')
13        .then(
14          //内层
15          (response) =>
16            Axios.get(
17              '/vue-bs/get-book.aspx',
18              {params:{id: response.data[0]}}
19            )
20            .then((response) => {
21              this.books.push(response.data);
22            })
23        )
24      }
25    }
26  }
27  </script>
```

在上面的代码中嵌套了两层Axios.get()方法，外层的Axios.get()方法用于调用get-books.aspx接口，获取图书编号列表。然后在它的then()方法中再次调用Axios.get()方法，这次用于调用get-book.aspx接口，因此需要传入参数。我们此时只传入列表中第一个元素的编号值，目的是先把程序跑通，再考虑并发请求的问题。运行以上代码，在浏览器中单击“Get Books”按钮，就可以在下面的列表中随机显示出一本书的信息，如图16.4所示。

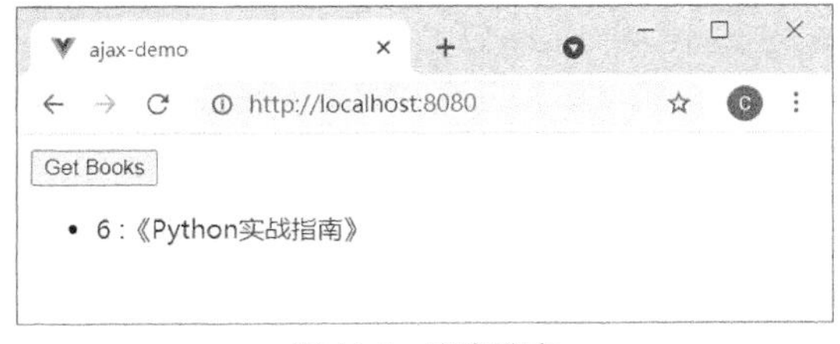

图 16.4　嵌套请求

接下来，我们实现同时获取多本书的信息。

首先介绍一下如何通过axios实现并发请求。并发请求可以理解为同时向服务器发出多个请求（严格来说还是有先后顺序的），并统一处理返回值。例如在这个例子中，获取多本图书的编号以后，希望能够一次性地对每个图书编号请求远程API，分别获取图书信息。axios提供了如下两个相互配合的方法。

```
1   Axios.all()
2   Axios.spread()
```

Axios.all()方法中，通过一个数组参数可一次性发起多个请求。Axios.spread()方法的参数是一个回调函数，其作用是在多个请求完成的时候，将所有的返回数据进行统一的分割处理。Axios.all()的数组参数中有几个请求，Axios.spread()方法回调函数的参数就有几个返回值，并且Axios.all()中参数的请求顺序与Axios.spread()方法中的响应结果顺序一一对应（但时间顺序不是一致的，早发出的可能会晚返回）。两者的语法如下。

```
1   Axios.all([
2     Axios.get(get1),
3     Axios.get(get2)
4   ]).then(
5     Axios.spread((Res1, Res2) => {
6       console.log(Res1, Res2)
7     })
8   )
```

下面开始修改我们的案例，修改主要分为以下两步。本案例源代码请参考本书配套资源文件：第16章\ajax-demo-05-multi-requests-2。

（1）外层的Axios.get()方法不用修改，我们修改它对应的then()方法。原来是直接发出一个请求，现在改为通过Axios.all()方法来发出多个请求，但我们不知道存放图书编号的数组元素个数，因此可以对数组进行整体操作，直接通过ES6提供的标准方法map()把response.data数组转换成请求的数组。

（2）通过Axios.spread()方法接收响应的结果，同样结果数组的元素个数也是不确定的，这里用普通方法无法写出参数列表。这时可以使用ES6中新引入的“剩余参数”，通过使用该参数，回调函数可以直接获得整个数组，然后使用数组的forEach()方法把每个响应结果中的图书信息逐一加入this.books数组中，这样就可以把它们显示到页面上了。

修改后的getBooks()方法代码如下。

```
1   getBooks(){
2     Axios.get(
3       '/vue-bs/get-books.aspx'
4     ).then((response) =>
5       Axios.all(
6         response.data.map(
7           id=>Axios.get(
8             '/vue-bs/get-book.aspx',
9             {params:{id}}
10          )
11        )
12      ).then(
13        Axios.spread(
14          (…responses) => responses.forEach(
15            response => this.books.push(response.data)
16          )
17        )
18      )
19    )
20  }
```

运行以上代码，在浏览器中单击“Get Books”按钮，现在看到的结果不再是1本书的信息，而是4本书的信息，如图16.5所示。

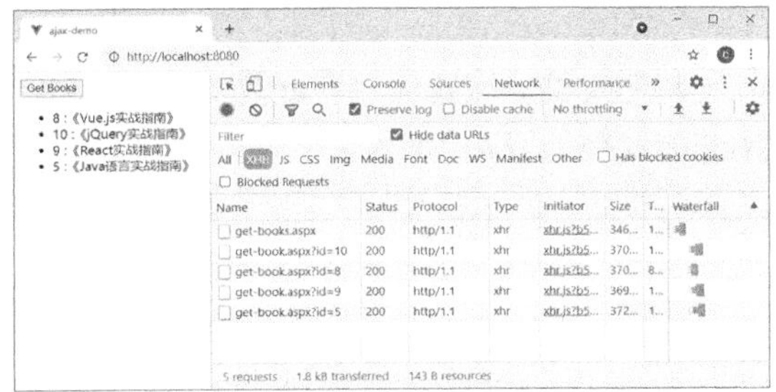

图 16.5 图书信息

在开发者工具中可以清晰地看到，一共发送了5次请求：第一次是使用get-books接口；后面4次都是使用get-book接口，并且带有不同的id参数。而且从图16.5右侧的“waterfall”（瀑布图）中可以看出，后面4次请求明显是在第一个请求结束以后一起发出的。当然如果严格地说，它们也不是完全同时发出的，毕竟微观上还是会有先后顺序的。另外，可以看到请求发出的顺序与返回的顺序并不一致，这是很正常的（因为通过网络传输后，一次请求的总耗时是很难确定的）。如果要控制显示的顺序，就需要做额外的处理，本例不再继续深入探讨该问题。

在JavaScript中离不开回调函数，如果回调的嵌套层级过多，就会形成被称为“回调地狱”的情况，这对于开发者来说是非常棘手的。避免形成“回调地狱”的几个基本策略如下。

- 保持代码简短，给函数取有意义的名称。
- 模块化，函数封装，打包，每个功能独立，高内聚/低耦合。
- 妥善处理异常。
- 应用创建模块时的一些经验法则。
- 使用Promise、async/await等语言层面的技术。

由于本书侧重于基础层面的内容，因此，我们对Promise和async/await等语言层面的技术没有进行介绍。有兴趣的读者可以在掌握了本书知识的基础上，参考学习其他相关资料。

16.3 axios的进阶用法

16.3.1 创建实例

前面使用的都是axios的静态方法，实际上，我们也可以创建axios的实例。那么在什么场景下会使用创建实例的方式请求接口呢？例如，如果项目比较复杂，会同时使用不同服务商提供的接口，访问这些接口可能会用到不同的配置，都使用静态方法就无法方便地针对不同的API使用不同的配置，那么这时候就可以创建不同的axios实例，使用不同的配置，用于不同的API。其语法如下。

```
1  const axios = axios.create({
2    baseURL: 'http://localhost:8080',
3    timeout: 1000, // 设置超时时长。默认请求未返回超过1000毫秒（即1秒），接口就超时了
4    …// 其他配置项
5  });
```

16.3.2 实例的相关配置

创建实例的配置项只有url是必需的。如果没有指定方法，请求将默认使用get()方法。实例的相关配置项如表16.1所示。

表16.1 实例的相关配置项

配置项	取值举例	说明
url	'/user'	用于请求服务器的URL
method	'get'	创建请求时使用的方法，默认值为'get'。方法取值还可以是'post'、'put'、'patch'、'delete'
baseURL	'http://localhost:8080'	将自动加在URL前面，除非URL是一个绝对URL
headers	{'content-type': 'application/x-www-form-urlencoded'}	即将被发送的自定义请求头
params	{ id : 1 }	请求参数拼接在URL后面
data	{ id : 1 }	请求参数放在请求体里
timeout	1000	指定请求超时的毫秒数（0表示无超时）。如果请求超过timeout的设定时间，为了不阻塞后面要执行的内容，该请求会被中断
responseType	'json'	表示希望服务器响应的数据类型，默认值为'json'。其取值还可以是'arraybuffer'、'blob'、'document'、'text'、'stream'

注：表16.1列举了基本的配置项，其余的配置项还有很多，可以参考axios的官网。

读者理解了配置项的作用后，就可以方便地根据实际情况选择使用哪种配置方式了。axios的配置方式分为3种：全局配置、实例配置和请求配置。

最基本的是全局配置，例如下面两行代码，全局配置了基础url和超时时长。

```
1   Axios.defaults.baseURL = http://demo-api.geekfun.website;
2   Axios.defaults.timeout = 1000;
```

然后，创建一个axios的实例，这时它的配置可以覆盖全局配置。例如下面代码中的实例将全局配置的超时时长由1000毫秒改为3000毫秒，但此配置只在这个axios的实例中才有效。

```
1   const axios = Axios.create();
2   axios.defaults.timeout = 3000;
```

接下来，在具体向服务器发出一个请求的时候，还可以再次设置新的配置项，以覆盖原有的配置。例如下面的代码，在请求中又将超时时长设定为5000毫秒，同理，这个配置只针对这一处请求有效。

```
1   axios.get('02-1.aspx', {
2     timeout: 5000
3   })
```

综上所述，3种配置方式的优先级：全局配置＜实例配置＜请求配置。也就是说，如果在一个案例中3种方式都设置了超时时长，最终就会以请求配置中的超时时长为准。

16.3.3 错误处理

AJAX调用属于通过网络的远程调用，无法保证每次调用都是成功的，因此我们必须考虑到各种原因导致请求失败的情况。

基本的方法是针对每个请求单独进行处理，在get()或者post()后面增加catch()回调函数。例如下面的代码，then()用于处理请求成功的情况，在它后面加上catch()回调函数用于处理请求失败的情况。

```
1   startRequest(){
2     Axios
3       .get('/vue-bs/00/00.aspx')
4       .then(response => this.msg = response.data);
5       .catch(error => console.log(error));
6   }
```

这里需要说明的是，catch()回调函数中的error参数被称为"异常对象"。在一个AJAX请求过程中，当发生异常时，系统会给错误处理方法传递这个异常对象，供处理程序使用。AJAX请求的异常有如下两类。

- 响应异常。当请求发出以后，获得了响应，但是响应中状态码超出了216的范围，此时axios会抛出异常。获取的响应数据会被赋予异常对象的response字段。
- 请求异常。当请求发出以后，根本没有得到响应。此时，异常中会有request字段，即发送的请求会在异常事件中回传给错误处理程序。

因此，在catch(error)的回调中，通过判断error.response和error.request是否存在，就可以区分以上两种异常。

```
1   axios.get('/user/12345')
2     .catch( error => {
3       // 响应异常
4       if (error.response){
5         console.log(error.response.data);
6         console.log(error.response.status);
7         console.log(error.response.headers);
8       }
9       // 请求异常
10      else if (error.request){
11        console.log(error.request);
12      }
13      // 其他异常，例如配置中发生错误
14      else {
15        console.log('Error', error.message);
16      }
17    });
```

说明

一个HTTP请求对应一个HTTP响应。每个HTTP响应都包含一个3位数字的状态码，常见的是由2、3、4、5开头的基类状态码。例如，216表示成功，316表示重定向，416表示请求错误，516表示服务器错误。其他常见的状态码还包括：200表示正常响应，它是绝大多数响应的状态码；401表示为获得授权访问某资源；404表示没有找到指定的页面或资源；503表示服务器出现错误。

注意这里所说的“请求错误”和前面axios异常处理中提到的“请求异常”不是一回事。以4开头的HTTP状态码表示由于请求存在错误，因此无法正确返回希望的结果，但是请求和响应的通信过程是正常的。而axios异常处理中提到的“请求异常”是指请求没有得到响应，通信过程都不是正常的。

但是需要注意的是，在实际工作中，很多Web API都不是用状态码来表示错误的，因为实际的错误情况非常多，而且很多错误都是与具体业务场景相关的，无法简单地与状态码对应。所以很多网站的做法是，在返回的数据对象中包含错误信息字段及说明信息字段。

16.3.4 拦截器

拦截器给开发者提供了一个在请求和响应被then()或catch()处理前拦截它们的机会，从而做出必要的操作。它类似于钩子函数。拦截器分为两种：请求拦截器和响应拦截器。

请求拦截器可以指定在发送请求之前执行某操作，例如修改配置、弹出一些提示内容（如每次发出AJAX调用之前显示一个表示正处于加载状态的旋转图标）等。其设置方法如下。

```
1   axios.interceptors.request.use(
2     config => {
3       // 在这里添加在发送请求之前需要执行的操作
4       return config;
5     },
6     error => {
7       // 在这里添加在发生请求异常以后需要执行的操作
8       return Promise.reject(error);
9     }
10  );
```

响应拦截器用于在请求成功之后对响应数据做出处理，例如通过响应拦截器可以实现全局统一的错误处理。其设置方法如下。

```
1   axios.interceptors.response.use(
2     response => {
3       // 在这里添加在进入then()之前需要执行的操作
4       return response;
5     },
6     error => {
7       // 在这里添加在发生响应异常以后需要执行的操作
8       return Promise.reject(error);
9     }
10  );
```

下面通过一个具体案例来说明拦截器的作用。针对一个请求可以使用catch()回调函数单独处理异常，但是如果网站里的每一个AJAX请求都要单独处理，未免过于烦琐了。因此，一般情况下实际开发中的错误都是统一处理的。例如，请求或响应发生异常后，统一显示一个提示框来提示用户，参考如下代码。本案例的完整代码可以参考本书配套资源文件：第16章\ajax-demo-06-error-interception。本案例以前面的案例为基础，增加了对异常的处理。在App.vue中，在视图中增加一对<div></div>标记用于显示错误消息，并通过CSS设置其属性（默认是隐藏的），代码如下。

```
1   <template>
2     <div id="app">
3       <button @click="startRequest">测试异步通信（异常处理）</button>
4       <br><br>
5       {{message}}
6       <div class="error" v-show="error.show">
7         {{error.info}}
8       </div>
9     </div>
10  </template>
```

在数据模型中增加一个error对象，用来表示是否显示异常信息提示框及提示的文字内容，代码如下。

```
1     data(){
2       return {
3         message: '',
4         error:{
5           show: false,
6           info: ''
7         }
8       }
9     },
```

在mounted()钩子函数中，创建axios实例，并设置基础URL。在这里重要的是设置axios的拦截器，用于对请求异常和响应异常进行拦截，且遇到异常就显示异常信息提示框，代码如下。

```
1   mounted(){
2     this.axios = Axios.create({
3       baseURL: 'http://demo-api.geekfun.website'
4     });
5
6     this.axios.interceptors.request.use(
7       config => config,
8       error => {
9         this.showError('请求异常')
10        return Promise.reject(error);
11      }
12    );
13
14    this.axios.interceptors.response.use(
15      response => response,
16      error => {
17        this.showError('响应异常：' + error.message)
```

```
18        return Promise.reject(error);
19      }
20    );
21  }
```

在methods中设置两个方法：startRequest()用于在按钮被单击后发起AJAX请求；showError()用于在异常处理中显示异常信息提示框，并设置提示框显示2500毫秒后自动关闭功能。代码如下。

```
1   methods: {
2     startRequest(){
3       this.axios
4         .get('/vue-bs/slow.aspx')
5         .then(response => this.message = response.data);
6     },
7     showError(info){
8       this.error.info = info;
9       this.error.show = true;
10      setTimeout(
11        () => this.error.show = false,
12        2500
13      )
14    }
15  }
```

接下来，我们试验几种不同的情况，并查看效果。我们特意把slow.aspx接口的响应速度设置为10秒，即在单击按钮10秒后，才显示出正常的结果。

测试异常情况，我们先把startRequest()中的请求地址改为一个不存在的地址，例如将/vue-bs/slow.aspx改为vue-bs/slow-not-exist.aspx，这时看到的效果如图16.6所示。可以看到，它被响应拦截器拦截了，调用了showError()，显示404错误。

图 16.6　响应异常

再测试一下超时的情况，先把startRequest()中的请求地址恢复为正确的vue-bs/slow.aspx，然后在创建axios实例的时候，设置超时时长为3000毫秒（3秒），代码如下。

```
1   this.axios = Axios.create({
2     timeout: 3000,
3     baseURL: 'http://demo-api.geekfun.website'
4   });
```

由于3秒的超时时长短于这个接口返回所需的10秒，因此会导致超时异常。按照axios文档的描述，这里应为请求异常。我们实际看到的效果如图16.7所示，确实是超时异常，但是图16.7中显示的是响应异常，即这个异常并没有被请求拦截器所拦截，而是被响应拦截器拦截了。

这是一个比较奇怪的结果。查看一下当时的error对象，响应信息如图16.8所示，可以看到它的response属性值是undefined，request属性有值，确实应该是一个请求异常，但是被响应拦截器拦截了。有不少人在GitHub的axios项目网站上询问了这个问题，但是没有得到答复。

图 16.7　响应异常

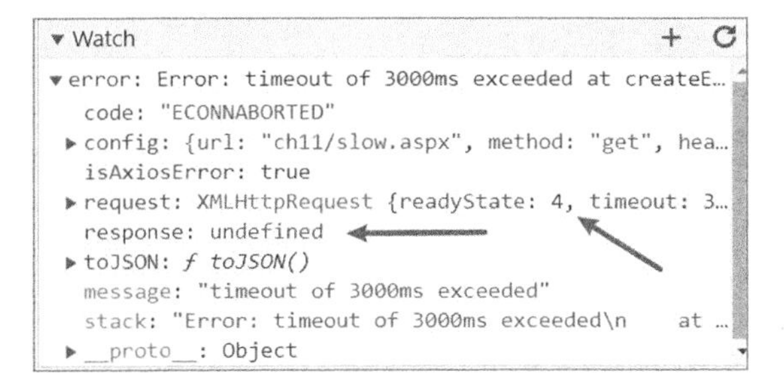

图 16.8　响应信息

通过上面的演示，我们知道了如何设置全局的异常处理，这样就不必在每个请求中设置catch()回调函数了。当然，对于一些特殊的接口，如果需要进行不同于全局处理的特殊处理，这时可以单独添加catch()回调函数。

axios中，还支持取消拦截器，其语法如下。在实际开发中，很少会遇到取消拦截器的情况，这里不再详细举例了。

```
1    // 添加拦截器
2    const myInterceptor = axios.interceptors.request.use(function() {/*…*/});
3    // 取消拦截器
4    axios.interceptors.request.eject(myInterceptor);
```

本章小结

本章讲解的axios是独立的，但也是Vue.js常用的处理HTTP请求的技术。本章主要介绍了axios的GET方法和POST方法的基本用法、嵌套请求和并发请求、创建实例、错误处理和拦截器，希望读者能够深入学习。

知识点讲解

习题 16

一、关键词解释

AJAX　axios　JSON　HTTP　REST　GET方法　POST方法　嵌套请求　并发请求　HTTP状态码　axios错误处理　axios拦截器

二、描述题

1. 请简单描述一下AJAX与axios的关系。
2. 请简单描述一下HTTP中常用的几种方法。
3. 请简单描述一下GET方法与POST方法的区别。
4. 请简单描述一下axios的基本用法和进阶用法。
5. 请简单描述一下拦截器分为哪几种，它们对应的含义是什么。

三、实操题

在第15章的基础上，结合axios库，利用产品列表的接口地址（https://demo-api.geekfun.website/product/list.aspx）及图片域名（https://file.haiqiao.vip/productM/图片名称），实现产品列表功能，效果如题图16.1所示。

题图 16.1　产品列表功能实现效果

第17章 过渡和动画

过渡和动画能够使网页更加生动。在插入、更新或者移除DOM时，Vue.js能提供多种不同的过渡效果。本章主要介绍Vue.js封装的transition和transition-group组件，它们能使设置过渡动画更加方便。本章的思维导图如下。

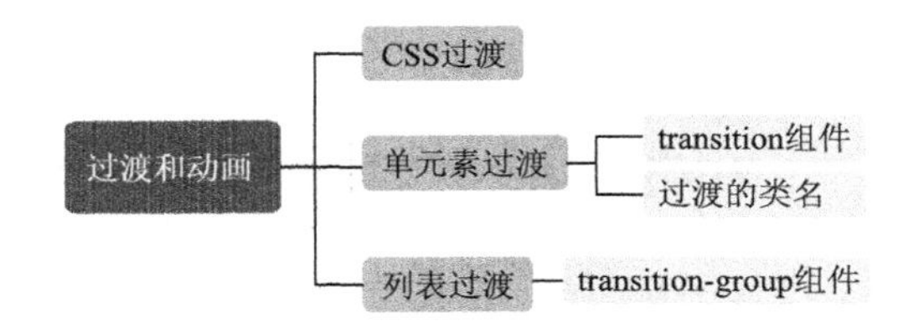

17.1 CSS过渡

我们先用一个简单的例子来讲解一下CSS中的过渡，然后使用Vue.js封装的过渡组件就非常容易了。

CSS提供了transition属性来实现过渡动画效果。使用CSS过渡需要满足以下两个条件。

- 元素必须具有状态变化。
- 必须为每个状态设置不同的样式。

这里的状态变化是指元素的CSS过渡属性发生了变化，因此我们可以使用JavaScript改变CSS属性来触发过渡。此外，用于确定不同状态的简单方法是使用:hover、:focus、:active和:target伪类。

例如在图17.1所示的页面中，有一个“显示/隐藏”按钮，它用来控制文字“hello”的显示和隐藏。

图 17.1　显示和隐藏过渡

本案例代码如下（完整代码可以参考本书配套资源文件：第17章\01.html）。

```
1    <style>
2      .slide {
3        transition: opacity 1s;
4      }
5      .slide-enter {
6        opacity: 1;
7      }
8      .slide-leave {
9        opacity: 0;
10     }
11   </style>
12
13   <div id="demo">
14     <button v-on:click="show = !show">显示/隐藏</button>
15     <p v-bind:class="['slide', show ? 'slide-enter' : 'slide-leave']">hello</p>
16   </div>
17
18   <script>
19     new Vue({
20       el: '#demo',
21       data: { show: true }
22     })
23   </script>
```

上面的代码表示在<p>标记上绑定了类“slide”，该类在transition属性中定义了opacity发生变化时触发过渡，过渡时间是1秒。单击“显示/隐藏”按钮，<p>标记的类在“slide-enter”和“slide-leave”之间交替变化，即opacity属性在变化，这正好触发过渡动画，实现显示和隐藏的过渡效果。

说明

学习本章的知识需要对CSS的transition属性有一定的了解，Vue.js的过渡是基于transition属性实现的。

17.2 单元素过渡

Vue.js渲染元素有自己的一套机制。针对各种场景手动设置过渡动画非常烦琐，因此Vue.js提供了transition组件。在下列情况中，可以给任何单元素或组件添加进入和离开过渡效果。

- 条件渲染（使用v-if）。
- 条件展示（使用v-show）。

17.2.1 transition组件

我们使用条件渲染（v-if）的方式来具体说明如何使用transition组件，其他方式与之类似。

将上一个案例改为使用v-if来控制元素的显示和隐藏，代码如下。本案例的完整代码可以参考本书配套资源文件：第17章\02.html。

```
1   <div id="demo">
2     <button v-on:click="show = !show">显示/隐藏</button>
3     <transition name="slide">
4       <p v-if="show">hello</p>
5     </transition>
6   </div>
7   <style>
8     .slide-enter-active, .slide-leave-active {
9       transition: opacity 1s;
10    }
11    .slide-enter, .slide-leave-to {
12      opacity: 0;
13    }
14    .slide-enter-to, .slide-leave {
15      opacity: 1;
16    }
17  </style>
```

在以上代码中使用v-if来控制<p>标记的显示和隐藏，并且将其放入transition组件中。该组件有一个name属性，用于自定义过渡效果名称，它可以与CSS中的类配合使用。

当插入或删除包含在transition组件中的元素时，Vue.js会自动嗅探目标元素是否应用了CSS过渡或动画。如果应用了，则会在恰当的时机添加或删除CSS类名。

保存并运行代码，过渡效果如图17.2所示。

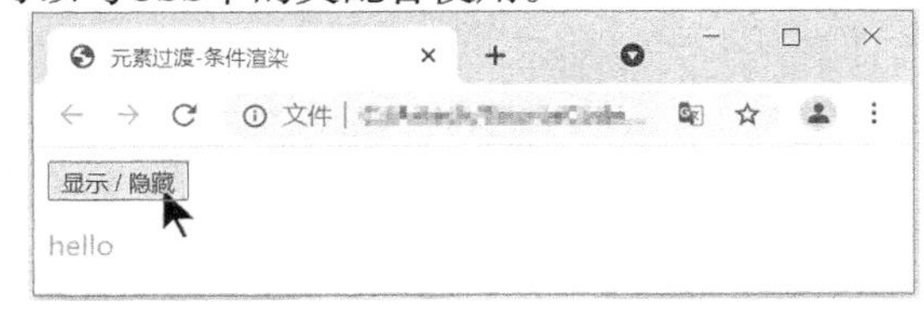

图 17.2　过渡效果

注意

关于本章中的案例，过渡效果在截图中难以体现。请读者用浏览器打开对应的源代码文件，单击“显示/隐藏”按钮，查看具体的过渡效果。

17.2.2　过渡的类名

从“进入过渡”开始到“离开过渡”结束，过渡效果的过程图解如图17.3所示。进入过渡是指元素从无到有的过程，离开过渡是指元素从显示到隐藏或被删除的过程。

在进入过渡的过程中，需要以下3个类来定义过渡动画。

- v-enter-active：定义进入过渡生效时的状态；在整个进入过渡阶段中应用，可以用来定义进入过渡的持续时间、延迟和曲线函数，即设置transition属性。
- v-enter：定义进入过渡的开始状态。

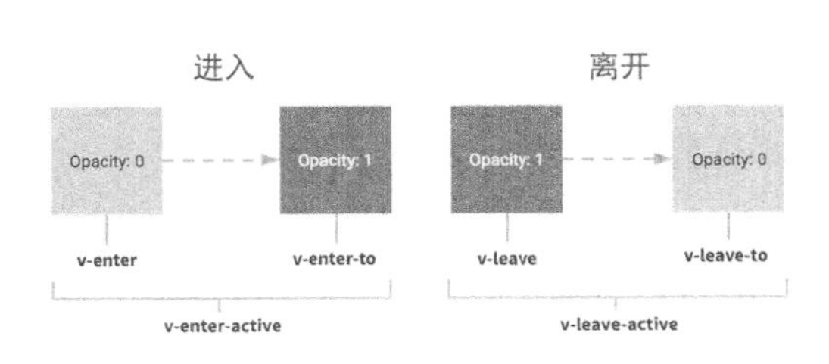

图 17.3　过渡效果的过程图解

- v-enter-to：定义进入过渡的结束状态。

同样地，在离开过渡的过程中也需要以下3个类来定义过渡动画。

- v-leave-active：定义离开过渡生效时的状态；在整个离开过渡阶段中应用，可以用来定义离开过渡的持续时间、延迟和曲线函数，即设置transition属性。
- v-leave：定义离开过渡的开始状态。
- v-leave-to：定义离开过渡的结束状态。

使用transition组件时，如果没有定义name属性，则这些类名的前缀默认是“v-”。如果定义了name属性，类似上述例子中的<transition name="slide">，那么“v-”会被替换为“slide-”。

说明

这些类相当于钩子函数，Vue.js会在恰当的时机应用它们，因此在这些类中设置animation属性也是可以的。

17.3 动手实践：可折叠的多级菜单

本节通过制作一个可折叠的多级菜单来实际演示单元素的过渡效果，如图17.4所示。菜单有多个层级，在显示和隐藏时有过渡效果；单击菜单项，展开子菜单；再单击一次，隐藏子菜单。

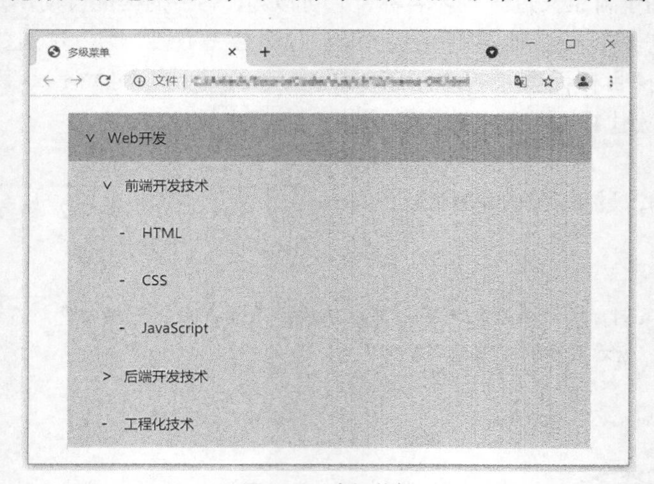

图 17.4 多级菜单

17.3.1 搭建页面结构

多级菜单的制作较为复杂，我们先制作一个二级菜单，然后将其扩展成多级菜单。搭建页面结构，代码如下。

```
1  <div class="container center" id="app">
2    <ul class="menu">
3      <li class="folder">
4        <label class="open">{{treeData.name}}</label>
5        <ul>
```

```
6            <li v-for="(it, index) in treeData.children" :key="index" class="item">
7              <label>{{it.name}}</label>
8            </li>
9          </ul>
10       </li>
11     </ul>
12   </div>
13
14   <script>
15     new Vue({
16       el: "#app",
17       data: {
18         treeData: {
19           name: "Web开发",
20           children: [
21             { name: "前端开发技术" },
22             { name: "后端开发技术" },
23             { name: "工程化技术" }
24           ]
25         }
26       },
27     })
28   </script>
```

CSS样式的代码可以从本书配套资源文件中获取，这里不再赘述。二级菜单展开效果如图17.5所示。

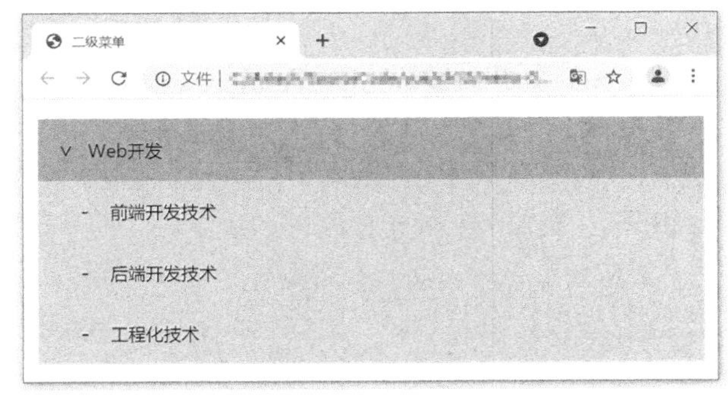

图 17.5　二级菜单展开效果

本案例的完整代码可以参考本书配套资源文件：第17章\menu-01.html。

17.3.2 展开和隐藏菜单

为二级菜单添加展开和隐藏子菜单的功能。为一级菜单添加单击事件，单击则展开二级菜单，再单击则隐藏二级菜单，如此反复。此外，还需要判断当前对象中有没有子菜单数据，有则响应单击事件，没有则单击后不做任何处理。代码如下。

```
1   <ul class="menu">
2     <li class="folder">
3       <label v-bind:class="{'open': open}" @click="toggle">{{treeData.name}}</label>
```

```
4        <ul v-show="open" v-if="isFolder">
5          <li v-for="(it, index) in treeData.children" :key="index" class="item">
6            <label>{{it.name}}</label>
7          </li>
8        </ul>
9      </li>
10   </ul>
11   data: {
12     open: false,
13     …
14   },
15   computed: {
16     isFolder(){
17       return this.treeData.children && this.treeData.children.length > 0;
18     }
19   },
20   methods: {
21     toggle(){
22       if (this.isFolder) this.open = !this.open;
23     }
24   }
```

有关以上代码，需要注意以下几点。

- 变量open用于控制子菜单是否展开，默认是隐藏状态。
- 子菜单同时使用了v-show和v-if。v-show="open"的作用是展开隐藏的菜单，因为其切换频率较快，所以应避免频繁操作DOM。而v-if="isFolder"表示没有子菜单则不渲染对应的元素。
- 计算属性isFolder()表示是否有子菜单，通过children可以判断children数组的长度是否大于0。
- 在单击事件toggle()中，只有当存在子菜单项时（isFolder=true），才切换展开和隐藏状态。

菜单隐藏效果如图17.6所示，菜单展开效果如图17.7所示。

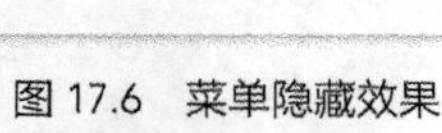
图 17.6　菜单隐藏效果

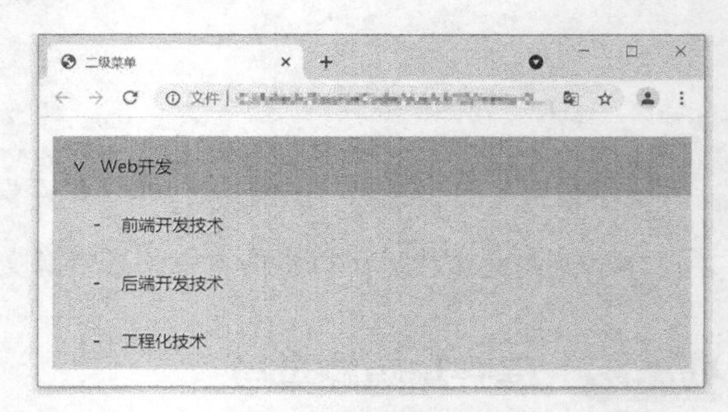

图 17.7　菜单展开效果

本案例的完整代码可以参考本书配套资源文件：第17章\menu-02.html。

17.3.3 添加过渡效果

二级菜单展开和隐藏的功能实现了，接下来使用transition组件为展开和隐藏的过程添加过渡效果，代码如下。

```
1   <transition name="slide">
2     <ul v-show="open" v-if="isFolder">
3       …
4     </ul>
5   </transition>
```

然后为相应的类设置过渡效果，让子菜单慢慢展开或隐藏，即让高度发生变化，代码如下。

```
1   .slide-enter-active {
2       transition-duration: 1s;
3   }
4   .slide-leave-active {
5       transition-duration: 0.5s;
6   }
7   .slide-enter-to, .slide-leave {
8       max-height: 500px;
9       overflow: hidden;
10  }
11  .slide-enter, .slide-leave-to {
12      max-height: 0;
13      overflow: hidden;
14  }
15  .menu label::before {
16      transition: transform 0.3s;
17  }
```

height属性的值无法从0变化到auto，所以以上代码中使用了max-height属性。在“slide-enter-active”和“slide-leave-active”类中只定义了过渡持续时间（transition-duration），并没有定义触发过渡属性（transition-property），但仍有过渡效果，这是因为transition-property的默认值是all，表示所有具有动作的属性都会被应用过渡。菜单慢慢展开的效果如图17.8所示。

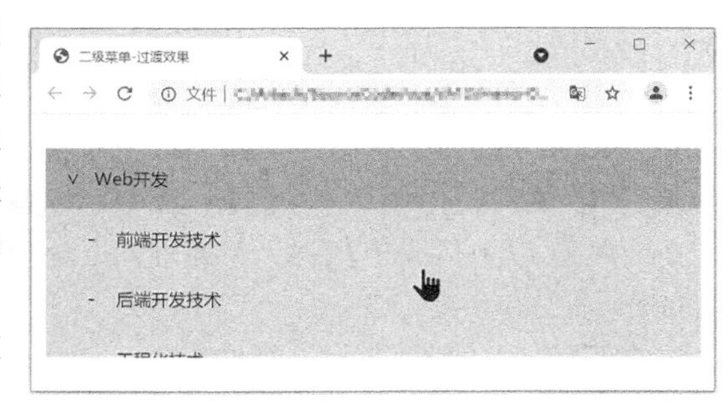

图 17.8　菜单慢慢展开的效果

本案例的完整代码可以参考本书配套资源文件：第17章\menu-03.html。

17.3.4 实现多级菜单

实际开发中，很多网站有三级菜单，甚至四级菜单。这时候，如果一层套一层地编写代码会非常烦琐，应该将其封装成组件，采用递归的方式来实现。如果要变更菜单，只需要直接修改treeData对象的数据即可，而不用改变其他代码。这也遵循“声明式编程”的理念。

定义一个组件menu-item，将可复用的页面结构（包括模板、data属性、计算属性和方法等）抽离出来，并放入该组件中，代码如下。

```
1   Vue.component('menu-item', {
2     template:
3     <li v-bind:class="[isFolder ? 'folder' : 'item']">
```

```
4        <label v-bind:class="{'open': open}" @click="toggle">
5          {{treeData.name}}
6        </label>
7        <transition name="slide">
8          <ul v-show="open" v-if="isFolder">
9            <!-- 递归调用menu-item组件 -->
10           <menu-item
11               v-for="(item, index) in treeData.children"
12               :key="index" :treeData="item">
13           </menu-item>
14         </ul>
15       </transition>
16     </li>',
17     props: {
18       treeData: Object
19     },
20     data(){
21       return { open: false }
22     },
23     computed: {
24       isFolder(){
25         return this.treeData.children && this.treeData.children.length > 0;
26       }
27     },
28     methods: {
29       toggle(){
30         if (this.isFolder) this.open = !this.open;
31       }
32     }
33   })
```

在menu-item组件中，每个子菜单又使用menu-item组件本身来渲染，这就是采用递归的方式实现多级菜单。此外，还需要注意菜单项左侧的图标，如果有子菜单则显示“>”，如果没有则显示“-”。以上代码中根据计算属性isFolder()来绑定class属性，例如<li v-bind:class="[isFolder ? 'folder' : 'item']">。

接下来，使用menu-item组件渲染treeData中的数据，并显示对应的菜单，代码如下。

```
1    <div class="container center" id="app">
2      <ul class="menu">
3        <menu-item v-bind:tree-data="treeData"></menu-item>
4      </ul>
5    </div>
6
7    <script>
8    new Vue({
9      el: "#app",
10     data: {
11       treeData: {
12         name: "Web开发",
13         children: [
14           {
15             name: "前端开发技术",
```

```
16              children: [{ name: "HTML" }, { name: "CSS" }, { name: "JavaScript" }]
17            },
18            {
19              name: "后端开发技术",
20              children: [{ name: "Node.js" }, { name: "Python" }, { name: "Java" }]
21            },
22            {
23              name: "工程化技术"
24            }
25          ]
26        }
27      }
28  });
29  </script>
```

以上代码中treeData是三级菜单。注意，将treeData传递给组件menu-item时（即绑定属性时）也需要使用kebab-case命名方式。这时保存并运行代码，三级菜单如图17.9所示。

图 17.9　三级菜单

我们再尝试添加一级菜单，其他代码不修改。例如，为“JavaScript”菜单项再增加一级，treeData中的代码如下。

```
1   treeData: {
2     name: "Web开发",
3     children: [
4       {
5         name: "前端开发技术",
6         children: [
7           { name: "HTML" }, { name: "CSS" },
8           {
9             name: "JavaScript",
10            children:[{name: 'ES6'}, { name: 'Vue.js'}, { name: 'jQuery'}]
11          }]
12      },
13      {
14        name: "后端开发技术",
```

```
15          children: [{ name: "Node.js" }, { name: "Python" }, { name: "Java" }]
16        },
17        { name: "工程化技术" }
18      ]
19    }
```

保存并运行代码，多级菜单如图17.10所示。每一级菜单展开和隐藏时都有过渡动画。

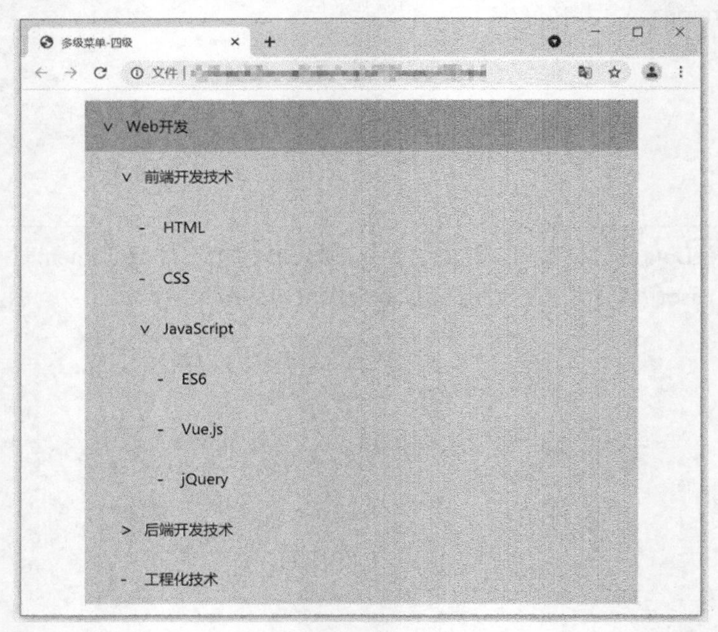

图 17.10　多级菜单

这样，本案例就完成了。完整代码可以参考本书配套资源文件：第17章\menu-04.html。

17.4 列表过渡

transition组件适用于渲染单个节点或者在同一时间渲染多个节点中的一个。那么怎么同时渲染整个列表呢？可以使用v-for。具体来说，在这种场景中，可以使用Vue.js提供的transition-group组件来实现同时渲染整个列表。

这里使用简单的列表渲染案例来讲解一下transition-group组件的使用方法，案例代码如下。本案例的完整代码可以参考本书配套资源文件：第17章\03.html。

```
1    <style>
2      .list-item {
3        display: inline-block;
4        margin-right: 10px;
5      }
6    </style>
7
8    <div id="app" class="demo">
```

```
9     <button v-on:click="add">Add</button>
10    <button v-on:click="remove">Remove</button>
11    <p>
12      <span v-for="item in items" v-bind:key="item" class="list-item">
13        {{ item }}
14      </span>
15    </p>
16  </div>
17
18  <script>
19    new Vue({
20      el: '#app',
21      data: {
22        items: [1,2,3,4,5,6,7,8,9],
23        nextNum: 10
24      },
25      methods: {
26        randomIndex(){
27          return Math.floor(Math.random() * this.items.length)
28        },
29        add(){
30          this.items.splice(this.randomIndex(), 0, this.nextNum++)
31        },
32        remove(){
33          this.items.splice(this.randomIndex(), 1)
34        },
35      }
36    })
37  </script>
```

本案例渲染的是一个整数列表，用户单击相应按钮，能够随机指定列表中的某个位置以添加或删除数字。以上代码中的Vue实例中，数据模型中包括一个数组和一个数字；methods有3个方法，其中randomIndex()方法用于获取一个随机数，但最大长度是数组items的长度，另外两个方法用于添加和删除数字。

运行以上代码，单击“Add”按钮，可在列表中随机的一个位置上添加一个数字。图17.11所示为单击3次“Add”按钮而添加了数字11、10和12后的效果。

单击“Remove”按钮，可删除列表中随机的一个位置上的一个数字。图17.12所示为单击3次“Remove”按钮而删除了数字2、4和10后的效果。

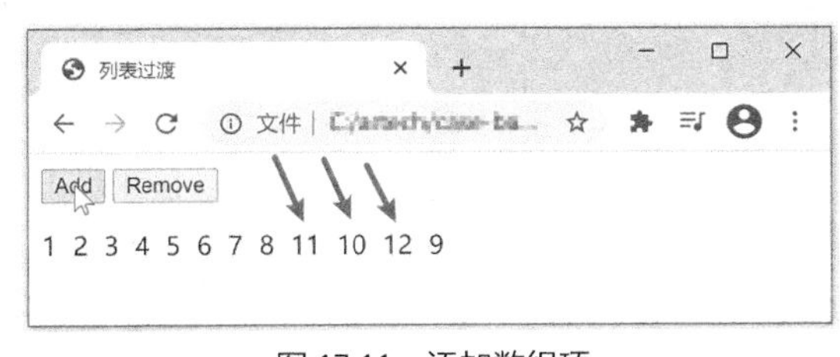

图 17.11　添加数组项

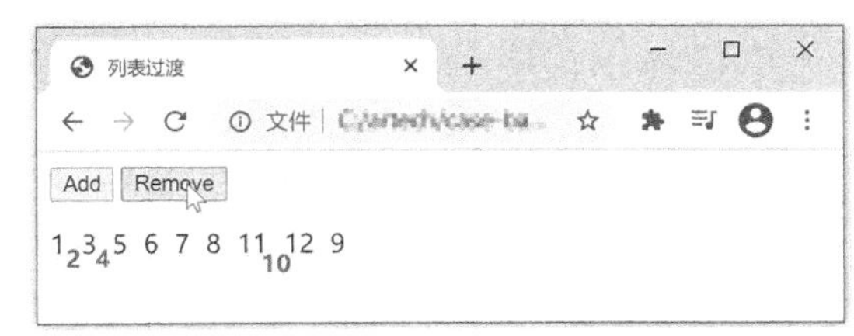

图 17.12　删除数组项

接下来，使用transition-group组件为添加和删除的过程加上过渡效果，代码如下。

```
1   <div id="app" class="demo">
```

```
2     <button v-on:click="add">Add</button>
3     <button v-on:click="remove">Remove</button>
4     <transition-group name="list" tag="p">
5       <span v-for="item in items" v-bind:key="item" class="list-item">
6         {{ item }}
7       </span>
8     </transition-group>
9   </div>
```

将前面代码中的<p>标记替换为transition-group组件，该组件比transition组件多了一个tag属性，该属性表示渲染出来的元素类型，本案例中是p。如果没有指定tag属性，则会渲染成span元素类型。另外，该组件中的name属性与transition组件中的name属性作用一致，此处name属性的值是list，因此添加的CSS类名需要以list开头。新增的样式代码如下。

```
1   .list-enter-active, .list-leave-active {
2     transition: all 1s;
3   }
4   .list-enter, .list-leave-to {
5     opacity: 0;
6     transform: translateY(30px);
7   }
```

注意，这里省略了“list-enter-to”和“list-leave”类的定义，因为默认情况下的opacity值是1，即仍然会触发过渡。列表过渡效果如图17.13所示。

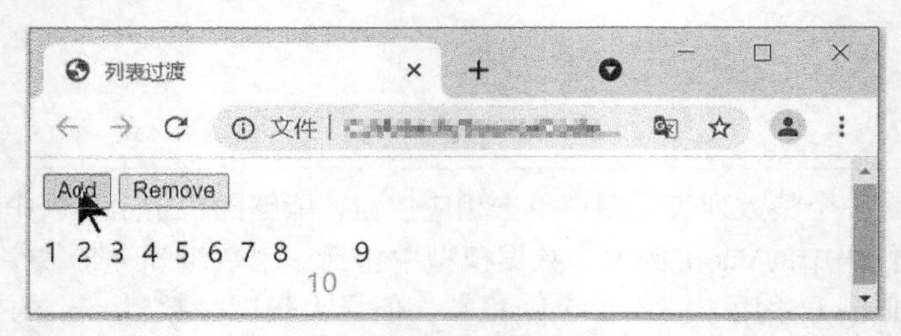

图 17.13　列表过渡效果

使用transition-group组件时还需要注意以下几点。

- 内部元素总是需要提供唯一的key属性值。
- CSS过渡的类将会应用在内部的元素中，而不是这个组件本身。

本章小结

本章的知识相对独立，transition和transition-group组件都设置了一定的钩子函数，用于设置单元素或组件的进入和离开过渡效果，以及列表过渡效果。本章先简单介绍了CSS的过渡属性，然后使用两个案例实际演示了两个组件的使用方法，便于读者掌握相关知识点。

知识点讲解

习题17

一、关键词解释

transition属性　单元素过渡　列表过渡

二、描述题

1. 请简单描述一下使用transition组件实现过渡所需要满足的两个条件。
2. 请简单描述一下在哪些情况下可以使用transition组件给任何单元素和组件添加过渡效果。
3. 请简单描述一下Vue.js提供的6个过渡类名都有哪些，它们对应的含义是什么。

三、实操题

请实现以下页面效果：页面中有一个文字内容为“显示/隐藏分类面板”的按钮、遮罩和分类面板，其中遮罩和分类面板默认是隐藏状态，效果如题图17.1所示；单击“显示/隐藏分类面板”按钮后，通过透明度的过渡效果显示遮罩，并以高度的过渡效果从下面显示分类面板，效果如题图17.2所示。

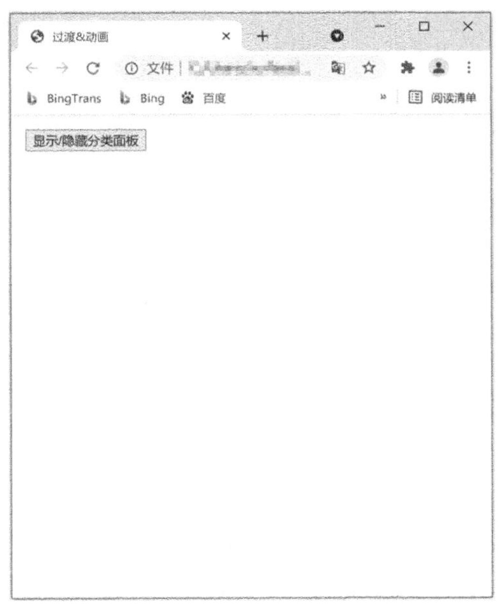

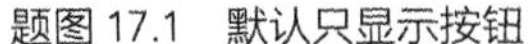
题图17.1　默认只显示按钮

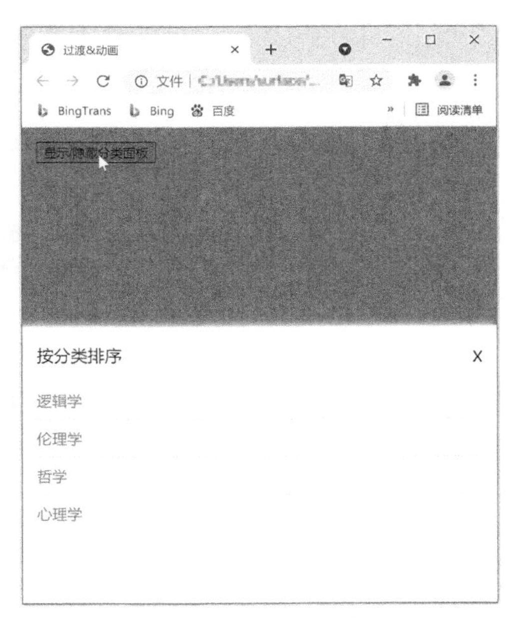

题图17.2　显示遮罩和分类面板

第18章 Vue.js插件

几乎每个成熟的框架都有其相应的重要插件，本章就来介绍两个Vue.js的重要插件。掌握这两个插件之后，读者可以有条理地制作出更复杂的网站。本章的思维导图如下。

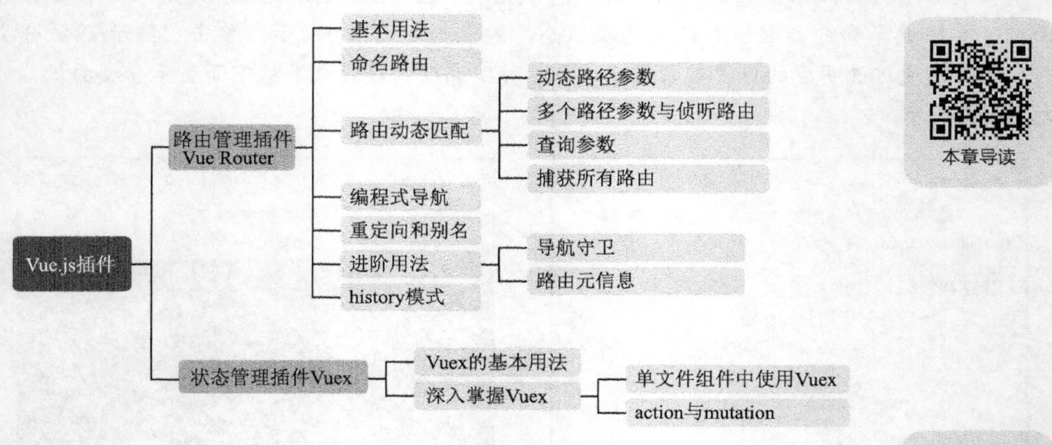

18.1 路由管理插件Vue Router

路由是复杂应用中不可或缺的一部分，它的作用是根据URL来匹配对应的组件，可以无刷新地切换模板内容。在Vue.js中使用插件Vue Router来管理路由。它与Vue.js的核心深度集成，这让构建单页应用变得更加简单。本节主要介绍Vue Router的用法。

18.1.1 基本用法

在第15章中介绍了一个单页应用的案例，该案例使用动态组件实现了页面切换，下面我们将其改为使用路由来实现页面切换。

首先将Vue Router引入项目中，通过以下命令安装Vue Router。

```
npm install vue-router
```

说明

使用Vue CLI搭建项目时，默认选项中没有路由，但可以手动配置，选中路由选项，这样搭建出来的项目中就已经安装好了Vue Router，而不再需要使用命令行工具安装，非常方便。后面的综合案例会介绍如何进行手动配置。

安装好Vue Router之后，必须通过Vue.use()明确地使用路由功能。在src文件夹下创建router文件夹，并在此文件夹下创建index.js文件，引入vue-router，代码如下。本案例的完整代码可以参考本书配套资源文件：第18章\01vue-app。

```
1    import Vue from 'vue';
2    import VueRouter from 'vue-router';
3    Vue.use(VueRouter);
```

为了使代码结构更加清晰易懂，通常约定在src目录下创建两个文件夹：components文件夹和views文件夹，它们分别表示组件文件夹和视图文件夹。components文件夹下放置项目中需要复用的组件，如页头、页脚、提示框等。而views文件夹下放置的是页面级的文件，通常对应一个路由。因此，在src文件夹中创建views文件夹后，可将之前的案例中components文件夹下的home.vue（首页）、product.vue（产品）、article.vue（文章）、contact.vue（联系我们）这4个页面级的文件复制到其中。

接着在router/index.js路由文件中配置路由，代码如下。

```
1    const routes = [
2      {
3        path: '/',
4        component: () => import('../views/home.vue')
5      },
6      {
7        path: '/product',
8        component: () => import('../views/product.vue')
9      },
10     {
11       path: '/article',
12       component: () => import('../views/article.vue')
13     },
14     {
15       path: '/contact',
16       component: () => import('../views/contact.vue')
17     },
18   ];
19
20   const router = new VueRouter({
21     routes
22   });
23
24   export default router;
```

上面的代码中，routes表示路由表，数组中的每个对象对应一个路由规则，每个对象有两个必填属性path和component，其中path表示路由地址，component表示该路由地址对应的页面视图文件。例如，第一个对象表示浏览器访问地址为“/”的时候，显示home.vue中的内容。然后，通过new关键字创建路由Vue Router的实例，将定义的路由数组routes添加到实例中。最后还需要将路由挂载到Vue实例上。在main.js文件中引入router文件，并将其挂载到Vue实例上，代码如下。

```
1  …
2  import router from './router';
3  …
4
5  new Vue({
6    router, // 挂载实例
7    render: h => h(App),
8  }).$mount('#app')
```

以上代码中，引入的'./router'文件就是在src文件夹下创建的router文件，这里默认表示引入的是'./router/index.js'，可以省略“index.js”。

配置好路由后，需要知道将路由对应的视图文件渲染到页面中的哪个位置。Vue Router定义了<router-view></router-view>来进行组件的渲染。通常一个网站的页头和页脚是相同的，中间部分根据网址而改变，并且使用router-view来表示。将App.vue中的代码替换成如下代码。

```
1   <template>
2     <div id="app">
3       <vue-header />
4       <!-- 路由匹配到的组件将渲染在这里 -->
5       <router-view></router-view>
6       <vue-footer />
7     </div>
8   </template>
9
10  <script>
11  import VueHeader from './components/header'
12  import VueFooter from './components/footer'
13
14  export default {
15    name: 'app',
16    components: {
17      VueHeader,
18      VueFooter
19    },
20    data() {
21      return {}
22    }
23  }
24  </script>
```

解决了组件的渲染问题后，还需要处理路由的跳转问题。在HTML中使用<a>标记的href属性来设置跳转地址，但这里我们不直接使用<a>标记，而是使用<router-link>组件。该组件的to属性用于设置目标地址，匹配路由数组中的path属性。将header.vue的代码替换成如下代码。

```
1   <template>
```

```
2     <header>
3       <div class="container">
4         <nav class="header-wrap">
5           <img src="../assets/logo.png" alt="logo">
6           <ul>
7             <li>
8               <router-link to="/">首页</router-link>
9             </li>
10            <li>
11              <router-link to="/product">产品</router-link>
12            </li>
13            <li>
14              <router-link to="/article">文章</router-link>
15            </li>
16            <li>
17              <router-link to="/contact">联系我们</router-link>
18            </li>
19          </ul>
20        </nav>
21      </div>
22    </header>
23  </template>
```

router-link会被渲染成<a>标记，例如第一个router-link会被渲染成<a href="#/">首页</a>。运行效果如图18.1所示。

单击页头中的“产品”菜单项，可跳转到“产品”页面，如图18.2所示。

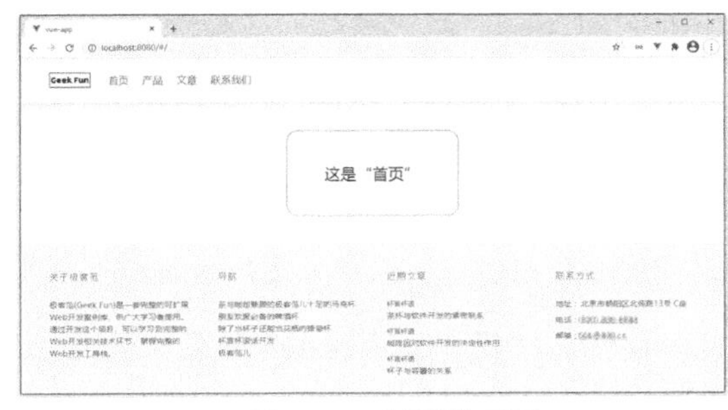

图 18.1 “首页”页面

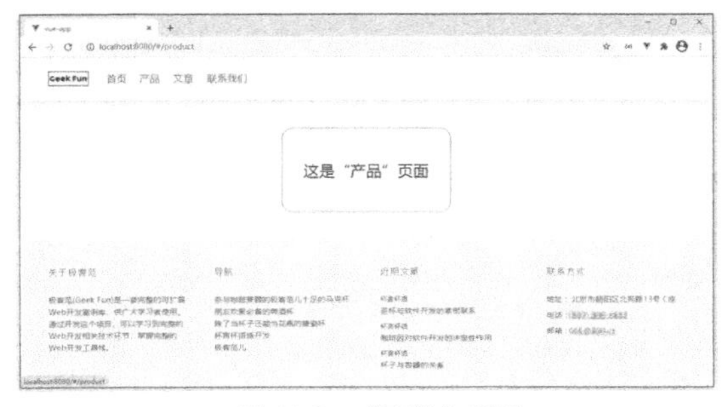

图 18.2 “产品”页面

此时有一个问题是，当前路由匹配的菜单项显示不够突出（可以在菜单上设置选中的样式，以提升用户体验）。Vue Router考虑到了这个问题，因此给匹配的超链接添加了两个类，分别为“router-link-exact-active”和“router-link-active”，其中“router-link-exact-active”表示完全匹配，“router-link-active”表示前缀匹配。用开发者工具查看渲染出的页面源代码，可以发现“首页”超链接都设置了“router-link-active”，这是因为“首页”的超链接地址是“/”，而各菜单项的超链接地址都以“/”开头。

在header.vue中设置router-link-exact-active的样式，代码如下。

```
1  <style>
2  .router-link-exact-active {
3    color: #000;
4    border-bottom: 1px solid #888;
```

```
5   }
6   </style>
```

添加完样式之后，运行代码，可得突出显示导航菜单的效果，如图18.3所示。

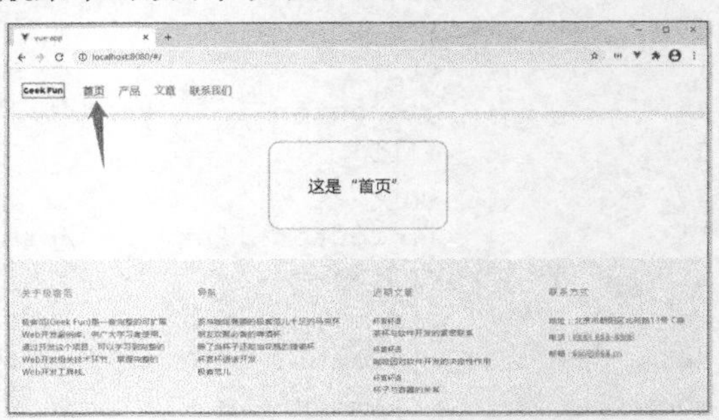

图 18.3　突出显示导航菜单的效果

18.1.2 命名路由

在router-link组件的to属性中，我们直接写了路径地址，这样会带来以下几个问题。

- 路径地址不便于记忆，犹如IP地址不便于记忆，因此经常使用域名来替代它。
- 地址规则复杂，有时会带有参数，例如产品详情页“/product/1”，其中“1”表示产品ID，会变化。这种地址被称为动态路由。
- 地址发生变化时不便于修改，因为需要修改多处。

因此，使用名称来标识一个路由会方便很多。在路由文件router/index.js中定义路由规则时，可以使用name属性来给路由命名，代码如下。

```
1   const routes = [
2     {
3       path: '/',
4       name: 'Home',
5       component: () => import('../views/home.vue'),
6     },
7     {
8       path: '/product',
9       name: 'Product',
10      component: () => import('../views/product.vue'),
11    },
12    {
13      path: '/article',
14      name: 'Article',
15      component: () => import('../views/article.vue'),
16    },
17    {
18      path: '/contact',
19      name: 'Contact',
20      component: () => import('../views/contact.vue'),
21    }
22  ];
```

使用<router-link>标记时，使用v-bind指令还可以给to属性绑定一个对象，以将命名的路由传递进去，例如“首页”超链接，修改代码如下。

```
<router-link v-bind:to="{name: 'Home'}">首页</router-link>
```

本案例的完整代码可以参考本书配套资源文件：第18章\02vue-app。

18.1.3 路由动态匹配

在实际开发中，经常需要将由某种模式匹配到的所有路由全部映射到同一个组件。例如，我们有一个product.vue组件，对不同产品的ID都要使用这个组件来渲染，只是不同产品的ID对应的数据不同，此时可以在路由的路径中使用动态路径参数来实现这个效果。

1. 动态路径参数

下面使用动态路径参数来实现一个产品详情页。首先在router/index.js的路由表中新建一个路由，代码如下。

```
1   {
2     path: '/product/:id', // 动态路径参数以冒号开头
3     name: 'ProductDetails',
4     component: () => import('../views/product-details.vue'),
5   },
```

以上代码中，在路径path中的“/:id”就是动态路径参数，它以冒号“:”开头。当匹配到路由时，参数值就会被设置到“this.$route.params”中。

接着我们在产品页面使用路由创建两个产品超链接。修改product.vue组件中的代码如下。

```
1   <template>
2     <section>
3       <div class="container">
4         <p class="description">这是“产品”页面</p>
5         <div>
6           <router-link v-bind:to="{name: 'ProductDetails', params: {id: 1}}">1号产品
7           </router-link>
8         </div><div>
9           <router-link v-bind:to="{name: 'ProductDetails', params: {id: 2}}">2号产品
10          </router-link>
11        </div>
12      </div>
13    </section>
14  </template>
15  <script>
16  export default { }
17  </script>
18  <style scoped>
19  .container div {
20    text-align: center;  line-height: 1.5;
21    margin-top: 10px;    font-size: 28px;
22  }
23  </style>
```

以上代码中，在<router-link>标记的to属性中，通过params传参。params是一个对象，参数名是id，它必须与动态路径参数的名称一致。

最后创建一个产品详情页，代码如下。

```
1   <template>
```

```
2     <section>
3       <div class="container">
4         <p class="description">
5           这是“{{$route.params.id}} 号产品”页面
6         </p>
7       </div>
8     </section>
9   </template>
```

在产品详情页中通过“this.$route.params.id”获取产品ID。此时运行代码，“产品”页面如图18.4所示。

单击“1号产品”超链接，可跳转到“1号产品”页面，如图18.5所示。

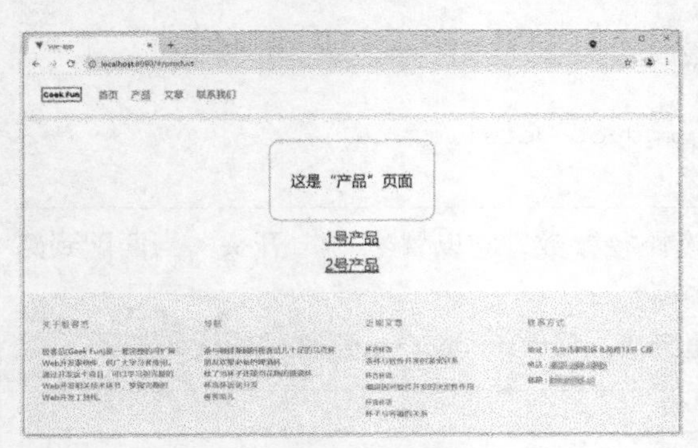

图 18.4　产品页面

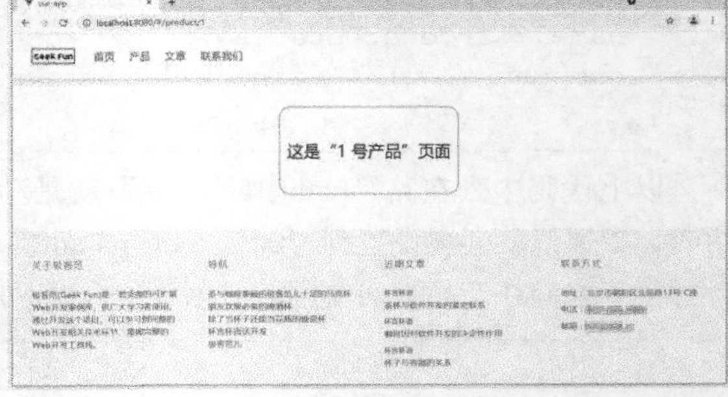

图 18.5　“1 号产品”页面

本案例的完整代码可以参考本书配套资源文件：第18章\03vue-app。

2．多个路径参数与侦听路由

有时候需要多个路径参数，但即使是多个，也都会对应地设置到$route.params中。单个路径参数和多个路径参数的对比如表18.1所示。

表18.1　单个路径参数和多个路径参数的对比

	模式	匹配路径	$route.params
单个路径参数	/product/:id	/product/1	{id: 1}
多个路径参数	/product/:page/:tag	/product/1/0	{page: 1, tag: 0}

分析一下多个路径参数的使用场景。例如“产品”页面一般有很多产品，通常可以通过分页显示产品的重要信息；产品又可能分为多种类型，可以根据分类进行筛选，此时就用到了两个参数。针对这种场景，我们继续改造案例。在router/index.js的路由表中，将“产品”页面的路由改成如下规则。

```
1   {
2     path: '/product/:page?/:tag?',
3     name: 'Product',
4     component: () => import('../views/product.vue'),
5   },
```

上面的代码中，路径参数后面的问号“?”表示参数可以没有。修改product.vue中的代码，显示出路径参数，并增加“下一页”超链接，代码如下。

```
1    <template>
2    <section>
3    <div class="container">
4      <p class="description">这是“产品”页面</p>
5      …
6      <div>
7        标签为{{ params.tag }}，第 {{params.page}} 页，
8        <router-link v-bind:to="{name: 'Product', params: {page: 2, tag: 3}}">下一页
9        </router-link>
10     </div>
11   </div>
12   </section>
13   </template>
14
15   <script>
16   export default {
17     data(){
18       return {
19         params: {}
20       }
21     },
22     created(){
23       this.params = this.$route.params
24     }
25   }
26   </script>
```

this.$route.params是一个对象，如果没有参数，则是一个空对象；如果有参数，则是路由中匹配到的参数对象。因此，在实例被创建好之后，在created钩子函数中，将this.$route.params赋予变量params，然后用文本插值的方式将其渲染到页面中，修改后的“产品”页面如图18.6所示。

单击“下一页”超链接后，页面效果如图18.7所示。

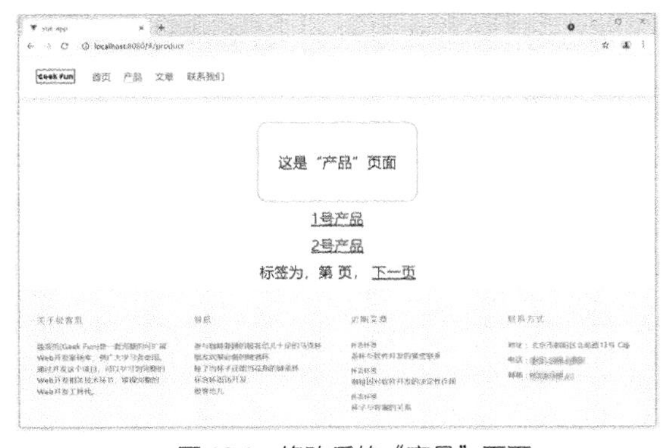

图 18.6　修改后的“产品”页面

图 18.7　单击“下一页”超链接后的页面效果

我们发现，此时网址已经发生变化，但页面中的信息不正确，应该显示出路径参数。这是因为虽然路由变了，但匹配的组件仍然是同一个，组件不会重新创建。因此这个时候需要侦听路由的变化，并做出响应。使用侦听器watch来侦听路由，在product.vue中增加如下代码。

```
1    watch: {
2      $route(to, from){
3        this.params = to.params;
4      }
5    },
```

侦听$route()中，to是变化后的路由。保存并运行代码，单击“下一页”超链接，效果如图18.8所示。页面按预期显示出了标签参数和页面参数。

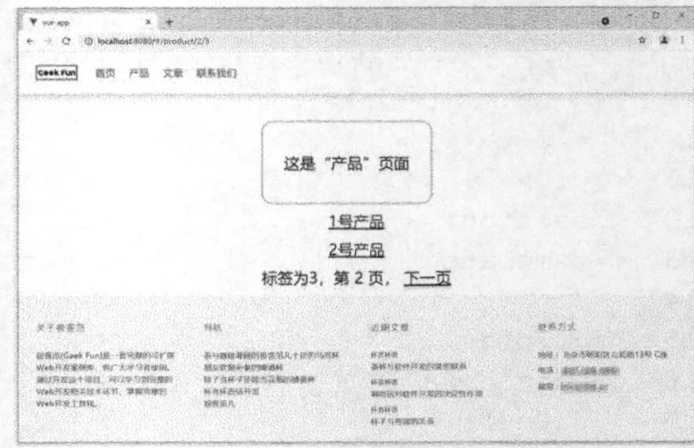

图 18.8　侦听路由的效果

本案例的完整代码可以参考本书配套资源文件：第18章\04vue-app。

3．查询参数

除了前面一直使用的$route.params，还有一种传参方式$route.query，它用于获取URL中的查询参数queryString。

修改product.vue中的“下一页”超链接的传参方式，将to属性的参数params改为query，其他不变，代码如下。

```
<router-link v-bind:to="{name: 'Product', query: {page: 2, tag: 3}}">下一页
</router-link>
```

使用this.$route.query获取查询参数，更改product.vue中的获取方式，代码如下。

```
1  watch: {
2    $route(to, from){
3      this.params = to.query;
4    }
5  },
6  created(){
7    this.params = this.$route.query
8  }
```

这时，单击“下一页”超链接，页面中的标签和页码就都显示出来了，网址是“localhost:8080/#/product?page=2&tag=3”，效果如图18.9所示。

简单地说，传参使用什么方式，获取参数就使用什么方式。使用$route.params传参，路由就需要匹配对应的参数，即匹配以冒号开头的参数名。如果使用$route.query传参，路由文件不用修改，直接使用该方式传参即可。

本案例的完整代码可以参考本书配套资源文件：第18章\05vue-app。

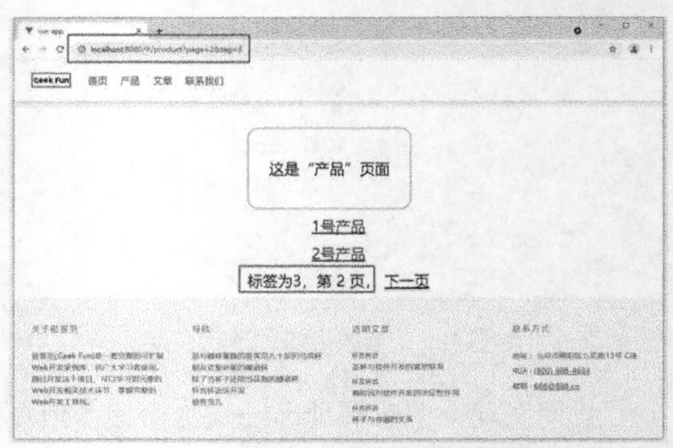

图 18.9　$route.query 传参的效果

4．捕获所有路由

设想一下，地址栏中若输入了路由文件中没有设置的规则，例如“/page”（路由中没有这条

规则），Vue.js就匹配不到这个路由对应的视图文件，加载的页面中就会出现空白，效果如图18.10所示。

我们需要一个规则来“兜底”，即如果匹配不到路由，就显示这个页面，通常是404页面。Vue Router中使用星号“*”来匹配所有路径，在router/index.js的路由数组的最后添加一条规则，代码如下。

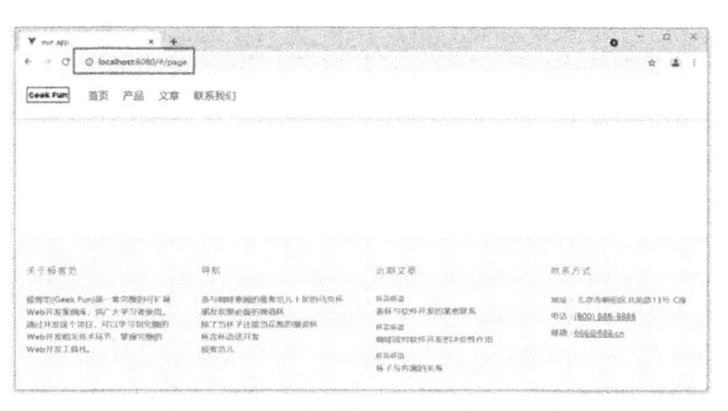

图 18.10　地址栏中输入“/page”

```
1   {
2     path: '*',
3     name: 'Page404',
4     component: () => import('../views/page404.vue'),
5   }
```

注意

有时候，同一个路径可以匹配多个路由，此时匹配的优先级取决于路由的定义顺序：路由定义得越早，优先级就越高。因此“兜底”的规则需要放在最后。

再创建views/page404.vue文件，404页面的实现代码如下。

```
1   <template>
2     <section>
3       <div class="container">
4         <p class="description">404，找不到</p>
5       </div>
6     </section>
7   </template>
8   <script>
9   export default { }
10  </script>
11  <style></style>
```

这时，在地址栏中输入“/page”并按“Enter”键，就会进入404页面，效果如图18.11所示。

本案例的完整代码可以参考本书配套资源文件：第18章\06vue-app。

图 18.11　404 页面

18.1.4 编程式导航

<router-link>是声明式导航，它创建<a>标记来定义导航超链接。当需要根据不同的规则导航到不同的路径时，例如支付成功和支付失败会跳转到不同的页面，这时使用<router-link>就不容易实现。此时可以使用Vue Router提供的实例方法push()来实现导航的功能。

在Vue实例内部可以通过$router访问路由实例，因此通过调用this.$router.push即可实现页面

的跳转。当单击<router-link>部分时，这个方法会在内部被调用，因此单击<router-link :to="">部分等同于调用$router.push()。而router-link属于声明式的，$router.push()属于编程式的。

该方法的参数可以是一个字符串路径，或者是一个描述地址的对象，规则如下。

```
1   // 字符串
2   router.push('home')
3
4   // 对象
5   router.push({ path: 'home' })
6
7   // 命名路由
8   router.push({ name: 'product', params: { id: '123' }})
9
10  // 带查询参数，变成/register?plan=private
11  router.push({ path: 'register', query: { plan: 'private' }})
12
13  const id = '123'
14  router.push({ name: 'product', params: { id }}) // -> /product/123
15  router.push({ path: '/product/${id}' }) // -> /product/123
16  // 这里的params不生效
17  router.push({ path: '/product', params: { id }}) // -> /product
```

注意同样的规则也适用于router-link组件的to属性。除了push()实例方法外，router还提供replace()和go()方法。replace()跟push()很像，唯一的不同就是，它不会向history添加新记录，而是会替换掉当前的history记录。go()的参数是一个整数，意思是在history记录中向前进或者后退多少步，类似window.history.go(n)。

18.1.5 重定向和别名

1．重定向

重定向的意思是，当用户访问“/a”时，URL会被替换成“/b”，然后匹配路由就会变为“/b”。它有3种实现方式，规则如下。

```
1   const routes = [
2     { path: '/a', redirect: '/b' },                    // 字符串路径
3     { path: '/a', redirect: { name: 'foo' }},          // 路径对象
4     { path: '/a', redirect: to => {
5       // 方法接收目标路由作为参数
6       // 返回重定向的字符串路径/路径对象
7     }}
8   ]
```

2．别名

别名，顾名思义，是除了自身的名字之外的一个名字。基于别名，两个路由地址访问的可能是同一个视图文件。例如，产品详情页的路径规则为“/product/:id”，通常“/product/details/:id”也代表产品详情页，此时别名就派上了用场，代码如下。

```
1    {
2      path: '/product/:id',
3      name: 'ProductDetails',
4      component: () => import('../views/product-details.vue'),
5      alias: '/product/details/:id'
6    },
```

如果有多个别名，则可以用数组保存它们，例如alias: ['/a', '/b']。在修改“老项目”时，如果需要兼容之前的路由，别名会非常有用。

18.1.6 进阶用法

大部分实际应用都需要登录才能让我们使用全部功能。要在单页应用中实现这些功能，通常的做法是做一个全局的配置，通过声明式的方式配置路由规则。这需要使用Vue Router的高级用法：导航守卫和路由元信息。

1. 导航守卫

Vue Router提供的导航守卫，正如其名，主要用来通过跳转或取消的方式守卫导航。有多种方式可将导航守卫植入路由导航过程中：全局的、单个路由独享的和组件级的。当从一个路由跳转到另一个路由时会触发导航守卫，然后可以通过钩子函数做一些事情。类似Vue实例的生命周期钩子函数，Vue Router应对导航的变化也提供了多种钩子函数。

例如，进入某个页面前先要判断这个页面需不需要登录，如果需要登录则检查用户是否已登录，如果未登录则跳转至登录页面。这时需要使用beforeEach()函数（前置守卫），该函数在main.js中是注册全局前置守卫，代码如下。本案例的完整代码可以参考本书配套资源文件：第18章\07vue-app。

```
1    router.beforeEach(function(to, from, next){
2      let isLogin = false          //假设用户是未登录状态
3      // 进入“产品”页面需要登录
4      if (to.name == 'Product'){
5        if (isLogin) {
6          next()                   // 直接进入路由并显示内容
7        } else {
8          next({ name: 'Login' }) // 进入“登录”页面
9        }
10     } else {
11       next()                     // 确保一定要调用next()
12     }
13   })
```

以上代码中，假设用户是未登录状态，进入“产品”页面时判断是否已登录，如果未登录，则进入“登录”页面。接着在router/index.js中新增一个“登录”页面的路由，代码如下。

```
1      {
2        path: '/login',
3        name: 'Login',
4        component: () => import('../views/login.vue'),
```

```
5      },
```

然后创建“登录”页面的views/login.vue文件，代码如下。

```
1   <template>
2     <section>
3       <div class="container">
4         <p class="description">这是“登录”页面</p>
5       </div>
6     </section>
7   </template>
```

此时，运行代码，单击“产品”超链接，跳转到“登录”页面，效果如图18.12所示。

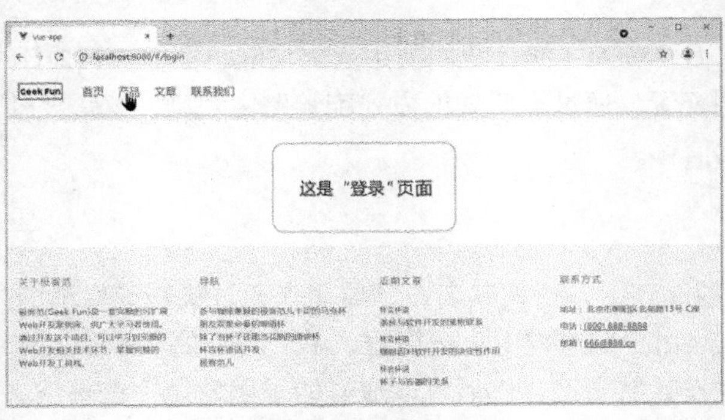

图 18.12 “登录”页面

每个守卫方法接收如下3个参数。

- to: Route：即将进入的路由。
- from: Route：当前导航正要离开的路由。
- next: Function：一定要调用该方法来resolve这个钩子函数。执行效果依赖next()方法的调用参数。
  - next()：进行管道中的下一个钩子函数。
  - next(false)：中断当前的导航。如果浏览器的URL改变了（可能是用户手动操作或者浏览器“后退”按钮被误操作导致的），那么URL就会被重置到from路由对应的地址。
  - next('/')或者next({ path: '/' })：跳转到一个不同的地址。
  - next(error)：如果传入next()的参数是一个Error实例，则导航会被终止且该错误会被传递给router.onError()注册过的回调函数。

注意

确保next()在任何给定的导航守卫中都被严格调用一次，否则钩子函数会报错或永远都不会被解析。

除了可以设置全局前置守卫，还可以在路由配置上直接定义beforeEnter守卫。这里简单介绍一下它的用法，具体不做实现，读者可以自行练习。它与全局前置守卫的方法参数是一样的，示例代码如下。

```
1      {
```

```
2     path: '/product',
3     name: 'Product',
4     component: Product,
5     beforeEnter: (to, from, next) => {
6       …
7     }
8   }
```

2. 路由元信息

上个例子中，进入“产品”页面需要登录的逻辑被固定“写死”了，而在实际开发中，通常在定义路由规则时会声明哪些路径需要登录，这时可以使用路由元信息进行声明。定义路由的时候可以增加meta属性，然后在导航守卫中通过meta字段来判断当前URL是否需要登录。在路由文件router/index.js中配置路由元信息，代码如下。本案例的完整代码可以参考本书配套资源文件：第18章\08vue-app。

```
1   const routes = [
2     {
3       path: '/product',
4       name: 'Product',
5       component: () => import('../views/product.vue'),
6       meta: {
7         requireLogin: true
8       }
9     },
10    …
11  ];
```

为需要登录的路径增加一个meta对象，并自定义一个requireLogin属性，其值为true。不需要登录的路径可以不设置meta对象，或者可以将requireLogin设置为false。然后在main.js中的导航守卫中获取meta对象，代码如下。

```
1   router.beforeEach(function(to, from, next){
2     let isLogin = false              //假设用户是未登录状态
3     // 根据路由元信息判断
4     if (to.matched.some(_ => _.meta.requireLogin)){
5       if (isLogin){
6         next()                       // 直接进入
7       } else {
8         next({ name: 'Login' })      // 进入“登录”页面
9       }
10    } else {
11      next()                         // 确保一定要调用next()
12    }
13  })
```

以上代码中，to.matched是一个数组，表示匹配到的所有路由规则，如果有一个meta.requireLogin为true，则认为登录才能访问。此时单击“产品”超链接，也会跳转到“登录”页面。

18.1.7 history模式

最后，我们来看一下URL的形式。Vue Router默认使用hash模式，它使用URL的hash模式来模拟一个完整的URL，即“#”号后面是路径，于是当URL改变时，页面不会被重新加载。如果不想使用hash，则可以使用路由的 history 模式，这种模式能充分利用history.pushState来完成URL跳转而无须重新加载页面，它的配置如下。

```
1   const router = new VueRouter({
2     mode: 'history',
3     routes: […]
4   })
```

hash模式和history模式的URL对比如表18.2所示，history模式的URL更符合用户习惯。

表18.2　hash模式和history模式的URL对比

hash模式	history模式
http://localhost:8080/#/product	http://localhost:8080/product

如果使用history模式，还需要后台配置支持。因为我们的应用是个单页客户端应用，所以如果后台没有正确的配置，当用户通过浏览器直接访问http://oursite.com/product/id时就会返回404页面。例如后端使用nginx，配置示例如下，目标是使所有的请求都返回index.html。

```
1   location / {
2     try_files $uri $uri/ /index.html;
3   }
```

18.2 状态管理插件Vuex

前面介绍了父子组件之间传递数据的方法，即通过组件本身的属性和事件实现数据的向上或向下传递。而另外一种场景是在没有父子关系的组件之间传递数据，这时就需要用其他的办法了。

例如，考虑一个实际的场景，在一个电子商务网站中通常会把显示商品详情的局部页面制成组件，而页头部分也会被制成组件。每当用户把一个商品加入购物车后，页头部分都会更新显示当前购物车中商品的数量，这就需要商品组件与页头部分之间能够传递数据。这个过程称为状态管理，即购物车中的商品数量是这个应用程序的一个状态，而这个状态会被多个没有父子关系的组件访问。为此，Vue.js提供了一个专门集中管理整个应用状态的机制，并把它抽离出Vue.js，单独构建了一个独立的Vue.js插件，该插件称为Vuex。

本节中，我们将讲解通过Vuex管理应用状态的方法。

知识点讲解

18.2.1 Vuex的基本用法

Vuex是独立于Vue.js的一个专门为Vue.js开发的状态管理插件。在通常情况下，每个组件都拥有自己的状态。有时需要将某个组件的状态变化传递到其他组件，使它们也进行相应的修改。

这时可以使用Vuex保存需要管理的状态值，该值一旦被修改，所有引用该值的组件就会自动进行更新。Vuex采用集中式存储管理应用的所有组件状态，并依据相应的规则保证状态以一种可预测的方式发生变化。

应用Vuex实现状态管理的流程如图18.13所示。图18.13中状态（state）相当于18.1节案例中的state属性，而它对状态的修改则可细化为动作（action）和变化（mutation）。

在Vue.js组件中需要修改状态（例如在上面的案例中将一个商品加入购物车）的时候，可以通过分派（dispatch）一个动作，在动作中提交（commit）一个变化，在变化中对状态进行修改。状态值变化以后，就会自动渲染到组件中，从而使页面实现更新。此外，对于读取状态的操作，Vuex提供了getters以用于读取状态中的值。

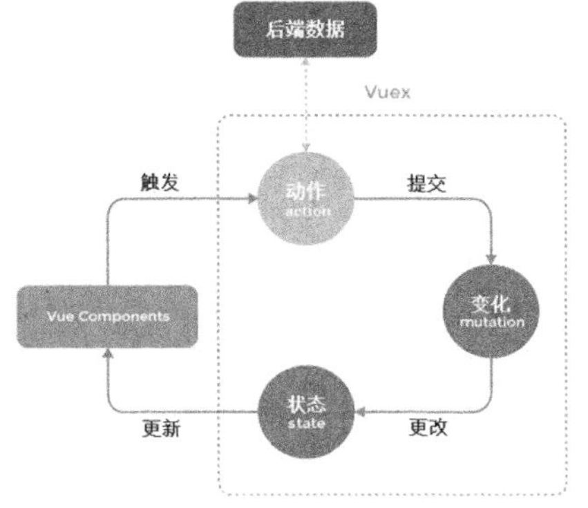

图 18.13　应用 Vuex 实现状态管理的流程

注意，上面这两段话中出现了好几个新的概念和名词，读者需要认真读懂它们。下面通过一个案例来讲解这些概念和名词。本案例的完整代码可以参考本书配套资源文件：第18章\cart\shopping-vuex.html。

1．页面结构

页面的HTML结构实现代码如下。

```
1    <div id="app">
2      <header>
3        <p>购物车中商品数量：{{cartCount}}</p>
4      </header>
5      <div class="product-list">
6        <product name="华为Mate40 Pro"></product>
7        <product name="iPhone 12 pro"></product>
8        <product name="小米11 Ultra"></product>
9        <product name="vivo S9"></product>
10     </div>
11     <cart></cart>
12   </div>
```

可以看到，HTML结构非常简单，页面顶部是一对<header></header>标记，里面用段落文字显示当前购物车中的商品数量“cartCount”；在<div></div>标记中调用了product组件，预置了4个商品，通过name属性设定商品名称；购物车调用了一个cart组件显示。

这里不详细介绍页面CSS样式的设计，对CSS不熟悉的读者请参考本书配套资源文件。

如何构建组件是前面已经讲解过的内容，读者如果还不熟悉可以复习一下本书的第14章和第15章。现在的关键是如何实现组件实例之间共享数据：单击product组件中的按钮，把相应的商品加入购物车，且购物车可以实时地更新购物车列表，同时根实例中cartCount变量的值也能实时更新。

2．Vuex的用法

首先需要引入两个必要的文件vue.js和vuex.js，代码如下。

```
1   <script src="../vue.js"></script>
2   <script src="../vuex.js"></script>
```

（1）创建并使用store对象

使用Vuex的静态方法Store()来创建一个store对象，代码如下。

```
1   const store = new Vuex.Store({
2     state:{
3       products:[]
4     },
5     getters:{
6         products(state){
7           return state.products;
8         }
9     },
10    mutation: {
11      addToCart(state, name){
12        if(!state.products.includes(name))
13          state.products.push(name);
14      },
15      checkOut(state){
16          …// 这里省略下订单的逻辑
17          state.products=[];
18      }
19    }
20  });
```

可以看到，给store对象设置了一个状态属性，叫作state（即状态）。state里面是所有需要集中控制的共享数据，这里它们组成了一个名为products的数组。本案例做了高度简化，在products数组中只记录产品的名称。

此外，store对象还包括如下3个操作state属性的方法。

- products()用于读取购物车中的商品列表。
- addToCart()用于将一个商品加入购物车，带一个参数（用于传递商品名称）。先检查一下state中的products数组中是否已经包含了这个商品，如果没有则加入，否则直接返回。
- checkOut()用于实现下订单操作，这里省略了真正的下订单逻辑，只模拟下完订单后把购物车清空的操作。

（2）创建根实例

创建根实例的代码如下。

```
1   const vm = new Vue({
2     el: '#app',
3     store,
4     computed: {
5       cartCount(){
6         return this.$store.getters.products.length;
7       }
8     }
9   });
```

在以上代码中，以在根实例中增加一个store属性的方式，将store对象“注入”根实例中。注入根实例之后，根实例的所有子组件也都可以使用store对象了，调用的方式是使用this.$store。此外，还定义了一个计算属性cartCount，它的值就是store对象中products数组的长度，也就是购物车中商品的数量，其会显示在页面右上角。

（3）创建product组件

创建product组件的代码如下。

```
1   const product = Vue.component("product", {
2     props:['name'],
3     methods: {
4       addToCart(){
5         this.$store.commit("addToCart", this.name);
6       }
7     },
8     template:'
9     <p :name="name">
10      {{name}}
11      <button @click="addToCart">加入购物车</button>
12    </p>'
13  });
```

可以看到，声明了一个name属性，用于向组件传递商品名称，然后在template模板中使用一对<p></p>标记，用于显示商品的name属性和一个“加入购物车”按钮，并绑定好了单击事件。

在“加入购物车”按钮的处理方法中，由于在mutation中定义的方法都不能直接调用，因此需要通过this.$store引用store对象，调用commit()方法，并执行在mutation中定义的addToCart()方法。commit()方法的第一个参数是方法名称，第二个参数是传递的参数。

（4）创建cart组件

创建cart组件的代码如下。

```
1   const cart = Vue.component("cart", {
2     methods: {
3       checkOut(){
4         this.$store.commit("checkOut");
5       }
6     },
7     template:`
8     <div class="cart">
9       <ul>
10        <li v-for="item in $store.getters.products">{{item}}</li>
11      </ul>
12      <button @click="checkOut">确定下单</button>
13    </div>`
14  });
```

与创建product组件类似，在template中先用一个ul列表显示出保存在store对象中的products（商品名称）数组，同时添加一个“确定下单”按钮，调用methods中定义的checkOut()方法。

核心要点

在这个案例中可以看到有1个根实例、4个product组件的实例和1个cart组件的实例，它们都需要读取或者改变购物车中的商品列表。因此，在这里商品列表处在一个被多个组件实例共享的状态，我们把它存放在store这个对象中集中统一管理，组件之间都不直接交互，而是要通过store对象来实现读取和修改等操作。这就是“store模式”的核心思想。

通过这个例子，可以清楚地看到实际上使用Vuex非常简单，只需要进行如下几步操作。

①通过Vue.Store()方法创建store实例。在store实例中，在state属性中定义需要共享的状态，在getters中定义需要读取的状态或者状态经过计算以后的结果，在mutation中定义对状态的修改操作。

②在根实例中注入上一步创建的store对象。

③在所有需要使用store对象的组件中，通过this.$store获取store对象，然后通过getters读取状态，通过commit()方法提交对状态的修改操作。

上面的知识和方法已经可以满足大多数实际开发的需要了。在18.2.2小节中，我们将对一些更深层次的问题展开讲解。

18.2.2 深入掌握Vuex

知识点讲解

1. 单文件组件中使用Vuex

18.2.1小节的案例中，我们没有使用单文件组件的方式构建整个应用。Vuex当然也可以应用于以单文件组件方式构建的Vue.js项目。下面我们就把前面的购物车案例改造为通过单文件组件方式实现。

（1）初始化项目

使用Vue CLI脚手架工具，创建一个默认的项目。这次在用vue create命令创建项目的时候，选择手动配置的方式，因为这样可以直接把Vuex配置在默认的项目中。

```
1   Vue CLI v4.5.12
2   ? Please pick a preset:
3     Default ([Vue 2] babel, eslint)
4     Default (Vue 3 Preview) ([Vue 3] babel, eslint)
5   > Manually select features
```

然后看到如下所示的配置项，每一行的开头用星号表示是否需要这一种配置，用空格键可以选中或取消。

```
1   Vue CLI v4.5.12
2   ? Please pick a preset: Manually select features
3   ? Check the features needed for your project: …
4   >(*) Choose Vue version
5    (*) Babel
6    ( ) TypeScript
7    ( ) Progressive Web App(PWA)Support
8    ( ) Router
```

```
9     ( ) Vuex
10    ( ) CSS Pre-processors
11    (*) Linter/Formatter
12    ( ) Unit Testing
13    ( ) E2E Testing
```

我们用上、下方向键和空格键选中第6项Vuex，并取消默认选择的第8项Linter/Formatter（这一项表示对代码格式进行自动调整，我们暂时可以不管它）。然后按“Enter”键，进行下一步配置，再选择Vue.js的版本，保持默认的Vue2即可，接下来都保持默认选项。这样选择完后，就开始自动在目录中创建项目。

创建的项目的目录结构如图18.14所示。

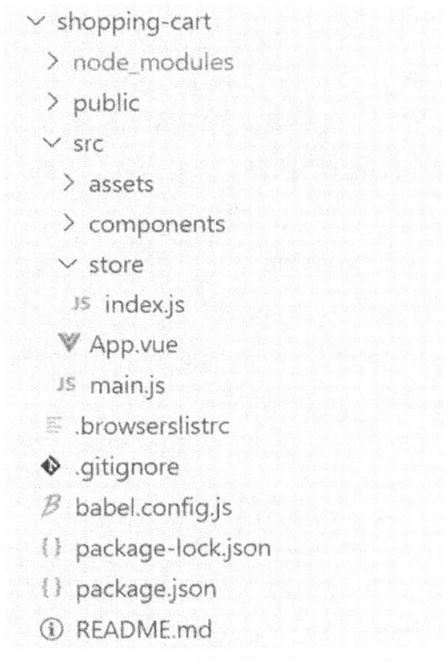

图 18.14 创建的项目的目录结构

由于我们刚才在选择项目配置时选中了Vuex选项，因此在创建的项目中，在其src目录下增加了一个store子目录，里面有一个index.js文件，该文件的初始内容如下。

```
1   import Vue from 'vue'
2   import Vuex from 'vuex'
3
4   Vue.use(Vuex)
5
6   export default new Vuex.Store({
7     state: {
8     },
9     mutation: {
10    },
11    action: {
12    },
13    module: {
14    }
15  })
```

可以看到，脚手架工具已经帮我们搭好了创建store的基本结构，这时再打开src目录下的main.js，即项目的入口文件。保持项目中文件名都使用小写字母，因此把App.vue改为app.vue，并把main.js中对App.vue的引用改为app.vue，代码如下。

```
1   import Vue from 'vue'
2   import app from './app.vue'
3   import store from './store'
4
5   Vue.config.productionTip = false
6
7   new Vue({
8     store,
9     render: h => h(app)
10  }).$mount('#app')
```

可以看到，在创建根实例的时候，已经做好了store的注入，我们可以直接使用它。

本案例的完整代码可以参考本书配套资源文件：第18章\shopping-cart。

（2）创建产品组件

我们删掉components目录下的HelloWorld.vue文件。在components目录中先创建一个product.vue文件，把product组件的代码移到product.vue文件中，并将原来以字符串方式定义的template改为独立的<template></template>标记部分，在<script></script>标记部分使用export语句导出组件的定义，不需要<style></style>标记部分，代码如下。

```
1   <template>
2     <p :name="name">
3       {{name}}
4       <button @click="addToCart">加入购物车</button>
5     </p>
6   </template>
7
8   <script>
9     export default {
10      props:['name'],
11      methods: {
12        addToCart(){
13          this.$store.commit("addToCart", this.name);
14        }
15      }
16    }
17  </script>
```

（3）创建购物车组件

在components目录中创建一个cart.vue文件，同样将cart组件的代码移到cart.vue文件中，代码如下。

```
1   <template>
2     <div class="cart">
3       <ul>
4         <li v-for="item in $store.getters.products" :key="item.name">{{item}}</li>
5       </ul>
```

```
6        <button @click="checkOut">确定下单</button>
7      </div>
8    </template>
9
10   <script>
11     export default{
12       methods: {
13         checkOut(){
14           this.$store.commit("checkOut");
15         }
16       }
17     };
18   </script>
```

把与购物车样式相关的CSS代码放到<style></style>标记部分。有关该CSS代码，请读者自行查看本书配套资源文件。

（4）创建整体页面

接下来修改app.vue文件，我们需要把原来的根实例改造为根组件，把原来的HTML结构移到app组件的<template></template>标记部分，代码如下。

```
1    <template>
2      <div id="app">
3        <header><p>购物车中商品数量：{{cartCount}}</p></header>
4        <div class="product-list">
5          <product name="华为Mate40 Pro"></product>
6          <product name="iPhone 12 pro"></product>
7          <product name="小米11 Ultra"></product>
8          <product name="vivo S9"></product>
9        </div>
10       <cart></cart>
11     </div>
12   </template>
```

接着，在app.vue的<script></script>标记部分，先引入上面已经写好的product组件和cart组件，然后导出app组件。注意，由于原来这里是Vue根实例，因此把store对象注入了这里，而现在store对象已经注入了main.js中定义的根实例，因此这里就不再需要注入store对象了。修改以后的代码如下。

```
1    <script>
2      import product from './components/product.vue'
3      import cart from './components/cart.vue'
4
5      export default{
6        el: '#app',
7        components:{product, cart},
8        computed: {
9          cartCount(){
10           return this.$store.getters.products.length;
11         }
12       }
13     }
```

```
14  </script>
```

同样地，把关于页面全局的CSS样式代码放到<style></style>标记部分。有关该CSS代码，请读者自行查看本书配套资源文件。

这时，在命令提示符窗口中进入项目目录，然后执行命令npm run serve启动开发服务器，在浏览器中观察效果，购物车最终效果如图18.15所示。可以看到其效果与原来的效果一样，但是采用这种项目的方式，页面结构更清晰，HTML代码也会有编辑器来对其进行检查。

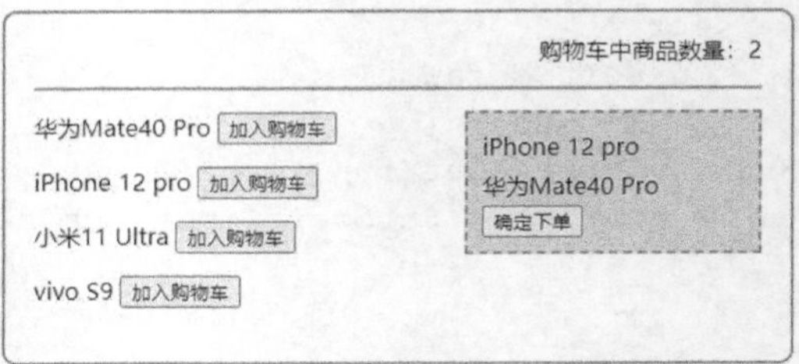

图 18.15　购物车最终效果

2．action与mutation

在上面的例子中，我们了解了当在组件中需要读取或者修改状态时，不应该直接读取state变量，而应该使用getters和mutation中定义的方法来访问。

我们使用mutation来提交对状态的修改。在Vuex中，还提供了action这个概念。action类似于mutation，也用于改变store中的数据状态。它们的不同之处在于：

- 在action中提交的是mutation，而不是直接变更状态；
- action可以包含任意异步操作，而mutation不能包含异步操作。

因此，在一般的开发中，如果需要对state进行修改，大多数情况下使用store.commit()方法提交mutation就可以了。

但是如果需要以异步操作修改store中的数据状态，那就必须要在action中提交mutation。什么是异步操作呢？这里仍以购物车案例来进行说明。

在上面的代码中，我们在checkOut()方法中实际上没有真正做任何操作，就直接清空了购物车。而在实际项目中，checkOut()还需要真正去执行一系列下单的操作，一个正常的下单流程大致如下。

①先把当前购物车的物品暂存到一个临时变量中。

②由于下单操作一般需要调用服务器端的API，这可能需要等几秒，因此在页面上会通过样式变化来提示用户正在下单。

③清空购物车。

④通过AJAX调用服务器端的购物API提供的两个回调函数，分别用于处理下单成功和下单失败的情况。

- 如果下单成功，则在页面上显示一个特殊样式，表示下单成功。
- 如果下单失败，则在页面上显示另一个特殊样式，告知用户下单失败，同时应该恢复购物车里的列表。
- 无论成功或失败，几秒后都清除特殊样式，恢复正常样式。

上述流程中就有如下所列好几处异步操作。

- 用AJAX调用远程服务器的API，需要一段时间之后才会得到返回的结果，这是一个异步操作。
- 得到API返回的结果无论成功或失败，都会给出相应的样式来提示用户，但是这个样式维持几秒后就需要恢复为正常样式，这也是一个异步操作。

由于用到了异步调用，因此这个流程不能放在mutation中，而必须放在action中。

（1）改造store对象

下面我们来改造对store对象进行设定的代码。

首先，在state中增加一个status变量，这个status变量用于记录购物车所处的状态，一共有如下4种状态。

- ordinary：平常的状态。
- waiting：向服务器发起了下单请求，正在等待结果。
- success：下单成功。
- error：下单失败。

接下来，在store对象的state中增加一个status属性，其默认值为ordinary，并在getters中增加一个取status的方法，以便于取得status的值，代码如下。本案例的完整代码可以参考本书配套资源文件：第18章\shopping-cart-action。

```
1   state:{
2     products: [],
3     status: 'ordinary'
4   },
5   getters:{
6     products(state){
7       return state.products;
8     },
9     status(state){
10      return state.status;
11    }
12  },
```

（2）改造cart组件

改造cart组件的<script></script>标记部分。由于checkOut()方法从mutation变成了action，因此在改造时不能用原来的commit()方法，而要用dispatch()方法，另外增加一个计算属性status，它是取自store对象的getters中的status，代码如下。

```
1   <script>
2     export default{
3       methods: {
4         checkOut(){
5           this.$store.dispatch("checkOut");
6         }
7       },
8       computed: {
9         status(){
10          return this.$store.getters.status;
11        }
12      }
13    };
14  </script>
```

然后，在cart组件的<template></template>标记部分，将<div>标记的class属性绑定到计算属性status上。经过这样一系列的操作可以实现：在确定下单过程中，随着状态的变化，购物车<div>标记的class属性总有一个与状态一致的类名（ordinary、waiting、success、error这四者之一）。

```
1    <template>
2      <div class="cart" :class="status">
3        <ul>
4          <li v-for="item in $store.getters.products" :key="item.name">{{item}}</li>
5        </ul>
6        <button @click="checkOut">确定下单</button>
7      </div>
8    </template>
```

在CSS中分别设定背景颜色，这里仅须简单地通过背景颜色区分状态就可以了，代码如下。平常状态背景颜色是浅灰色的；提交下单请求以后变成浅紫色，等结果返回来。如果下单成功，变成浅绿色；如果下单失败，变成浅红色；过2秒恢复为浅灰色。

```
1    .success{
2        background-color: #ddd;   // 浅灰色
3    }
4
5    .success{
6        background-color: #dfd;   // 浅绿色
7    }
8
9    .error{
10       background-color: #fdd;   // 浅红色
11   }
12
13   .waiting{
14       background-color: #bbf;   // 浅紫色
15   }
```

（3）增加结账action

接下来到了最关键的action部分，代码如下。在checkOut()方法中，给出了每一步的详细注释。

```
1    action:{
2      // 确定下单方法
3      checkOut(context){
4        // 先把当前购物车的商品备份起来
5        const savedProducts = context.getters.products;
6        // 然后清空购物车
7        context.commit("clear");
8        // status变量设置为"waiting"
9        context.commit("setStatus", "waiting");
10       // 模拟通过AJAX调用服务器端的购物API的两个回调函数，分别用于处理下单成功和
         // 下单失败的情况
11       shoppingApi.buy(
12         savedProducts,
13         // 如果下单成功
14         () => {
15           // status变量设置为"success"
16           context.commit("setStatus", "success");
17           // 2秒后恢复为普通状态（status）
```

```
18          setTimeout(() => {
19            context.commit("setStatus", "");
20          }, 2000);
21        },
22        // 如果下单失败
23        () => {
24          // 恢复购物车中的商品列表
25          context.commit("recover", savedProducts);
26          // status变量设置为"error"
27          context.commit("setStatus", "error");
28          // 2秒后恢复为普通状态（status）
29          setTimeout(() => {
30            context.commit("setStatus","");
31          }, 2000);
32        }
33      )
34    }
35  }
```

涉及异步操作的程序逻辑往往会涉及一级或者多级的回调函数，对于非常复杂的多级回调，称其为"回调地狱"，以形容这种代码的复杂性。如果使用新的promise等方式，则可以极大简化异步逻辑的代码。不过，上面的代码还是传统的写法，回调层级不多，并不难理解。

这段程序调用了几个改变products商品列表的操作，它们都被封装在mutation部分，代码如下。

```
1   mutation: {
2     // 加入购物车
3     addToCart(state, name){
4       if(!state.products.includes(name))
5         state.products.push(name);
6     },
7     // 清除购物车
8     clear(state){
9       state.products=[];
10    },
11    // 恢复购物车
12    recover(state, products){
13      state.products = products
14    },
15    // 设置购物车提交状态
16    setStatus(state, status){
17      state.status = status;
18    }
19  }
```

此外，还有一个重要的操作是下单操作，该操作可以通过下面代码中的buy()方法实现。

```
1   let shoppingApi = {
2     buy(products, successCallback, errorCallback){
3       let timeout = Math.random()*3000;
4       let successOrError= Math.random();
5       setTimeout(() => {
6         // 模拟成功和失败的概率各占一半
```

```
7          if(successOrError > 0.5)
8            successCallback();
9          else
10           errorCallback();
11       }, timeout);
12     }
13   };
```

这里只是演示异步操作，我们并没有真去请求服务器上的API，而是用JavaScript的定时器函数模拟了这个过程。首先产生一个3000以内的随机数，用来模拟等待API的返回时间，即等待的毫秒数。然后产生一个50%概率的随机数，用来模拟是下单成功还是下单失败。

在shoppingApi对象中有一个buy()方法，带有如下3个参数。

- 第一个参数表示购物车中的商品列表，因为是模拟，所以实际上这里并没有真正用它。
- 第二个参数表示下单成功了要调用的回调函数。
- 第三个参数表示下单失败了要调用的回调函数。

产生随机数以后，调用setTimeout()函数，延迟timeout指定的时长后，根据随机变量successOrError，调用成功或失败后要调用的回调函数。

还需要说明的一点是，在checkOut()从一个mutation变成一个action之后，第一个参数仍然是上下文变量context，实际上它和mutation中的第一个参数state是一样的，接下来的逻辑请读者仔细看代码中给出的详细注释。

到这里，就可以把这个程序完整地组装在一起了。

通过这个案例，可以清晰地理解异步操作以及使用action来进行操作的方法。在浏览器中观察结果：购物车虚线方框中默认是浅灰色的背景；当加入一些商品后，单击“确定下单”按钮，购物车方框的背景变为浅紫色，购物车列表清空，一两秒后，随机呈现下单成功或下单失败；如果下单失败，购物车列表恢复，同时背景变成浅红色；如果下单成功，购物车背景变成浅绿色；再过两秒，红色或绿色背景恢复成默认的浅灰色。

这样就比较完整地模拟了一个购物车应用程序的实际运行过程。希望读者能够通过这个案例，透彻地理解Vuex的核心原理，以及action、mutation、state、getters这几个关键对象的含义和用法，并且充分理解数据的流向和调用关系。

本章小结

知识点讲解

本章中讲解了Vue.js中的两个重要插件，分别为Vue Router和Vuex。掌握这两个插件之后，读者可以有条理地制作出更复杂的网站。其中，Vue Router是Vue.js中的路由，我们从安装开始，一步一步讲解了如何使用Vue Router，内容包括配置路由表、命名路由、路由动态匹配、编程式导航、重定向和别名，接着介绍了进阶用法，举例说明了导航守卫和路由元信息的作用，最后比较了hash模式和history模式。Vuex是一个专门集中管理整个应用状态的插件，我们首先通过一个简单的“商品加入购物车”案例讲解了store模式的基本原理，然后使用单文件组件构建了整个应用——商品加入购物车，帮助读者更深入地掌握Vuex。希望读者能够真正学会使用Vuex插件，因为此插件在中、大型案例中都会用到。

习题 18

一、关键词解释

路由　命名路由　动态路由匹配　路径参数　编程式导航　重定向　别名　导航守卫　路由元信息　history模式　store模式　Vuex　State　action　mutation

二、描述题

1. 请简单描述一下动态路由传参有几种方式，它们分别为哪几种，区别是什么。
2. 请简单描述一下如何实现重定向，什么时候使用重定向。
3. 请简单描述一下什么时候使用别名。
4. 请简单描述一下导航守卫的前置守卫有几个参数及它们各自的含义。
5. 请简单描述一下Vuex的作用。
6. 请简单描述一下Vuex中的核心部分有几个，它们分别是什么，各自的作用是什么。

三、实操题

1. 在第16章“习题”部分的实操题基础上，通过本章讲解的路由Vue Router适当修改并添加本章中提到的顶部和底部样式（产品列表），实现题图18.1所示的效果。同时添加两个页面，分别为产品详情页（见题图18.2）和“联系我们”页面（见题图18.3）。产品详情页的输入框可以修改添加购物车的数量，单击“加入购物车”按钮，打开显示产品id和产品数量的弹框，如题图18.4所示。

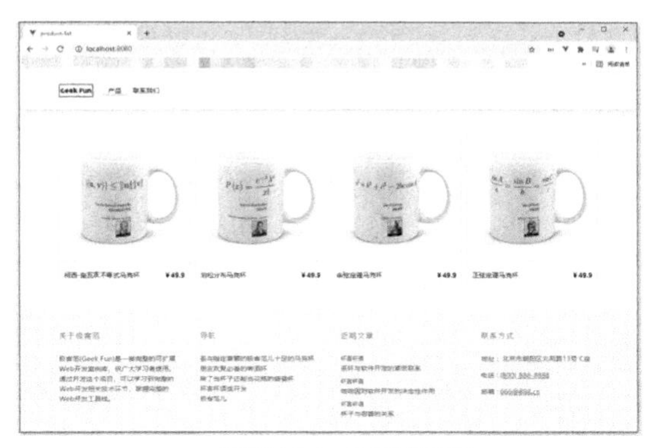

题图 18.1　产品列表页

题图 18.2　产品详情页

题图 18.3　“联系我们”页面

题图 18.4　显示产品 id 和产品数量的弹框

产品详情的接口地址如下：

https://eshop.geekfun.website/api/v1-csharp/product/:id

通过产品id查询可得对应的产品信息；另外，用于展示购物车列表页的接口地址如下：

https://eshop.geekfun.website/api/v1-csharp/product/listByIds?productIds=id1,id2

2. 在实操题1的基础上结合Vuex插件实现“加入购物车”的功能：右上角显示购物车的产品数量，单击产品详情页中的“加入购物车”按钮，右上角的产品数量会随之变化。添加一个购物车页面，并在菜单中添加一个可以进购物车页面的入口。在购物车页面中有一个要购买产品的列表，列表中展示的信息包括“删除”图标、产品图片、产品名称、价格、数量和总价（当前产品的总价）。数量是一个输入框，默认显示的数字为详情页添加的产品数量，但其可以修改。列表下方展示所有产品的总价，购物车列表页的效果如题图18.5所示。在购物车页面中，修改产品的数量或者删除产品，右上角购物车数量和下方的总价都会随之变化。刷新页面，购物车中的数据不会被清空。

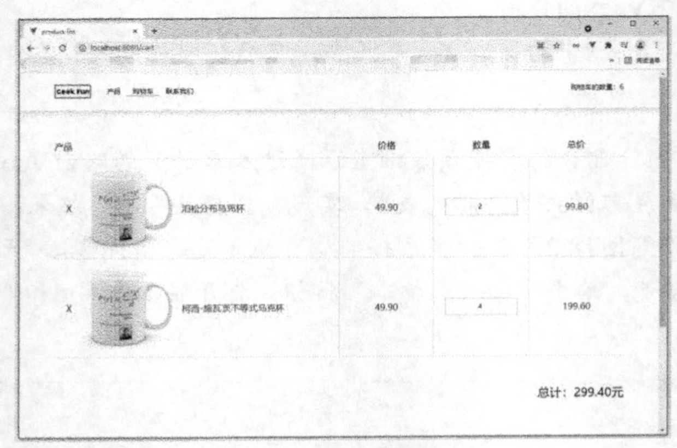

题图 18.5　购物车列表页

第三篇

综合实战

综合案例："豪华版"待办事项

本章的思维导图如下。

案例讲解

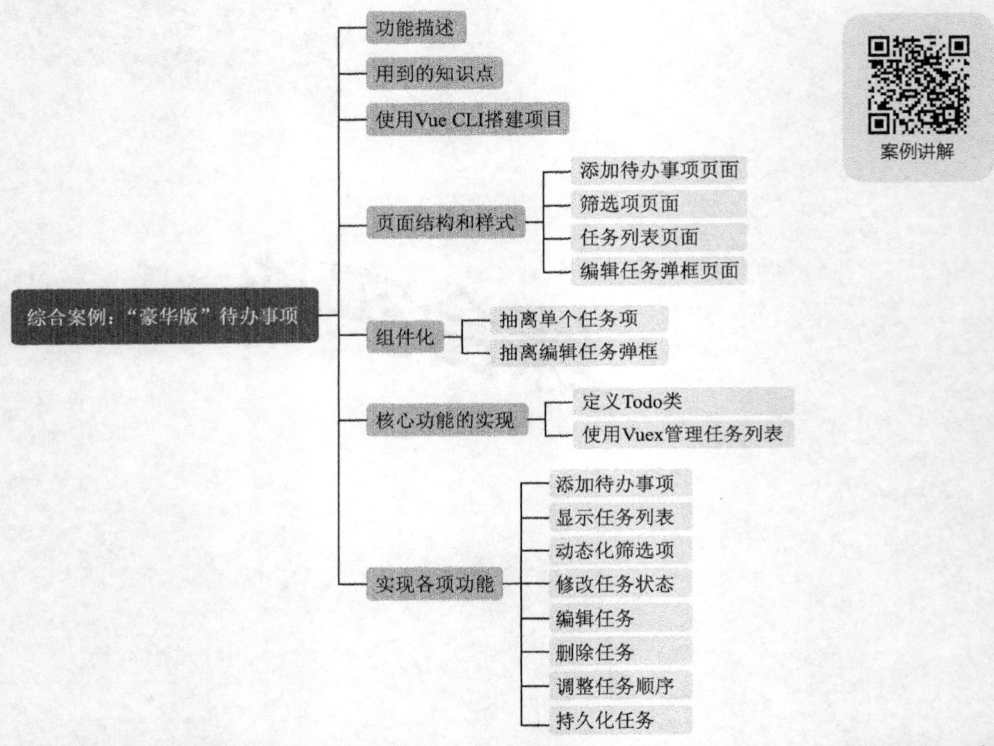

我们已经在第13章中制作过"简易版"的待办事项，本章将制作一个综合且完善的"豪华版"待办事项应用，完成后的效果如图19.1所示。

图 19.1 "豪华版"待办事项

19.1 功能描述

待办事项是一款任务管理工具，用户可以用它方便地组织和安排事务，把要做的事情一项一项地列出来，避免忘记。它具有以下功能。

1．添加待办事项

在输入框中输入任务内容后，单击"Add"按钮，将任务添加到下方的列表中。在这个应用程序中增加了任务的状态。状态一共分为3种，分别为Todo（待办）、In Progress（进行中）和Done（已完成）。

2．筛选待办事项

输入框下方有3个任务状态的筛选项，分别为Todo、In Progress和Done。每个筛选项后面都有一个数字，表示对应状态的任务有几个。选中相应的状态后，列表会跟着变化。

3．修改待办事项状态

任务列表中的圆圈颜色表示每个任务的状态，白色表示Todo，黄色（图19.1中为浅灰）表示In Progress，绿色（图19.1中为深灰）表示Done。单击圆圈或文字能够改变任务的状态，每单击一次可在3种状态中的相邻2种间切换一次。

4．编辑待办事项

每个任务有状态、内容和备注信息，单击任务列表中的"编辑"图标，会打开弹框显示编辑表单，如图19.2所示。修改完之后，单击"OK"按钮，保存任务信息，任务列表也会相应地更新。单击"Cancel"按钮，隐藏弹框。

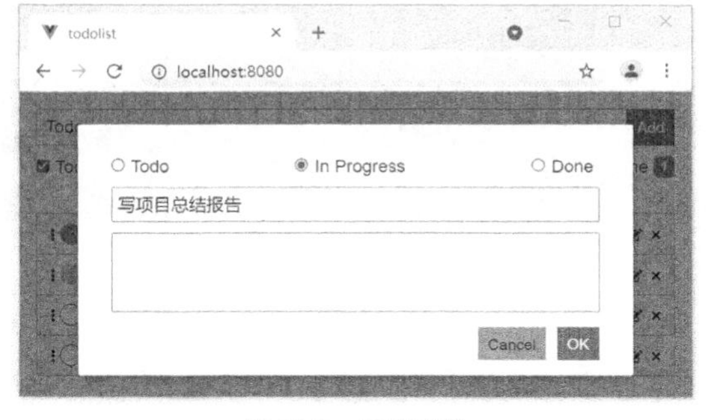

图 19.2　编辑表单

5．删除待办事项

单击任务列表中的"删除"图标，能够删除对应的任务。

6．调整待办事项顺序

单击并拖曳每个任务最前面的3个点图标，可以改变任务顺序，例如将优先级高的任务置顶。

19.2 用到的知识点

作为全书的综合案例，本案例将用到以下知识点：

- class的绑定属性；
- 条件渲染；
- 列表渲染；

- 数据绑定；
- 事件处理；
- 计算属性和侦听器；
- 组件；
- 表单；
- 状态管理插件Vuex；
- 拖曳插件vuedraggable；
- 字体图标Font Awesome。

19.3 使用Vue CLI搭建项目

我们先通过脚手架工具Vue CLI搭建项目，然后逐步实现各项功能。在命令提示符窗口中输入并执行如下命令。

```
vue create todolist
```

接下来开始选择Vue.js项目的各种配置。

这里选择“Manually select features”（手动配置），如图19.3所示。选择“Manually select features”后，按“Enter”键进入下一步。

在图19.4中，选中的配置为Choose Vue version、Babel、Vuex和CSS Pre-processors，按“Enter”键进入下一步。

```
Vue CLI v4.5.12
? Please pick a preset:
  n ([Vue 2] dart-sass, babel)
  Default ([Vue 2] babel, eslint)
  Default (Vue 3 Preview) ([Vue 3] babel, eslint)
> Manually select features
```

图 19.3 选择手动配置

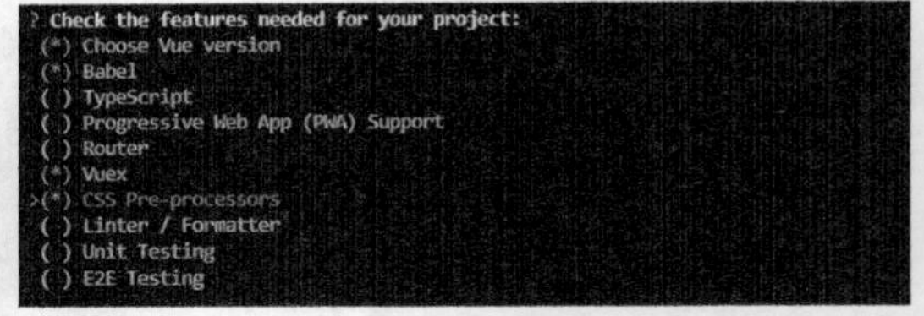

图 19.4 选择配置

选择2.x版本，如图19.5所示，按“Enter”键进入下一步。在这一步中，我们选择使用CSS的预处理器，如图19.6所示，使用流行的SCSS工具实现CSS的预处理，按“Enter”键进入下一步。不熟悉CSS，不会影响对本案例的学习。

```
? Check the features needed for your project: Choose Vue version, Babel, Vuex, CSS Pre-processors
? Choose a version of Vue.js that you want to start the project with (Use arrow keys)
> 2.x
  3.x (Preview)
```

图 19.5 选择 Vue.js 的版本

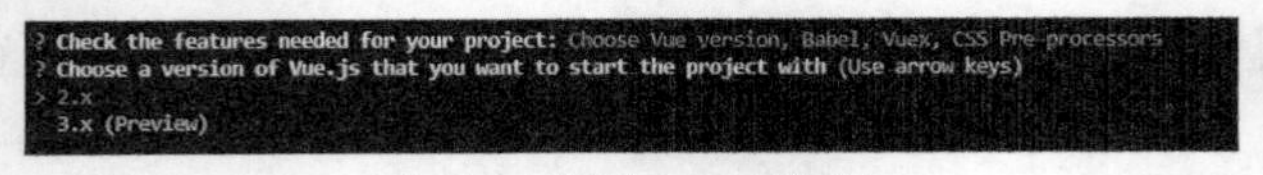

图 19.6 选择使用 CSS 的预处理器

我们选择“In dedicated config files”，如图19.7所示，表示将Babel、ESLint等配置文件独立存放，按“Enter”键进入下一步。

```
? Check the features needed for your project: Choose Vue version, Babel, Vuex, CSS Pre-processors
? Choose a version of Vue.js that you want to start the project with 2.x
? Pick a CSS pre-processor (PostCSS, Autoprefixer and CSS Modules are supported by default): Sass/SCSS (with dart-sass)
? Where do you prefer placing config for Babel, ESLint, etc.? (Use arrow keys)
> In dedicated config files
  In package.json
```

图 19.7 选择文件存放位置

预设的作用是将以上这些选项保存起来，下次用Vue CLI搭建项目的时候可以直接使用，而不需要再配置一遍。这里输入n，如图19.8所示，即不保存，按“Enter”键进入下一步。

```
? Check the features needed for your project: Choose Vue version, Babel, Vuex, CSS Pre-processors
? Choose a version of Vue.js that you want to start the project with 2.x
? Pick a CSS pre-processor (PostCSS, Autoprefixer and CSS Modules are supported by default): Sass/SCSS (with dart-sass)
? Where do you prefer placing config for Babel, ESLint, etc.? In dedicated config files
? Save this as a preset for future projects? (y/N) n
```

图 19.8 选择是否保存预设

这时系统会开始根据前面的配置项搭建项目，如图19.9所示。请等一会儿，出现图19.10所示的界面就表示项目搭建完成。

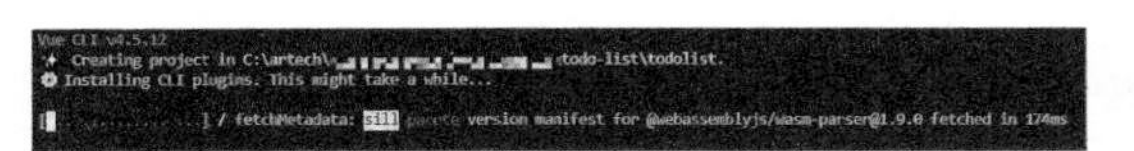

图 19.9 开始搭建项目

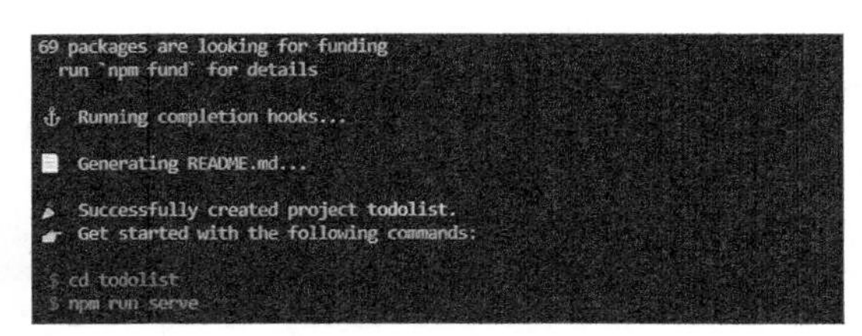

图 19.10 项目搭建完成

接着输入并执行命令cd todolist/，进入todolist文件夹，然后输入并执行命令npm run serve，运行项目。运行完成后，命令提示符窗口如图19.11所示。

此时，在浏览器中输入http://localhost:8080，按“Enter”键，打开浏览器访问页面，如图19.12所示。

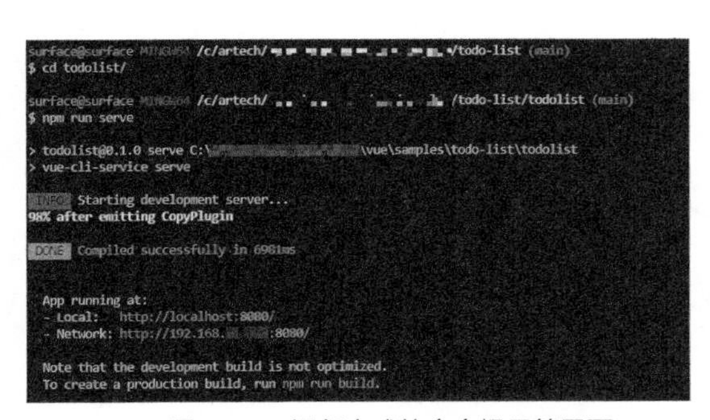

图 19.11 运行完成的命令提示符界面

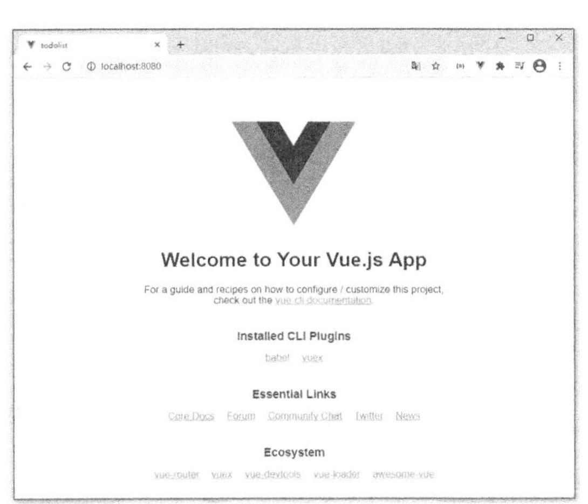

图 19.12 打开浏览器访问页面

19.4 页面结构和样式

先准备好页面的结构和样式，其包含如下4个部分。

- 添加待办事项页面。
- 筛选项页面（任务状态的筛选项，以及对应的任务个数）。
- 任务列表页面。
- 编辑任务弹框页面。

下面我们逐一实现以上4个部分，它们都在App.vue中被编写了代码，然后拆分成了不同的组件。本案例的完整代码可以参考本书配套资源文件：第19章\todolist。

19.4.1 添加待办事项页面

在App.vue中，先编写添加待办事项页面的结构和样式，代码如下。

```
1   <template>
2     <div id="app">
3       <!-- 固定在顶部 -->
4       <div class="fixed-top">
5         <div class="container">
6           <!-- 添加待办事项 -->
7           <form class="input-form" action="">
8             <label class="form-label" for="content">Todo</label>
9             <input type="text">
10            <button type="submit" class="btn-regular">Add</button>
11          </form>
12          <!-- 筛选项 -->
13        </div>
14      </div>
15      <!-- 任务列表 -->
16      <!-- 弹框 -->
17    </div>
18  </template>
```

本案例中对CSS样式文件不进行赘述，读者可以从本书配套资源文件中获取。添加待办事项页面效果如图19.13所示。

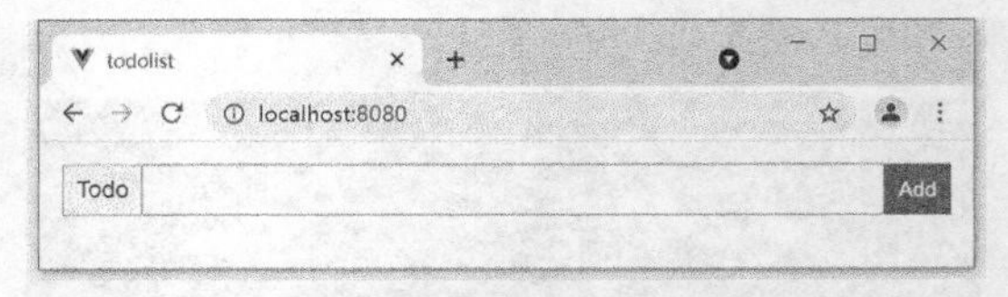

图 19.13　添加待办事项页面效果

19.4.2 筛选项页面

在App.vue中，编写筛选项页面的结构和样式，代码如下。

```
1   <div class="fixed-top">
2     <div class="container">
3       <!-- 添加待办事项 -->
4       <!-- 筛选项 -->
5       <div class="status-boxes">
6         <label>
7           <input type="checkbox">
8           <span class="status-name">Todo</span>
9           <span class="badge badge-light">0</span>
10        </label>
```

```
11          <label>
12            <input type="checkbox">
13            <span class="status-name">In Progress</span>
14            <span class="badge badge-warning">0</span>
15          </label>
16          <label>
17            <input type="checkbox">
18            <span class="status-name">Done</span>
19            <span class="badge badge-success">0</span>
20          </label>
21        </div>
22      </div>
23    </div>
```

此时，筛选项页面的结构和样式已设置完成，运行效果如图19.14所示。

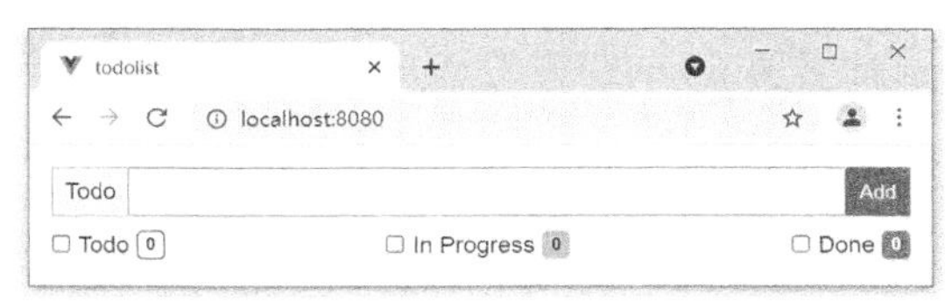

图 19.14 筛选项页面效果

19.4.3 任务列表页面

在App.vue中，开始编写任务列表页面结构和样式的实现代码。首先，任务列表中有3个图标，左侧是移动任务顺序的图标，右侧是编辑和删除任务的图标。之前，图标都是使用CDN方式引入的；为了让读者更为了解如何使用字体图标Font Awesome，这里换一种方式，即使用命令行的方式引入，步骤如下。

（1）安装基础依赖库，执行命令如下。

```
1    npm install --save @fortawesome/fontawesome-svg-core
2    npm install --save @fortawesome/vue-fontawesome
```

（2）安装样式依赖库，执行命令如下。

```
     npm install --save @fortawesome/free-solid-svg-icons
```

（3）将安装的依赖库引入main.js文件中，执行命令如下。

```
1    import { library } from '@fortawesome/fontawesome-svg-core'
2    import { faEllipsisV, faEdit, faTimes } from '@fortawesome/free-solid-svg-icons'
3    import { FontAwesomeIcon } from '@fortawesome/vue-fontawesome'
4
5    library.add(faEllipsisV, faEdit, faTimes)
6
7    Vue.component('font-awesome-icon', FontAwesomeIcon)
```

说明

以上代码中的faEllipsisV、faEdit、faTimes对应3个图标，如果需要其他图标可以在此处引入。

安装并注册完成之后，就可以使用font-awesome-icon组件了，待办事项的任务列表页面结构代码如下。

```
1    <div class="main-content">
```

```
2     <div class="list-group">
3       <div class="list-group-item">
4         <div class="todo-move">
5           <font-awesome-icon icon="ellipsis-v" size="xs"/>
6         </div>
7         <div class="pointer todo-status todo-status-light"></div>
8         <div class="todo-text">测试</div>
9         <div>
10          <font-awesome-icon icon="edit" size="xs" class="pointer"/>
11        </div>
12        <div>
13          <font-awesome-icon icon="times" size="xs" class="pointer"/>
14        </div>
15      </div>
16      …
17    </div>
18  </div>
```

以上代码中省略了两个列表项的页面结构，后期读者只需要复制出两个列表项，并将第二个类的名称改为todo-status-warning，将第三个类的名称改为todo-status-success即可。设置好样式之后，任务列表页面效果如图19.15所示。

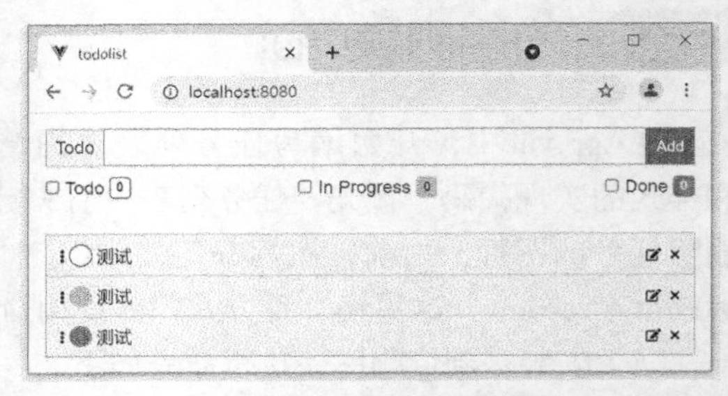

图 19.15　任务列表页面效果

19.4.4 编辑任务弹框页面

单击任务列表中的“编辑”图标，显示编辑任务弹框，其页面结构代码如下。

```
1   <div class="modal-mask" v-if="isEditing">
2     <div class="modal-container">
3       <div class="form-row">
4         <div class="status-labels">
5           <label class="status-label">
6             <input type="radio">
7             <span>Todo</span>
8           </label>
9           …
10        </div>
11      </div>
12      <div class="form-row">
13        <input class="input-text" type="text"/>
14      </div>
15      <div class="form-row">
16        <textarea maxlength="1000" rows="3"/>
17      </div>
18      <div class="modal-footer">
19        <button class="btn-regular btn-modal">OK</button>
20        <button class="btn-gray btn-modal">Cancel</button>
21      </div>
22    </div>
23  </div>
```

```
24  data(){
25    return { isEditing: true }
26  }
```

以上代码中省略了两个状态结构，后期读者复制代码并分别将Todo替换为In Progress和Done即可，还定义了一个isEditing变量来控制是否显示弹框。此时，保存并运行代码，可得编辑任务弹框页面效果如图19.16所示。

本步骤源代码文件可以参考本书配套资源文件：第19章\01todolist。

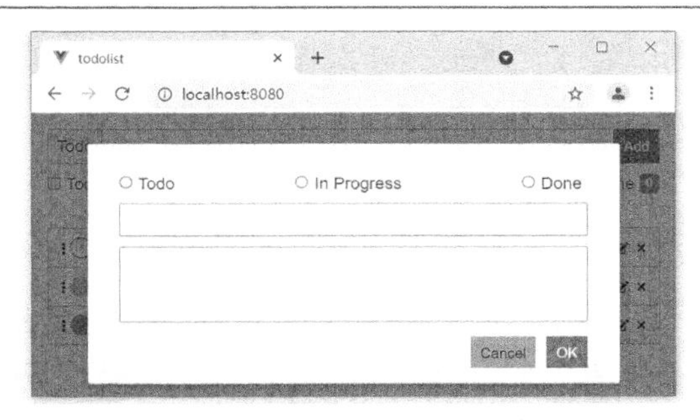

图 19.16　编辑任务弹框页面效果

19.5 组件化

目前所有的页面结构和样式代码都在App.vue中，读者能够发现可以从中抽离出两个组件，即单个任务组件和编辑任务弹框组件，以进行复用。

说明

熟悉组件功能之后，开发者在实际开发中（动手编程之前）就可以大致分析出组件如何划分，然后直接单独编写组件即可。

19.5.1 抽离单个任务项

首先，在components文件夹中创建TodoItem.vue文件。在App.vue文件中，任务列表中有3个任务，将第一个任务抽离到TodoItem.vue文件中，将另外两个任务直接删除即可。然后，将App.vue中的样式文件也抽离到TodoItem.vue文件中。最后，在App.vue文件中引入注册组件并使用，此时，App.vue文件中任务列表部分的代码如下。

```
1   <!-- 任务列表 -->
2   <div class="main-content">
3     <div class="list-group">
4       <todo-item></todo-item>
5     </div>
6   </div>
7   <script>
8   import TodoItem from './components/TodoItem'
9   export default {
10    name: 'App',
11    components: {
12      TodoItem
13    },
14    data(){
15      return { isEditing: false }
16    }
```

```
17  }
18  </script>
```

保存并运行代码，页面中只有一个任务，效果如图19.17所示，后期循环<todo-item></todo-item>组件即可。

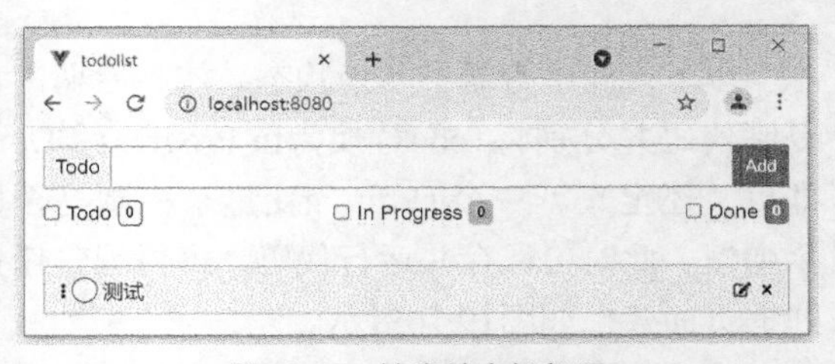

图 19.17　抽离单个任务项

19.5.2 抽离编辑任务弹框

首先，在components文件夹中创建ModalDialog.vue文件，将App.vue文件中编辑任务弹框部分的页面结构代码和样式代码抽离到ModalDialog.vue文件中。然后，在App.vue文件中引入注册组件并使用，此时，App.vue文件中编辑任务弹框部分的代码如下。

```
1   <!-- 弹框 -->
2   <modal-dialog v-if="isEditing" />
3   import ModalDialog from './components/ModalDialog'
4   export default {
5     name: 'App',
6     components: {
7       TodoItem,
8       ModalDialog
9     },
10    data(){
11      return { isEditing: false }
12    }
13  }
```

到这里，组件化的工作就已经完成了。本步骤源代码文件可以参考本书配套资源文件：第19章\02todolist。

19.6 核心功能的实现

19.6.1 定义Todo类

容易想到，状态在筛选项、任务列表和编辑任务弹框中都需要用到。我们先定义一个状态数组，其总共有3种状态，各状态颜色不同。然后在assets文件夹中创建Todo.js文件，在其中编写如下代码。

```
1   export const TaskState = [
2     { name: 'Todo', value: 0, color: 'light' },
3     { name: 'In Progress', value: 1, color: 'warning' },
4     { name: 'Done', value: 2, color: 'success' }
5   ]
```

由以上代码可知，每种状态有3个属性：name（名称）、value（值）和color（颜色）。接着我们定义Todo类，它主要有4个属性［id、content（内容）、state（状态）和note（备注）］、一个改变状态的方法（changeState），以及一个存取器（color()），代码如下。

```
1   export class Todo {
2     constructor (id, content, state=0, note=""){
3       this.id = id
4       this.content = content
5       this.state = state
6       this.note = note
7     }
8     changeState(){
9       switch(this.state){
10        case 0:
11          this.state = 1
12          break
13        case 1:
14          this.state = 2
15          break
16        case 2:
17          this.state = 0
18          break
19      }
20    }
21    get color(){
22      return TaskState.find(item => item.value == this.state).color
23    }
24  }
```

创建任务时，默认状态是0，即未开始。此外，Todo类中定义了一个存取器color()，用于获取当前状态对应的颜色。

本步骤源代码文件可以参考本书配套资源文件：第19章\02todolist\src\assets\Todo.js。

19.6.2 使用Vuex管理任务列表

任务数据会在多个组件中使用，因此我们用Vuex来管理任务数据。它需要保存两个状态：任务数组和最大的任务id。在store文件中的index.js中编写如下代码。

```
1   …
2   import { Todo } from '../assets/Todo'
3
4   Vue.use(Vuex)
5
6   export default new Vuex.Store({
7     state: {
8       todos: [],
9       lastId: 0
10    },
11  })
```

待获取的与任务相关的数据有3个：根据状态过滤的列表、根据id获取的任务和状态对应的任务数量。在getters中定义相应的读取器，代码如下。

```
1   getters: {
2     // 根据状态过滤的列表
3     getFilteredTodos: (state) => (stateArray) => {
4       if(stateArray.length > 0)
5         return state.todos.filter(ele => stateArray.includes(ele.state))
6       else
7         return state.todos
8     },
9     // 根据id获取的任务
10    getTodoById: (state) => (id) => {
11      return state.todos.find(v => v.id === id)
12    },
13    // 获取状态对应的任务数量
14    getTaskCount: (state) => (taskState) => {
15      return state.todos.filter(el => el.state === taskState).length
16    },
17  },
```

注意在过滤列表时，选中的状态参数类型是一个数组。如果没有选中任何状态，则返回全部的任务列表，相当于所有状态都被选中了。

对任务列表进行的操作有5个：删除任务、修改任务、修改任务状态、添加任务以及修改任务顺序。在mutation中定义相应的5个方法，代码如下。

```
1   mutation: {
2     // 删除任务
3     removeTask(state, value){
4       let index = state.todos.findIndex(v => v.id === value)
5       state.todos.splice(index, 1)
6     },
7     // 修改任务
8     updateTask(state, value){
9       let item = state.todos.find(v => v.id === value.id)
10      Object.assign(item, value)
11    },
12    // 修改任务状态
13    changeState(state, value){
14      let item = state.todos.find(v => v.id === value)
15      item.changeState()
16    },
17    // 添加任务
18    addTask(state, value){
19      state.lastId++;
20      let todo = new Todo(state.lastId, value)
21      state.todos.push(todo)
22    },
23    // 修改任务顺序
24    changeOrder(state, value){
25      let filered = this.getters.getFilteredTodos(value.option)
26      let oldItem = filered[value.oldIndex]
27      let newItem = filered[value.newIndex]
28      let realOldIndex = state.todos.findIndex(v => v.id === oldItem.id)
```

```
29        let realNewIndex = state.todos.findIndex(v => v.id === newItem.id)
30        // 先删除
31        state.todos.splice(realOldIndex, 1)
32        // 然后在移动后的位置插入刚删除的数据
33        state.todos.splice(realNewIndex, 0, oldItem)
34      }
35    },
```

本步骤源代码文件可以参考本书配套资源文件：第19章\02todolist\src\store\index.js。

19.7 实现各项功能

接下来要实现对待办事项执行增、删、改、查及移动顺序操作的交互界面，我们分步骤实现。一开始没有任何数据，先开发添加待办事项的功能，便于后续将其显示出来并进行处理。

19.7.1 添加待办事项

在输入框中输入内容之后，单击"Add"按钮，添加一个待办事项。此时需要给添加表单绑定提交事件，获取输入框的内容，将其添加到任务列表中。修改App.vue中的代码，修改后的代码如下。

```
1    <form class="input-form" @submit.prevent="addTask">
2      <label class="form-label" for="content">Todo</label>
3      <input type="text" ref="content">
4      <button type="submit" class="btn-regular">Add</button>
5    </form>
6    methods: {
7      // 添加待办事项
8      addTask(){
9        let content = this.$refs.content;
10       // 值为空字符串
11       if (!content.value.trim().length) return;
12       // 提交给mutation
13       this.$store.commit('addTask', content.value);
14       // 添加完之后，清空输入框的内容
15       content.value = ''
16     },
17   }
```

以上代码中，给表单添加提交事件，事件名称为addTask，通过ref获取输入框中的内容，如果为空字符串，则直接返回，不添加任务。反之，则将其提交到状态管理文件中，添加任务，并清空输入框中的内容。

这时，保存并运行代码，在输入框中输入test，单击"Add"按钮，控制台输出一个数组对象，代码如下。

```
1    [{
2      content: "test",
```

```
3     id: 1,
4     note: "",
5     state: 0,
6     color: "light"
7   }]
```

每添加一项，任务列表中就会多一个对象，并且最大的任务id值会加1。

本步骤源代码文件可以参考本书配套资源文件：第19章\03todolist。

19.7.2 显示任务列表

添加完任务之后，需要将其显示到页面中。使用v-for指令渲染出Vuex中的任务列表todo，代码如下。

```
1   <div class="main-content">
2     <div class="list-group">
3       <todo-item v-for="item in filteredTodos"
4         :key="item.id" :todo="item"></todo-item>
5     </div>
6   </div>
7   data(){
8     return {
9       isEditing: false,
10      filterOption: [],
11    }
12  },
13  computed: {
14    filteredTodos(){
15      return this.$store.getters.getFilteredTodos(this.filterOption)
16    }
17  },
```

以上代码中，使用了组件todo-item，将单个任务数据传递给子组件。然后在子组件TodoItem.vue中使用props接收变量并将其绑定到视图中，代码如下。

```
1   <script>
2   export default {
3     name: "TodoItem",
4     props: { todo: Object },
5   }
6   </script>
7   <div class="todo-text" :title="todo.content">{{todo.content}}</div>
```

此时，保存并运行代码，添加两个任务，页面中的效果如图19.18所示。

本步骤源代码文件可以参考本书配套资源文件：第19章\04todolist。

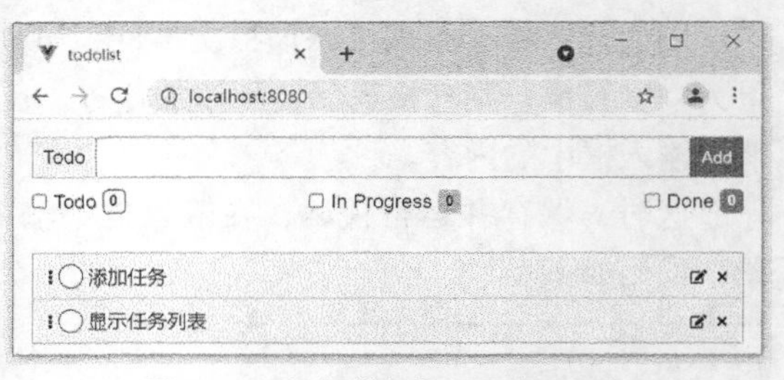

图 19.18 添加的任务显示在页面中

19.7.3 动态化筛选项

前面定义了状态数组TaskState，在App.vue文件中引入它，代码如下。

```
import { TaskState } from './assets/Todo.js'
```

上一步中所有的任务都显示出来了，此时需要根据选中的状态来过滤任务列表，并且默认选中Todo和In Progress两个状态，此外还需要一个方法来获取状态对应的任务数量，代码如下。

```
1    data(){
2      return {
3        isEditing: false,
4        // 任务状态数据
5        options: TaskState,
6        // 默认选中Todo和In Progress
7        filterOption: [TaskState[0].value, TaskState[1].value],
8      }
9    },
10   methods: {
11     // 获取各状态的任务数量
12     todoCounts(state){
13       return this.$store.getters.getTaskCount(state)
14     },
15     …
16   }
```

然后在视图中使用v-for指令渲染出各状态的样式和任务数量，代码如下。

```
1    <!-- 筛选项 -->
2    <div class="status-boxes">
3      <label v-for="item in options" :key="item.value">
4        <input type="checkbox" :value="item.value" v-model="filterOption">
5        <span class="status-name">{{item.name}}</span>
6        <span :class="['badge', 'badge-'+item.color]">{{todoCounts(item.value)}}</span>
7      </label>
8    </div>
```

添加两个任务，动态化筛选项及个数如图19.19所示。此时，页面默认选中Todo和In Progress状态，并且Todo状态下有两个任务，其他状态的任务个数为0。下一步实现修改任务状态的功能。

本步骤源代码文件可以参考本书配套资源文件：第19章\05todolist。

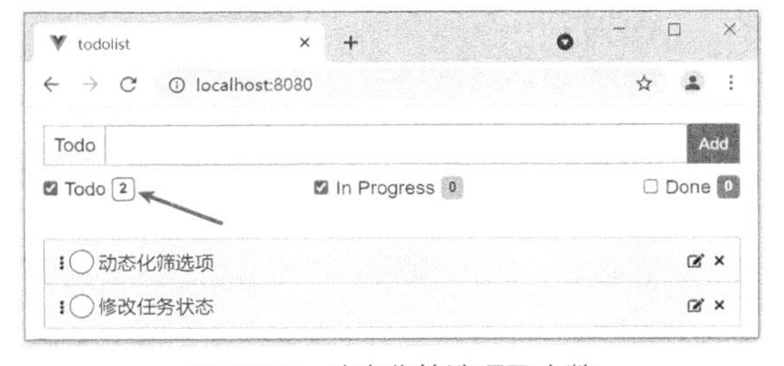

图 19.19 动态化筛选项及个数

19.7.4 修改任务状态

单击任务列表中的圆圈和文字，都能够修改当前任务的状态。我们需要给元素添加相应的事件，此外还需要根据状态正确显示任务的颜色。与筛选项类似，这些功能可通过绑定class属性的方式来实现。修改TodoItem.vue文件中的代码，修改后的代码如下。

```
1   <div :class="['pointer', 'todo-status', 'todo-status-'+todo.color]"
2     @click="changeEventHandler"></div>
3   <div class="todo-text pointer" :title="todo.content"
4     @click="changeEventHandler">{{todo.content}}</div>
5   methods: {
6     changeEventHandler(){
7       this.$store.commit('changeState', this.todo.id)
8     },
9   }
```

运行代码，添加任务，初始状态是Todo（待办）；单击圆圈或文字，状态变成In Progress（进行中），圆圈颜色变为黄色，如图19.20所示；再次单击圆圈或文字，状态变成Done（已完成），圆圈颜色变为绿色。此时不仅列表中的任务状态改变了，而且对应的筛选项中的任务个数也跟着改变了。

本步骤源代码文件可以参考本书配套资源文件：第19章\06todolist。

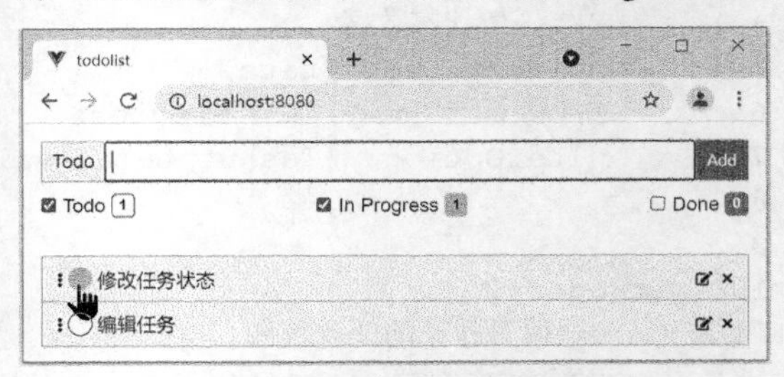

图 19.20　任务状态修改为进行中

19.7.5 编辑任务

单击任务列表中某个任务右侧的“编辑”图标，打开弹框显示出编辑表单，用户可以在其中修改该任务的状态、内容和备注信息，也可以取消编辑。

1. 显示弹框

单击“编辑”图标，打开弹框，需要在父子组件App.vue和TodoItem.vue之间传递数据，在TodoItem.vue中使用this.$emit()向外暴露一个事件，并在App.vue中处理该事件。

在TodoItem.vue中处理单击事件，代码如下。

```
1   <div @click="editEventHandler">
2     <font-awesome-icon icon="edit" size="xs" class="pointer"/>
3   </div>
4   methods: {
5     editEventHandler(){
6       this.$emit('edit');
7     },
8     …
9   }
```

在App.vue中处理TodoItem.vue暴露的edit事件，将控制弹框显示和隐藏的变量isEditing改为true，代码如下。

```
1   <todo-item v-for="item in filteredTodos"
2     :key="item.id" :todo="item"
3     @edit="editTask"></todo-item>
4   methods: {
5     // 单击“编辑”图标，让其弹框显示出来
```

```
6       editTask() {
7         this.isEditing = true
8       },
9       …
10    }
```

此时，添加一个任务，单击“编辑”图标，显示弹框的功能已实现，效果如图19.21所示。

本步骤源代码文件可以参考本书配套资源文件：第19章\07todolist\01\。

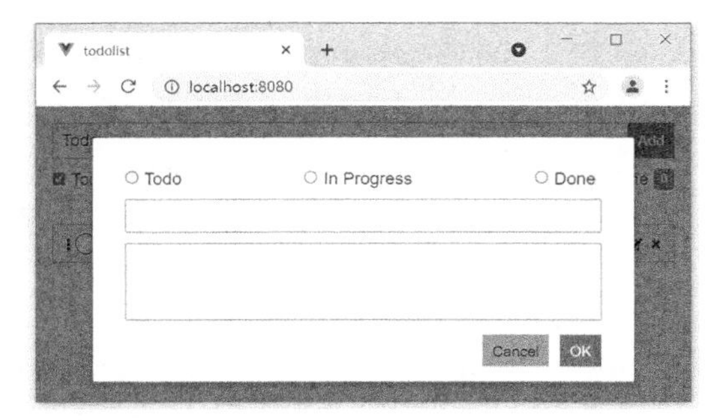

图 19.21　单击“编辑”图标显示弹框

2．显示当前任务数据

目前弹框的编辑表单中内容是空的，需要将当前任务的数据正确地显示出来。

当单击“编辑”图标时，需要根据任务id，获取当前任务数据，并且将数据传递给子组件ModalDialog。在App.vue的data中定义一个属性editingItem，并将其作为传递的中间变量，修改代码如下。

```
1    data(){
2      return {
3        …
4        editingItem: null,
5      },
6      methods: {
7        editTask(id){
8          this.isEditing = true
9          // 根据任务id获取当前任务数据
10         this.editingItem = this.$store.getters.getTodoById(id)
11       },
12       …
13     }
14   }
15   <todo-item v-for="item in filteredTodos"
16     :key="item.id" :todo="item"
17     @edit="editTask(item.id)"></todo-item>
```

将editingItem属性传递给子组件ModalDialog，代码如下。

```
<modal-dialog v-if="isEditing" :todo="editingItem" />
```

子组件ModalDialog通过props接收到要修改的任务项todo，将其显示到视图中。在ModalDialog.vue文件中修改代码如下。

```
1    import { TaskState } from '../assets/Todo.js'
2    export default {
3      name: 'ModalDialog',
4      props: {
5        todo: Object
6      },
```

```
7      data(){
8        return {
9          options: TaskState,
10         todoCopy: Object.assign({}, this.todo)
11       }
12     }
13   }
```

注意，不能直接将todo绑定到表单上，否则在<input>中输入内容时就会直接修改对象，正确的操作是在单击“OK”按钮时才真正修改对象。这时使用Object.assign()方法将todo对象复制下来，然后使用v-model进行绑定，代码如下。

```
1   <div class="form-row">
2     <div class="status-labels">
3       <label class="status-label" v-for="item in options" :key="item.value">
4         <input type="radio" v-model="todoCopy.state" :value="item.value">
5         <span>{{item.name}}</span>
6       </label>
7     </div>
8   </div>
9   <div class="form-row">
10    <input class="input-text" type="text" v-model="todoCopy.content" />
11  </div>
12  <div class="form-row">
13    <textarea maxlength="1000" rows="3" v-model="todoCopy.note" />
14  </div>
```

在视图中绑定完变量之后，运行代码，添加一个任务，单击“编辑”图标，效果如图19.22所示。

本步骤源代码文件可以参考本书配套资源文件：第19章\07todolist\02\。

3．保存和取消

在弹框中，单击“OK”按钮，保存编辑后的内容并关闭弹框。单击“Cancel”按钮，不保存编辑后的内容并关闭弹框。在ModalDialog.vue文件中，给两个按钮绑定事件，代码如下。

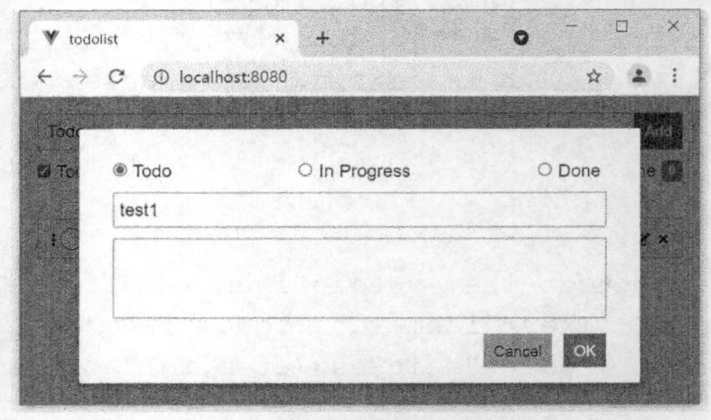

图 19.22　单击“编辑”图标显示任务数据

```
1   <button class="btn-regular btn-modal" @click.stop="okHandler">OK</button>
2   <button class="btn-gray btn-modal" @click.stop="cancelHandler">Cancel</button>
```

这里使用了stop修饰符来阻止默认事件。接下来，在methods中处理这两个事件，代码如下。

```
1   methods: {
2     okHandler(){
3       this.$store.commit('updateTask', this.todoCopy)
4       this.$emit('close');
5     },
6     cancelHandler(){
7       this.$emit('close');
```

```
8       }
9     }
```

保存时提交updateTask，将复制的对象保存到Vuex中。隐藏弹框的处理方式类似于显示弹框的，即通过this.$emit('close')向外暴露一个事件。在App.vue中处理该事件，代码如下。

```
1     <modal-dialog v-if="isEditing" :todo="editingItem" @close="closeModal" />
2     methods: {
3       // 隐藏弹框
4       closeModal(){
5         this.isEditing = false;
6       },
7       ...
8     }
```

运行代码，创建一个任务，显示弹框并进行编辑，效果如图19.23所示。

单击“OK”按钮，任务保存成功，效果如图19.24所示。

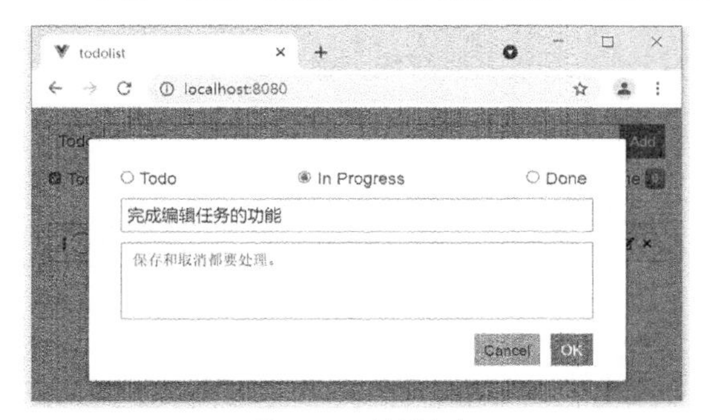

图 19.23 编辑任务

图 19.24 任务保存成功

本步骤源代码文件可以参考本书配套资源文件：第19章\07todolist\03\。

19.7.6 删除任务

既然有添加任务，就有删除任务。在TodoItem.vue文件中，给“删除”图标加上处理事件，代码如下。

```
1     <div @click="removeEventHandler">
2       <font-awesome-icon icon="times" size="xs" class="pointer"/>
3     </div>
4     methods: {
5       removeEventHandler(){
6         this.$store.commit('removeTask', this.todo.id)
7       },
8       ...
9     }
```

运行代码，添加两个任务，单击第二个任务的“删除”图标，即可删除当前任务，如图19.25所示。

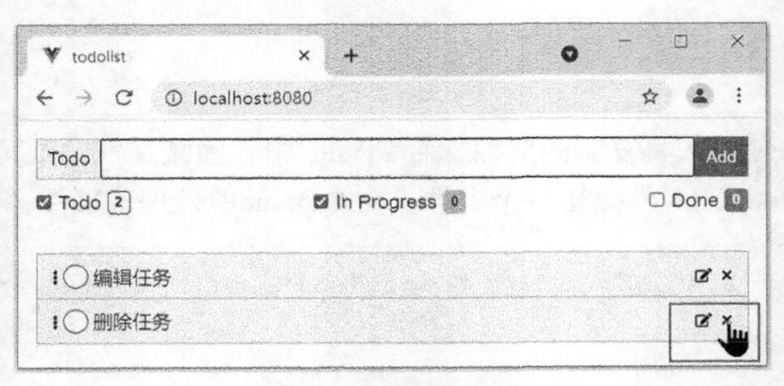

图 19.25　删除任务

本步骤源代码文件可以参考本书配套资源文件：第19章\08todolist。

19.7.7 调整任务顺序

默认添加的任务都放在最后，这里可以增加一个调整任务顺序的功能，例如把重要且紧急的任务移动到最前面。

首先需要安装拖曳插件vuedraggable，可以在项目的根目录下执行如下命令进行安装。

```
npm install vuedraggable --save
```

然后在App.vue中引入vuedraggable并注册组件，代码如下。

```
1   import draggable from 'vuedraggable'
2   …
3   components: {
4     …
5     draggable
6   }
```

在App.vue中，在<todo-item></todo-item>外层使用draggable，代码如下。

```
1   <div class="main-content">
2     <div class="list-group">
3       <!-- handle是用于指定拖曳时作用对象的属性，end是事件 -->
4       <draggable handle=".todo-move" @end="onDragEnd">
5         <todo-item v-for="item in filteredTodos"
6           :key="item.id" :todo="item"
7           @edit="editTask(item.id)"></todo-item>
8       </draggable>
9     </div>
10  </div>
```

draggable的handle属性用于指定拖曳时的作用对象，这里设为“.todo-move”，表示只能拖曳任务项最左侧的3个点图标。拖曳结束后，处理end事件，在App.vue中定义onDragEnd()函数，将顺序保存到Vuex中，代码如下。

```
1   methods: {
2     onDragEnd(e){
3       // 如果拖曳之前与之后的index没变，就直接返回
4       if (e.newIndex == e.oldIndex){
```

```
5          return
6        }
7        let params = {
8          oldIndex: e.oldIndex,
9          newIndex: e.newIndex,
10         option: this.filterOption
11       }
12       // 提交到store中
13       this.$store.commit('changeOrder', params)
14     },
15     ...
16   }
```

保存并运行代码，接着依次添加3个任务。为了方便查看修改顺序的效果，先修改任务的状态，然后将最后一个任务移动到最前面，效果如图19.26所示。

本步骤源代码文件可以参考本书配套资源文件：第19章\09todolist。

图 19.26 拖曳修改任务顺序

19.7.8 持久化任务

上面所有的操作（如对任务进行添加、删除、编辑、状态修改及顺序调整等），一刷新页面都会被清除。但是我们希望刷新页面后，依旧保持之前的状态。此时，可以使用localStorage来实现数据持久化。定义两个函数：一个用于获取任务列表；另一个用于保存当前的任务列表。在assets文件夹中创建localStorage.js文件，在其中编写如下代码。

```
1  import { Todo } from '../assets/Todo'
2  const STORAGE_KEY = 'vue-todolist'
3  export class Storage {
4    static fetch(){
5      let todos = JSON.parse(localStorage.getItem(STORAGE_KEY) || '[]')
6      todos.forEach(item => item.__proto__ = Todo.prototype)
7      return todos
8    }
9    static save(todos){
10     localStorage.setItem(STORAGE_KEY, JSON.stringify(todos))
11   }
12 }
```

注意在获取任务列表时，将JSON对象的原型指向Todo类的原型，这样才能正确调用Todo类中定义的方法。

在store/index.js文件中引入localStorage.js文件，代码如下。

```
import { Storage } from '../assets/localStorage.js'
```

将Vuex中的todos属性从默认值空数组改为使用Storage.fetch()方法获取，并找到最后一个任务id，代码如下。

```
1  const todos = Storage.fetch();
```

```
2   const todosCopy = Object.assign([], todos)
3   const lastId = todosCopy.length === 0 ? 0
4     : todosCopy.sort((a, b) => b.id-a.id)[0].id;
5
6   const store = new Vuex.Store({
7     state: {
8       todos: todos,
9       lastId: lastId
10    },
11    …
12  })
```

以上代码中，为了找到最后一个任务id，复制出来一个数组todosCopy（不影响数组todos），然后进行排序查找，并将其赋值为state中的变量lastId，而将不会受排序影响的数组todos直接赋予state中的变量todos。

对任务列表进行任意操作后，都需要调用Storage中的save()方法保存当前的列表数据，其代码如下。

```
1   const store = new Vuex.Store({
2     …
3   })
4   store.watch(
5     state => state.todos,
6     value => Storage.save(value),
7     { deep: true }
8   )
9   export default store
```

我们使用了Vuex.Store的watch()方法侦听todos的变化，并将其保存到了localStorage中，这样就不用在每个针对todos的操作函数中都做单独处理了。此后，每次操作完都会更新localStorage中的数据，每次刷新页面都会从localStorage中获取数据，进而实现刷新页面仍然保存原状的效果，即实现数据持久化功能。打开开发者工具，可以查看Local Storage中的数据，如图19.27所示。

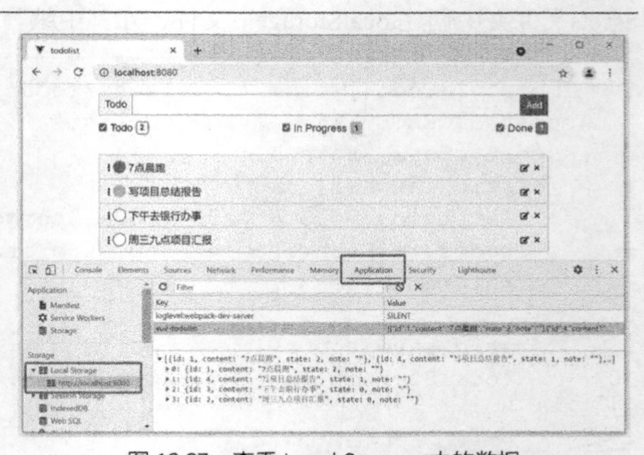

图 19.27　查看 Local Storage 中的数据

本步骤源代码文件可以参考本书配套资源文件：第19章\10todolist。

本章小结

在这一章中，我们分步骤实现了一个完整的待办事项管理工具。首先使用Vue CLI脚手架工具手动配置了项目，然后搭建了页面结构和样式，并将其进行了组件化，接着使用状态管理工具Vuex管理任务列表，并使用前面所学的class属性绑定、条件渲染、事件处理、组件等基础知识逐步实现了各项功能，最后利用localStorage实现了数据持久化的功能。完成本案例后，读者对Vue的掌握又能更进一步。